内　容　提　要

全书内容共九章，主要内容有：函数的极限与连续，导数与微分，微分中值定理与导数的应用，不定积分，定积分，多元函数微分学，二重积分，无穷级数，微分方程与差分方程。

本书各节后配有适量习题，以巩固所学知识。每章后均有自测题，涵盖了本章所学知识，有一定的深度和难度，其题型包括选择题、判断题、填空题和证明题，可供报考研究生者选用。书末附有习题及自测题参考答案。

本书内容丰富，取材广泛、结构严谨、逻辑清晰、叙述详细，可作为高等院校农、林、牧、生命、经管、财会等专业的教学用书，也可作为各类专业技术人员的参考书。

普通高等教育农业部“十二五”规划教材
全国高等农林院校“十二五”规划教材
面向21世纪课程教材
2008年全国高等农业院校优秀教材

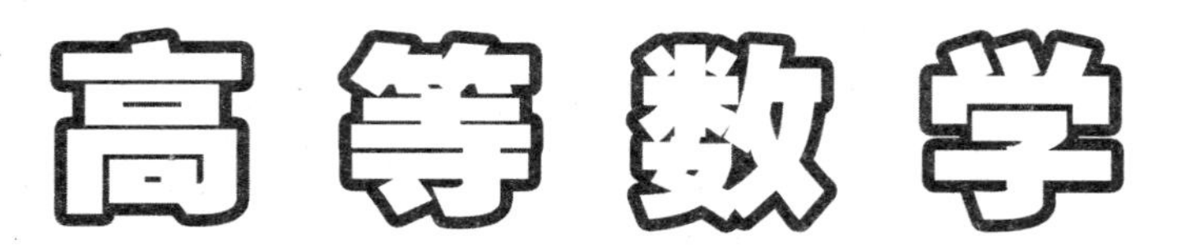

高等数学

第三版

梁保松 陈 涛 主编

中国农业出版社

编写人员名单

主　　编　梁保松　陈　涛

副 主 编　曹殿立　林淑容　王建平

编写人员　（按姓名拼音为序）

曹殿立　陈　涛　杜世平　方桂英

高胜哲　胡丽萍　李春宏　梁保松

林淑容　王建平　张玉峰

前　言

本书第一版被教育部列入全国高等教育“面向21世纪课程教材”，2002年由中国农业出版社出版，获2005年全国高等农业院校优秀教材奖。2007年修订为第二版，被列入全国高等农林院校“十一五”规划教材，获2008年全国高等农业院校优秀教材奖。第三版被列入普通高等教育农业部“十二五”规划教材。第三版是依据教育部农林高等院校理科基础课教学指导委员会讨论的教学基本要求，结合高等农林院校的教学实际，在广泛听取教师和读者意见的基础上，对第二版教材进行了进一步修订。修订后的第三版教材有以下特点：

一、保持了原教材内容丰富、取材广泛、结构严谨、叙述详细的体系和风格。同时吸收采纳了当前教育教学改革中的一些成功举措，使得新版教材既满足教学需要，更体现时代特色。

二、较多地设置了生物科学、生命科学、经济管理等方面的实例，加强了高等数学与实际的结合，突出了应用数学能力和建模思想的培养。

本书由河南农业大学梁保松担任第一主编，四川农业大学陈涛担任第二主编。副主编有曹殿立、林淑容和王建平，参编为杜世平、胡丽萍、李春宏、张玉峰、高胜哲和方桂英。全书修订工作由河南农业大学梁保松教授统稿和定稿。

参加第一版教材编写的有：梁保松、陈涛、张玉峰、赵玉祥、潘正义、党耀国、叶耀军、杨德彰、曹殿立；参加第二版教材编写的有：梁保松、陈涛、张玉峰、方桂英、曹殿立、叶耀军、林淑容、梅芳、杨燕新、胡丽萍和杜世平。

本书虽已两次修订，但错误和不足之处仍在所难免，敬请广大读者和授课教师批评斧正。

编　者

2012年5月

目　录

前言

第一章　函数的极限与连续 …… 1

第一节　函数的基本概念 …… 1

一、函数定义 …… 1

二、分段函数 …… 2

三、复合函数 …… 3

四、函数的几种特性 …… 4

五、初等函数 …… 5

习题 1-1 …… 5

第二节　数列的极限 …… 6

一、数列的概念 …… 6

二、数列极限的定义 …… 7

三、数列极限的性质 …… 8

习题 1-2 …… 11

第三节　函数的极限 …… 11

一、自变量趋向于无穷大时函数的极限 …… 12

二、自变量趋向于有限值时函数的极限 …… 13

三、函数极限的性质 …… 15

习题 1-3 …… 15

第四节　无穷小量与无穷大量 …… 15

一、无穷小量 …… 15

二、无穷大量 …… 17

习题 1-4 …… 18

第五节　函数极限的运算法则 …… 18

习题 1-5 …… 21

第六节　两个重要极限 …… 22

一、$\lim\limits_{x\to 0}\dfrac{\sin x}{x}=1$ …… 22

二、$\lim\limits_{x\to\infty}\left(1+\dfrac{1}{x}\right)^{x}=\mathrm{e}$ …… 24

习题 1-6 …… 25

第七节　无穷小量的比较 …… 25

习题 1-7 …… 27
第八节 函数的连续性与间断点 …… 28
一、函数的连续性 …… 28
二、函数的间断点 …… 29
习题 1-8 …… 30
第九节 连续函数的运算与初等函数的连续性 …… 31
一、连续函数的运算 …… 31
二、初等函数的连续性 …… 32
三、利用函数的连续性求极限 …… 32
四、闭区间上连续函数的性质 …… 33
习题 1-9 …… 34
第一章自测题 …… 35
第二章 导数与微分 …… 37
第一节 导数的概念 …… 37
一、问题的提出 …… 37
二、导数的定义 …… 38
三、导数的几何意义 …… 40
四、可导与连续的关系 …… 41
习题 2-1 …… 42
第二节 函数的求导法则 …… 43
一、函数的和、差、积、商的求导法则 …… 43
二、反函数的求导法则 …… 46
三、复合函数的求导法则 …… 47
习题 2-2 …… 50
第三节 高阶导数 …… 51
习题 2-3 …… 53
第四节 隐函数及参数方程确定的函数的导数 …… 53
一、隐函数的导数 …… 53
二、由参数方程所确定的函数的导数 …… 55
习题 2-4 …… 56
第五节 函数的微分 …… 57
一、微分的概念 …… 57
二、微分的几何意义 …… 59
三、微分基本公式和微分运算法则 …… 59
四、高阶微分 …… 61
五、微分的简单应用 …… 61
习题 2-5 …… 63
第二章自测题 …… 64
第三章 微分中值定理与导数的应用 …… 67
第一节 微分中值定理 …… 67

一、费尔马定理 …… 67
二、罗尔定理 …… 67
三、拉格朗日中值定理 …… 69
四、柯西定理 …… 71
习题 3-1 …… 72
第二节 洛必达(L'Hospital)法则 …… 73
一、“$\frac{0}{0}$”型未定式 …… 73
二、“$\frac{\infty}{\infty}$”型未定式 …… 74
三、其他类型的未定式 …… 75
习题 3-2 …… 76
第三节 泰勒公式 …… 77
习题 3-3 …… 79
第四节 函数的增减性 …… 79
习题 3-4 …… 81
第五节 函数的极值 …… 82
习题 3-5 …… 85
第六节 函数的最大值和最小值 …… 85
一、最大值和最小值 …… 85
二、应用举例 …… 86
习题 3-6 …… 87
第七节 函数作图法 …… 88
一、函数的凸凹与拐点 …… 88
二、曲线的渐近线 …… 89
三、函数图形的作法 …… 90
习题 3-7 …… 91
第八节 导数在经济分析中的应用 …… 91
一、边际分析 …… 91
二、弹性分析 …… 94
习题 3-8 …… 96
第三章自测题 …… 97
第四章 不定积分 …… 100
第一节 原函数与不定积分 …… 100
一、原函数 …… 100
二、不定积分 …… 101
三、不定积分的几何意义 …… 102
四、基本积分公式和不定积分的性质 …… 102
习题 4-1 …… 104
第二节 换元积分法 …… 105
一、第一换元积分法(凑微分法) …… 105

二、第二换元积分法 …… 108
习题 4-2 …… 111
第三节　分部积分法 …… 113
习题 4-3 …… 115
第四节　几种特殊类型函数的积分 …… 116
一、有理函数的不定积分 …… 116
二、三角函数有理式的积分 …… 121
三、简单无理函数的积分 …… 122
习题 4-4 …… 124
第五节　不定积分的应用 …… 124
一、不定积分在农业经济中的应用 …… 124
二、不定积分在生物科学中的应用 …… 126
习题 4-5 …… 128
第四章自测题 …… 129

第五章　定积分 …… 131

第一节　定积分的概念与性质 …… 131
一、定积分问题举例 …… 131
二、定积分的定义 …… 132
三、定积分的几何意义 …… 133
四、定积分的性质 …… 134
习题 5-1 …… 137
第二节　微积分基本公式 …… 137
一、积分上限的函数 …… 138
二、牛顿—莱布尼茨公式 …… 140
习题 5-2 …… 142
第三节　定积分的换元积分法和分部积分法 …… 143
一、换元积分法 …… 143
二、分部积分法 …… 145
习题 5-3 …… 146
第四节　广义积分与 Gamma 函数 …… 147
一、积分区间为无穷区间的广义积分 …… 147
二、被积函数具有无穷间断点的广义积分 …… 149
三、Gamma 函数 …… 150
习题 5-4 …… 150
第五节　定积分的应用 …… 151
一、微元法 …… 151
二、平面图形的面积 …… 152
三、体积 …… 155
四、平面曲线的弧长 …… 156
五、变力沿直线所做的功 …… 157
六、经济应用问题 …… 158

习题 5－5 …… 160
第五章自测题 …… 161

第六章　多元函数微分学 …… 164

第一节　空间解析几何简介 …… 164
一、空间直角坐标系 …… 164
二、空间两点间的距离 …… 165
三、空间曲面 …… 165
四、空间曲线 …… 167
五、常见的曲面 …… 167
六、空间曲线在坐标面上的投影 …… 170
习题 6－1 …… 171
第二节　多元函数 …… 171
一、区域 …… 171
二、二元函数 …… 172
习题 6－2 …… 173
第三节　二元函数的极限与连续 …… 174
一、二元函数的极限 …… 174
二、二元函数的连续性 …… 175
习题 6－3 …… 175
第四节　偏导数 …… 176
一、偏导数的概念 …… 176
二、二元函数偏导数的几何意义 …… 177
三、高阶偏导数 …… 178
习题 6－4 …… 179
第五节　全微分 …… 180
一、全微分的定义 …… 180
二、全微分在近似计算中的应用 …… 182
习题 6－5 …… 183
第六节　多元复合函数与隐函数的微分法 …… 183
一、多元复合函数的求导法则 …… 183
二、隐函数的求导法则 …… 184
习题 6－6 …… 186
第七节　多元函数的极值及其应用 …… 187
一、极值的概念 …… 187
二、条件极值(拉格朗日乘数法) …… 189
三、经济应用问题 …… 191
习题 6－7 …… 193
第六章自测题 …… 194

第七章　二重积分 …… 197

第一节　二重积分的概念与性质 …… 197

一、二重积分的定义 …… 197
二、二重积分的基本性质 …… 198
习题 7-1 …… 200
第二节　直角坐标系下二重积分的计算 …… 201
习题 7-2 …… 205
第三节　二重积分的换元法 …… 206
习题 7-3 …… 209
第四节　二重积分的应用 …… 211
一、体积 …… 211
二、曲面的面积 …… 212
三、其他 …… 212
习题 7-4 …… 213
第七章自测题 …… 213
第八章　无穷级数 …… 217
第一节　数项级数 …… 217
一、级数的敛散性 …… 217
二、收敛级数的基本性质 …… 218
习题 8-1 …… 219
第二节　数项级数的敛散性判别法 …… 220
一、正项级数及其敛散性判别法 …… 220
二、交错级数及其敛散性判别法 …… 224
习题 8-2 …… 225
第三节　幂级数 …… 226
一、幂级数的收敛性 …… 227
二、幂级数的运算 …… 229
习题 8-3 …… 230
第四节　泰勒级数 …… 230
一、泰勒(Taylor)级数 …… 230
二、函数的泰勒展开式 …… 231
习题 8-4 …… 233
第八章自测题 …… 234
第九章　微分方程与差分方程 …… 236
第一节　微分方程的基本概念 …… 236
习题 9-1 …… 238
第二节　一阶微分方程 …… 238
一、可分离变量的微分方程 …… 239
二、齐次方程 …… 242
三、一阶线性微分方程 …… 244
习题 9-2 …… 248
第三节　可降阶的高阶微分方程 …… 249

一、$y^{(n)}=f(x)$型的微分方程 …… 249
二、$y''=f(x, y')$型的微分方程 …… 250
三、$y''=f(y, y')$型的微分方程 …… 251
习题 9-3 …… 253
第四节 二阶常系数线性微分方程 …… 253
一、二阶常系数齐次线性微分方程 …… 253
二、二阶常系数非齐次线性微分方程 …… 255
习题 9-4 …… 258
第五节 差分方程基础 …… 259
一、差分的概念 …… 259
二、差分方程 …… 260
习题 9-5 …… 260
第六节 一阶常系数线性差分方程 …… 261
一、差分方程解的结构 …… 261
二、一阶常系数齐次线性差分方程 …… 261
三、一阶常系数非齐次线性差分方程 …… 261
四、二阶常系数线性差分方程 …… 263
习题 9-6 …… 265
第九章自测题 …… 265

参考答案 …… 267
主要参考文献 …… 295

[第一章]

函数的极限与连续

函数是高等数学的主要研究对象．所谓函数关系就是变量之间的对应关系．极限方法是研究变量的一种基本方法．本章介绍函数、函数的极限和函数的连续性等基本概念，这些内容构成了全书的基础．

第一节 函数的基本概念

在初等数学中，读者已学过函数概念，本节仅就这方面内容归纳和补充．

一、函数定义

定义 1 **设 x 和 y 是两个变量，D 是一非空数集．如果对于每个数 $x\in D$，变量 y 按照一定法则 f 有唯一确定的数值与 x 对应，则称 y 是 x 的函数，记作 $y=f(x)$．** 数集 D 叫做这个函数的**定义域**，f 叫做**对应法则**，x 叫做**自变量**，y 叫做**因变量**．

当 x 取数值 $x_0\in D$ 时，与 x_0 对应的 y 的数值称为 $y=f(x)$ 在 x_0 处的**函数值**，记作 $f(x_0)$．当 x 取遍 D 的各个数值时，对应的函数值的全体组成的数集

$$W=\{y \mid y=f(x),\ x\in D\}$$

称为函数的**值域**．

由函数的定义可知，一个函数由对应法则 f 及定义域 D 所完全确定，选用什么字母表示函数不是本质的．也就是说，**两个函数相同的充分必要条件是其定义域与对应法则完全相同**．例如，$f(x)=\sqrt[3]{x^4-x^3}$ 与 $g(x)=x\sqrt[3]{x-1}$ 这两个函数的定义域都是 $(-\infty,+\infty)$，而且对应法则也相同，因而这两个函数是相同的．函数 $f(x)=x$ 与 $g(x)=\dfrac{x^2-x}{x-1}$ 是不相同的，因为 $f(x)$ 的定义域是 $(-\infty,+\infty)$，而 $g(x)$ 的定义域是 $(-\infty,1)\cup(1,+\infty)$．显然，$f(x)=1+x^2$ 与 $g(t)=1+t^2$ 是同一个函数．

例 1 对任意实数 x，记 $[x]$ 为不超过 x 的最大整数．

例如，$[\sqrt{2}]=1$，$[-\pi]=-4$，$[\pi]=3$，$[0]=0$，称 $f(x)=[x]$ 为**取整函数**．

它的定义域为 $(-\infty,+\infty)$，值域是整数集，其图形如图 1-1 所示．

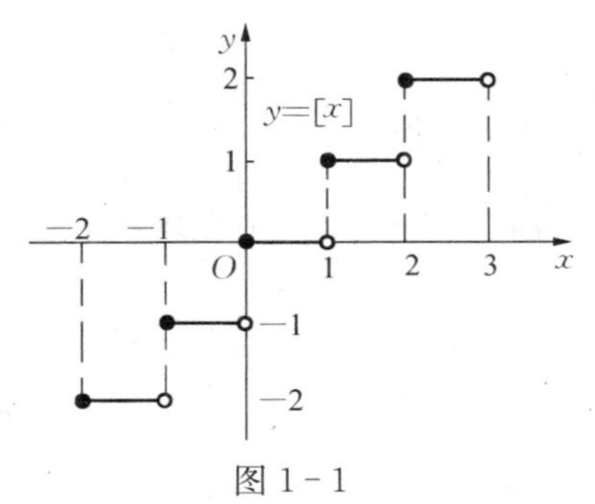

图 1-1

二、分段函数

例 2 函数

$$y=f(x)=|x|=\begin{cases}x, & x\geqslant 0,\\ -x, & x<0\end{cases}$$

的定义域 $D=(-\infty,+\infty)$，值域 $W=[0,+\infty)$，其图形关于 y 轴对称(图 1-2)．这个函数称为**绝对值函数**．

例 3 函数

$$y=f(x)=\begin{cases}-1+x^2, & x<0,\\ 0, & x=0,\\ 1+x^2, & x>0\end{cases}$$

的定义域 $D=(-\infty,+\infty)$，值域 $W=(-1,+\infty)$，其图形如图 1-3 所示．

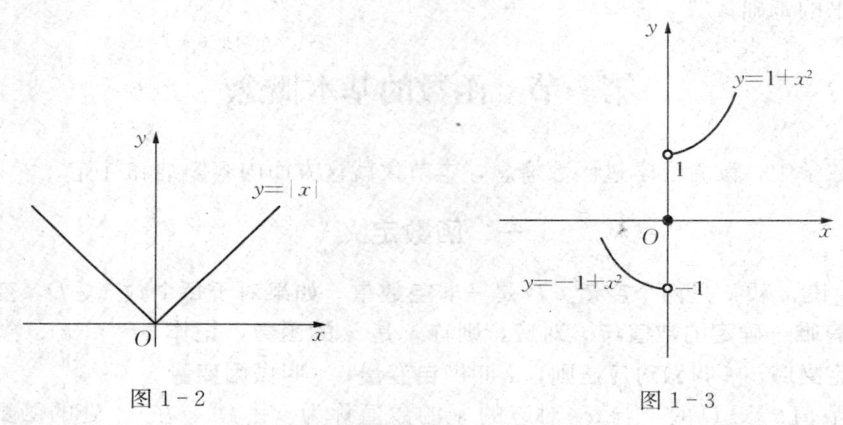

图 1-2　　　　图 1-3

在例 2 和例 3 中看到，有时一个函数要用几个式子表示，这种在自变量的不同变化范围内，对应法则用不同式子来表示的函数，称为**分段函数**．例 2 和例 3 都是分段函数．

例 4 函数

$$y=f(x)=\begin{cases}2\sqrt{x}, & 0\leqslant x\leqslant 1,\\ 1+x, & x>1\end{cases}$$

是一个分段函数，它的定义域 $D=[0,+\infty)$．分段函数的对应法则是由自变量所在的范围所确定的，在求分段函数的函数值时，应根据自变量所在的范围，选择相应的对应法则．例如 $\frac{1}{2}\in[0,1]$，所以 $f\left(\frac{1}{2}\right)=2\sqrt{\frac{1}{2}}=\sqrt{2}$．　$4\in(1,+\infty)$，所以 $f(4)=1+4=5$．

例 5 设 $f(x)=\begin{cases}x^3+4x+1, & x\geqslant 1,\\ x+2, & x<1,\end{cases}$ 求 $f(x+4)$ 的定义域．

解 将 $f(x)$ 及定义域中的 x 分别用 $x+4$ 代换，得

$$f(x+4)=\begin{cases}(x+4)^3+4(x+4)+1, & x+4\geqslant 1,\\ (x+4)+2, & x+4<1\end{cases}$$

$$=\begin{cases}(x+4)^3+4(x+4)+1, & x\geqslant -3,\\ x+6, & x<-3,\end{cases}$$

$f(x+4)$的定义域为$(-\infty, -3)\cup[-3, +\infty)=(-\infty, +\infty)$.

注意：分段函数的定义域是各段函数定义域的并集.

三、复合函数

定义 2　设函数 $y=f(u)$ 的定义域为 E，函数 $u=\varphi(x)$ 的定义域为 D，值域为 W. 若 $W\cap E$非空，则称函数 $y=f[\varphi(x)]$是由函数 $y=f(u)$和函数 $u=\varphi(x)$复合而成的复合函数，记作 $y=(f\circ\varphi)(x)=f[\varphi(x)]$(图 1-4)，**$u$ 称为中间变量.**

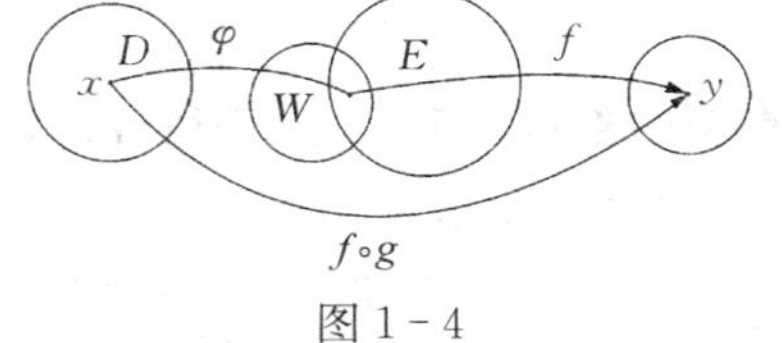

图 1-4

例 6　设 $y=f(u)=u^2$，$u=\varphi(x)=1-x^2$，则复合而成的函数为

$$y=f[\varphi(x)]=(1-x^2)^2\quad(-\infty<x<+\infty).$$

例 7　设 $y=f(u)=\sqrt{u}$，$u=\varphi(x)=1-x^2$，则复合而成的函数为

$$y=f[\varphi(x)]=\sqrt{1-x^2}\quad(-1\leqslant x\leqslant 1).$$

虽然函数 $u=\varphi(x)=1-x^2$ 的定义域为$(-\infty, +\infty)$，但为了使复合后的函数有意义，必须使 $u\geqslant 0$，故限制 x 的范围为$[-1, 1]$.

例 8　设函数 $y=f(u)=\arcsin u$，$u=\varphi(x)=3+x^2$，则由于 x 无论取何值均有 $u\geqslant 3$，故$u=\varphi(x)$的值域 $W=[3, +\infty)$，而 $y=f(u)$的定义域 $E=[-1, 1]$，$W\cap E=\varnothing$，故 $y=f[\varphi(x)]$无定义.

例 8 表明：**并非任何两个函数都能够复合成一个复合函数.**

例 9　设 $f(x)=x^2$，$g(x)=3x$，求 $f[g(x)]$及 $g[f(x)]$.

解　　　$f[g(x)]=f(3x)=(3x)^2=9x^2$，$g[f(x)]=g(x^2)=3x^2$.

例 9 表明：$f[g(x)]$与 $g[f(x)]$一般来说是不同的.

关于复合函数，**重要的是把一个复合函数分解成若干个简单函数.**

例如，$y=\ln\sin\sqrt{x^2+1}$可以分解为

$$y=\ln u,\quad u=\sin v,\quad v=\sqrt{w},\quad w=x^2+1.$$

例 10　设 $f(\sin t)=1+\cos 2t$，求 $f(x)(|x|\leqslant 1)$.

解　因为 $1+\cos 2t=2(1-\sin^2 t)$，故 $f(\sin t)=2(1-\sin^2 t)$. 它可以看做是由 $f(x)=2(1-x^2)$与 $x=\sin t$ 复合而成的复合函数，从而

$$f(x)=2(1-x^2).$$

例 11　设 $\varphi(x+1)=\begin{cases}x^2, & 0\leqslant x\leqslant 1,\\ 2x, & 1<x\leqslant 2,\end{cases}$ 求 $\varphi(x)$.

解　因为 $\varphi(x+1)=\begin{cases}(x+1-1)^2, & 1\leqslant x+1\leqslant 2,\\ 2(x+1-1), & 2<x+1\leqslant 3,\end{cases}$ 令 $t=x+1$，得

$$\varphi(t)=\begin{cases}(t-1)^2, & 1\leqslant t\leqslant 2,\\ 2(t-1), & 2<t\leqslant 3,\end{cases}$$

所以

$$\varphi(x)=\begin{cases}(x-1)^2, & 1\leqslant x\leqslant 2,\\ 2(x-1), & 2<x\leqslant 3.\end{cases}$$

例 12　已知 $f(x)=e^{x^2}$，$f[\varphi(x)]=1-x$，且 $\varphi(x)>0$，求 $\varphi(x)$，并写出它的定义域.

解 由 $f(x)=\mathrm{e}^{x^2}$，得 $f[\varphi(x)]=\mathrm{e}^{[\varphi(x)]^2}$，又由题设 $f[\varphi(x)]=1-x$，故 $\mathrm{e}^{[\varphi(x)]^2}=1-x$，即$[\varphi(x)]^2=\ln(1-x)$. 因 $\varphi(x)=\sqrt{\ln(1-x)}$，$\varphi(x)$的定义域为$(-\infty, 0)$.

四、函数的几种特性

定义 3(有界性)　设函数 $y=f(x)$，$x\in D$，若存在常数 $E>0$，使任意 $x\in D$ 都有

$$|f(x)|\leqslant E,$$

则称函数 $f(x)$在 D 上是有界函数.

例如，函数 $y=\sin x$，$y=\cos x$ 在整个数轴上是有界的，因为对一切 x，有 $|\sin x|\leqslant 1$和 $|\cos x|\leqslant 1$. 而函数 $y=x^3$ 在$(-\infty, +\infty)$上无界.

有界函数的等价定义是：

设函数 $y=f(x)$，$x\in D$，若存在两个数 m 和 M，使任意 $x\in D$ 都有

$$m\leqslant f(x)\leqslant M,$$

则称函数 $f(x)$在 D 上是有界函数.

定义 4(单调性)　设函数 $y=f(x)$，$x\in D$，若对任意 x_1，$x_2\in D$，当 $x_1<x_2$ 时，有：

(1) $f(x_1)\leqslant f(x_2)$成立，则称 $f(x)$在 D 上单调增加；$f(x_1)<f(x_2)$成立，则称 $f(x)$在 D 上严格单调增加.

(2) $f(x_1)\geqslant f(x_2)$成立，则称 $f(x)$在 D 上单调减少；$f(x_1)>f(x_2)$成立，则称 $f(x)$在 D 上严格单调减少.

例如，$y=x^3$ 在$(-\infty, +\infty)$内是严格单调增加的；$y=x^2$ 在$(-\infty, 0)$内严格单调减少，在$(0, +\infty)$内严格单调增加，但在整个定义域$(-\infty, +\infty)$内不是单调的；函数 $y=[x]$在$(-\infty, +\infty)$内是单调增加的，但不是严格单调增加的，因为任意 x_1，$x_2\in D$，当 $x_1<x_2$ 时，有$[x_1]\leqslant[x_2]$.

定义 5(奇偶性)　设函数 $y=f(x)$，$x\in D$，其中 D 是关于原点对称的数集．若对任意 $x\in D$，有 $f(-x)=-f(x)$，则称 $f(x)$是奇函数；若对任意 $x\in D$，有 $f(-x)=f(x)$，则称 $f(x)$是偶函数.

例如，$y=\sin x$，$y=x^3$ 是奇函数；$y=\cos x$，$y=x^2$ 是偶函数；$y=\sin x+\cos x$ 既不是奇函数也不是偶函数.

奇函数的图形关于原点对称，偶函数的图形关于 y 轴对称.

例 13　已知 $af(x)+bf\left(\frac{1}{x}\right)=\frac{c}{x}$，$|a|\neq|b|$，证明 $f(x)$是奇函数.

证　令 $u=\frac{1}{x}$，代入原方程，得 $af\left(\frac{1}{u}\right)+bf(u)=cu$，从而 $af\left(\frac{1}{x}\right)+bf(x)=cx$.

将原方程及上面方程的两边分别乘 a，b，然后相减，得

$$a^2f(x)-b^2f(x)=\frac{ac}{x}-bcx=\frac{ac-bcx^2}{x}.$$

因为 $|a|\neq|b|$，故有 $f(x)=\frac{ac-bcx^2}{(a^2-b^2)x}$，于是 $f(-x)=-\frac{ac-bcx^2}{(a^2-b^2)x}=-f(x)$. 故 $f(x)$是奇函数.

例 14　设 $f(x)=\begin{cases}\cos x-x, & -\pi\leqslant x<0,\\ \cos x+x, & 0\leqslant x\leqslant\pi,\end{cases}$ 则 $f(x)$在其定义域内为偶函数.

证 $f(x)$的定义域为关于原点的对称区间$[-\pi, \pi]$. 设$x\in[0, \pi]$，则$-x\in[-\pi, 0]$，且有$f(-x)=\cos(-x)-(-x)=\cos x+x=f(x)$.

同理可证，当$x\in[-\pi, 0]$时，也有$f(x)=f(-x)$，故$f(x)$是区间$[-\pi, \pi]$上的偶函数.

定义 6(周期函数)　设函数 $y=f(x)$，$x\in D$，若存在常数 $T>0$，使对任意 $x\in D$ 有

$$f(x+T)=f(x),$$

则称 $f(x)$为周期函数，称 T 为 f 的一个周期.

显然，若 T 为 f 的一个周期，则 $2T$，$3T$，$4T$，…也都是它的周期，故周期函数有无穷多个周期.

通常说的周期函数的周期是指最小正周期. 例如 $\sin x$，$\cos x$ 是周期为 2π 的周期函数，$\tan x$，$\cot x$ 是周期为 π 的周期函数.

五、初等函数

下列函数称为**基本初等函数**：

(1) **常数**　$y=C$　(C 为常数)；

(2) **幂函数**　$y=x^{\alpha}$　(α 为实数，$\alpha\neq 0$)；

(3) **指数函数**　$y=a^{x}$　($a>0$，$a\neq 1$)；

(4) **对数函数**　$y=\log_{a}x$　($a>0$，$a\neq 1$)；

(5) **三角函数**　$y=\sin x$，$y=\cos x$，$y=\tan x$，$y=\cot x$，$y=\sec x$，$y=\csc x$；

(6) **反三角函数**　$y=\arcsin x$，$y=\arccos x$，$y=\arctan x$，$y=\operatorname{arccot} x$.

定义 7　由基本初等函数经过有限次四则运算和有限次复合运算所构成的能用一个式子表示的函数称为初等函数.

例如，$y=(1+\sin x)\sqrt{e^{x}-1}$，$y=e^{\sin x}+x\ln\tan^{2}x$ 均为初等函数.

为今后应用，现介绍邻域的概念. 以 a 为中心的开区间$(a-\delta, a+\delta)(\delta>0)$称为 a 的δ邻域，记为 $N(a, \delta)$. 在 $N(a, \delta)$中去掉中心点 a 后，称为 a 的去心邻域，记为 $N(\hat{a}, \delta)$. 开区间$(a-\delta, a)$称为 a 的左δ 邻域，开区间$(a, a+\delta)$称为 a 的右δ 邻域.

邻域是极限理论中的一个基本概念，可用来表示点 x 与 a(即数 x 与 a)的接近程度. 如

$$|x-a|<\delta\Leftrightarrow x\in N(a, \delta),\ 0<|x-a|<\delta\Leftrightarrow x\in N(\hat{a}, \delta).$$

习题 1-1

1. 求下列函数的定义域：

(1) $y=\sqrt{2+x-x^{2}}$；　(2) $y=\arcsin\left(x+\dfrac{1}{2}\right)$；　(3) $y=\dfrac{x}{\sin x}$；

(4) $y=\dfrac{1}{\sqrt{(x-2)(x+3)}}+\lg(x+1)(4-x)$.

2. 下列各题中，函数 $f(x)$与 $g(x)$是否相同？为什么？

(1) $f(x)=x$，$g(x)=\sqrt{x^{2}}$；

(2) $f(x)=\ln x^{2}$，$g(x)=2\ln x$；

(3) $f(x)=1$，$g(x)=\sin^2 x+\cos^2 x$；

(4) $f(x)=\frac{\pi}{2}$，$g(x)=\arcsin x+\arccos x$.

3. 求下列函数值：

(1) 设 $f(x)=\arcsin x$，求 $f(0)$，$f(-1)$，$f\left(\frac{\sqrt{3}}{2}\right)$，$f\left(-\frac{\sqrt{2}}{2}\right)$；

(2) 设 $\varphi(x)=\begin{cases} |\sin x|, & |x|<\frac{\pi}{3}, \\ 0, & |x|\geqslant\frac{\pi}{3}, \end{cases}$ 求 $\varphi\left(\frac{\pi}{4}\right)$，$\varphi\left(-\frac{\pi}{6}\right)$，$\varphi(-3)$.

4. 设 $f(x)$的定义域为$(0, 1)$，求 $f(x^2)$，$f(\sin x)$，$f\left(\frac{1}{x}\right)$的定义域.

5.(1)设 $f(x)=x^2+1$，求 $f(x^2+1)$，$f\left(\frac{1}{f(x)}\right)$；

(2) 设 $f\left(\frac{1}{x}\right)=x+\sqrt{1+x^2}$，$x>0$，求 $f(x)$；

(3) 设 $f(x-1)=x^2$，求 $f(x+1)$；

(4) 设 $\varphi(x+1)=\begin{cases} x^3, & 0\leqslant x\leqslant 1, \\ 3x, & 1<x\leqslant 2, \end{cases}$ 求 $\varphi(x)$；

6. 设 $f(x)=e^{1-x^2}$，$g(x)=\sin x$，求 $g[f(x)]$；

7. 设 $\varphi(x)=\begin{cases} 0, & x\leqslant 0, \\ x, & x>0, \end{cases}$ $\psi(x)=\begin{cases} 0, & x\leqslant 0, \\ -x^2, & x>0, \end{cases}$ 求 $\varphi[\varphi(x)]$，$\psi[\varphi(x)]$.

8. 将下列函数分解成若干个简单函数：

(1) $y=(4x+3)^3$；　(2) $y=e^{\tan(1+\sin x)}$；　(3) $y=3^{\cos^2(2x+1)}$；

(4) $y=\ln\frac{1+\sqrt{x}}{1-\sqrt{x}}$；　(5) $y=(\arcsin\sqrt{1-x^2})^2$.

9. 设 $f(x)=ax+b$，求$\frac{f(x+\Delta x)-f(x)}{\Delta x}$.

第二节　数列的极限

极限是高等数学的一个基本概念，这个概念首先来源于实际问题．我们知道，半径为 r 的圆的面积和周长分别为 πr^2 和 $2\pi r$. 这个结论是如何得来的呢？人们采取了这样的方法：首先作出圆的内接正多边形，显然内接正多边形的面积和周长不等于圆的面积和周长，然而从几何直观上可以看出，只要正多边形的边数不断增加，这些正多边形的面积和周长必将不断地接近圆的面积和周长，这个不断接近的过程就是一个极限过程．圆的面积和周长就是这一系列边数不断增加的内接正多边形的面积和周长的极限．

一、数列的概念

定义 1　以自然数作下标编号并顺次排列的一列实数 x_1，x_2，…，x_n，…称为实数列，简称数列，记作$\{x_n\}$. 数列中的每个数称为数列的项，第一项称为首项，x_n 称为通项．

有时也用通项 x_n 表示数列$\{x_n\}$.

例 1　(1) $\left\{1+\frac{1}{n}\right\}$表示数列 $2，1+\frac{1}{2}，1+\frac{1}{3}，\cdots，1+\frac{1}{n}，\cdots$

(2) $\{n^2\}$表示数列 $1，4，9，\cdots，n^2，\cdots$

(3) $\{1+(-1)^n\}$表示数列 $0，2，0，\cdots，1+(-1)^n，\cdots$

(4) $\left\{\frac{(-1)^{n+1}}{n}\right\}$表示数列 $1，-\frac{1}{2}，\frac{1}{3}，-\frac{1}{4}，\cdots，\frac{(-1)^{n+1}}{n}，\cdots$

数列其实是一种特殊的函数，即 $x_n=f(n)$，它定义在自然数集中，当 n 分别取 1，2，3，…时，则可形成数列$\{x_n\}$.

定义 2　**设有数列$\{x_n\}$，若对于任意自然数 n，有 $x_n\leqslant x_{n+1}$，则称数列$\{x_n\}$为单调增加的数列；若对于任意自然数 n，有 $x_n\geqslant x_{n+1}$，则称$\{x_n\}$为单调减少的数列，单调增加与单调减少的数列统称为单调数列．**

定义 3　**若存在常数 $M>0$，对数列$\{x_n\}$中的每一项 x_n，都有 $|x_n|\leqslant M$，则称数列$\{x_n\}$为有界数列．数列的有界也可用不等式 $A\leqslant x_n\leqslant B$ 来定义，这时 A 称为$\{x_n\}$的一个下界，B 称为$\{x_n\}$的一个上界．非有界的数列称为无界数列．**

显然例 1 中，(1)是单调减少数列；(2)是单调增加数列；(1)，(3)，(4)是有界数列；(2)是无界数列．

二、数列极限的定义

对于数列$\left\{1+\frac{1}{n}\right\}$，随着项数 n 的不断增大，其通项无限地接近于 1，这种变化趋势是稳定的，我们把 1 称为数列$\left\{1+\frac{1}{n}\right\}$的极限．

所谓$\left\{1+\frac{1}{n}\right\}$无限地接近于 1，是指随着项数 n 的不断增大，$\left|1+\frac{1}{n}-1\right|$可以任意地小. 用数学语言，有：

定义 4　**设$\{x_n\}$是一个数列，a 是常数，如果对任意给定的 $\varepsilon>0$，总存在一个正整数 N，当 $n>N$ 时，都有 $|x_n-a|<\varepsilon$，则称 a 是数列$\{x_n\}$的极限，或者称$\{x_n\}$收敛于 a，记为**

$$\lim_{n\to+\infty} x_n=a \text{ 或 } x_n\to a(n\to+\infty).$$

如果数列没有极限，就说数列是**发散**的．

定义中正数 ε 的作用在于其可以任意小，因为只有这样，不等式 $|x_n-a|<\varepsilon$ 才能表达出 x_n 与 a 无限接近的意思；定义中正整数 N 是与正数 ε 有关的，它随着 ε 的给定而选定，不唯一．

数列$\{x_n\}$收敛于 a 的几何解释(图 1－5)为：$\lim\limits_{n\to+\infty} x_n=a\Leftrightarrow$任给 $\varepsilon>0$，存在 N，当 $n>N$时，所有点 x_n 都落在开区间$(a-\varepsilon，a+\varepsilon)$内．

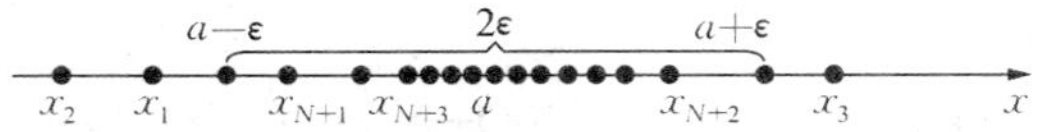

$a-\varepsilon$　2ε　$a+\varepsilon$　x_2　x_1　x_{N+1}　x_{N+3}　a　x_{N+2}　x_3　x

图 1－5

例 2 已知 $x_n=\frac{(-1)^{n+1}}{n}$，证明$\{x_n\}$的极限是 0.

证 因为 $|x_n-0|=\left|\frac{(-1)^{n+1}}{n}-0\right|=\frac{1}{n}$，任给正数 ε，要使 $|x_n-0|=\frac{1}{n}<\varepsilon$，只要 $n>\frac{1}{\varepsilon}$，故取 $N=\left[\frac{1}{\varepsilon}\right]$，则当 $n>N$ 时，便有 $|x_n-0|<\varepsilon$，按定义 4，$\lim\limits_{n\to+\infty}\frac{(-1)^{n+1}}{n}=0$.

例 3 已知 $x_n=\frac{n^2}{(n+1)^2}$，证明$\{x_n\}$的极限是 1.

证 因 $\left|\frac{n^2}{(n+1)^2}-1\right|=\left|\frac{-2n-1}{(n+1)^2}\right|=\left|\frac{2n+1}{(n+1)^2}\right|<\left|\frac{2n+2}{(n+1)^2}\right|=\left|\frac{2}{(n+1)}\right|<\frac{2}{n}$，任意给定 $\varepsilon>0$，要使 $\left|\frac{n^2}{(n+1)^2}-1\right|<\varepsilon$，只要 $\frac{2}{n}<\varepsilon$，即 $n>\frac{2}{\varepsilon}$. 取 $N=\left[\frac{2}{\varepsilon}\right]$，则当 $n>N$ 时，便有 $\left|\frac{n^2}{(n+1)^2}-1\right|<\varepsilon$，按定义 4，$\lim\limits_{n\to+\infty}\frac{n^2}{(n+1)^2}=1$.

三、数列极限的性质

定理 1（唯一性） **若$\{x_n\}$收敛，则极限必定唯一.**

定理 2（有界性） **若$\{x_n\}$收敛，则$\{x_n\}$必有界.**

证 设 $\lim\limits_{n\to+\infty}x_n=a$，由极限的定义，对任意给定的正数 ε，有正整数 N，当 $n>N$ 时，$|x_n-a|<\varepsilon$ 总成立. 在此不妨令 $\varepsilon=1$，则存在一正整数 N，当 $n>N$ 时，

$$|x_n-a|<1,$$

故

$$|x_n|-|a|\leqslant|x_n-a|<1,$$

从而

$$|x_n|\leqslant|a|+1.$$

取 $M=\max\{|x_1|,|x_2|,\cdots,|x_N|,|a|+1\}$，则对一切自然数 n，都有

$$|x_n|\leqslant M,$$

即数列$\{x_n\}$有界.

由定理知，如果数列$\{x_n\}$无界，那么数列$\{x_n\}$一定发散. 但是，如果数列$\{x_n\}$有界，却不能断定数列$\{x_n\}$一定收敛. 例如数列

$$1,\ -1,\ 1,\ \cdots,\ (-1)^{n+1},\ \cdots$$

有界，但该数列是发散的. 所以数列有界是数列收敛的必要条件，但不是充分条件.

定理 3（保号性） **若 $\lim\limits_{n\to+\infty}x_n=a$ 且 $a>0$（或 $a<0$），则存在正整数 N，当 $n>N$ 时，有 $x_n>0$（或 $x_n<0$）.**

证 仅证 $a>0$ 的情况. 由数列极限的定义，对 $\varepsilon=\frac{a}{2}$，存在正整数 N，当 $n>N$ 时，有

$$|x_n-a|<\frac{a}{2},$$

从而

$$x_n>a-\frac{a}{2}=\frac{a}{2}>0.$$

推论 **若数列$\{x_n\}$从某项起有 $x_n\geqslant0$（或 $x_n\leqslant0$），且 $\lim\limits_{n\to+\infty}x_n=a$，那么 $a\geqslant0$（或 $a\leqslant0$）.**

定理 4（单调有界原理） **单调有界数列必有极限.**

该定理从直观上来看是很明显的．定理也可表述为：**单调增加有上界的数列必有极限；单调减少有下界的数列必有极限．**

例 4 证明下面的数列有极限：

$$\sqrt{2},\ \sqrt{2\sqrt{2}},\ \sqrt{2\sqrt{2\sqrt{2}}},\ \cdots,\ \sqrt{2\sqrt{2\cdots\sqrt{2}}},\ \cdots$$

证 显然数列$\{x_n\}$是单调增加的，且 $x_n=\sqrt{2x_{n-1}}$．

因 $x_1=\sqrt{2}<2$，$x_2=\sqrt{2\sqrt{2}}<2$，而 $x_{n+1}=\sqrt{2x_n}$，由数学归纳法，$\{x_n\}$是有界的．由单调有界原理，$\{x_n\}$必有极限．

我们还可以进一步求出$\{x_n\}$的极限．设 $x_n\to a$，由 $x_{n+1}=\sqrt{2x_n}$，即 $x_{n+1}^2=2x_n$，对上式两端取极限，得

$$\lim_{n\to+\infty}x_{n+1}^2=\lim_{n\to+\infty}2x_n.$$

从而有

$$a^2=2a,$$

即

$$a=0\text{ 或 }a=2.$$

显然，由于$\{x_n\}$单调增加，而 $x_1=\sqrt{2}>0$，从而 $a=0$ 不合理，舍去．

例 5 证明 $\lim\limits_{n\to+\infty}\left(1+\dfrac{1}{n}\right)^n$ 存在．

证 首先，数列$\left\{x_n=\left(1+\dfrac{1}{n}\right)^n\right\}$是单调增加的．这是因为，由二项式定理得

$$\begin{aligned}x_n&=\left(1+\frac{1}{n}\right)^n\\&=1+n\frac{1}{n}+\frac{n(n-1)}{2!}\frac{1}{n^2}+\frac{n(n-1)(n-2)}{3!}\cdot\frac{1}{n^3}+\cdots+\frac{n(n-1)\cdots(n-n+1)}{n!}\cdot\frac{1}{n^n}\\&=1+1+\frac{1}{2!}\left(1-\frac{1}{n}\right)+\frac{1}{3!}\left(1-\frac{1}{n}\right)\left(1-\frac{2}{n}\right)+\cdots+\left(1-\frac{1}{n}\right)\left(1-\frac{2}{n}\right)\cdots\left(1-\frac{n-1}{n}\right)\end{aligned}$$

$$\begin{aligned}x_{n+1}&=\left(1+\frac{1}{n+1}\right)^{n+1}\\&=1+1+\frac{1}{2!}\left(1-\frac{1}{n+1}\right)+\frac{1}{3!}\left(1-\frac{1}{n+1}\right)\left(1-\frac{2}{n+1}\right)+\cdots+\\&\quad\frac{1}{n!}\left(1-\frac{1}{n+1}\right)\cdot\left(1-\frac{2}{n+1}\right)\cdots\left(1-\frac{n-1}{n+1}\right)+\\&\quad\frac{1}{(n+1)!}\left(1-\frac{1}{n+1}\right)\left(1-\frac{2}{n+1}\right)\cdots\left(1-\frac{n}{n+1}\right).\end{aligned}$$

x_n 与 x_{n+1} 相比，除前两项都是 1 之外，从第三项开始，x_n 的每一项都小于 x_{n+1} 的相应项，而且 x_{n+1} 还多出一个数值为正值的末项，因此 $x_n\leqslant x_{n+1}$（$n=1,2,3,\cdots$），即$\{x_n\}$单调增加．

其次，数列$\{x_n\}$有界．事实上，以 1 代替 x_n 展开式中各括号中的项，则

$$\begin{aligned}x_n&\leqslant1+1+\frac{1}{2!}+\frac{1}{3!}+\cdots+\frac{1}{n!}<1+1+\frac{1}{2}+\frac{1}{2^2}+\cdots+\frac{1}{2^{n-1}}\\&=1+\frac{1-\frac{1}{2^n}}{1-\frac{1}{2}}=3-\frac{1}{2^{n-1}}<3.\end{aligned}$$

从而由单调有界原理，$\lim\limits_{n\to+\infty}\left(1+\dfrac{1}{n}\right)^n$ 存在，通常我们记该极限为 e. 可以证明 e 是一个无理数，e≈2.71828.

定理 5（**两边夹原理**） **如果数列**$\{x_n\}$，$\{y_n\}$，$\{z_n\}$**满足**：

(1) **存在正整数** N，**当** $n>N$ **时**，$y_n\leqslant x_n\leqslant z_n$；

(2) $\lim\limits_{n\to+\infty}y_n=\lim\limits_{n\to+\infty}z_n=a$；

则数列$\{x_n\}$**的极限必存在，且** $\lim\limits_{n\to+\infty}x_n=a$.

证 因 $\lim\limits_{n\to+\infty}y_n=\lim\limits_{n\to+\infty}z_n=a$，对于任意给定的 $\varepsilon>0$，

存在 N_1，$n>N_1$ 时，$a-\varepsilon<y_n<a+\varepsilon$；

存在 N_2，$n>N_2$ 时，$a-\varepsilon<z_n<a+\varepsilon$.

又由于存在 N，当 $n>N$ 时，$y_n\leqslant x_n\leqslant z_n$，故取 $N_3=\max\{N, N_1, N_2\}$. 当 $n>N_3$ 时，上面三个不等式同时成立，从而

$$a-\varepsilon<y_n\leqslant x_n\leqslant z_n<a+\varepsilon,$$

即 $a-\varepsilon<x_n<a+\varepsilon$. 于是 $|x_n-a|<\varepsilon$，即 $\lim\limits_{n\to+\infty}x_n=a$.

例 6 求 $\lim\limits_{n\to+\infty}\left[\dfrac{1}{n^2}+\dfrac{1}{(n+1)^2}+\dfrac{1}{(n+2)^2}+\cdots+\dfrac{1}{(n+n)^2}\right]$.

解 令 $x_n=\dfrac{1}{n^2}+\dfrac{1}{(n+1)^2}+\dfrac{1}{(n+2)^2}+\cdots+\dfrac{1}{(n+n)^2}$，

x_n 是$(n+1)$项之和，在这$(n+1)$项中，最小的是$\dfrac{1}{(n+n)^2}$，最大的是$\dfrac{1}{n^2}$. 如果 x_n 的每一项都用$\dfrac{1}{(n+n)^2}$或$\dfrac{1}{n^2}$来代替，则必有

$$(n+1)\frac{1}{(n+n)^2}\leqslant x_n\leqslant(n+1)\frac{1}{n^2},$$

即
$$\frac{n+1}{4n^2}\leqslant x_n\leqslant\frac{n+1}{n^2}.$$

而
$$\frac{1}{4n}=\frac{n}{4n^2}\leqslant\frac{n+1}{4n^2}\leqslant x_n\leqslant\frac{n+1}{n^2}\leqslant\frac{2n}{n^2}=\frac{2}{n},$$

$\lim\limits_{n\to+\infty}\dfrac{1}{4n}=\lim\limits_{n\to+\infty}\dfrac{2}{n}=0$，由两边夹原理 $\lim\limits_{n\to+\infty}x_n=0$，亦即

$$\lim_{n\to+\infty}\left[\frac{1}{n^2}+\frac{1}{(n+1)^2}+\frac{1}{(n+2)^2}+\cdots+\frac{1}{(n+n)^2}\right]=0.$$

最后，介绍子数列的概念以及关于收敛的数列与其子数列间关系的一个定理.

在数列$\{x_n\}$中任意抽取无限多项并保持这些项在原数列$\{x_n\}$中的先后次序，这样得到的一个数列称为**原数列**$\{x_n\}$**的子数列**(**或子列**).

设在数列$\{x_n\}$中，第一次抽取 x_{n_1}，第二次在 x_{n_1} 后抽取 x_{n_2}，第三次在 x_{n_2} 后抽取 x_{n_3}，…这样无休止地抽取下去，便得到一个数列

$$x_{n_1},\ x_{n_2},\ \cdots,\ x_{n_k},\ \cdots,$$

这个数列$\{x_{n_k}\}$就是数列$\{x_n\}$的一个子数列.

注意：在子数列$\{x_{n_k}\}$中，一般项 x_{n_k} 是第 k 项，而 x_{n_k} 在原数列$\{x_n\}$中却是第 n_k 项. 显然 $n_k\geqslant k$.

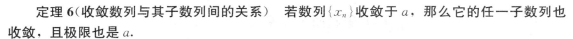

定理 6(收敛数列与其子数列间的关系) 若数列$\{x_n\}$收敛于a，那么它的任一子数列也收敛，且极限也是a.

证 设数列$\{x_{n_k}\}$是数列$\{x_n\}$的任一子数列．由于$\lim\limits_{n\to+\infty}x_n=a$，故对任意$\varepsilon>0$，存在正整数$N$，当$n>N$时，$|x_n-a|<\varepsilon$成立．取$K=N$，则当$k>K$时，$n_k>n_K=n_N\geqslant N$. 于是$|x_{n_k}-a|<\varepsilon$. 这就证明了$\lim\limits_{k\to+\infty}x_{n_k}=a$.

由定理 6 可知，如果数列$\{x_n\}$有两个子数列收敛于不同的极限，那么数列$\{x_n\}$是发散的．

例如，数列

$$1,\ -1,\ 1,\ \cdots,\ (-1)^{n+1},\ \cdots$$

的子数列$\{x_{2k-1}\}$收敛于 1，而子数列$\{x_{2k}\}$收敛于-1，因此数列$\{x_n\}=\{(-1)^{n+1}\}(n=1,2,\cdots)$是发散的．同时这个例子也说明，一个发散的数列也可能有收敛的子数列．

习题 1-2

1. 下列数列哪些为有界数列？哪些为单调数列？哪些为收敛数列？若是收敛的数列，指出它的极限：

(1) $1,\ 3,\ 5,\ \cdots,\ 2n+1,\ \cdots$;

(2) $0,\ 1,\ 0,\ \frac{1}{2},\ 0,\ \frac{1}{3},\ \cdots,\ \frac{1+(-1)^n}{n},\ \cdots$;

(3) $\frac{1}{2},\ \frac{2}{3},\ \frac{3}{4},\ \cdots,\ \frac{n}{n+1},\ \cdots$;

(4) $-1,\ 1,\ -1,\ 1,\ \cdots,\ (-1)^n,\ \cdots$;

(5) $-1,\ 2,\ -3,\ 4,\ \cdots,\ n(-1)^n,\ \cdots$.

2. 用数列极限的定义证明：

(1) $\lim\limits_{n\to+\infty}\frac{n+1}{n^2+1}=0$;　　(2) $\lim\limits_{n\to+\infty}\frac{1}{\sqrt{n}}=0$;

(3) $\lim\limits_{n\to+\infty}\frac{3n+1}{2n-1}=\frac{3}{2}$;　　(4) $\lim\limits_{n\to+\infty}\frac{1}{n}\cos\frac{\pi}{n}=0$.

3. 利用单调有界原理求数列$\sqrt{3}$，$\sqrt{3+\sqrt{3}}$，$\sqrt{3+\sqrt{3+\sqrt{3}}}$，…，$\sqrt{3+\sqrt{3+\sqrt{3+\cdots}}}$，…的极限．

4. 利用两边夹原理证明

$$\lim_{n\to+\infty}\left(\frac{1}{\sqrt{n^2+1}}+\frac{1}{\sqrt{n^2+2}}+\cdots+\frac{1}{\sqrt{n^2+n}}\right)=1.$$

5. 对于数列$\{x_n\}$，若$x_{2k-1}\to a(k\to\infty)$，$x_{2k}\to a(k\to\infty)$，证明$x_n\to a(n\to\infty)$.

第三节　函数的极限

上一节，我们讨论了数列的极限．数列$\{x_n\}$是一类特殊的函数：$x_n=f(n)$，其定义域为正整数集．本节我们讨论一般函数$y=f(x)$的极限问题．

一、自变量趋向于无穷大时函数的极限

考虑函数 $y=\dfrac{1}{x-1}$，其图形参见图 1-6. 从图形上看，当 $x>1$ 时，若自变量 x 沿 x 轴正向无限增大，则 y 将无限地趋近于 0；当 $x<1$ 时，若 x 沿 x 轴负向无限减小(即绝对值无限增大)，则 y 也无限趋近于 0.

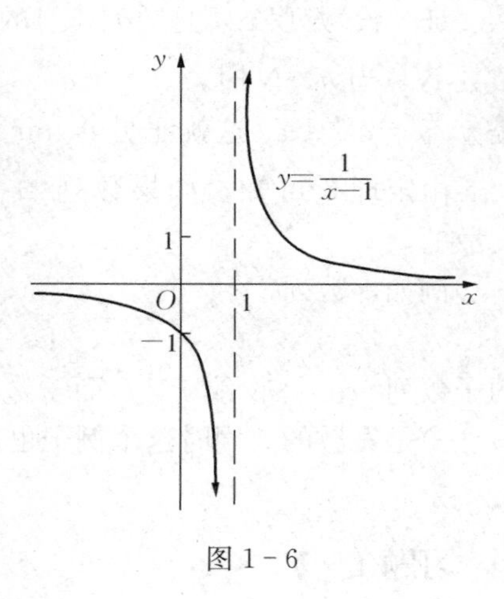

图 1-6

上述两种变化过程是稳定的，我们称 $y=\dfrac{1}{x-1}$ 在 $x\to\infty$ 时的极限为 0.

类似于数列极限的定义，我们给出函数 $f(x)$ 在 $x\to\infty$ 时的极限定义.

定义 1 **设 $f(x)$ 在 $(a,+\infty)$ 内有定义，A 为常数，若对于任意给定的 $\varepsilon>0$，总存在一个正数 X，当 $x>X$ 时，有 $|f(x)-A|<\varepsilon$，则称当 x 趋于 $+\infty$ 时，$f(x)$ 的极限为 A，记作**

$$\lim_{x\to+\infty}f(x)=A \text{ 或 } f(x)\to A(x\to+\infty).$$

定义 2 **设 $f(x)$ 在 $(-\infty,b)$ 内有定义，A 为常数，若对任意给定的 $\varepsilon>0$，总存在一个正数 X，当 $x<-X$ 时，有 $|f(x)-A|<\varepsilon$，则称当 x 趋于 $-\infty$ 时，$f(x)$ 的极限为 A，记作**

$$\lim_{x\to-\infty}f(x)=A \quad \text{或} \quad f(x)\to A(x\to-\infty).$$

定义 3 **设 $f(x)$ 在 $(-\infty,b)\cup(a,+\infty)$ 内有定义 $(b<a)$，A 为常数，若对于任意给定的 $\varepsilon>0$，总存在一个正数 X，当 $|x|>X$ 时，有 $|f(x)-A|<\varepsilon$，则称当 x 趋于 ∞ 时，$f(x)$ 的极限为 A，记作**

$$\lim_{x\to\infty}f(x)=A \quad \text{或} \quad f(x)\to A(x\to\infty).$$

从几何上看，$\lim\limits_{x\to\infty}f(x)=A$ 的意义是：作直线 $y=A-\varepsilon$ 和 $y=A+\varepsilon$，则总有一正数 X 存在，使当 $x<-X$ 或 $x>X$ 时，$y=f(x)$ 的图形位于这两条直线之间(图 1-7).

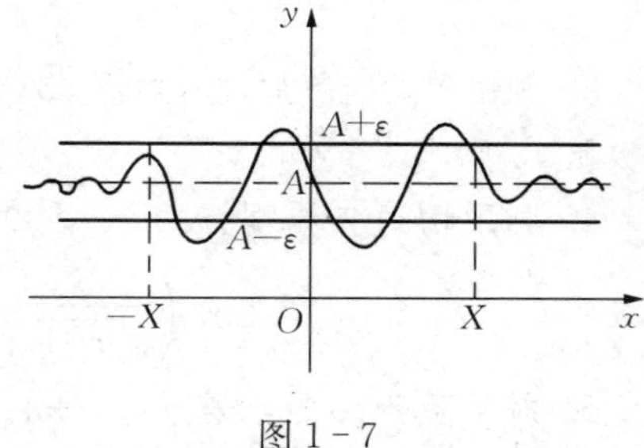

图 1-7

$\lim\limits_{x\to+\infty}f(x)=A$ 及 $\lim\limits_{x\to-\infty}f(x)=A$ 的几何意义读者可以类似给出.

由上述定义有：

定理 1 **$\lim\limits_{x\to\infty}f(x)$ 存在的充分必要条件是：$\lim\limits_{x\to+\infty}f(x)$ 与 $\lim\limits_{x\to-\infty}f(x)$ 存在且相等.**

例 1 证明 $\lim\limits_{x\to\infty}\dfrac{1}{x}=0$.

证 对于任意给定的 $\varepsilon>0$，要使 $\left|\dfrac{1}{x}-0\right|=\dfrac{1}{|x|}<\varepsilon$，只要 $|x|>\dfrac{1}{\varepsilon}$，故取 $X=\dfrac{1}{\varepsilon}$. 则当 $|x|>X$ 时，便有 $\left|\dfrac{1}{x}-0\right|<\varepsilon$，即 $\lim\limits_{x\to\infty}\dfrac{1}{x}=0$.

例 2 证明 $\lim\limits_{x \to -\infty} 2^x = 0$.

证 对任意给定的 $\varepsilon>0$，要使 $|2^x-0|<\varepsilon$，由 $|2^x-0|=2^x<\varepsilon$，可得 $x\ln 2<\ln\varepsilon$，即 $x<\dfrac{\ln\varepsilon}{\ln 2}$. 因 ε 一般取很小的正数，不妨取 $\varepsilon<1$，则 $\dfrac{\ln\varepsilon}{\ln 2}<0$. 令 $X=\left|\dfrac{\ln\varepsilon}{\ln 2}\right|$，则当 $X>0$ 且 $x<-X$ 时，$|2^x-0|<\varepsilon$ 成立，故 $\lim\limits_{x \to -\infty} 2^x=0$.

显然，当 $x\to\infty$ 时，$\sin x$，$\cos x$ 的极限不存在.

二、自变量趋向于有限值时函数的极限

考虑函数 $y=f(x)=\dfrac{x^2-1}{x-1}$ 当自变量 $x\to 1$ 时的变化趋势.

由图 1-8 可见，$x\to 1$ 共有两种方式：

(1) $x<1$，$x\to 1$，即 x 从点 1 左侧无限趋近于 1；

(2) $x>1$，$x\to 1$，即 x 从点 1 右侧无限趋近于 1.

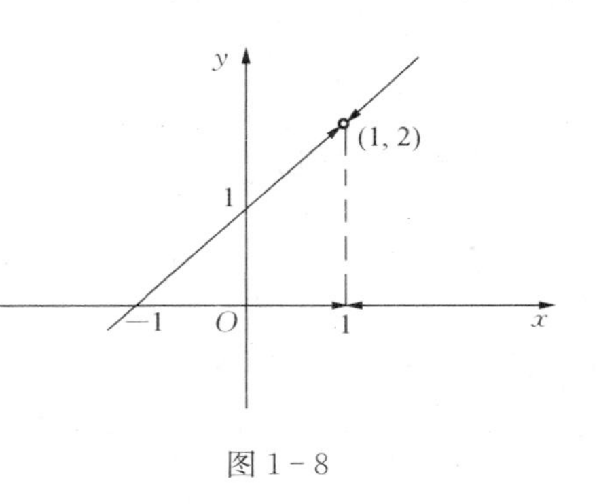

图 1-8

显然，无论 x 从点 $x=1$ 左侧还是右侧无限趋近于 1 时，与 x 相应的函数曲线上的点 $(x, f(x))$ 都无限地趋近于坐标平面上的点 $(1, 2)$，即函数 $f(x)$ 无限趋近于数值 2.

由于 $x<1$，$x\to 1$ 和 $x>1$，$x\to 1$ 包括了 $x\to 1$ 的所有方式，而在这两种方式之下，$f(x)=\dfrac{x^2-1}{x-1}$ 都无限趋近于 2，即当 $x\to 1$ 时，函数 $f(x)$ 具有稳定的变化趋势，所以称 $f(x)=\dfrac{x^2-1}{x-1}$ 当 $x\to 1$ 时极限存在，极限值是 2.

一般地，对于函数 $y=f(x)$，当自变量 x 无限地趋近于某点 x_0 时，如果函数 $f(x)$ 无限地趋近于某一常数 A，我们就说 A 是 $y=f(x)$ 当 $x\to x_0$ 时的极限，也说 A 是 $y=f(x)$ 在 $x\to x_0$ 时的极限.

因为，若 A 是 $y=f(x)$ 当 $x\to x_0$ 时的极限，就意味着：只要 x 充分接近于 x_0，函数值 $f(x)$ 和 A 的差就会任意的小(无限地接近 0)，故我们有如下定义：

定义 4 **设 $f(x)$ 在 $N(\hat{x}_0, \delta)$ 内有定义，A 是常数，若对任意给定的 $\varepsilon>0$，总存在 $\delta>0$，使得当 $0<|x-x_0|<\delta$ 时，总有 $|f(x)-A|<\varepsilon$，则称 A 是函数 $y=f(x)$ 当 $x\to x_0$ 时的极限，记作**

$$\lim_{x \to x_0} f(x) = A \text{ 或 } f(x)\to A(x\to x_0).$$

定义中 $0<|x-x_0|$ 表示 $x\neq x_0$，也就是说，当 $x\to x_0$ 时，$f(x)$ 有无极限与 $f(x)$ 在点 x_0 有无定义并无关系，

例如，当 $x\to 1$ 时 $f(x)=\dfrac{x^2-1}{x-1}$ 的极限是 2，但该函数在 $x=1$ 并无定义.

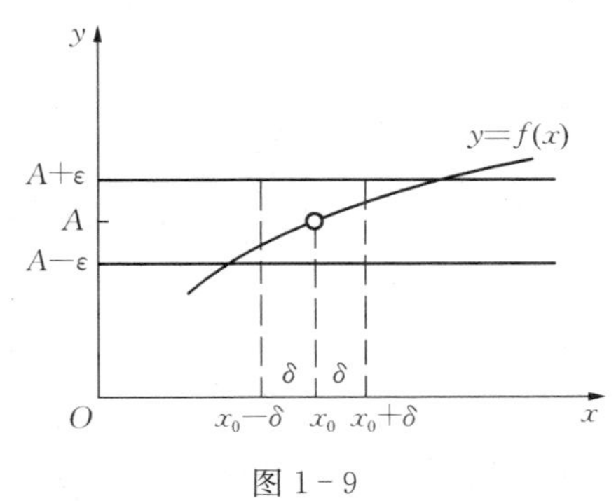

图 1-9

图 1-9 中给出了 $x\to x_0$ 时，$f(x)$ 的极限为 A

的几何解释．它表明只要 $x_0-\delta<x<x_0+\delta$，$x\neq x_0$，曲线 $y=f(x)$ 总在两条直线 $y=A+\varepsilon$ 和 $y=A-\varepsilon$ 之间．用邻域来讲，即当 $x\in N(x_0,\delta)$ 时，必有 $f(x)\in N(A,\varepsilon)$.

例 3 证明 $\lim\limits_{x\to 1}(3x-2)=1$.

证 对于任意给定的 $\varepsilon>0$，要使 $|(3x-2)-1|=|3x-3|=3|x-1|<\varepsilon$，只要 $|x-1|<\dfrac{\varepsilon}{3}$，故取 $\delta=\dfrac{\varepsilon}{3}$，则当 $0<|x-1|<\delta$ 时，便有 $|(3x-2)-1|<\varepsilon$ 成立，所以

$$\lim_{x\to 1}(3x-2)=1.$$

例 4 证明 $\lim\limits_{x\to x_0}C=C$，此处 C 为常数．

证 因为 $|f(x)-A|=C-C=0$，因此对任意给定的 $\varepsilon>0$，可任取 $\delta>0$，当 $0<|x-x_0|<\delta$ 时，便有 $|f(x)-A|=C-C=0<\varepsilon$，所以

$$\lim_{x\to x_0}C=C.$$

例 5 证明 $\lim\limits_{x\to 3}\dfrac{x^2-9}{x-3}=6$.

证 因为 $\left|\dfrac{x^2-9}{x-3}-6\right|=|x+3-6|=|x-3|$，故对于任意给定的 $\varepsilon>0$，要使 $\left|\dfrac{x^2-9}{x-3}-6\right|<\varepsilon$，只要 $|x-3|<\varepsilon$. 取 $\delta=\varepsilon$，则当 $0<|x-3|<\delta$ 时，便有 $\left|\dfrac{x^2-9}{x-3}-6\right|<\varepsilon$ 成立，所以 $\lim\limits_{x\to 3}\dfrac{x^2-9}{x-3}=6$.

当 $x<x_0$，$x\to x_0$ 时，函数 $f(x)$ 的极限 A 称为 $f(x)$ 在点 x_0 的**左极限**，记作

$$\lim_{x\to x_0^-}f(x)=A \text{ 或 } f(x_0-0)=A;$$

当 $x>x_0$，$x\to x_0$ 时，函数 $f(x)$ 的极限 A 称为 $f(x)$ 在点 x_0 的**右极限**，记作

$$\lim_{x\to x_0^+}f(x)=A \text{ 或 } f(x_0+0)=A.$$

左、右极限统称为**单侧极限**．

显然有如下定理：

定理 2 $\lim\limits_{x\to x_0}f(x)=A\Leftrightarrow f(x_0-0)=f(x_0+0)=A$.

利用该定理可以判断当 $x\to x_0$ 时，$f(x)$ 在点 x_0 的极限是否存在．

例 6 求 $f(x)=\arctan\dfrac{1}{x}$ 在点 $x=0$ 的左右极限．

解 函数 $f(x)=\arctan\dfrac{1}{x}$ 的图形如图 1-10 所示．

$$f(0-0)=\lim_{x\to 0^-}\arctan\frac{1}{x}=-\frac{\pi}{2},$$

$$f(0+0)=\lim_{x\to 0^+}\arctan\frac{1}{x}=\frac{\pi}{2}.$$

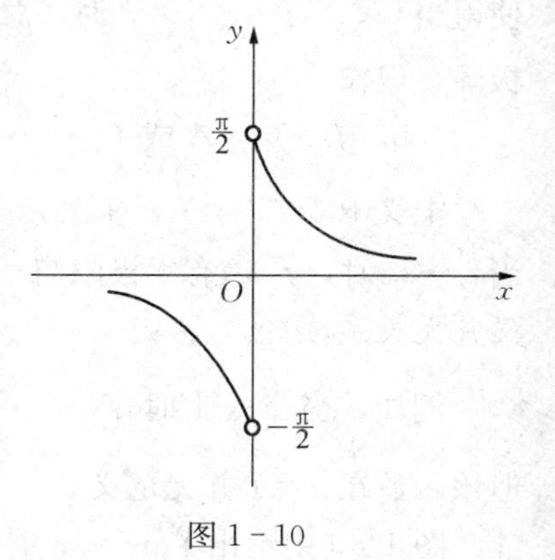

图 1-10

根据定理 2，$f(x)=\arctan\dfrac{1}{x}$ 在点 $x=0$ 极限不存在．

三、函数极限的性质

类似于数列极限，函数的极限也有如下性质：

定理 3（唯一性） 若 $\lim\limits_{x \to x_0} f(x) = A$ 存在，则必唯一．

定理 4（有界性） 若 $\lim\limits_{x \to x_0} f(x) = A$，则总存在 $\delta > 0$，使得 $f(x)$ 在 $N(\hat{x}_0, \delta)$ 内有界．

定理 5（保号性） 若 $\lim\limits_{x \to x_0} f(x) = A$，$\lim\limits_{x \to x_0} g(x) = B$，且存在 $\delta > 0$，使当 $x \in N(\hat{x}_0, \delta)$ 时 $f(x) \leqslant g(x)$，则 $A \leqslant B$.

推论 若 $\lim\limits_{x \to x_0} f(x) = A > 0$（或 $A < 0$），则存在 $\delta > 0$，当 $x \in N(\hat{x}_0, \delta)$ 时，$f(x) > 0$（或 $f(x) < 0$）.

定理 6（两边夹定理） 若存在 $\delta > 0$，当 $x \in N(\hat{x}_0, \delta)$ 时，$f(x) \leqslant g(x) \leqslant h(x)$，并且 $\lim\limits_{x \to x_0} f(x) = \lim\limits_{x \to x_0} h(x) = A$，则 $\lim\limits_{x \to x_0} g(x) = A$.

以上结论对 $x \to \infty$，$x \to +\infty$，$x \to -\infty$ 及单侧极限的情形也成立．

习题 1 - 3

1. 用极限的定义证明：

（1）$\lim\limits_{x \to +\infty} \dfrac{\sin x}{\sqrt{x}} = 0$；　　（2）$\lim\limits_{x \to +\infty} \dfrac{1 + x^3}{2x^3} = \dfrac{1}{2}$；

（3）$\lim\limits_{x \to 2} (3x - 1) = 5$；　　（4）$\lim\limits_{x \to -2} \dfrac{x^2 - 4}{x + 2} = -4$.

2. 当 $x \to 2$ 时，$x^2 \to 4$，问 δ 应取何值，使得当 $|x - 2| < \delta$ 时，$|x^2 - 4| < 0.001$?（提示：因为 $x \to 2$，不妨设 $1 < x < 3$）.

3. 当 $x \to +\infty$ 时，$y = \dfrac{x^2 - 1}{x^2 + 3} \to 1$，问 X 等于何值，能使 $|x| > X$ 时，$|y - 1| < 0.01$?

4. 求 $f(x) = \dfrac{|x|}{x}$ 当 $x \to 0$ 时的左右极限，并说明当 $x \to 0$ 时，$f(x)$ 的极限是否存在．

5. 作出 $f(x)$ 的图形，并讨论在点 $x = 1$ 的左右极限，其中

$$f(x)\begin{cases} x^2 + 1, & x < 1, \\ 1, & x = 1, \\ -1, & x > 1. \end{cases}$$

6. 用定义证明：$\lim\limits_{x \to x_0} f(x) = A \Leftrightarrow f(x_0 + 0) = f(x_0 - 0) = A$.

第四节　无穷小量与无穷大量

一、无穷小量

如果函数 $f(x)$ 当 $x \to x_0$（$x \to \infty$）时的极限为零，则称函数 $f(x)$ 为 $x \to x_0$（$x \to \infty$）时的**无穷小量**，简称**无穷小**．

根据函数极限的定义，无穷小量的定义为

定义 1 设函数 $f(x)$在 $N(\hat{x}_0, \delta)$有定义(或 $|x|$ 大于某一正数时有定义)，如果对于任意给定的正数 ε，总存在正数 δ(或正数 X)，使得当 $0<|x-x_0|<\delta$(或 $|x|>X$)时，总有

$$|f(x)|<\varepsilon,$$

则称函数 $f(x)$当 $x\to x_0$(或 $x\to\infty$)时为无穷小量，记作

$$\lim_{x\to x_0} f(x)=0(\text{或}\lim_{x\to\infty} f(x)=0).$$

例如，因为$\lim\limits_{x\to 1}(x-1)=0$，所以函数 $x-1$ 当 $x\to 1$ 时为无穷小量．

因为$\lim\limits_{x\to 0}\sin x=0$，所以函数 $\sin x$ 当 $x\to 0$ 时为无穷小量．

因为$\lim\limits_{x\to\infty}\dfrac{1}{x}=0$，所以函数$\dfrac{1}{x}$当 $x\to\infty$时为无穷小量．

注意：(1) 不可把无穷小量与“很小的量”混为一谈，无穷小量不是指量的大小，而是指量的变化趋势(以零为极限).

(2) 称一个量为无穷小量，必须明确指出自变量的变化趋势．同一个函数，比如$\dfrac{1}{x}$，当 $x\to\infty$时是无穷小量；当 $x\to 0$ 时$\dfrac{1}{x}\to\infty$，自然不是无穷小量．

(3) 0 是无穷小量，除 0 之外，任何常数都不是无穷小量．

定理 1 $\lim\limits_{x\to x_0} f(x)=A$($\lim\limits_{x\to\infty} f(x)=A$)**的充分必要的条件是** $f(x)=A+\alpha$**，其中** A **为常数，**$\alpha=\alpha(x)$**为** $x\to x_0(x\to\infty)$**的无穷小量．**

证 (仅证 $x\to x_0$ 的情形).

(必要性)因为 $\lim\limits_{x\to x_0} f(x)=A$，则对于任意给定的 $\varepsilon>0$，存在 $\delta>0$，当 $0<|x-x_0|<\delta$ 时，$|f(x)-A|<\varepsilon$. 令 $f(x)-A=\alpha(x)=\alpha$，则$\lim\limits_{x\to x_0}\alpha=0$. 即 α 为 $x\to x_0$ 时的无穷小量，且$f(x)=A+\alpha$.

(充分性)若 $f(x)=A+\alpha$，α 为 $x\to x_0$ 时的无穷小量，则 $|f(x)-A|=|\alpha|$．因为α 为 $x\to x_0$ 时的无穷小量，从而任给 $\varepsilon>0$，存在 $\delta>0$，当 $0<|x-x_0|<\delta$ 时，$|\alpha|<\varepsilon$，即 $|f(x)-A|<\varepsilon$，故 $\lim\limits_{x\to x_0} f(x)=A$.

定理 2 **(1) 有限个无穷小量的和仍是无穷小量；**

(2) 有限个无穷小量的积仍是无穷小量；

(3) 有界变量与无穷小量之积仍是无穷小量．

证 仅证 $x\to x_0$ 时两个无穷小量之和的情形．

设 $x\to x_0$ 时，$\alpha=\alpha(x)\to 0$，$\beta=\beta(x)\to 0$，由定义对任给 $\varepsilon>0$，有 $\delta_1>0$，$\delta_2>0$，当 $0<|x-x_0|<\delta_1$ 时，$|\alpha|<\dfrac{\varepsilon}{2}$；当 $0<|x-x_0|<\delta_2$ 时，$|\beta|<\dfrac{\varepsilon}{2}$. 取 $\delta=\min\{\delta_1, \delta_2\}$，则当$0<|x-x_0|<\delta$时，不等式 $|\alpha|<\dfrac{\varepsilon}{2}$，$|\beta|<\dfrac{\varepsilon}{2}$均成立，于是 $|\alpha+\beta|\leqslant|\alpha|+|\beta|<\dfrac{\varepsilon}{2}+\dfrac{\varepsilon}{2}=\varepsilon$，这就是说，当 $x\to x_0$ 时，$\alpha+\beta$是无穷小量．

例如，当 $x\to 0$ 时，x^2，x^3+x^2，$x^2\sin\dfrac{1}{x}$ 均为无穷小量．又当 $x\to\infty$时，$\dfrac{1}{x}\cos x$，

$\frac{1}{x^2}\sin x$也都是无穷小量．

常量与收敛变量是有界的，故它们与无穷小量之积也是无穷小量．

在应用定理2的(1)时必须注意，其所指的“有限个”是一个确定的个数，不能在极限过程中变动．例如不可将$\frac{n}{n^2+1}+\frac{n}{n^2+2}+\cdots+\frac{n}{n^2+n}$看做是有限个无穷小量$\frac{n}{n^2+i}$($i=1$，2，…，$n$)之和，否则将会得出极限为0的错误结论．而事实上用两边夹原理可以证明其极限为1.

二、无穷大量

定义2　设$f(x)$在$N(x_0，\delta)$内有定义，如果对于任意给定的正数M，总存在正数δ，当$0<|x-x_0|<\delta$时，总有$|f(x)|>M$，则称$f(x)$是当$x\to x_0$时的无穷大量，记作

$$\lim_{x\to x_0}f(x)=\infty \text{ 或 } f(x)\to\infty(x\to x_0).$$

在定义2中，若将$|f(x)|>M$换成$f(x)>M$，则得到当$x\to x_0$时，$f(x)$为**正无穷大量**的定义，记作$\lim\limits_{x\to x_0}f(x)=+\infty$.

在定义2中，若将$|f(x)|>M$换成$f(x)<-M$，则得到当$x\to x_0$时，$f(x)$为**负无穷大量**的定义，记作$\lim\limits_{x\to x_0}f(x)=-\infty$.

例如，函数$f(x)=\frac{1}{x-1}$，如图1-6所示，当$x\to 1^-$时，$f(x)\to-\infty$；当$x\to 1^+$时，$f(x)\to+\infty$. 所以说，当$x\to 1^-$时$f(x)$是负无穷大量；当$x\to 1^+$时$f(x)$是正无穷大量．故当$x\to 1$时$f(x)$是无穷大量．

注意：(1) 无穷大量(∞)不是数，不要与很大的数(如1千万，10亿等)混为一谈．无穷大量是指量的变化趋势(绝对值无限增大).

(2) 称一个量为无穷大量，必须明确指出自变量的变化趋势．同一函数，例如$\frac{1}{x}$，当$x\to 0$时，是无穷大量；当$x\to\infty$时，是无穷小量．

例1　证明$\lim\limits_{x\to 1}\frac{1}{(x-1)^2}=+\infty$.

证　任意给定正数M，要使$\frac{1}{(x-1)^2}>M$，只要$|x-1|<\frac{1}{\sqrt{M}}$. 故取$\delta=\frac{1}{\sqrt{M}}$，则当$0<|x-1|<\delta$时，便有$\frac{1}{(x-1)^2}>M$. 按定义$\lim\limits_{x\to 1}\frac{1}{(x-1)^2}=+\infty$.

无穷大量与无界变量也是不能混淆的．无穷大量一定是无界变量，但无界变量不一定是无穷大量．

例2　证明数列$x_n=n^{(-1)^n}$是无界的但不是无穷大量．

证　当n为偶数$2k$时，$x_n=2k$，x_n可以任意地大，$\{x_n\}$是无界的；当n为奇数$2k+1$时，$x_n=\frac{1}{2k+1}$，由于$\frac{1}{2k+1}\leqslant 1(k=0，1，2，\cdots)$，取$M=2$，$|x_n|>M$便不成立．这说明$\{x_n\}$不是无穷大量．

依据定义来验证无穷大量是困难的．下面的定理给出了无穷大量与无穷小量的关系，可以用来判定无穷大量．

定理 3 在自变量的同一变化过程中，如果 $f(x)$ 为无穷大量，则 $\frac{1}{f(x)}$ 为无穷小量；如果 $f(x)$ 为无穷小量且 $f(x)\neq 0$，则 $\frac{1}{f(x)}$ 为无穷大量.

例如，由于 $\sin x(x\to 0)$，$1-x(x\to 1)$ 是无穷小量，所以 $\frac{1}{\sin x}(x\to 0)$，$\frac{1}{1-x}(x\to 1)$ 是无穷大量.

习题 1-4

1. 下列说法正确吗？为什么？

(1) 无穷小量是很小很小的数；

(2) 无穷大量是很大很大的数；

(3) 无穷小量的倒数是无穷大量；

(4) 无穷大量的倒数是无穷小量.

2. 按照 ε 形式定义证明下列函数为无穷小量：

(1) $x\to 3$ 时，$y=\frac{x-3}{x}$；

(2) $x\to 0$ 时，$y=x\sin\frac{1}{x}$.

3. 用定义证明当 $x\to 0$ 时，$y=\frac{1+2x}{x}$ 是无穷大量，并说明 x 满足什么条件时，$|y|>10^4$？

第五节　函数极限的运算法则

极限定义本身没有给出求极限的一般方法，本节讨论极限的求法，主要是建立极限的四则运算法则和复合函数的极限运算法则．利用这些法则，可以求解某些函数的极限．由极限定义可以证明如下的函数极限的运算法则．

定理 1 若 $\lim\limits_{x\to x_0}f(x)=A$，$\lim\limits_{x\to x_0}g(x)=B$，则

(1) $\lim\limits_{x\to x_0}[f(x)\pm g(x)]=\lim\limits_{x\to x_0}f(x)\pm\lim\limits_{x\to x_0}(x)=A\pm B$；

(2) $\lim\limits_{x\to x_0}[kf(x)]=k\lim\limits_{x\to x_0}f(x)=kA$（$k$ 为常数）；

(3) $\lim\limits_{x\to x_0}[f(x)\cdot g(x)]=\lim\limits_{x\to x_0}f(x)\cdot\lim\limits_{x\to x_0}g(x)=A\cdot B$；

(4) $\lim\limits_{x\to x_0}\frac{f(x)}{g(x)}=\frac{\lim\limits_{x\to x_0}f(x)}{\lim\limits_{x\to x_0}g(x)}=\frac{A}{B}(B\neq 0)$.

仅证(1)　由于 $\lim\limits_{x\to x_0}f(x)=A$，$\lim\limits_{x\to x_0}g(x)=B$，根据第四节定理 1，有

$$f(x)=A+\alpha, g(x)=B+\beta,$$

其中，$\alpha=\alpha(x)$，$\beta=\beta(x)$ 当 $x\to x_0$ 时，均为无穷小量．于是

$$f(x)+g(x)=(A+\alpha)+(B+\beta)=(A+B)+(\alpha+\beta),$$

这里 $\alpha+\beta$ 仍是无穷小量(第四节定理 2)．再用第四节定理 1，有

$$\lim_{x\to x_0}[f(x)+g(x)]=A+B=\lim_{x\to x_0}f(x)+\lim_{x\to x_0}g(x).$$

定理对于极限过程 $x\to x_0^-$，$x\to x_0^+$，$x\to\infty$，$x\to+\infty$，$x\to-\infty$ 也是适用的，并且其中的(1)、(3)还可以推广到有限个函数．根据定理 1，还可得如下结论：

(1) $\lim\limits_{x \to x_0}[f(x)]^m = [\lim\limits_{x \to x_0} f(x)]^m$（$m$ 为正整数）；

(2) $\lim\limits_{x \to x_0}[f(x)]^{\frac{1}{m}} = [\lim\limits_{x \to x_0} f(x)]^{\frac{1}{m}}$（$m$ 为正整数，$\lim\limits_{x \to x_0} f(x) > 0$）.

例 1　求 $\lim\limits_{x \to 2}(3x^2 - x + 6)$.

解　$\lim\limits_{x \to 2}(3x^2 - x + 6) = \lim\limits_{x \to 2} 3x^2 - \lim\limits_{x \to 2} x + \lim\limits_{x \to 2} 6 = 3\lim\limits_{x \to 2} x^2 - \lim\limits_{x \to 2} x + \lim\limits_{x \to 2} 6$

$= 3 \times 2^2 - 2 + 6 = 16.$

例 2　求 $\lim\limits_{x \to 2}\dfrac{x+5}{x^2-9}$.

解　分子、分母都是多项式，$x \to 2$ 时，它们的极限都存在，且分母的极限不等于零，故可利用法则(4).

$$\lim_{x \to 2}\frac{x+5}{x^2-9} = \frac{\lim\limits_{x \to 2}(x+5)}{\lim\limits_{x \to 2}(x^2-9)} = -\frac{7}{5}.$$

例 3　求 $\lim\limits_{x \to 3}\dfrac{x-3}{x^2-9}$.

解　当 $x \to 3$ 时，分子分母的极限都是零，不能应用法则(4). 因分子分母有公因式 $(x-3)$，而 $x \to 3$ 时，$x \neq 3$，故约去不为零的因式 $(x-3)$，有

$$\lim_{x \to 3}\frac{x-3}{x^2-9} = \lim_{x \to 3}\frac{x-3}{(x-3)(x+3)} = \lim_{x \to 3}\frac{1}{x+3} = \frac{1}{6}.$$

例 4　$\lim\limits_{x \to 3}\dfrac{x+4}{x^2-x-6}$.

解　因 $\lim\limits_{x \to 3}(x^2 - x - 6) = 0$，不能应用法则(4). 但因

$$\lim_{x \to 3}\frac{x^2-x-6}{x+4} = \frac{3^2-3-6}{3+4} = 0.$$

由无穷小量与无穷大量的关系，得

$$\lim_{x \to 3}\frac{x+4}{x^2-x-6} = \infty.$$

一般地说，如果 $P(x)$、$Q(x)$ 是多项式，则 $\lim\limits_{x \to x_0} P(x) = P(x_0)$，$\lim\limits_{x \to x_0} Q(x) = Q(x_0)$. 当 $Q(x_0) \neq 0$ 时，$\lim\limits_{x \to x_0}\dfrac{P(x)}{Q(x)} = \dfrac{P(x_0)}{Q(x_0)}$；当 $Q(x_0) = 0$ 时则要看 $P(x_0)$ 的值：

(1) $P(x_0) \neq 0$，则 $\lim\limits_{x \to x_0}\dfrac{P(x)}{Q(x)} = \infty$；

(2) $P(x_0) = 0$，此时需将分子分母分解出因式 $(x - x_0)$，约去这个公因式，再进行讨论.

例 5　已知 $\lim\limits_{x \to -1}\dfrac{x^3 - ax^2 - x + 4}{x+1} = c$（有限值），试求 a，c.

解　因为 c 是有限值，$x \to -1$，分母 $x + 1 \to 0$，故 $x \to -1$ 时，分子的极限为 0. 所以 $\lim\limits_{x \to -1}(x^3 - ax^2 - x + 4) = (-1)^3 - a(-1)^2 - (-1) + 4 = 4 - a = 0$，即 $a = 4$，故

$$c = \lim_{x \to -1}\frac{x^3 - ax^2 - x + 4}{x+1} = \lim_{x \to -1}\frac{x^3 - 4x^2 - x + 4}{x+1} = \lim_{x \to -1}\frac{(x-4)(x+1)(x-1)}{x+1}$$

$$= \lim_{x \to -1}(x-4)(x-1) = 10.$$

例 6 求$\lim\limits_{x\to\infty}\dfrac{3x^3+4x^2+2}{7x^3+5x^2-3}$.

解 用x^3去除分母及分子，然后求极限.

$$\lim_{x\to\infty}\frac{3x^3+4x^2+2}{7x^3+5x^2-3}=\lim_{x\to\infty}\frac{3+\dfrac{4}{x}+\dfrac{2}{x^3}}{7+\dfrac{5}{x}-\dfrac{3}{x^3}}=\frac{3}{7}.$$

例 7 求$\lim\limits_{x\to\infty}\dfrac{x+5}{2x^2-9}$.

解 用x^2去除分母及分子，然后求极限.

$$\lim_{x\to\infty}\frac{x+5}{2x^2-9}=\lim_{x\to\infty}\frac{\dfrac{1}{x}+\dfrac{5}{x^2}}{2-\dfrac{9}{x^2}}=0.$$

一般地，当$a_0\neq0$，$b_0\neq0$，m，n为非负整数时，

$$\lim_{x\to\infty}\frac{a_0x^m+a_1x^{m-1}+\cdots+a_m}{b_0x^n+b_1x^{n-1}+\cdots+b_n}=\begin{cases}a_0/b_0, & m=n,\\ 0, & m<n,\\ \infty, & m>n.\end{cases}$$

例 8 已知$\lim\limits_{x\to\infty}\left(\dfrac{x^2}{1+x}-ax+b\right)=1$，求$a$与$b$.

解 因$\lim\limits_{x\to\infty}\left(\dfrac{x^2}{1+x}-ax+b\right)=\lim\limits_{x\to\infty}\dfrac{x^2-ax^2-ax+bx+b}{1+x}$

$$=\lim_{x\to\infty}\frac{(1-a)x^2+(b-a)x+b}{1+x}=1,$$

必有$1-a=0$且$b-a=1$，解之，得

$$a=1,\ b=2.$$

例 9 求$\lim\limits_{x\to0}\dfrac{\sqrt{1+x^2}-1}{x}$.

解 因为分母的极限为0，不能应用商的极限运算法则，将分子分母同乘以$(\sqrt{1+x^2}+1)$，则

$$\lim_{x\to0}\frac{\sqrt{1+x^2}-1}{x}=\lim_{x\to0}\frac{(\sqrt{1+x^2}-1)(\sqrt{1+x^2}+1)}{x(\sqrt{1+x^2}+1)}=\lim_{x\to0}\frac{x}{\sqrt{1+x^2}+1}=\frac{0}{2}=0.$$

例 10 求$\lim\limits_{x\to1}\left(\dfrac{1}{1-x}-\dfrac{3}{1-x^3}\right)$.

解 当$x\to1$时，括号内两式均趋于∞，代数和的极限法则不能应用，需要将函数变形.

$$\lim_{x\to1}\left(\frac{1}{1-x}-\frac{3}{1-x^3}\right)=\lim_{x\to1}\frac{1+x+x^2-3}{1-x^3}=\lim_{x\to1}\frac{(x-1)(x+2)}{(1-x)(x^2+x+1)}$$

$$=\lim_{x\to1}\frac{-(x+2)}{(x^2+x+1)}=-1.$$

例 11 求$\lim\limits_{n\to+\infty}\dfrac{1}{n^3}(1^2+2^2+3^2+\cdots+n^2)$.

解 $\lim\limits_{n\to+\infty}\dfrac{1}{n^3}(1^2+2^2+3^2+\cdots+n^2)=\lim\limits_{n\to+\infty}\dfrac{n(n+1)(2n+1)}{6n^3}$

$$=\frac{1}{6}\lim_{n\to+\infty}\left(\frac{n+1}{n}\right)\left(\frac{2n+1}{n}\right)=\frac{1}{6}\cdot1\cdot2=\frac{1}{3}.$$

例 12 求 $\lim\limits_{n\to+\infty}\left(1-\frac{1}{2^2}\right)\left(1-\frac{1}{3^2}\right)\cdots\left(1-\frac{1}{n^2}\right)$.

解 由于 $1-\frac{1}{n^2}=\frac{n^2-1}{n^2}=\frac{n-1}{n}\cdot\frac{n+1}{n}$，所以

$$\lim_{n\to+\infty}\left(1-\frac{1}{2^2}\right)\left(1-\frac{1}{3^2}\right)\cdots\left(1-\frac{1}{n^2}\right)=\lim_{n\to+\infty}\left(\frac{1}{2}\cdot\frac{3}{2}\cdot\frac{2}{3}\cdot\frac{4}{3}\cdots\frac{n-1}{n}\cdot\frac{n+1}{n}\right)$$

$$=\lim_{n\to+\infty}\left(\frac{1}{2}\cdot\frac{n+1}{n}\right)=\frac{1}{2}\lim_{n\to+\infty}\left(1+\frac{1}{n}\right)=\frac{1}{2}.$$

定理 2（复合函数的极限） **设** $\lim\limits_{x\to x_0}f(x)=A$，$\lim\limits_{t\to t_0}\varphi(t)=x_0$，**当** $t\neq t_0$ **时**，$\varphi(t)\neq x_0$，**且复合函数** $f[\varphi(t)]$**在** $N(\hat{t}_0,\delta)$ **内有定义，则**

$$\lim_{t\to t_0}f[\varphi(t)]=\lim_{x\to x_0}f(x)=A.$$

由定理 2，在计算函数极限时，可作适当的变量代换 $x=\varphi(t)$ 或 $t=h(x)$，使函数 $f(x)$ 转化为比较易于求极限的表达式 $f[\varphi(t)]$或 $f[h^{-1}(t)]$，从而简化极限计算．现举例说明：

例 13 求$\lim\limits_{x\to0}\frac{\sqrt[n]{1+x}-1}{x}$($n$ 为正整数).

解 令 $f(x)=\frac{\sqrt[n]{1+x}-1}{x}$，作代换 $t=\sqrt[n]{1+x}$，即 $x=t^n-1$. 当 $x\to0$ 时，$t\to1$，于是原式化为

$$\lim_{t\to1}\frac{t-1}{t^n-1}=\lim_{t\to1}\frac{1}{1+t+t^2+\cdots+t^{n-1}}=\frac{1}{n}.$$

例 14 $\lim\limits_{x\to1^+}\left(\sqrt{\frac{1}{x-1}+1}-\sqrt{\frac{1}{x-1}-1}\right)$.

解 作代换 $t=\frac{1}{x-1}$，则 $x\to1^+$时，$t\to+\infty$，于是原式化为

$$\lim_{t\to+\infty}(\sqrt{t+1}-\sqrt{t-1})=\lim_{t\to+\infty}\frac{2}{\sqrt{t+1}+\sqrt{t-1}}=0.$$

习题 1－5

1. 计算下列极限：

(1) $\lim\limits_{x\to1}(3x^2-x+5)$；　(2) $\lim\limits_{x\to\infty}(4x^3+x+6)$；

(3) $\lim\limits_{x\to2}\frac{x^2+5}{x-3}$；　(4) $\lim\limits_{x\to3}\frac{x+5}{\sqrt{x^2+7}}$；

(5) $\lim\limits_{x\to1}\frac{x^2-2x+1}{x^2-1}$；　(6) $\lim\limits_{x\to1}\frac{2x-3}{x^2-5x+4}$；

(7) $\lim\limits_{x\to4}\frac{x^2-6x+8}{x^2-5x+4}$；　(8) $\lim\limits_{h\to0}\frac{(x+h)^2-x^2}{h}$；

(9) $\lim\limits_{x\to\infty}\frac{x^2-1}{2x^2-x-1}$；　(10) $\lim\limits_{n\to+\infty}\frac{n^2+n}{n^4-3n^2+1}$；

(11) $\lim\limits_{x\to\infty}\dfrac{x^2+1}{x-2}$；　(12) $\lim\limits_{x\to\infty}\left(1+\dfrac{1}{x}\right)\left(2-\dfrac{1}{x^2}\right)$；

(13) $\lim\limits_{x\to-2}\left(\dfrac{1}{x+2}+\dfrac{4}{x^2-4}\right)$；　(14) $\lim\limits_{n\to+\infty}\dfrac{(n+2)(n+3)(n+4)}{5n^3}$.

2. 计算下列极限：

(1) $\lim\limits_{n\to+\infty}\left(1+\dfrac{1}{2}+\dfrac{1}{4}+\cdots+\dfrac{1}{2^n}\right)$；　(2) $\lim\limits_{n\to+\infty}\dfrac{1+2+3+\cdots+(n-1)}{n^2}$；

(3) $\lim\limits_{n\to+\infty}\left[\dfrac{1}{1\cdot3}+\dfrac{1}{3\cdot5}+\cdots+\dfrac{1}{(2n-1)(2n+1)}\right]$.

3. 求下列极限：

(1) $\lim\limits_{x\to0}\dfrac{x^2}{1-\sqrt{1+x^2}}$；　(2) $\lim\limits_{x\to1}\dfrac{\sqrt{5x-4}-\sqrt{x}}{x-1}$；

(3) $\lim\limits_{x\to7}\dfrac{2-\sqrt{x-3}}{x^2-49}$；　(4) $\lim\limits_{x\to2}\dfrac{\sqrt{4x+8}-2}{4-\sqrt{5+x^2}}$；

(5) $\lim\limits_{x\to1}\dfrac{\sqrt[3]{x}-1}{\sqrt{x}-1}$；　(6) $\lim\limits_{x\to0}\dfrac{x}{\sqrt[4]{1+2x}-1}$；

(7) $\lim\limits_{n\to+\infty}\dfrac{\sqrt{n^2+1}+\sqrt{n}}{\sqrt[4]{n^3+n^2}-n}$；　(8) $\lim\limits_{x\to\infty}(\sqrt{x^2+1}-\sqrt{x^2-2})$.

4. 求下列极限：

(1) $\lim\limits_{x\to0}x^2\sin\dfrac{1}{x}$；　(2) $\lim\limits_{x\to\infty}\dfrac{\sin x}{x}$；

(3) $\lim\limits_{x\to\infty}\dfrac{\arctan x}{x}$；　(4) $\lim\limits_{n\to+\infty}\dfrac{2\sin n+4}{3n^4+n-1}$.

5. (1) 已知 $\lim\limits_{x\to1}\dfrac{x^2+ax+b}{1-x}=5$，求 a，b；

(2) 已知 $\lim\limits_{x\to\infty}\left(\dfrac{4x^2+3}{x-1}+ax+b\right)=0$，求 a，b.

第六节　两个重要极限

一、$\lim\limits_{x\to0}\dfrac{\sin x}{x}=1$

证　先证 $x>0$，$x\to0$ 情形.

作单位圆，如图 1-11 所示. 设圆心角 $\angle AOB=x\left(0<x<\dfrac{\pi}{2}\right)$，则 $\triangle AOB$ 的面积 $<$ 扇形 AOB 的面积 $<\triangle AOD$ 的面积.

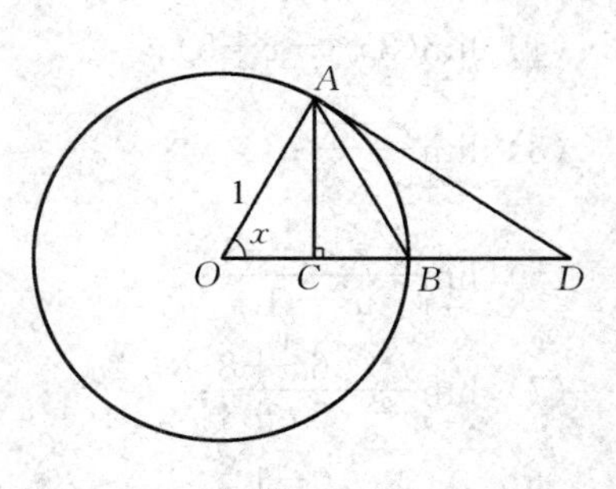

图 1-11

因为 $\triangle AOB$ 的面积为 $\dfrac{1}{2}OB\cdot AC=\dfrac{1}{2}\cdot1\cdot\sin x=\dfrac{1}{2}\sin x$；扇形 AOB 的面积等于 $\dfrac{1}{2}\cdot1^2\cdot x=\dfrac{1}{2}x$；$\triangle AOD$ 的面积为 $\dfrac{1}{2}AO\cdot AD=\dfrac{1}{2}\cdot1\cdot\tan x=\dfrac{1}{2}\tan x$.

所以$\frac{1}{2}\sin x<\frac{1}{2}x<\frac{1}{2}\tan x$，即 $\sin x<x<\tan x$.

不等式两边同除以 $\sin x$，则有

$$1<\frac{x}{\sin x}<\frac{1}{\cos x},$$

即 $\cos x<\frac{\sin x}{x}<1$. 而 $\lim\limits_{x\to 0^+}\cos x=1$，由两边夹原理，得 $\lim\limits_{x\to 0^+}\frac{\sin x}{x}=1$.

当 $x<0$ 时，令 $y=-x>0$，$\sin x=-\sin y$，故 $\lim\limits_{x\to 0^-}\frac{\sin x}{x}=\lim\limits_{y\to 0^+}\frac{\sin y}{y}=1$，所以

$$\lim_{x\to 0}\frac{\sin x}{x}=1.$$

用上述结果不难得

$$\lim_{x\to 0}\frac{x}{\sin x}=1.$$

更一般地，如果 $\lim\limits_{\substack{x\to x_0\\(x\to\infty)}}f(x)=0$，则 $\lim\limits_{\substack{x\to x_0\\(x\to\infty)}}\frac{\sin f(x)}{f(x)}\xlongequal{u=f(x)}\lim\limits_{u\to 0}\frac{\sin u}{u}=1$.

例 1 求$\lim\limits_{x\to 0}\frac{\sin 3x}{x}$.

解 $\lim\limits_{x\to 0}\frac{\sin 3x}{x}=\lim\limits_{x\to 0}\left(\frac{\sin 3x}{3x}\times 3\right)=3\lim\limits_{x\to 0}\frac{\sin 3x}{3x}=3\cdot 1=3.$

例 2 求$\lim\limits_{x\to 0}\frac{\tan x}{x}$.

解 $\lim\limits_{x\to 0}\frac{\tan x}{x}=\lim\limits_{x\to 0}\left(\frac{\sin x}{x}\cdot\frac{1}{\cos x}\right)=\lim\limits_{x\to 0}\frac{\sin x}{x}\cdot\lim\limits_{x\to 0}\frac{1}{\cos x}=1.$

例 3 求$\lim\limits_{x\to 0}\frac{1-\cos x}{x^2}$.

解 $\lim\limits_{x\to 0}\frac{1-\cos x}{x^2}=\lim\limits_{x\to 0}\frac{2\sin^2\frac{x}{2}}{x^2}=\lim\limits_{x\to 0}\frac{2\sin^2\frac{x}{2}}{4\left(\frac{x}{2}\right)^2}=\frac{1}{2}\lim\limits_{x\to 0}\left(\frac{\sin\frac{x}{2}}{\frac{x}{2}}\right)^2=\frac{1}{2}\cdot 1^2=\frac{1}{2}.$

例 4 $\lim\limits_{x\to 0}\frac{\tan x-\sin x}{x^3}$.

解 $\lim\limits_{x\to 0}\frac{\tan x-\sin x}{x^3}=\lim\limits_{x\to 0}\frac{\sin x}{x}\cdot\frac{1-\cos x}{x^2}\cdot\frac{1}{\cos x}=1\cdot\frac{1}{2}\cdot 1=\frac{1}{2}.$

例 5 $\lim\limits_{x\to\infty}\frac{2x-1}{x^2\sin\frac{2}{x}}$.

解 $\lim\limits_{x\to\infty}\frac{2x-1}{x^2\sin\frac{2}{x}}=\frac{1}{2}\lim\limits_{x\to\infty}\left(2-\frac{1}{x}\right)\frac{\frac{2}{x}}{\sin\frac{2}{x}}\xlongequal{t=\frac{1}{x}}\frac{1}{2}\lim\limits_{t\to 0}(2-t)\frac{2t}{\sin 2t}=1.$

例 6 $\lim\limits_{x\to\infty}x\sin\frac{1}{x}$.

解 $\lim\limits_{x\to\infty}x\sin\frac{1}{x}=\lim\limits_{x\to\infty}\frac{\sin\frac{1}{x}}{\frac{1}{x}}\xlongequal{t=\frac{1}{x}}\lim\limits_{t\to 0}\frac{\sin t}{t}=1.$

例 7 $\lim\limits_{n\to+\infty}2^n\sin\frac{x}{2^n}$($x$ 为不为 0 常数).

解 $\lim\limits_{n\to+\infty}2^n\sin\frac{x}{2^n}=\lim\limits_{x\to\infty}\left(\frac{\sin\frac{x}{2^n}}{\frac{x}{2^n}}\cdot x\right)=x\lim\limits_{n\to+\infty}\frac{\sin\frac{x}{2^n}}{\frac{x}{2^n}}=x.$

二、$\lim\limits_{x\to\infty}\left(1+\frac{1}{x}\right)^x=\mathrm{e}$

在数列极限中，我们已经指出，对自然数 n，$\lim\limits_{n\to+\infty}\left(1+\frac{1}{n}\right)^n$ 是存在的，并且约定用 e 表示它，即 $\lim\limits_{n\to+\infty}\left(1+\frac{1}{n}\right)^n=\mathrm{e}$. 可以证明，对于实数 x 来说，也有

$$\lim_{x\to\infty}\left(1+\frac{1}{x}\right)^x=\mathrm{e}.$$

令 $z=\frac{1}{x}$，$x\to\infty$时，$z\to 0$，于是这个极限又可写成

$$\lim_{z\to 0}(1+z)^{\frac{1}{z}}=\mathrm{e}.$$

更一般地，如果 $\lim\limits_{\substack{x\to x_0\\(x\to\infty)}}f(x)=0$，则

$$\lim_{\substack{x\to x_0\\(x\to\infty)}}[1+f(x)]^{\frac{1}{f(x)}}=\mathrm{e}.$$

在研究微生物增长率时，常遇到这个极限.

设某种微生物原来的个数是 a，每小时繁殖率为 R，t 小时后，微生物个数为 x. 假定我们考虑纯生殖过程，即不考虑死亡之数(设 1 小时内所产生的微生物不繁殖)，于是，

以 1 小时计，$x=a(1+R)^t$；以$\frac{1}{10}$小时计，$x=a\left(1+\frac{R}{10}\right)^{10t}$；….

以$\frac{1}{n}$小时计，则 $x=a\left(1+\frac{R}{n}\right)^{nt}$，….

以瞬时计，应在上式中令 $n\to+\infty$，即

$$x=\lim_{n\to+\infty}a\left(1+\frac{R}{n}\right)^{nt}=a\lim_{n\to+\infty}\left[\left(1+\frac{R}{n}\right)^{\frac{n}{R}}\right]^{Rt}=a\mathrm{e}^{Rt}.$$

例 8 $\lim\limits_{x\to\infty}\left(1+\frac{2}{x}\right)^x$.

解 $\lim\limits_{x\to\infty}\left(1+\frac{2}{x}\right)^x\xlongequal{z=\frac{2}{x}}\lim\limits_{z\to 0}(1+z)^{\frac{2}{z}}=\lim\limits_{z\to 0}[(1+z)^{\frac{1}{z}}]^2=\mathrm{e}^2.$

例 9 $\lim\limits_{x\to 0}(1-2x)^{\frac{1}{x}}$.

解 $\lim\limits_{x\to 0}(1-2x)^{\frac{1}{x}}\xlongequal{z=-2x}\lim\limits_{z\to 0}(1+z)^{-\frac{2}{z}}=\lim\limits_{z\to 0}[(1+z)^{\frac{1}{z}}]^{-2}=\mathrm{e}^{-2}.$

例 10 $\lim\limits_{x\to\infty}\left(\dfrac{x+4}{x+2}\right)^{x}$.

解 $\lim\limits_{x\to\infty}\left(\dfrac{x+4}{x+2}\right)^{x}=\lim\limits_{x\to\infty}\left(1+\dfrac{2}{x+2}\right)^{x}=\lim\limits_{x\to\infty}\left[\left(1+\dfrac{2}{x+2}\right)^{\frac{x+2}{2}-1}\right]^{2}$

$\xlongequal{z=\frac{x+2}{2}}\lim\limits_{z\to\infty}\left[\left(1+\dfrac{1}{z}\right)^{z-1}\right]^{2}=\lim\limits_{z\to\infty}\left[\left(1+\dfrac{1}{z}\right)^{z}\right]^{2}\cdot\lim\limits_{z\to\infty}\left[\left(1+\dfrac{1}{z}\right)^{-1}\right]^{2}$

$=e^{2}\cdot 1=e^{2}$.

例 11 $\lim\limits_{x\to 0}(\cos^{2}x)^{\csc^{2}x}$.

解 $\lim\limits_{x\to 0}(\cos^{2}x)^{\csc^{2}x}=\lim\limits_{x\to 0}(1+\cos^{2}x-1)^{\frac{-1}{\cos^{2}x-1}}\xlongequal{z=\cos^{2}x-1}\lim\limits_{z\to 0}(1+z)^{\frac{-1}{z}}$

$=\lim\limits_{z\to 0}[(1+z)^{\frac{1}{z}}]^{-1}=e^{-1}$.

习题 1－6

1. 计算下列极限：

(1) $\lim\limits_{x\to 0}\dfrac{\tan 3x}{x}$；　(2) $\lim\limits_{x\to 0}\dfrac{\sin 7x}{\sin 3x}$；

(3) $\lim\limits_{x\to 0}\dfrac{\arcsin x}{x}$；　(4) $\lim\limits_{x\to 0}\dfrac{1-\cos 2x}{x\sin x}$；

(5) $\lim\limits_{x\to a}\dfrac{\sin x-\sin a}{x-a}$；　(6) $\lim\limits_{n\to+\infty}\dfrac{\sin\frac{5}{n^{2}}}{\tan\frac{1}{n^{2}}}$.

2. 计算下列极限：

(1) $\lim\limits_{x\to\infty}\left(\dfrac{1+x}{x}\right)^{2x}$；　(2) $\lim\limits_{x\to\infty}\left(\dfrac{2x+3}{2x+1}\right)^{x+1}$；

(3) $\lim\limits_{n\to+\infty}\left(\dfrac{n^{2}-1}{n^{2}}\right)^{n}$；　(4) $\lim\limits_{x\to 0}(1-x)^{\frac{1}{x}}$；

(5) $\lim\limits_{x\to\frac{\pi}{2}}(1+\cos x)^{3\sec x}$；　(6) $\lim\limits_{x\to 0}(1+\tan x)^{\cot x}$.

第七节　无穷小量的比较

两个无穷小量的商，在不同的情况下，往往会有不同的结果．比如，当 $x\to 0$ 时，$3x$，x^{2}，$\sin x$都是无穷小量，而无穷小量之比的极限

$$\lim_{x\to 0}\frac{x^{2}}{3x}=0,\lim_{x\to 0}\frac{3x}{x^{2}}=\infty,\lim_{x\to 0}\frac{\sin x}{x}=1.$$

两个无穷小量之比的极限的各种不同情况，反映了不同的无穷小量趋向于零的“快慢”程度．就以上几个例子，我们可以说：在 $x\to 0$ 的过程中，$x^{2}\to 0$ 比 $3x\to 0$“快些”；反过来 $3x\to 0$ 比 $x^{2}\to 0$“慢一些”，而 $\sin x\to 0$ 与 $x\to 0$“快慢相当”．为此有如下定义：

定义 1　设变量 α，β 是同一个极限过程中的两个无穷小量，

如果$\lim\frac{\beta}{\alpha}=0$，则称$\beta$是比$\alpha$高阶的无穷小量，记作$\beta=o(\alpha)$；

如果$\lim\frac{\beta}{\alpha}=\infty$，则称$\beta$是比$\alpha$低阶的无穷小量；

如果$\lim\frac{\beta}{\alpha}=C\neq 0$，则称$\beta$是与$\alpha$同阶的无穷小量($C$为常数)；

如果$\lim\frac{\beta}{\alpha}=1$，则称$\beta$是与$\alpha$等价的无穷小量，记作$\alpha\sim\beta$.

显然等价无穷小量是同阶无穷小量的特殊情形.

例 1 因为$\lim\limits_{x\to 0}\frac{3x^2}{x}=0$，所以当$x\to 0$时，$3x^2$是比$x$高阶的无穷小量，即$3x^2=o(x)(x\to 0)$.

例 2 因为$\lim\limits_{x\to 0}\frac{2x+x^3}{x^2-2x^3}=\infty$，所以当$x\to 0$时，$2x+x^3$是比$x^2-2x^3$低阶的无穷小量.

例 3 因为$\lim\limits_{x\to 2}\frac{x^2-4}{x-2}=4$，所以当$x\to 2$时，$x^2-4$与$x-2$是同阶的无穷小量.

例 4 因为$\lim\limits_{x\to 0}\frac{\sin x}{x}=1$，故当$x\to 0$时，$\sin x$与$x$是等价的无穷小量，即$\sin x\sim x$.

利用前面两节例题的结果，当$x\to 0$时，可得出如下常用的无穷小量的等价关系：

$$x\sim\sin x\sim\tan x, \tag{1}$$

$$1-\cos x\sim\frac{1}{2}x^2, \tag{2}$$

$$\tan x-\sin x\sim\frac{1}{2}x^3, \tag{3}$$

$$\sqrt[n]{1+x}-1\sim\frac{1}{n}x. \tag{4}$$

关于等价无穷小，有下面两个定理：

定理 1 **α与β是等价无穷小$\Leftrightarrow\alpha=\beta+o(\beta)$.**

证 必要性 设$\alpha\sim\beta$，则$\lim\frac{\alpha-\beta}{\beta}=\lim\left(\frac{\alpha}{\beta}-1\right)=0$，故$\alpha-\beta=o(\beta)$，即

$$\alpha=\beta+o(\beta).$$

充分性 设$\alpha=\beta+o(\beta)$，则$\lim\frac{\alpha}{\beta}=\lim\frac{\beta+o(\beta)}{\beta}=\lim\left[1+\frac{o(\beta)}{\beta}\right]=1$，因此，

$$\alpha\sim\beta.$$

例 5 因为当$x\to 0$时，$\sin x\sim x$，$1-\cos x\sim\frac{1}{2}x^2$，所以，当$x\to 0$时，有

$$\sin x=x+o(x);1-\cos x=\frac{1}{2}x^2+o\left(\frac{1}{2}x^2\right).$$

定理 2(等价代换法则) **设$\alpha\sim\alpha'$，$\beta\sim\beta'$，且$\lim\frac{\beta'}{\alpha'}$存在，则**

$$\lim\frac{\beta}{\alpha}=\lim\frac{\beta'}{\alpha'}.$$

证 $\lim\frac{\beta}{\alpha}=\lim\left(\frac{\beta}{\beta'}\cdot\frac{\beta'}{\alpha'}\cdot\frac{\alpha'}{\alpha}\right)=\lim\frac{\beta}{\beta'}\cdot\lim\frac{\beta'}{\alpha'}\cdot\lim\frac{\alpha'}{\alpha}=\lim\frac{\beta'}{\alpha'}.$

利用等价代换法则可以简化极限的计算.

例 6 $\lim\limits_{x\to 0}\dfrac{\tan 2x}{\sin 3x}$.

解 当 $x\to 0$ 时，$\tan 2x\sim 2x$，$\sin 3x\sim 3x$，所以

$$\lim_{x\to 0}\frac{\tan 2x}{\sin 3x}=\lim_{x\to 0}\frac{2x}{3x}=\frac{2}{3}.$$

例 7 求 $\lim\limits_{x\to 0}\dfrac{\sqrt{1+x^2}-1}{2\sin^2 x}$.

解 当 $x\to 0$ 时，$x^2\to 0$. 由式(4)，$\sqrt{1+x^2}-1\sim\dfrac{1}{2}x^2$，而 $\sin^2 x\sim x^2$，所以

$$\lim_{x\to 0}\frac{\sqrt{1+x^2}-1}{2\sin^2 x}=\lim_{x\to 0}\frac{\frac{1}{2}x^2}{2x^2}=\frac{1}{4}.$$

例 8 求 $\lim\limits_{x\to 0}\dfrac{1-\cos x}{x^2+x}$.

解 当 $x\to 0$ 时，$1-\cos x\sim\dfrac{1}{2}x^2$，$x^2+x\sim x$，所以

$$\lim_{x\to 0}\frac{1-\cos x}{x^2+x}=\lim_{x\to 0}\frac{\frac{1}{2}x^2}{x}=0.$$

例 9 $\lim\limits_{x\to 0}\dfrac{\tan x-\sin x}{x(\sqrt{\cos x}-1)}$.

解 当 $x\to 0$ 时，$\tan x-\sin x\sim\dfrac{1}{2}x^3$，

$$\sqrt{\cos x}-1=\sqrt{1+\cos x-1}-1\sim\frac{1}{2}(\cos x-1)\sim\frac{1}{2}\left(-\frac{1}{2}x^2\right)=-\frac{1}{4}x^2,$$

所以

$$\lim_{x\to 0}\frac{\tan x-\sin x}{(\sqrt{\cos x}-1)}=\lim_{x\to 0}\frac{\frac{1}{2}x^3}{-\frac{1}{4}x^3}=-2.$$

习题 1-7

1. 当 $x\to 0$ 时，$2x-x^2$ 与 x^2-x^3 相比，哪一个是高阶无穷小?
2. 当 $x\to 1$ 时，无穷小 $1-x$ 与 $1-x^3$ 是否等价? 是否同阶?
3. 证明 $x\to 0$ 时，$\arctan x\sim x$.
4. 求下列极限:

(1) $\lim\limits_{x\to 0}\dfrac{\tan 3x}{2x}$;　　(2) $\lim\limits_{x\to 0}\dfrac{\sin(x^n)}{(\sin x)^m}$ (m，n 为正整数);

(3) $\lim\limits_{x\to 0}\dfrac{\tan x-\sin x}{x}$;　　(4) $\lim\limits_{x\to 0}\dfrac{x^4+x^3}{\sin^2 x}$;

(5) $\lim\limits_{x\to 0}\dfrac{\sqrt{1+\sin x}-1}{x}$;　　(6) $\lim\limits_{x\to 0^+}\dfrac{1-\sqrt{\cos x}}{(1-\cos\sqrt{x})^2}$.

5. 证明无穷小量的等价关系具有下列性质：

(1) $\alpha \sim \alpha$(自反性)；

(2) 若 $\alpha \sim \beta$，则 $\beta \sim \alpha$(对称性)；

(3) 若 $\alpha \sim \beta$，$\beta \sim \gamma$，则 $\alpha \sim \gamma$(传递性).

第八节 函数的连续性与间断点

一、函数的连续性

函数的连续概念是高等数学的基本概念．自然界中有许多现象，如气温的变化、动植物的生长等都是随时间变化而连续变化的．其特点是，当时间变化很微小时，气温的变化、动植物的生长也很微小，这种特点就是所谓的连续性．我们先引入增量的概念，然后给出函数连续性的定义．

设自变量 x 从点 x_1 变化到点 x_2，则 x_2-x_1 称为**自变量 x 的增量**，记作 Δx，即 $\Delta x=x_2-x_1$．显然若 x 移动的方向与 x 轴正向一致，则 $\Delta x>0$，反之则 $\Delta x<0$.

一般地，若自变量 x 在点 x_0 取得增量 Δx，即自变量 x 从点 x_0 变化到点 $x_0+\Delta x$，相应地，函数 $y=f(x)$则由数值 $f(x_0)$变化到数值 $f(x_0+\Delta x)$．在这一过程中，当自变量 x 取得增量 Δx 时，相应地函数增量为

$\Delta y=f(x_0+\Delta x)-f(x_0)$(图 1-12).

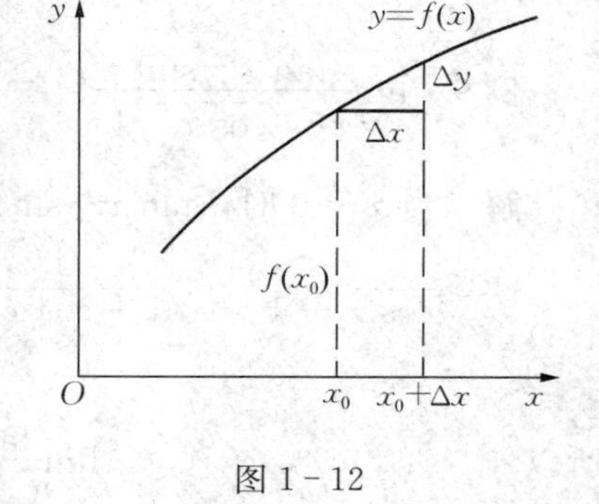

图 1-12

定义 1　设函数 $y=f(x)$在 $N(x_0，\delta)$内有定义，如果当自变量的增量 Δx 趋于零时，相应地函数的增量 $\Delta y=f(x_0+\Delta x)-f(x_0)$也趋于零，则称函数 $y=f(x)$在点 x_0 连续．

设 $x=x_0+\Delta x$，则当 $\Delta x\to 0$ 时，$x\to x_0$．又由于

$$\Delta y = f(x_0+\Delta x)-f(x_0) = f(x)-f(x_0),$$

所以 $\Delta y\to 0$ 时，$f(x)\to f(x_0)$．于是 $y=f(x)$在点 x_0 连续又可定义为：

定义 2　设函数 $y=f(x)$在 $N(x_0，\delta)$内有定义，并且

$$\lim_{x\to x_0} f(x) = f(x_0),$$

则称函数 $y=f(x)$在点 x_0 连续，x_0 称为函数 $f(x)$的连续点．

按照函数极限的定义，函数 $f(x)$在点 x_0 连续，还可叙述为：

设函数 $y=f(x)$在 $N(x_0，\delta)$内有定义，若对任意给定的 $\varepsilon>0$，总存在 $\delta>0$，使得当 $|x-x_0|<\delta$ 时，总有 $|f(x)-f(x_0)|<\varepsilon$，则称 $y=f(x)$在点 x_0 连续．

显然，若 $f(x)$在点 x_0 连续，则当 $x\to x_0$ 时，$f(x)$必有极限，反之未必成立．

例如，$f(x)=\dfrac{1-x^2}{1-x}$，当 $x\to 1$ 时，$f(x)\to 2$，极限存在．但 $f(x)$在点 $x=1$ 不连续，因为 $f(x)$在点 $x=1$ 无定义．

例 1　证明 $y=\sin x$ 在其定义域$(-\infty，+\infty)$内任一点处都连续．

证　任取一点 $x_0\in(-\infty，+\infty)$，当 x 在点 x_0 取得增量 Δx 时，相应地 y 的增量 Δy 为

$$\Delta y = \sin(x_0 + \Delta x) - \sin x_0 = 2\cos\frac{2x_0 + \Delta x}{2}\sin\frac{\Delta x}{2}.$$

由于 $\left|\cos\frac{2x_0+\Delta x}{2}\right| \leqslant 1$， $\left|\sin\frac{\Delta x}{2}\right| \leqslant \frac{|\Delta x|}{2}$，于是 $|\Delta y| \leqslant 2 \cdot 1 \cdot \frac{|\Delta x|}{2} = |\Delta x|$.

当 $\Delta x \to 0$ 时，$\Delta y \to 0$. 由定义 1，$y=\sin x$ 在 x_0 处连续．由 x_0 的任意性，$y=\sin x$ 在 $(-\infty, +\infty)$ 内任一点都连续．

定义 3　若 $f(x)$ 在点 x_0 处的某左邻域 $(x_0-\delta, x_0)$ 内有定义，且 $\lim\limits_{x\to x_0^-} f(x)=f(x_0)$，则称 $f(x)$ 在点 x_0 左连续；若 $f(x)$ 在点 x_0 处的某右邻域 $(x_0, x_0+\delta)$ 内有定义，且 $\lim\limits_{x\to x_0^+} f(x)=f(x_0)$，则称 $f(x)$ 在点 x_0 右连续．

由极限存在的充要条件有：

定理 1　函数 $f(x)$ 在点 x_0 处连续 $\Leftrightarrow \lim\limits_{x\to x_0^-} f(x) = \lim\limits_{x\to x_0^+} f(x) = f(x_0)$.

定义 4　如果函数 $f(x)$ 在开区间 (a, b) 内的每一点都连续，则称 $f(x)$ 在开区间 (a, b) 内连续；如果 $f(x)$ 在 (a, b) 内连续，且在点 a 右连续，在点 b 左连续，则称 $f(x)$ 在闭区间 $[a, b]$ 上连续．

在例 1 中我们论证了 $y=\sin x$ 在 $(-\infty, +\infty)$ 内的每一点都连续，因此 $\sin x$ 在 $(-\infty, +\infty)$ 内连续．

二、函数的间断点

根据连续的定义，函数在点 x_0 连续必须同时满足下列三个条件：

(1) $f(x)$ 在点 x_0 有定义，即 $f(x_0)$ 存在；

(2) $f(x_0-0)$，$f(x_0+0)$ 都存在；

(3) $f(x_0-0)=f(x_0+0)=f(x_0)$.

因此，如果函数 $f(x)$ 在点 x_0 不满足上面三个条件之一，我们就称函数 $f(x)$ 在点 x_0 不连续，点 x_0 称为 $f(x)$ 的**间断点**或**不连续点**．

根据上述三个条件，函数的间断点可分为以下两类：

(一)第一类间断点

$f(x_0-0)$，$f(x_0+0)$ 都存在的间断点 x_0 称为函数 $f(x)$ 的第一类间断点．第一类间断点包括可去间断点与跳跃间断点两种．

1. 可去间断点　$f(x_0-0)=f(x_0+0)$ 的间断点 x_0 称为 $f(x)$ 的可去间断点．

例 2　函数 $f(x)=\dfrac{x^2-1}{x-1}$ 在点 $x=1$ 无定义，因此点 $x=1$ 为间断点．

由于 $\lim\limits_{x\to 1}\dfrac{x^2-1}{x-1}=\lim\limits_{x\to 1}(x+1)=2$，故点 $x=1$ 为 $f(x)=\dfrac{x^2-1}{x-1}$ 的可去间断点．

若补充定义 $g(1)=2$，则由 $f(x)$ 派生的新函数

$$g(x) = \begin{cases} \dfrac{x^2-1}{x-1}, & x \neq 1, \\ 2, & x = 1 \end{cases}$$

在 $x=1$ 处连续．因为此时

$$\lim_{x\to1}g(x)=\lim_{x\to1}\frac{x^2-1}{x-1}=2=g(1).$$

例 3 函数

$$f(x)=\begin{cases}\frac{1}{x}\sin x, & x\neq0,\\ 0, & x=0\end{cases}$$

在点 $x=0$ 间断．这是由于

$$\lim_{x\to0}f(x)=\lim_{x\to0}\frac{1}{x}\sin x=1\neq f(0)=0,$$

但 $f(x)$在点 $x=0$ 的极限存在，故点 $x=0$ 为函数 $f(x)$的可去间断点．

如果重新定义 $g(0)=1$，则由 $f(x)$派生的新函数

$$g(x)=\begin{cases}\frac{1}{x}\sin x, & x\neq0,\\ 1, & x=0\end{cases}$$

在点 $x=0$ 连续．

2. 跳跃间断点 $f(x_0-0)\neq f(x_0+0)$的间断点 x_0 称为 $f(x)$的跳跃间断点．

例 4 函数 $f(x)=\begin{cases}x+1, & x>0,\\ 0, & x=0,\\ x-1, & x<0\end{cases}$ 在点 $x=0$ 间断（图1-13）．

由于 $f(0-0)=\lim\limits_{x\to0^-}(x-1)=-1$，$f(0+0)=\lim\limits_{x\to0^+}(x+1)=1$，即 $f(0-0)\neq f(0+0)$，因此点 $x=0$ 为跳跃间断点．

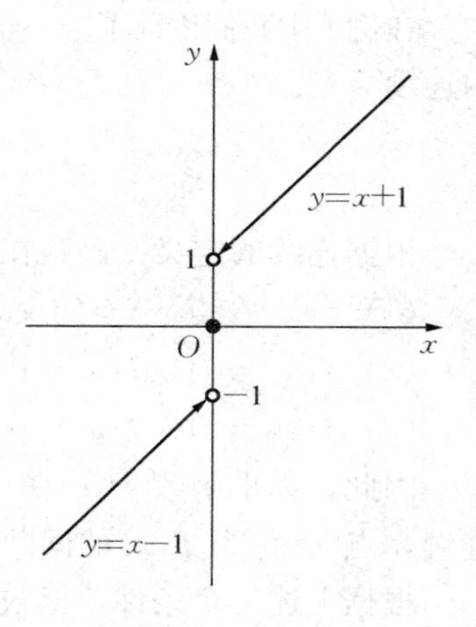

图 1-13

(二)第二类间断点

若 $f(x_0-0)$，$f(x_0+0)$至少有一个不存在，则称点 x_0 为$f(x)$的第二类间断点．

特别地，若 $f(x_0-0)$，$f(x_0+0)$中至少有一个为∞时，点 x_0 又称为 $f(x)$的**无穷间断点**．

显然，第二类间断点包括了除第一类间断点之外的所有间断点．

例 5 $f(x)=\sin\frac{1}{x}$在点 $x=0$ 处无定义，所以在点 $x=0$ 处间断．又由于 $\sin\frac{1}{x}$当 $x\to0$ 时的左、右极限都不存在，因而点 $x=0$ 为 $\sin\frac{1}{x}$的第二类间断点．

例 6 $f(x)=e^{\frac{1}{x-1}}$在点 $x=1$ 无定义，所以在点 $x=1$ 间断．由于

$$\lim_{x\to1^-}e^{\frac{1}{x-1}}=0,\quad \lim_{x\to1^+}e^{\frac{1}{x-1}}=+\infty,$$

故点 $x=1$ 为 $f(x)$的无穷间断点．

习题 1-8

1. 按定义证明下列函数在定义域内连续：

(1) $y=\cos x$; (2) $y=x^3$.

2. 求出下列函数的间断点，并指出其类型，若有可去间断点，补充或重新定义使它连续：

(1) $f(x)=\dfrac{x^2-1}{x^2-3x+2}$; (2) $f(x)=\dfrac{1}{1+2^{\frac{1}{x}}}$;

(3) $f(x)=x\sin\dfrac{1}{x}$; (4) $f(x)=\dfrac{1}{\ln|x|}$;

(5) $f(x)=\begin{cases}x^2-1, & x\leqslant 1,\\ x+3, & x>1;\end{cases}$ (6) $f(x)=\begin{cases}\dfrac{\sin x}{|x|}, & x\neq 0,\\ 1, & x=0.\end{cases}$

3. 确定常数 a 的值，使 $f(x)=\begin{cases}e^x, & x\geqslant 0,\\ x+a, & x<0\end{cases}$ 为连续函数．

4. 当 a，b 为何值时，函数

$$f(x)=\begin{cases}\dfrac{\sin 2x}{x}, & x<0,\\ a, & x=0,\\ b+x\sin\dfrac{1}{x}, & x>0\end{cases}$$

为连续函数．

第九节　连续函数的运算与初等函数的连续性

一、连续函数的运算

定理 1　设 $f(x)$与 $g(x)$在点 x_0 处连续，则

(1) $f(x)\pm g(x)$在点 x_0 处也连续；

(2) $f(x)\cdot g(x)$在点 x_0 处也连续；

(3) $\dfrac{f(x)}{g(x)}(g(x_0)\neq 0)$在点 x_0 处也连续．

证　仅证(2)．

由条件 $\lim\limits_{x\to x_0}f(x)=f(x_0)$，$\lim\limits_{x\to x_0}g(x)=g(x_0)$，于是

$$\lim_{x\to x_0}f(x)\cdot g(x)=\lim_{x\to x_0}f(x)\cdot\lim_{x\to x_0}g(x)=f(x_0)\cdot g(x_0),$$

即 $f(x)\cdot g(x)$在点 x_0 处连续．

定理 2(反函数的连续性)　设 $f(x)$在区间 I 上单调且连续，$f(x)$的值域 J 是一个区间，则 $f(x)$的反函数 $f^{-1}(y)$在区间 J 上也单调(单调性与 $f(x)$相同)且连续(证明从略)．

定理 3 (复合函数的连续性)　设函数 $u=\varphi(x)$在点 $x=x_0$ 连续，且 $\varphi(x_0)=u_0$，函数 $y=f(u)$在点 $u=u_0$ 连续，则复合函数 $y=f[\varphi(x)]$在点 $x=x_0$ 也连续．

证　由条件 $\lim\limits_{x\to x_0}\varphi(x)=\varphi(x_0)=u_0$，$\lim\limits_{u\to u_0}f(u)=f(u_0)$，于是

$$\lim_{x\to x_0}f[\varphi(x)]\xlongequal{u=\varphi(x)}\lim_{u\to u_0}f(u)=f(u_0)=f[\varphi(x_0)].$$

这表明 $f[\varphi(x)]$在点 x_0 连续．

因为$\lim\limits_{x\to x_0}\varphi(x)=\varphi(x_0)$，定理结论也可以写成

$$\lim_{x\to x_0}f[\varphi(x)]=f[\lim_{x\to x_0}\varphi(x)].$$

这表明：如果 $f(u)$，$\varphi(x)$都连续，则极限符号可以与函数符号 f 互换．如果只要求极限符号可以从函数符号 f 外移到 f 内，并不一定要 $f(u)$，$\varphi(x)$都连续，只要函数 $y=f(u)$ 在点 $u=u_0$ 连续，$\lim\limits_{x\to x_0}\varphi(x)=u_0$ 即可．证明从略．

利用这些定理，我们可以证明**基本初等函数在其定义域内是连续的**．

我们已证明 $y=\sin x$ 在$(-\infty,+\infty)$内连续，而 $\cos x=\sin\left(x+\frac{\pi}{2}\right)$是由连续函数 $\sin y$ 与 $y=x+\frac{\pi}{2}$复合而成的，故由定理 3 知，$\cos x$ 也在$(-\infty,+\infty)$内连续．又由 $\tan x=\frac{\sin x}{\cos x}$，$\cot x=\frac{\cos x}{\sin x}$，$\sec x=\frac{1}{\cos x}$，$\csc x=\frac{1}{\sin x}$，由定理 1，它们在各自的定义域内连续．

指数函数 $a^x(a>0, a\neq 1)$在$(-\infty,+\infty)$上严格单调且连续，对数函数 $\log_a x$ 是指数函数的反函数，由定理 2 知，它在区间$(0,+\infty)$上连续．类似可以推出幂函数 x^α，反三角函数 $\arcsin x$，$\arccos x$，$\arctan x$，$\text{arccot}\, x$ 在各自定义域内连续．

二、初等函数的连续性

由于初等函数是由基本初等函数经过有限次四则运算或有限次复合而得到的，故有：

定理 4　初等函数在其定义区间内连续．

需要注意：函数的定义区间与函数的定义域并不完全相同，因为函数的定义域有时是由一些离散的点及一些区间构成的，对于定义域内的这些孤立的点，根本谈不上函数的连续问题，而只能在定义域内的区间上讨论连续性．这些区间，我们称之为函数的定义区间．初等函数在其定义域内的区间(即定义区间)上是连续的．

例 1　初等函数 $y=\sqrt{\cos x-1}$ 的定义域 $D=\{x\mid x=0, \pm 2\pi, \pm 4\pi, \cdots\}$，由于 D 是由一些离散的点组成的，因而该函数无定义区间．从而该函数在其定义域内处处不连续．

例 2　求初等函数 $y=\frac{\sqrt{x+3}}{(x+1)(x+5)}$的定义域及定义区间，并指出其间断点．

解　为使函数有意义，必须使 $x+1\neq 0$，$x+5\neq 0$，$x+3\geqslant 0$. 因此，该函数的定义域为 $[-3,-1)\cup(-1,+\infty)$.

由于该函数的定义域为区间，因此定义区间与定义域相同．

显然，函数在点 $x=-1$ 间断．而 $x=-5$ 不在函数的定义区间内，故不是函数的间断点．

三、利用函数的连续性求极限

(一)若 x_0 是初等函数 $f(x)$的连续点，则 $\lim\limits_{x\to x_0}f(x)=f(x_0)$.

(二)若 $u=\varphi(x)$在点 x_0 有极限 $\lim\limits_{x\to x_0}\varphi(x)=u_0$，$y=f(u)$在点 $u=u_0$ 处连续，则

$$\lim_{x\to x_0}f[\varphi(x)]=f[\lim_{x\to x_0}\varphi(x)].$$

利用以上两条，可以大大简化函数极限的计算．

例 3 证明以下极限：

（1）$\lim\limits_{x\to 0}\dfrac{\ln(1+x)}{x}=1$；（2）$\lim\limits_{x\to 0}\dfrac{a^x-1}{x}=\ln a$；

（3）$\lim\limits_{x\to 0}\dfrac{(1+x)^\alpha-1}{x}=\alpha(\alpha\neq 0)$.

证 （1）令 $u=(1+x)^{\frac{1}{x}}$，因为$\lim\limits_{x\to 0}u=\lim\limits_{x\to 0}(1+x)^{\frac{1}{x}}=\mathrm{e}$，$\ln u$ 在 $u=\mathrm{e}$ 连续，故

$$\lim_{x\to 0}\frac{\ln(1+x)}{x}=\lim_{x\to 0}\ln(1+x)^{\frac{1}{x}}=\ln[\lim_{x\to 0}(1+x)^{\frac{1}{x}}]=\ln\mathrm{e}=1.$$

（2）令 $y=a^x-1$，则 $x=\dfrac{\ln(1+y)}{\ln a}$，故由(1)，得$\lim\limits_{x\to 0}\dfrac{a^x-1}{x}=\lim\limits_{y\to 0}\dfrac{y\ln a}{\ln(1+y)}=\ln a$. 当 $a=\mathrm{e}$ 时，有$\lim\limits_{x\to 0}\dfrac{\mathrm{e}^x-1}{x}=1$.

（3）当 $x\to 0$ 时，$y=\alpha\ln(1+x)\to 0$. 因$(1+x)^\alpha=\mathrm{e}^{\alpha\ln(1+x)}=\mathrm{e}^y$，故由(1)、(2)得

$$\lim_{x\to 0}\frac{(1+x)^\alpha-1}{x}=\lim_{y\to 0}\frac{\mathrm{e}^y-1}{y}\cdot\lim_{x\to 0}\frac{\alpha\ln(1+x)}{x}=1\cdot\alpha=\alpha.$$

由例 3 可得以下常用的等价代换公式：

$$\ln(1+x)\sim x(x\to 0);\qquad a^x-1\sim x\ln a(x\to 0);$$
$$\mathrm{e}^x-1\sim x(x\to 0);\qquad (1+x)^\alpha-1\sim\alpha x(x\to 0).$$

例 4 求下列函数极限．

（1）$\lim\limits_{x\to 0}\dfrac{\sin\sin x}{\ln(1+x)}$；（2）$\lim\limits_{x\to 0}\dfrac{\ln\cos 2x}{\ln\cos 3x}$.

解 （1）当 $x\to 0$ 时，$\ln(1+x)\sim x$，$\sin\sin x\sim\sin x$，$\lim\limits_{x\to 0}\dfrac{\sin\sin x}{\ln(1+x)}=\lim\limits_{x\to 0}\dfrac{\sin x}{x}=1$.

（2）当 $x\to 0$ 时，$u=\cos 2x-1\to 0$. 而 $\ln(1+u)\sim u(u\to 0)$，于是

$$\ln\cos 2x=\ln(1+\cos 2x-1)\sim(\cos 2x-1)\sim-\frac{1}{2}(2x)^2(x\to 0).$$

同理 $\ln\cos 3x\sim-\dfrac{1}{2}(3x)^2$. 故

$$\lim_{x\to 0}\frac{\ln\cos 2x}{\ln\cos 3x}=\lim_{x\to 0}\frac{-\dfrac{1}{2}(2x)^2}{-\dfrac{1}{2}(3x)^2}=\lim_{x\to 0}\frac{4x^2}{9x^2}=\frac{4}{9}.$$

四、闭区间上连续函数的性质

闭区间上的连续函数有一些重要性质，其几何直观是十分明显的，证明已超出本书范围．下面的定理只给出几何解释．

定义 1 **设 $f(x)$ 在$[a,b]$上有定义，若存在 $x_0\in[a,b]$，使得对任何 $x\in[a,b]$，都有**

$$f(x)\leqslant f(x_0)(f(x)\geqslant f(x_0)),$$

则称 $f(x_0)$ 是函数 $f(x)$ 在区间$[a,b]$上的最大值(最小值)．

定理 5(有界性定理) **如果 $y=f(x)$ 在闭区间$[a,b]$上连续，则 $f(x)$ 在这个区间上有界．**

定理 6(最大值最小值定理) **如果 $y=f(x)$ 在闭区间$[a,b]$上连续，则 $f(x)$ 在这个区间**

上有最小值和最大值．

例 5　$y=\sin x$ 在$[0,2\pi]$上连续，它在 $x=\frac{\pi}{2}$ 取得最大值 $M=1$，在 $x=\frac{3\pi}{2}$ 处取得最小值 $m=-1$.

定理 7（介值定理）　如果 $y=f(x)$ 在闭区间$[a,b]$上连续，则对介于 $f(x)$ 在$[a,b]$上的最大值 M 和最小值 m 之间的任一实数 C，至少存在一点 $\xi\in(a,b)$，使得 $f(\xi)=C$.

在图 1－14 中，$y=f(x)$ 与直线 C 相交于三点 P_1，P_2，P_3，其横坐标分别是 ξ_1，ξ_2，ξ_3，显然 $f(\xi_1)=f(\xi_2)=f(\xi_3)=C$.

推论（零点存在定理）　如果 $f(x)$ 在闭区间$[a,b]$上连续且 $f(a)\cdot f(b)<0$，则至少存在一点 $\xi\in(a,b)$，使得 $f(\xi)=0$（图 1－15）.

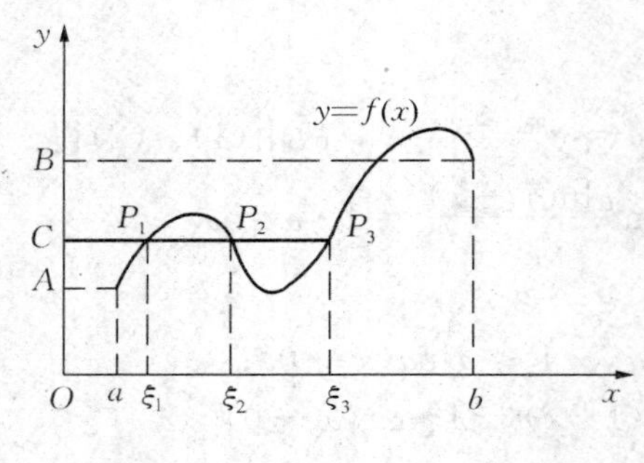

图 1－14

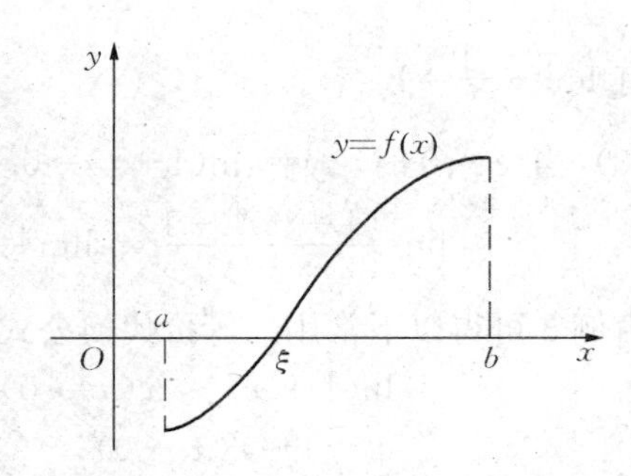

图 1－15

例 6　证明方程 $x^3-3x^2-x+3=0$ 在区间$(-2,0)$，$(0,2)$，$(2,4)$内各有一个实根．

证　设 $f(x)=x^3-3x^2-x+3$，经计算，$f(-2)=-15<0$，$f(0)=3>0$，$f(2)=-3<0$，$f(4)=15>0$. 根据介值定理推论可知，存在 $\xi_1\in(-2,0)$，$\xi_2\in(0,2)$，$\xi_3\in(2,4)$，使 $f(\xi_1)=0$，$f(\xi_2)=0$，$f(\xi_3)=0$，这表明 ξ_1，ξ_2，ξ_3 为给定方程的根．由于三次方程只有三个根，所以各区间内只存在一个实根．

例 7　设 $f(x)$ 在闭区间$[0,2a]$上连续，且 $f(0)=f(2a)$，则在$[0,a]$上至少存在一点 ξ，使 $f(\xi)=f(\xi+a)$.

证　令 $F(x)=f(x)-f(x+a)$，则 $F(x)$ 在$[0,a]$上连续，且

$$F(0)=f(0)-f(a),F(a)=f(a)-f(2a)=-[f(0)-f(a)].$$

（1）若 $f(0)=f(a)$，则 $F(0)=F(a)=0$，于是有 $\xi=a$，使 $f(\xi)=f(\xi+a)$.

（2）若 $f(0)\neq f(a)$，则 $F(0)\cdot F(a)<0$. 由零点定理，至少存在一点 $\xi\in(0,a)$，使 $F(\xi)=0$，即 $f(\xi)=f(\xi+a)$.

习题 1－9

1. 求下列初等函数的连续区间：

（1）$y=\sqrt{x-4}-\sqrt{6-x}$；　　（2）$y=\arcsin\frac{x-2}{3}$.

2. 利用函数的连续性求下列极限：

（1）$\lim\limits_{x\to 0}\ln\left(1+\frac{\sin x}{1+x^2}\right)$；　　（2）$\lim\limits_{x\to 0}\arctan\frac{\sin x}{x}$；

(3) $\lim\limits_{x\to\infty}x[\ln(x+1)-\ln x]$.

3. 证明方程 $x^3-3x=1$ 至少有一个根介于 1 和 2 之间.

4. 证明方程 $x\cdot 2^x=1$ 至少有一个小于 1 的正根.

5. 证明方程 $x=a\sin x+b$(其中 $a>0$, $b>0$)至少有一个正根, 且不超过 $a+b$.

6. 设 $y=f(x)$ 在 $[a, b]$ 上连续, $f(a)<a$, $f(b)>b$. 试证在 (a, b) 内至少有一点 ξ, 使得 $f(\xi)=\xi$.

第一章 自测题

一、单项选择题(每题 3 分, 共 27 分).

1. $y=\lg(x+1)+\dfrac{1}{\sqrt{2+x}}+\arccos x$ 的定义域是(　　).

(A) $(-1, +\infty)$; (B) $(-1, 1]$; (C) $(-1, 1)$.

2. 设 $f(x)$ 是二次多项式, $f(0)=4$, $f(1)=2$, $f(2)=1$, 则 $f(x)=$(　　).

(A) $\dfrac{1}{2}(x^2-5x+8)$; (B) $\dfrac{1}{2}(x^2+x-4)$; (C) $\dfrac{1}{2}(x^2-4x+8)$.

3. 下列函数 $f(x)$ 与 $g(x)$ 相同的有(　　):

(A) $f(x)=\cos(\arccos x)$, $g(x)=x$ 其中 $|x|\leqslant 1$;

(B) $f(x)=x-3$, $g(x)=\sqrt{(x-3)^2}$;

(C) $f(x)=\lg\left(\dfrac{x-1}{x+1}\right)$, $g(x)=\lg(x-1)-\lg(x+1)$.

4. 设 $f(x)=\dfrac{1}{x}$, $g(x)=1-x$, 则 $f[g(x)]=$(　　).

(A) $1-\dfrac{1}{x}$; (B) $1+\dfrac{1}{x}$; (C) $\dfrac{1}{1-x}$.

5. $\lim\limits_{x\to x_0}f(x)=A$($A$ 为常数), 则 $f(x)$ 在 x_0 处(　　).

(A) 一定有定义; (B) 一定无定义; (C) 不一定有定义.

6. 当 $x\to 0$ 时, 下列变量是无穷小量的是(　　).

(A) $\sin\dfrac{1}{x}$; (B) $e^{\frac{1}{x}}$; (C) $\ln(1+x^2)$; (D) e^x.

7. 设 $f(x)=\begin{cases} e^x, & x<0, \\ x^2+2a, & x\geqslant 0 \end{cases}$ 在点 $x=0$ 连续, 则 a 的值等于(　　).

(A) 0; (B) 1; (C) -1; (D) $\dfrac{1}{2}$.

8. 若 $\lim\limits_{n\to+\infty}x_n=a>0$, 则(　　).

(A) 所有 $x_n>0$; (B) 存在 N, 当 $n>N$ 时, $x_n>0$;

(C) 所有 $x_n\neq a$; (D) 一定有使 n 使 $x_n=a$.

9. 与 $\lim\limits_{n\to+\infty}x_n=a$ 不等价的命题有(　　).

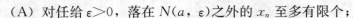

(A) 对任给 $\varepsilon>0$，落在 $N(a,\varepsilon)$之外的 x_n 至多有限个；

(B) 对任给 $\varepsilon>0$，落在 $N(a,\varepsilon)$之内的 x_n 至多有限个；

(C) 对任给 $\varepsilon>0$，存在 N，当 $n>N$ 时，$|x_n-a|<k\cdot\varepsilon$($k$ 为常数).

二、填空题(每题 3 分，共 33 分).

1. 设 $f(3x)=2x+1$，$f(a)=5$，则 $a=$________.

2. 设 $f(x)=\dfrac{1-x}{1+x}$，则 $f[f(x)]=$________.

3. 设 $f(x)=x^3+1$，则 $f(x^2)=$________.

4. 设 $f(x)=4x+3$，则 $f[f(x)-2]=$________.

5. 设 $f\left(x+\dfrac{1}{x}\right)=x^2+\dfrac{1}{x^2}+3$，则 $f(x)=$________.

6. 设 $f\left(\dfrac{1}{x}-1\right)=\dfrac{x}{2x-1}$，则 $f(x)=$________.

7. $\lim\limits_{n\to+\infty}(\sqrt{n^2+n}-n)=$________.

8. $\lim\limits_{x\to0}\dfrac{\ln(1+\sin x)}{\tan2x}=$________.

9. 设 $f(x)=\begin{cases}3e^x, & x<0,\\ 2x+a, & x\geqslant0\end{cases}$ 在 $x=0$ 连续，则 $a=$________.

10. 设 $f(x)=\dfrac{4x^2+3}{x-1}+ax+b$，$\lim\limits_{x\to\infty}f(x)=0$，则 $a=$________，$b=$________.

11. $\lim\limits_{x\to3}\dfrac{x^2-2x+k}{x-3}=4$，则 $k=$________.

三、求解下列各题(每题 8 分，共 40 分)：

1. 补充定义 $f(0)$，使 $f(x)=\dfrac{\ln(1+2x)}{\arcsin3x}$在 $x=0$ 连续.

2. 求 $f(x)=\dfrac{\dfrac{1}{x}-\dfrac{1}{x+1}}{\dfrac{1}{x-1}-\dfrac{1}{x}}$的间断点并指明类型.

3. 设 $f(x)$在$[a,b]$上连续，无零点，且 $f(a)>0$，试确定 $f(b)$的符号.

4. 证明 $x\to0$ 时，$\dfrac{\sqrt{1+x}-1}{2}\sim(\sqrt{4+x}-2)$.

5. 证明在区间$(0,2)$内至少有一点 x_0，使 $e^{x_0}-2=x_0$.

[第二章] 导数与微分

导数与微分是微分学中的两个核心概念，它们的理论和算法构成了微分学的基本内容．本章将在极限概念的基础上引进导数与微分的定义，讨论导数与微分的基本运算，并介绍它们的一些应用．

第一节　导数的概念

一、问题的提出

导数的概念源于力学中的速度问题及几何学中的切线问题，现就从这两个问题说起．

(一)直线运动的瞬时速度

设作变速直线运动的质点在时刻 t 走过的路程为 s，即路程 s 是时间 t 的函数 $s=s(t)$，称此方程为质点的运动方程．现讨论质点在时刻 t_0 的瞬时速度 $v(t_0)$.

当时间 t 从 t_0 变到 $t_0+\Delta t$ 时，质点在 Δt 内走过的路程为

$$\Delta s = s(t_0+\Delta t)-s(t_0).$$

若质点运动是匀速的，比值 $\bar{v}=\dfrac{\Delta s}{\Delta t}=\dfrac{s(t_0+\Delta t)-s(t_0)}{\Delta t}$便是一个与 Δt 无关的常数，它表示在时间段$[t_0,\ t_0+\Delta t]$内质点运动的平均速度．若质点运动是非匀速的，则 $\bar{v}$ 不是常数(与 Δt 相关)．易见 Δt 越小，Δt 时间内的平均速度 $\bar{v}$ 的值就越接近时刻 t_0 的速度．因此，当 $\Delta t\to 0$，若 $\bar{v}$ 有极限，则称此极限为质点在时刻 t_0 的**瞬时速度**，即定义

$$\begin{aligned} v(t_0) &= \lim_{\Delta t\to 0}\bar{v} = \lim_{\Delta t\to 0}\frac{\Delta s}{\Delta t} \\ &= \lim_{\Delta t\to 0}\frac{s(t_0+\Delta t)-s(t_0)}{\Delta t}. \end{aligned}$$

(二)曲线的切线斜率

设曲线 C 的方程为 $y=f(x)$，$M(x_0,\ y_0)$是曲线 C 上的一点，求曲线在点 M 处的切线方程．

在曲线上另取一点 $M_1(x_0+\Delta x,\ y_0+\Delta y)$，如图 2－1 所示．连接 M，M_1 两点，得割线$\overline{MM_1}$．割线$\overline{MM_1}$对 x 轴的倾角为 φ，其斜率为

$$\tan\varphi = \frac{\Delta y}{\Delta x} = \frac{f(x_0+\Delta x)-f(x_0)}{\Delta x}.$$

当 $\Delta x \to 0$ 时，点 M_1 沿曲线 C 趋向点 M，此时定义割线的极限位置 MT 为曲线 $y=f(x)$ 在点 M 处的切线，即曲线 C 在点 M 处的切线斜率为

$$k=\lim_{\Delta x\to 0}\frac{\Delta y}{\Delta x}=\lim_{\Delta x\to 0}\frac{f(x_0+\Delta x)-f(x_0)}{\Delta x}.$$

这里 $k=\tan\alpha$，其中 α 是切线 MT 关于 x 轴的倾角．

当 k 为有限值时，曲线 C 在点 M 处的切线方程为

$$y-y_0=k(x-x_0).$$

当 k 为 $\pm\infty$ 时，MT 的方程为 $x=x_0$，此时 M 点处的切线垂直于 x 轴．

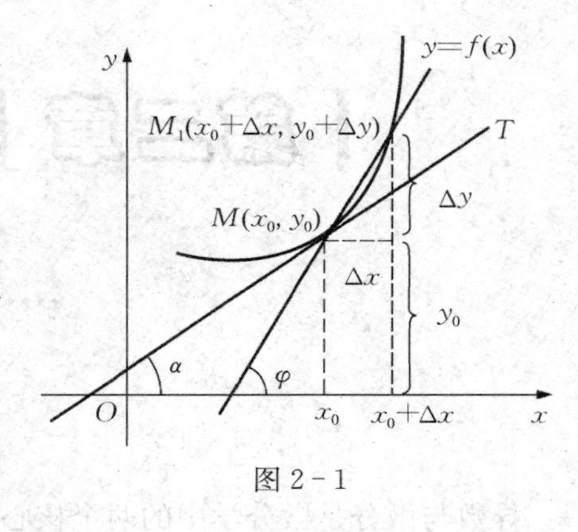

图 2－1

上述两个实例的具体含义虽然各不相同，但从抽象的数学关系看，它们的实质是一样的，都可以归结为计算一个已知函数 $y=f(x)$ 的增量 Δy 与自变量的增量 Δx 之比当 Δx 趋于零时的极限．这种类型的极限在数学上就是导数的概念．

二、导数的定义

定义 1　设函数 $y=f(x)$ 在 $N(x_0,\delta)$ 内有定义，当自变量 x 在点 x_0 处取得增量 Δx(点 $x_0+\Delta x$ 仍在该邻域内)时，相应地函数 y 取得增量 $\Delta y=f(x_0+\Delta x)-f(x_0)$．如果 Δy 与 Δx 之比当$\Delta x\to 0$时的极限存在，则称函数 $y=f(x)$ 在点 x_0 处可导，并称这个极限为函数 $y=f(x)$ 在点 x_0 处的导数，记为 $f'(x_0)$，即

$$f'(x_0)=\lim_{\Delta x\to 0}\frac{\Delta y}{\Delta x}=\lim_{\Delta x\to 0}\frac{f(x_0+\Delta x)-f(x_0)}{\Delta x},\tag{1}$$

也可记为 $y'\Big|_{x=x_0}$，$\dfrac{\mathrm{d}y}{\mathrm{d}x}\Big|_{x=x_0}$ **或** $\dfrac{\mathrm{d}f(x)}{\mathrm{d}x}\Big|_{x=x_0}$．

函数 $f(x)$ 在点 x_0 处可导，有时也说 $f(x)$ 在点 x_0 具有导数或导数存在．

导数的定义式(1)也可取不同的形式．令 $x=x_0+\Delta x$，则

$$f'(x_0)=\lim_{x\to x_0}\frac{f(x)-f(x_0)}{x-x_0}.$$

我们称函数增量与自变量增量之比$\dfrac{\Delta y}{\Delta x}$是函数 y 在以 x_0 及 $x_0+\Delta x$ 为端点的区间上的**平均变化率**，导数 $f'(x_0)$是函数 $y=f(x)$在点 x_0 处的变化率，即**瞬时变化率**．

如果式(1)的极限不存在，就说函数 $y=f(x)$ **在点 x_0 处不可导**，或者说导数不存在．极限为∞时，习惯上也说函数 $y=f(x)$ **在点 x_0 处具有无穷导数**，或者说其导数为∞，也可记为$f'(x_0)=\infty$.

根据极限存在的充要条件，函数 $f(x)$ 在点 x_0 可导，当且仅当

$$\lim_{\Delta x\to 0^+}\frac{f(x_0+\Delta x)-f(x_0)}{\Delta x} \text{ 与 } \lim_{\Delta x\to 0^-}\frac{f(x_0+\Delta x)-f(x_0)}{\Delta x}$$

同时存在且相等．这两个极限值分别称为 $f(x)$ 在点 x_0 的**右导数**和**左导数**(统称为单侧导数)，分别记为 $f'_+(x_0)$，$f'_-(x_0)$.

若函数 $y=f(x)$ 在开区间 (a,b) 内的每一点处都可导，则称 $f(x)$ 在开区间 (a,b) 内可导．这时，对于每个 $x\in(a,b)$，都有一个确定的导数值 $f'(x)$ 与之对应，这就构成了以 x 为自变量的一个函数，称为函数 $y=f(x)$ 的**导函数**，记为 $f'(x)$，$\frac{\mathrm{d}y}{\mathrm{d}x}$ 或 $\frac{\mathrm{d}f(x)}{\mathrm{d}x}$.

在式(1)中，把 x_0 换成 x，即得导函数

$$f'(x)=\lim_{\Delta x\to 0}\frac{f(x+\Delta x)-f(x)}{\Delta x}.$$

显然，函数 $y=f(x)$ 在点 x_0 的导数 $f'(x_0)$ 是导函数 $f'(x)$ 在点 $x=x_0$ 处的函数值，即

$$f'(x_0)=f'(x)\Big|_{x=x_0}.$$

通常，导函数简称为**导数**．如果函数 $f(x)$ 在开区间 (a,b) 内可导，且 $f'_+(a)$ 及 $f'_-(b)$ 都存在，就说 $f(x)$ 在闭区间 $[a,b]$ 上可导．

例 1　求函数 $f(x)=C$（C 为常数）的导数．

解　$f'(x)=\lim\limits_{\Delta x\to 0}\frac{f(x+\Delta x)-f(x)}{\Delta x}=\lim\limits_{\Delta x\to 0}\frac{C-C}{\Delta x}=0.$

这就是说，常数的导数等于零．

例 2　设 $f(x)=\begin{cases}-x, & x\leqslant 0,\\ x^2, & x>0,\end{cases}$ 讨论函数 $f(x)$ 在 $x=0$ 处的可导性．

解　$f'_-(0)=\lim\limits_{x\to 0^-}\frac{f(x)-f(0)}{x-0}=\lim\limits_{x\to 0^-}\frac{-x-0}{x}=-1;$

$$f'_+(0)=\lim_{x\to 0^+}\frac{f(x)-f(0)}{x-0}=\lim_{x\to 0^+}\frac{x^2-0}{x}=0.$$

所以，由 $f'_+(0)\neq f'_-(0)$ 知，函数 $f(x)$ 在 $x=0$ 处不可导．

例 3　设 $f(x)=\begin{cases}x^2\sin\frac{1}{x}, & x\neq 0,\\ 0, & x=0,\end{cases}$ 求 $f'(0)$.

解　$f'(0)=\lim\limits_{x\to 0}\frac{f(x)-f(0)}{x-0}=\lim\limits_{x\to 0}\frac{x^2\sin\frac{1}{x}}{x}=\lim\limits_{x\to 0}x\sin\frac{1}{x}=0.$

例 2，例 3 表明对分段函数在分段点处的可导性一定要用导数定义分侧判定．

例 4　求函数 $y=\sin x$ 的导数．

解　$y'=\lim\limits_{\Delta x\to 0}\frac{f(x+\Delta x)-f(x)}{\Delta x}=\lim\limits_{\Delta x\to 0}\frac{\sin(x+\Delta x)-\sin x}{\Delta x}$

$$=\lim_{\Delta x\to 0}\frac{2\cos\left(x+\frac{\Delta x}{2}\right)\sin\frac{\Delta x}{2}}{\Delta x}=\lim_{\Delta x\to 0}\cos\left(x+\frac{\Delta x}{2}\right)\cdot\frac{\sin\frac{\Delta x}{2}}{\frac{\Delta x}{2}}=\cos x,$$

即 $(\sin x)'=\cos x$. 用类似的方法可求得 $(\cos x)'=-\sin x$.

例 5　求函数 $y=\log_a x\ (a>0,\ a\neq 1)$ 的导数．

解　$y'=\lim\limits_{\Delta x\to 0}\frac{f(x+\Delta x)-f(x)}{\Delta x}=\lim\limits_{\Delta x\to 0}\frac{\log_a(x+\Delta x)-\log_a(x)}{\Delta x}$

$$=\lim_{\Delta x\to 0}\frac{1}{\Delta x}\log_a\left(1+\frac{\Delta x}{x}\right)=\lim_{\Delta x\to 0}\log_a\left[\left(1+\frac{\Delta x}{x}\right)^{\frac{x}{\Delta x}}\right]^{\frac{1}{x}}=\frac{\log_a \mathrm{e}}{x}=\frac{1}{x\ln a},$$

即$(\log_a x)'=\frac{1}{x\ln a}$. 特殊地，$(\ln x)'=\frac{1}{x}$.

例 6 求函数 $y=x^\mu$(μ 为任意实数)的导数.

解 $y'=\lim_{\Delta x\to 0}\frac{\Delta y}{\Delta x}=\lim_{\Delta x\to 0}\frac{(x+\Delta x)^\mu-x^\mu}{\Delta x}=\lim_{\Delta x\to 0}x^{\mu-1}\frac{\left(1+\frac{\Delta x}{x}\right)^\mu-1}{\frac{\Delta x}{x}}=\mu x^{\mu-1}$,

即

$$(x^\mu)'=\mu x^{\mu-1}.$$

如$(x^3)'=3x^2$，$(\sqrt{x})'=\frac{1}{2\sqrt{x}}$，$\left(\frac{1}{x}\right)'=-\frac{1}{x^2}(x\neq 0)$.

三、导数的几何意义

由切线问题的讨论及导数的定义可知，函数 $y=f(x)$在点 x_0 处的导数 $f'(x_0)$在几何上表示曲线 $y=f(x)$在点 $M(x_0, f(x_0))$处的切线斜率 k，即

$$f'(x_0)=\tan\alpha=k,$$

式中，α 是切线关于 x 轴的倾角.

因此，曲线 $y=f(x)$在点 $M(x_0, y_0)$处的切线方程为

$$y-y_0=f'(x_0)(x-x_0).$$

当 $f'(x_0)\neq 0$ 时，法线方程为

$$y-y_0=-\frac{1}{f'(x_0)}(x-x_0).$$

特殊地，当 $f'(x_0)=0$ 时，曲线 $y=f(x)$在点(x_0, y_0)的切线平行于 x 轴. 当 $f'(x_0)=\infty$ 时，曲线 $y=f(x)$在点(x_0, y_0)的切线垂直于 x 轴，此时，切线的倾角为$\frac{\pi}{2}$.

例 7 求 $y=\frac{1}{x}$在点$\left(\frac{1}{2}, 2\right)$处的切线的斜率，并写出在该点处的切线方程和法线方程.

解 由导数的几何意义，所求切线的斜率为$k_1=y'\Big|_{x=\frac{1}{2}}=-\frac{1}{x^2}\Big|_{x=\frac{1}{2}}=-4$，从而所求切线方程为 $y-2=-4\left(x-\frac{1}{2}\right)$，即 $4x+y-4=0$.

法线的斜率为 $k_2=-\frac{1}{k_1}=\frac{1}{4}$，于是所求法线方程为 $y-2=\frac{1}{4}\left(x-\frac{1}{2}\right)$，即 $2x-8y+15=0$.

例 8 给定双曲线 $y=\frac{1}{x}$，求过点$(-3, 1)$的切线方程.

解 设切点为$\left(x_0, \frac{1}{x_0}\right)$，则切线方程为 $y-\frac{1}{x_0}=y'(x_0)(x-x_0)=-\frac{1}{x_0^2}(x-x_0)$. 又因切线过点$(-3, 1)$，代入上式，得 $1-\frac{1}{x_0}=-\frac{1}{x_0^2}(-3-x_0)=\frac{3+x_0}{x_0^2}$，即 $x_0^2-2x_0-3=0$，解之，得 $x_0=3$ 或 $x_0=-1$，故切点为$\left(3, \frac{1}{3}\right)$和$(-1, -1)$，相应于此两切点的切线斜率分

别为$-\frac{1}{9}$和-1.

因此所求切线为两条：$y-\frac{1}{3}=-\frac{1}{9}(x-3)$，即$9y+x-6=0$和$y+1=-(x+1)$，即$y+x+2=0$.

注意：例 7 和例 8 两题，仅从问题本身来看，似乎是一样的，但解法却不同．其原因在于例 7 中给出的点$\left(\frac{1}{2},\ 2\right)$正好在曲线$y=\frac{1}{x}$上，因此切点即是$\left(\frac{1}{2},\ 2\right)$，所以可直接利用公式求得切线方程和法线方程；而例 8 给出的点$(-3,\ 1)$却是曲线外的点，因此必须先确定切线切点的位置，以及切点的个数．

例 9　曲线$y=\ln x$上哪一点的切线与直线$y=3x-1$平行？

解　设曲线$y=\ln x$上点$M(x,\ y)$处的切线与直线$y=3x-1$平行．由导数的几何意义，所求曲线切线的斜率为$y'=(\ln x)'=\frac{1}{x}$，而直线$y=3x-1$的斜率为$k=3$，根据两直线平行的条件，有$\frac{1}{x}=3$，即$x=\frac{1}{3}$. 将$x=\frac{1}{3}$代入曲线$y=\ln x$，得$y=\ln\frac{1}{3}=-\ln 3$. 从而曲线在点$\left(\frac{1}{3},\ -\ln 3\right)$的切线与直线$y=3x-1$平行．

四、可导与连续的关系

设函数$y=f(x)$在点x可导，即

$$\lim_{\Delta x\to 0}\frac{\Delta y}{\Delta x}=f'(x)$$

存在．由极限与无穷小量的关系知

$$\frac{\Delta y}{\Delta x}=f'(x)+\alpha,$$

式中，α是$\Delta x\to 0$时的无穷小量．上式两端同乘以Δx，得

$$\Delta y=f'(x)\Delta x+\alpha\Delta x.$$

由此可见，当$\Delta x\to 0$时，$\Delta y\to 0$，即函数$y=f(x)$在点x连续．于是有：

定理 1　若函数$y=f(x)$在点$x=0$处可导，则函数在该点必然连续．反之，不一定成立．

例如，函数$y=|x|$（图 2-2）在点$x=0$处连续，但在该点不可导．这是因为在点$x=0$处有

$$\frac{\Delta y}{\Delta x}=\frac{|0+\Delta x|-|0|}{\Delta x}=\frac{|\Delta x|}{\Delta x}.$$

右导数 $f'_{+}(0)=\lim\limits_{\Delta x\to 0^{+}}\frac{\Delta y}{\Delta x}=\lim\limits_{\Delta x\to 0^{+}}\frac{|\Delta x|}{\Delta x}=1$;

左导数 $f'_{-}(0)=\lim\limits_{\Delta x\to 0^{-}}\frac{\Delta y}{\Delta x}=\lim\limits_{\Delta x\to 0^{-}}\frac{|\Delta x|}{\Delta x}=-1$;

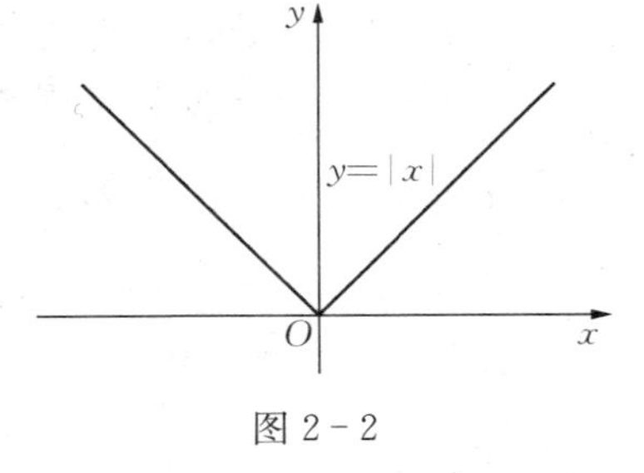

图 2-2

左、右导数不相等，故函数$y=|x|$在点$x=0$处不可导．

又如，函数$y=\sqrt[3]{x}$在点$x=0$处连续，但它在点$x=0$处却不可导．这是因为在点$x=0$处有

$$\frac{\Delta y}{\Delta x}=\frac{\sqrt[3]{0+\Delta x}-\sqrt[3]{0}}{\Delta x}=\frac{1}{\sqrt[3]{(\Delta x)^2}},$$

而当 $\Delta x\to 0$ 时，$\dfrac{\Delta y}{\Delta x}\to +\infty$，即导数为无穷大．这种情况表示曲线 $y=\sqrt[3]{x}$ 在原点处具有垂直于 x 轴的切线(图 2-3)．

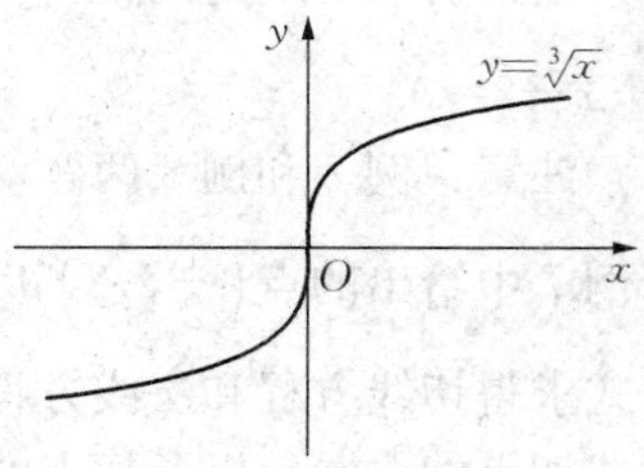

图 2-3

由上面的讨论可知，**函数连续是函数可导的必要条件，但不是充分条件，所以如果函数在某点不连续，则函数在该点必不可导**．

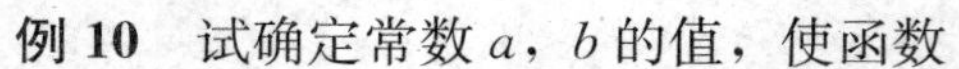

例 10 试确定常数 a，b 的值，使函数

$$f(x)=\begin{cases}1+\ln(1-2x), & x\leqslant 0,\\ a+be^x, & x>0\end{cases}$$

在 $x=0$ 处可导，并求出此时的 $f'(x)$．

解 要使函数 $f(x)$ 在 $x=0$ 处可导，$f(x)$ 在 $x=0$ 处必连续，即

$$\lim_{x\to 0^-}f(x)=\lim_{x\to 0^+}f(x)=f(0)=1,$$

由此推出 $a+b=1$，即当 $a+b=1$ 时，函数 $f(x)$ 在 $x=0$ 处连续．按导数定义及 $a+b=1$，有

$$f'_-(0)=\lim_{x\to 0^-}\frac{f(x)-f(0)}{x-0}=\lim_{x\to 0^-}\frac{[1+\ln(1-2x)]-1}{x}=-2;$$

$$f'_+(0)=\lim_{x\to 0^+}\frac{f(x)-f(0)}{x-0}=\lim_{x\to 0^+}\frac{(a+be^x)-1}{x}=\lim_{x\to 0^+}\frac{b(e^x-1)}{x}=b.$$

要使 $f(x)$ 在 $x=0$ 处可导，应有 $b=f'_+(0)=f'_-(0)=-2$，故 $a=3$. 即当 $a=3$，$b=-2$ 时，函数 $f(x)$ 在 $x=0$ 处可导，且 $f'(0)=-2$. 故

$$f'(x)=\begin{cases}-\dfrac{2}{1-2x}, & x\leqslant 0,\\ -2e^x, & x>0.\end{cases}$$

注意：确定参数值使分段函数可导的问题，一要利用在一点可导的充要条件；二要利用函数在一点可导必在该点连续．

习题 2-1

1. 设 $f(x)=10x^2$，按定义求 $f'(-1)$.
2. 设 $f(x)=ax+b$(a，b 是常数)，试按定义求 $f'(x)$.
3. 设 $f(x)=\dfrac{1}{x}$，按导数定义求 $f'(x)$，并求 $f'(1)$，$f'(-2)$.
4. 证明 $(\cos x)'=-\sin x$.
5. 求下列函数的导数：

(1) $y=x^4$；　(2) $y=\sqrt[3]{x^2}$；　(3) $y=\dfrac{1}{\sqrt{x}}$；

(4) $y=x^{-3}$；　(5) $y=x^2\sqrt[3]{x}$；　(6) $y=\dfrac{x^2\sqrt{x}}{\sqrt[4]{x}}$.

6. 求曲线 $y=x^3$ 在 $x=2$ 处的切线方程和法线方程.

7. 求曲线 $y=\cos x$ 上点 $\left(\frac{\pi}{3}, \frac{1}{2}\right)$ 处的切线方程和法线方程.

8. 在抛物线 $y=x^2$ 上依次取 $M_1(1, 1)$，$M_2(3, 9)$ 两点，过这两点作割线，问抛物线上哪一点的切线平行于这条割线?

9. 下列各题中均假定 $f'(x_0)$ 存在，按照导数定义观察下列极限，指出 A 是什么：

(1) $\lim\limits_{\Delta x \to 0} \frac{f(x_0-\Delta x)-f(x_0)}{\Delta x}=A$;

(2) $\lim\limits_{\Delta x \to 0} \frac{f(x_0+\Delta x)-f(x_0-\Delta x)}{\Delta x}=A$;

(3) $\lim\limits_{x \to 0} \frac{f(x)}{x}=A$，其中 $f(0)=0$，且 $f'(0)$ 存在.

10. 讨论下列函数在 $x=0$ 处的连续性与可导性：

(1) $y=|\sin x|$;

(2) $y=\sin\frac{1}{x}$;

(3) $y=\begin{cases} x\sin\frac{1}{x}, & x\neq 0, \\ 0, & x=0; \end{cases}$

(4) $y=\begin{cases} x^{\alpha}\sin\frac{1}{x}, & x\neq 0, \\ 0, & x=0. \end{cases}$

11. 已知 $f(x)=\begin{cases} x^2, & x\geqslant 0, \\ -x, & x<0, \end{cases}$ 求 $f'_+(0)$ 及 $f'_-(0)$，问 $f'(0)$ 是否存在?

12. 证明：双曲线 $xy=a^2$ 上任一点切线与两坐标轴所构成的三角形面积相等，且都等于 $2a^2$.

13. 物体作直线运动的方程为 $s=3t^2-5t$，求

(1) 物体在 2 s 到 $2+\Delta t$ s 的平均速度；

(2) 物体在 2 s 时的速度；

(3) 物体在 t s 到 $t+\Delta t$ s 的平均速度；

(4) 物体运动的速度函数.

14. 试证明：

(1) 可导的偶函数的导数是奇函数；可导的奇函数的导数是偶函数；

(2) 可导的周期函数的导数是周期函数.

15. 设单位质量的物体从 0 ℃加热到 T ℃所吸收的热量 Q 是温度 T 的函数：$Q=Q(T)$，求在温度 T ℃时物体的比热.

第二节　函数的求导法则

前面我们根据导数的定义求出了一些简单函数的导数，但对于比较复杂的函数，根据定义求它们的导数往往很困难，为了迅速求出初等函数的导数，本节介绍导数的运算法则，以简化求导过程.

一、函数的和、差、积、商的求导法则

定理 1　**设函数** $u=u(x)$ **及** $v=v(x)$ **在点** x **处可导，**$u'=u'(x)$，$v'=v'(x)$，**则** $u(x)\pm v(x)$ **在** x **处也可导，且**

$$[u(x)\pm v(x)]'=u'(x)\pm v'(x).$$

证 设 $f(x)=u(x)+v(x)$，则由导数定义有

$$f'(x)=\lim_{\Delta x\to 0}\frac{f(x+\Delta x)-f(x)}{\Delta x}=\lim_{\Delta x\to 0}\frac{[u(x+\Delta x)+v(x+\Delta x)]-[u(x)+v(x)]}{\Delta x}$$

$$=\lim_{\Delta x\to 0}\left[\frac{u(x+\Delta x)-u(x)}{\Delta x}+\frac{v(x+\Delta x)-v(x)}{\Delta x}\right]=u'(x)+v'(x).$$

这表示，函数 $f(x)$ 在点 x 处也可导，且 $f'(x)=u'(x)+v'(x)$，即

$$(u+v)'=u'+v'.$$

类似可得 $(u-v)'=u'-v'$.

上述法则可推广到任意有限个函数的情形，例如：

$$(u+v-w)'=u'+v'-w'.$$

定理 2 设函数 $u=u(x)$ 及 $v=v(x)$ 在点 x 处可导，$u'=u'(x)$，$v'=v'(x)$，则 $u(x)\cdot v(x)$ 在点 x 处也可导，且

$$[u(x)\cdot v(x)]'=u'(x)v(x)+u(x)v'(x).$$

证 设 $f(x)=u(x)v(x)$，则由导数定义有

$$\begin{aligned}f'(x)&=\lim_{\Delta x\to 0}\frac{f(x+\Delta x)-f(x)}{\Delta x}\\&=\lim_{\Delta x\to 0}\frac{u(x+\Delta x)v(x+\Delta x)-u(x)v(x)}{\Delta x}\\&=\lim_{\Delta x\to 0}\frac{u(x+\Delta x)v(x+\Delta x)-u(x)v(x+\Delta x)+u(x)v(x+\Delta x)-u(x)v(x)}{\Delta x}\\&=\lim_{\Delta x\to 0}\left[\frac{u(x+\Delta x)-u(x)}{\Delta x}\cdot v(x+\Delta x)+u(x)\cdot\frac{v(x+\Delta x)-v(x)}{\Delta x}\right]\\&=\lim_{\Delta x\to 0}\frac{u(x+\Delta x)-u(x)}{\Delta x}\cdot\lim_{\Delta x\to 0}v(x+\Delta x)+u(x)\cdot\lim_{\Delta x\to 0}\frac{v(x+\Delta x)-v(x)}{\Delta x}\\&=u'(x)v(x)+u(x)v'(x),\end{aligned}$$

式中，$\lim\limits_{\Delta x\to 0}v(x+\Delta x)=v(x)$ 是由于 $v'(x)$ 存在，所以 $v(x)$ 在点 x 连续．

因此，函数 $f(x)$ 在点 x 处也可导，且

$$f'(x)=u'(x)v(x)+u(x)v'(x),$$

即 $(uv)'=u'v+v'u$.

特别地，如果 $v(x)=C$（C 为常数），由于常数的导数为零，所以有

$$[C\cdot u(x)]'=Cu'(x).$$

这表明常数因子可以提到求导记号外面去．

乘积的求导法则可以推广到有限个函数，例如：

$$(uvw)'=[(uv)w]'=(uv)'w+(uv)w'=u'vw+uv'w+uvw'.$$

定理 3 设函数 $u=u(x)$ 及 $v=v(x)$ 在点 x 处可导，$v(x)\neq 0$，$u'=u'(x)$，$v'=v'(x)$，则 $u(x)/v(x)$ 在点 x 处也可导，且

$$\left[\frac{u(x)}{v(x)}\right]'=\frac{u'(x)v(x)-u(x)v'(x)}{[v(x)]^2}.$$

例 1 求函数 $y=\sin 2x$ 的导数．

解 $y'=(\sin 2x)'=(2\sin x\cos x)'=2[(\sin x)'\cos x+\sin x(\cos x)']$

$=2(\cos^2 x-\sin^2 x)=2\cos 2x.$

例 2 求函数 $y=(2-x^2)\cos x+2x\sin x$ 的导数．

解 $y'=[(2-x^2)\cos x]'+(2x\sin x)'$

$=(2-x^2)'\cos x+(2-x^2)(\cos x)'+2[x'\sin x+x(\sin x)']$

$=-2x\cos x-(2-x^2)\sin x+2\sin x+2x\cos x=x^2\sin x.$

例 3 设函数 $f(x)=(1+x^2)\left(3-\dfrac{1}{x^3}\right)$，求 $f'(1)$ 和 $f'(-1)$.

解 因为 $f'(x)=(1+x^2)'\left(3-\dfrac{1}{x^3}\right)+(1+x^2)\left(3-\dfrac{1}{x^3}\right)'$

$$=2x\left(3-\frac{1}{x^3}\right)+(1+x^2)(3x^{-4})=6x-\frac{2}{x^2}+\frac{3}{x^4}+\frac{3}{x^2}$$

$$=6x+\frac{1}{x^2}+\frac{3}{x^4},$$

所以 $f'(1)=10$，$f'(-1)=-2$.

例 4 求函数 $y=x\sin x(\ln x-1)$ 的导数．

解 $y'=x'\sin x(\ln x-1)+x(\sin x)'(\ln x-1)+x\sin x(\ln x-1)'$

$=\sin x(\ln x-1)+x\cos x(\ln x-1)+x\sin x\cdot\dfrac{1}{x}$

$=\sin x\ln x-\sin x+x\cos x\ln x-x\cos x+\sin x$

$=\sin x\ln x+x\cos x\ln x-x\cos x.$

例 5 过点 $A(1,\ 2)$ 引抛物线 $y=2x-x^2$ 的切线，求切线方程．

解 设切点坐标为 $M(x_0,\ y_0)$，则在点 M 的切线斜率为

$$k=y'\Big|_{x=x_0}=(2x-x^2)'\Big|_{x=x_0}=(2-2x)\Big|_{x=x_0}=2-2x_0.$$

过点 M 的切线方程为

$$y-y_0=2(1-x_0)(x-x_0). \tag{1}$$

因为点 $A(1,\ 2)$ 在切线上，切点 $M(x_0,\ y_0)$ 在抛物线上，所以有方程组

$$\begin{cases}2-y_0=2(1-x_0)^2,\\ y_0=2x_0-x_0^2,\end{cases}$$

解之得 $\begin{cases}x_0=0,\\ y_0=0\end{cases}$ 和 $\begin{cases}x_0=2,\\ y_0=0.\end{cases}$

因此求得两个切点为 $O(0,\ 0)$ 和 $M(2,\ 0)$，将 O 和 M 两点的坐标分别代入(1)式，得切线方程为 $y=2x$ 和 $y=-2x+4$.

例 6 求函数 $y=\tan x$ 的导数．

解 $y'=(\tan x)'=\left(\dfrac{\sin x}{\cos x}\right)'=\dfrac{(\sin x)'\cos x-\sin x(\cos x)'}{\cos^2 x}$

$=\dfrac{\cos^2 x+\sin^2 x}{\cos^2 x}=\dfrac{1}{\cos^2 x}=\sec^2 x,$

即
$$(\tan x)'=\sec^2 x.$$

类似可得$(\cot x)'=-\csc^2 x$.

例 7 求函数 $y=\sec x$ 的导数.

解 $y'=(\sec x)'=\left(\dfrac{1}{\cos x}\right)'=\dfrac{-(\cos x)'}{\cos^2 x}=\dfrac{\sin x}{\cos^2 x}=\sec x\tan x$,

即
$$(\sec x)'=\sec x\tan x$$

类似可得$(\csc x)'=-\csc x\cot x$.

例 8 求函数 $y=\dfrac{1-\ln x}{1+\ln x}+\dfrac{1}{x}$ 的导数.

解
$$\begin{aligned}
y'&=\left(\frac{1-\ln x}{1+\ln x}\right)'+\left(\frac{1}{x}\right)'\\
&=\frac{(1-\ln x)'(1+\ln x)-(1-\ln x)(1+\ln x)'}{(1+\ln x)^2}-\frac{1}{x^2}\\
&=\frac{-\frac{1}{x}(1+\ln x)-(1-\ln x)\cdot\frac{1}{x}}{(1+\ln x)^2}-\frac{1}{x^2}\\
&=-\frac{2}{x(1+\ln x)^2}-\frac{1}{x^2}.
\end{aligned}$$

二、反函数的求导法则

定理 4 **如果函数 $x=\varphi(y)$ 在某区间 I_y 内单调、可导，且 $\varphi'(y)\neq 0$，那么它的反函数 $y=f(x)$ 在对应区间 I_x 内也可导，且**
$$f'(x)=\frac{1}{\varphi'(y)}. \tag{2}$$

证 任取 $x\in I_x$，给 x 以增量 $\Delta x(\Delta x\neq 0)$，$x+\Delta x\in I_x$，由 $y=f(x)$ 的单调性可知 $\Delta y=f(x+\Delta x)-f(x)\neq 0$，于是有
$$\frac{\Delta y}{\Delta x}=\frac{1}{\frac{\Delta x}{\Delta y}}.$$
因 $y=f(x)$ 连续，故当 $\Delta x\to 0$ 时，必有 $\Delta y\to 0$. 又 $x=\varphi(y)$ 在点 y 可导，且 $\varphi'(y)\neq 0$，即 $\lim\limits_{\Delta y\to 0}\dfrac{\Delta x}{\Delta y}\neq 0$，故 $\lim\limits_{\Delta x\to 0}\dfrac{\Delta y}{\Delta x}=\lim\limits_{\Delta y\to 0}\dfrac{1}{\frac{\Delta x}{\Delta y}}=\dfrac{1}{\varphi'(y)}$，即 $f'(x)=\dfrac{1}{\varphi'(y)}$.

例 9 求函数 $y=a^x(a>0,\ a\neq 1)$ 的导数.

解 因为 $y=a^x$ 是 $x=\log_a y$ 的反函数，函数 $x=\log_a y$ 在区间 $I_y=(0,\ +\infty)$ 内单调、可导，且$(\log_a y)'=\dfrac{1}{y\ln a}\neq 0$. 因此，由公式(2)，在对应区间 $I_x=(-\infty,\ +\infty)$ 内有
$$(a^x)'=\frac{1}{(\log_a y)'}=\frac{1}{\frac{1}{y\ln a}}=y\ln a=a^x\ln a,$$
即$(a^x)'=a^x\ln a$. 特别地，当 $a=\mathrm{e}$ 时，得$(\mathrm{e}^x)'=\mathrm{e}^x$.

例 10 求函数 $y=\arcsin x$ 的导数.

解 函数 $y=\arcsin x$ 是函数 $x=\sin y$ 的反函数，函数 $x=\sin y$ 在开区间 $I_y=$

$\left(-\frac{\pi}{2}, \frac{\pi}{2}\right)$内单调、可导，且$(\sin y)'=\cos y>0$. 因此，由公式(2)，在对应区间$I_x=(-1, 1)$内有

$$(\arcsin x)'=\frac{1}{(\sin y)'}=\frac{1}{\cos y}=\frac{1}{\sqrt{1-\sin^2 y}}=\frac{1}{\sqrt{1-x^2}},$$

即$(\arcsin x)'=\frac{1}{\sqrt{1-x^2}}$. 类似可得$(\arccos x)'=\frac{-1}{\sqrt{1-x^2}}$.

例 11 求函数$y=\arctan x$的导数.

解 函数$y=\arctan x$是函数$x=\tan y$的反函数，函数$x=\tan y$在开区间$I_y=\left(-\frac{\pi}{2}, \frac{\pi}{2}\right)$内单调、可导，且$(\tan y)'=\sec^2 y\neq 0$. 因此，由公式(2)，在对应区间$I_x=(-\infty, +\infty)$内有

$$(\arctan x)'=\frac{1}{(\tan y)'}=\frac{1}{\sec^2 y}=\frac{1}{1+\tan^2 y}=\frac{1}{1+x^2},$$

即$(\arctan x)'=\frac{1}{1+x^2}$. 类似可得$(\text{arccot}\, x)'=-\frac{1}{1+x^2}$.

由此我们得到如下基本初等函数的导数公式：

(1) $(C)'=0$; (2) $(x^\mu)'=\mu x^{\mu-1}$;

(3) $(\log_a x)'=\frac{1}{x\ln a}$; (4) $(\ln x)'=\frac{1}{x}$;

(5) $(a^x)'=a^x\ln a$; (6) $(\mathrm{e}^x)'=\mathrm{e}^x$;

(7) $(\sin x)'=\cos x$; (8) $(\cos x)'=-\sin x$;

(9) $(\tan x)'=\sec^2 x$; (10) $(\cot x)'=-\csc^2 x$;

(11) $(\sec x)'=\sec x\tan x$; (12) $(\csc x)'=-\csc x\cot x$;

(13) $(\arcsin x)'=\frac{1}{\sqrt{1-x^2}}$; (14) $(\arccos x)'=-\frac{1}{\sqrt{1-x^2}}$;

(15) $(\arctan x)'=\frac{1}{1+x^2}$; (16) $(\text{arccot}\, x)'=-\frac{1}{1+x^2}$.

三、复合函数的求导法则

定理 5 如果函数$u=\varphi(x)$在点x_0可导，而函数$y=f(u)$在点$u_0=\varphi(x_0)$可导，则复合函数$y=f[\varphi(x)]$在点x_0可导，且其导数为

$$\left.\frac{\mathrm{d}y}{\mathrm{d}x}\right|_{x=x_0}=f'(u_0)\cdot\varphi'(x_0). \tag{3}$$

证 由于函数$y=f(u)$在点u_0可导，因此$\lim\limits_{\Delta u\to 0}\frac{\Delta y}{\Delta u}=f'(u_0)$存在. 于是根据极限与无穷小量的关系有

$$\frac{\Delta y}{\Delta u}=f'(u_0)+\alpha,$$

式中，α是$\Delta u\to 0$时的无穷小量. 上式中$\Delta u\neq 0$，用Δu乘上式两边，得

$$\Delta y=f'(u_0)\Delta u+\alpha\cdot\Delta u. \tag{4}$$

当 $\Delta u=0$ 时，规定 $\alpha=0$(注：原来 $\alpha=\frac{\Delta y}{\Delta u}-f'(u_0)$，当 $\Delta u=0$ 时无定义，当 $\Delta u\to 0$ 时，$\alpha\to 0$. 因此 $\Delta u=0$ 是 α 的可去间断点．现规定当 $\Delta u=0$ 时，$\alpha=0$，则 α 在 $\Delta u=0$ 处连续)．这时因$\Delta y=f(u_0+\Delta u)-f(u_0)=0$，而式(4)右端亦为零，故式(4)对 $\Delta u=0$ 也成立．用 $\Delta x\neq 0$ 除式(4)两边可得$\frac{\Delta y}{\Delta x}=f'(u_0)\frac{\Delta u}{\Delta x}+\alpha\cdot\frac{\Delta u}{\Delta x}$，从而

$$\lim_{\Delta x\to 0}\frac{\Delta y}{\Delta x}=\lim_{\Delta x\to 0}\left[f'(u_0)\frac{\Delta u}{\Delta x}+\alpha\frac{\Delta u}{\Delta x}\right],$$

于是由函数在某点可导必在该点连续的性质知，当 $\Delta x\to 0$ 时，$\Delta u\to 0$，于是

$$\lim_{\Delta x\to 0}\alpha=\lim_{\Delta u\to 0}\alpha=0.$$

又因 $u=\varphi(x)$在点 x_0 处可导，有$\lim\limits_{\Delta x\to 0}\frac{\Delta u}{\Delta x}=\varphi'(x_0)$，故

$$\lim_{\Delta x\to 0}\frac{\Delta y}{\Delta x}=f'(u_0)\cdot\lim_{\Delta x\to 0}\frac{\Delta u}{\Delta x}=f'(u_0)\cdot\varphi'(x_0),$$

即

$$\left.\frac{\mathrm{d}y}{\mathrm{d}x}\right|_{x=x_0}=f'(u_0)\varphi'(x_0).$$

根据上述法则，如果 $u=\varphi(x)$在开区间 I 内可导，$y=f(u)$在开区间 I_1 内可导，且当 $x\in I$ 时，对应的 $u\in I_1$，那么复合函数 $y=f[\varphi(x)]$在开区间 I 内可导，且有下式成立：

$$\frac{\mathrm{d}y}{\mathrm{d}x}=\frac{\mathrm{d}y}{\mathrm{d}u}\cdot\frac{\mathrm{d}u}{\mathrm{d}x}.$$

上式也可以写成

$$y'_x=y'_u\cdot u'_x \text{或} y'(x)=f'(u)\cdot\varphi'(x).$$

例 12　求 $y=\sin 2x$ 的导数．

解　由于 $y=\sin 2x$ 是由 $y=\sin u$ 和 $u=2x$ 复合而成，所以

$$\frac{\mathrm{d}y}{\mathrm{d}x}=\frac{\mathrm{d}y}{\mathrm{d}u}\cdot\frac{\mathrm{d}u}{\mathrm{d}x}=\cos u\cdot 2=2\cos 2x.$$

例 13　求 $y=\mathrm{e}^{-x^2}$ 的导数．

解　由于 $y=\mathrm{e}^{-x^2}$ 是由 $y=\mathrm{e}^u$ 和 $u=-x^2$ 复合而成的，所以

$$\frac{\mathrm{d}y}{\mathrm{d}x}=\frac{\mathrm{d}y}{\mathrm{d}u}\cdot\frac{\mathrm{d}u}{\mathrm{d}x}=\mathrm{e}^u\cdot(-2x)=-2x\mathrm{e}^{-x^2}.$$

例 14　求 $y=\sqrt[3]{1-2x^2}$ 的导数．

解　由于 $y=\sqrt[3]{1-2x^2}$ 是由 $y=\sqrt[3]{u}$ 和 $u=1-2x^2$ 复合而成的，所以

$$\frac{\mathrm{d}y}{\mathrm{d}x}=\frac{\mathrm{d}y}{\mathrm{d}u}\cdot\frac{\mathrm{d}u}{\mathrm{d}x}=\frac{1}{3}u^{-\frac{2}{3}}(-4x)=-\frac{4x}{3\sqrt[3]{(1-2x^2)^2}}.$$

通过上面的例子可知，运用复合函数求导法则的关键在于把复合函数分解成基本初等函数或基本初等函数的和、差、积、商，然后运用复合函数求导法则和相应的导数公式进行求导．求导后再把引进的中间变量代换成原来的自变量．熟练以后，中间变量可不必写出．

例 15　求 $y=\ln\tan x$ 的导数．

解　$\frac{\mathrm{d}y}{\mathrm{d}x}=(\ln\tan x)'=\frac{1}{\tan x}(\tan x)'=\frac{\cos x}{\sin x}\cdot\frac{1}{\cos^2 x}=\frac{1}{\sin x\cos x}=\frac{2}{\sin 2x}.$

例 16 求 $y=\cos^2 x$ 的导数.

解 $\frac{dy}{dx}=[(\cos^2 x)]'=2\cos x(\cos x)'=-2\sin x\cos x=-\sin 2x.$

复合函数的求导法则可以推广到多个中间变量的情形.

例如，设 $y=f(u)$，$u=\varphi(v)$，$v=\psi(x)$都可导，则

$$\frac{dy}{dx}=\frac{dy}{du}\cdot\frac{du}{dv}\cdot\frac{dv}{dx}.$$

例 17 求 $y=\ln\cos\frac{x}{2}$的导数.

解 $\frac{dy}{dx}=\left(\ln\cos\frac{x}{2}\right)'=\frac{1}{\cos\frac{x}{2}}\left(\cos\frac{x}{2}\right)'=\frac{1}{\cos\frac{x}{2}}\left(-\sin\frac{x}{2}\right)\left(\frac{x}{2}\right)'=-\frac{1}{2}\tan\frac{x}{2}.$

例 18 求 $y=\arcsin e^{2x}$的导数.

解 $\frac{dy}{dx}=(\arcsin e^{2x})'=\frac{1}{\sqrt{1-(e^{2x})^2}}(e^{2x})'=\frac{1}{\sqrt{1-(e^{2x})^2}}(e^{2x})\cdot 2=\frac{2e^{2x}}{\sqrt{1-e^{4x}}}.$

例 19 求 $y=2^{\sin^2\frac{1}{x}}$的导数.

解 $y'=(2^{\sin^2\frac{1}{x}})=2^{\sin^2\frac{1}{x}}\ln 2\left(\sin^2\frac{1}{x}\right)'=2^{\sin^2\frac{1}{x}}\ln 2\cdot 2\sin\frac{1}{x}\left(\sin\frac{1}{x}\right)'$

$=2^{\sin^2\frac{1}{x}}\ln 2\cdot 2\sin\frac{1}{x}\cos\frac{1}{x}\left(\frac{1}{x}\right)'=-\ln 2\,\frac{1}{x^2}2^{\sin^2\frac{1}{x}}\sin\frac{2}{x}.$

例 20 求 $y=\ln(x+\sqrt{1+x^2})$的导数.

解 $y'=\frac{1}{x+\sqrt{1+x^2}}(x+\sqrt{1+x^2})'$

$=\frac{1}{x+\sqrt{1+x^2}}[1+(\sqrt{1+x^2})']$

$=\frac{1}{x+\sqrt{1+x^2}}\left[1+\frac{1}{2\sqrt{1+x^2}}(1+x^2)'\right]$

$=\frac{1}{x+\sqrt{1+x^2}}\left(1+\frac{x}{\sqrt{1+x^2}}\right)=\frac{1}{\sqrt{1+x^2}}.$

例 21 求 $y=\ln\sqrt{\frac{e^{2x}}{e^{2x}-1}}$的导数.

解 $y'=\sqrt{\frac{e^{2x}-1}{e^{2x}}}\left(\sqrt{\frac{e^{2x}}{e^{2x}-1}}\right)'=\sqrt{\frac{e^{2x}-1}{e^{2x}}}\cdot\frac{1}{2\sqrt{\frac{e^{2x}}{e^{2x}-1}}}\left(\frac{e^{2x}}{e^{2x}-1}\right)'$

$=\frac{e^{2x}-1}{2e^{2x}}\cdot\frac{2e^{2x}(e^{2x}-1)-e^{2x}2e^{2x}}{(e^{2x}-1)^2}=\frac{1}{1-e^{2x}}.$

例 22 求幂指函数 $y=x^x(x>0)$的导数.

解 因 $y=x^x=e^{x\ln x}$可以看成由 $y=e^u$，$u=x\ln x$ 复合而成，所以

$$\frac{dy}{dx}=e^u\cdot\left(\ln x+x\cdot\frac{1}{x}\right)=e^{x\ln x}(1+\ln x)=x^x(1+\ln x).$$

例 23 设 $f(x)=\sin x$，求：(1)$f'[f(x)]$；(2)$f[f'(x)]$；(3)$\{f[f(x)]\}'$.

解 (1) $f'[f(x)]=\dfrac{\mathrm{d}f[f(x)]}{\mathrm{d}f(x)}\xlongequal{u=f(x)}\dfrac{\mathrm{d}f(u)}{\mathrm{d}u}=\dfrac{\mathrm{d}\sin u}{\mathrm{d}u}$

$$=\cos u=\cos[f(x)]=\cos(\sin x);$$

(2) $f[f'(x)]=f[(\sin x)']=f(\cos x)=\sin(\cos x)$；

(3) $\dfrac{\mathrm{d}f[f(x)]}{\mathrm{d}x}=\dfrac{\mathrm{d}\sin(\sin x)}{\mathrm{d}x}=\dfrac{\mathrm{d}\sin(\sin x)}{\mathrm{d}\sin x}\cdot\dfrac{\mathrm{d}\sin x}{\mathrm{d}x}$

$$\xlongequal{u=\sin x}\frac{\mathrm{d}\sin u}{\mathrm{d}u}\cdot\frac{\mathrm{d}\sin x}{\mathrm{d}x}=\cos u\cos x=\cos(\sin x)\cos x.$$

注意：$\{f[f(x)]\}'\neq f'[f(x)]$. 在对抽象函数 $y=f[f(x)]$求导时，一定要弄清楚$\{f[f(x)]\}'$与$f'[f(x)]$符号的含义，$\{f[f(x)]\}'$是对 x 求导；而 $f'[f(x)]$是对中间变量$f(x)$求导．

习题 2-2

1. 求下列函数的导数：

(1) $y=\dfrac{1}{x}-2\sqrt{x}+x^{\frac{3}{2}}$；

(2) $y=\sqrt{x}(\cot x+1)$；

(3) $y=\dfrac{x^4+x^2+1}{\sqrt{x}}$；

(4) $y=\dfrac{1}{1+\sqrt{x}}+\dfrac{1}{1-\sqrt{x}}$；

(5) $y=\dfrac{\sin x}{\sin x+\cos x}$；

(6) $y=\dfrac{1+\cos x}{1-\cos x}$；

(7) $y=\dfrac{\sin x}{1+\cos x}$；

(8) $y=x\tan x+\sec x-1$；

(9) $y=\dfrac{2\csc x}{1+x^2}$；

(10) $y=x\sin x\ln x$；

(11) $y=3\cot x-\dfrac{1}{\ln x}$.

2. 求下列函数在给定点的导数：

(1) $y=x^5+3\sin x$，在 $x=0$ 及 $x=\dfrac{\pi}{2}$；

(2) $f(t)=\dfrac{1-\sqrt{t}}{1+\sqrt{t}}$，在 $t=4$；

(3) $f(x)=\dfrac{3}{5-x}+\dfrac{x^2}{5}$，在 $x=0$ 及 $x=2$.

3. 求下列函数的导数：

(1) $y=\cos(4-3x)$；

(2) $y=(\arcsin x)^2$；

(3) $y=\ln(1+x^2)$；

(4) $y=\arccos\dfrac{1}{x}$；

(5) $y=\arctan \mathrm{e}^x$；

(6) $y=\mathrm{e}^{\arctan\sqrt{x}}$；

(7) $y=\arctan\dfrac{x+1}{x-1}$；

(8) $y=\ln[\ln(x-1)]$；

(9) $y=\arccos\sqrt{1-3t}$；　(10) $y=\sqrt[3]{\ln\sin\frac{x+3}{2}}$；

(11) $y=\sin^n x\cos nx$；　(12) $y=\sec^2\frac{x}{2}-\csc^2\frac{x}{2}$；

(13) $y=\ln^2(x+e^{3+2x})$；　(14) $y=\sin\frac{1}{x}\cdot e^{\tan\frac{1}{x}}$；

(15) $y=\ln\sqrt{\frac{1-\sin x}{1+\sin x}}$；　(16) $y=\cot^2\frac{x+1}{3}+\cot\frac{x^2+1}{4}$；

(17) $y=\sqrt{4-x^2}+x\arcsin\frac{x}{2}$；　(18) $y=\sqrt{1+\tan\left(x+\frac{1}{x}\right)}$；

(19) $y=x^{\frac{1}{x}}(x>0)$；　(20) $y=(\ln x)^x(\ln x>0)$.

4. 设 $f(x)$，$g(x)$可导，且 $f^2(x)+g^2(x)\neq0$，求 $y=\sqrt{f^2(x)+g^2(x)}$ 的导数.

5. 设 $f(x)$可导，求下列函数的导数$\frac{dy}{dx}$：

(1) $y=f(e^{2x})$；　(2) $y=f(\sin^2x)+f(\cos^2x)$；

(3) $y=f[\ln^2(x+a)]$；　(4) $y=f[\ln(x^2+a)]$.

6. 求曲线 $y=2\sin x+x^2$ 上横坐标 $x=0$ 点处的切线方程和法线方程.

7. 过点(0，2)引抛物线 $y=1-x^2$ 的切线，求此切线方程，并作图.

8. 以初速度 v_0 上抛的物体，其上升高度 s 与时间 t 的关系是 $s=v_0t-\frac{1}{2}gt^2$，求：

(1) 该物体的速度 $v(t)$；　(2) 求物体达到最高点的时刻.

第三节　高阶导数

我们知道，变速直线运动的速度 $v(t)$是物体的运动方程 $s(t)$对时间 t 的导数，即 $v=\frac{ds}{dt}$，而加速度 a 又是速度 v 对时间 t 的变化率，即速度 v 对时间 t 的导数 $a=\frac{dv}{dt}=\frac{d}{dt}\left(\frac{ds}{dt}\right)$. 这种 s 对 t 导数的导数叫做 s 对 t 的二阶导数. 一般地有如下定义：

定义 1　若函数 $y=f(x)$的导函数 $f'(x)$在点 x 处可导，则称 $f'(x)$在点 x 处的导数为函数 $y=f(x)$在点 x 处的二阶导数，记作 $f''(x)$，即

$$f''(x)=[f'(x)]'=\lim_{\Delta x\to0}\frac{f'(x+\Delta x)-f'(x)}{\Delta x}.$$

函数 $y=f(x)$的二阶导数还可记为 y''，$\frac{d^2y}{dx^2}$或$\frac{d^2f(x)}{dx^2}$.

类似地，如果二阶导数 $f''(x)$仍可导，则称 $f'''(x)$的导数为原来函数的三阶导数，记作 y'''，$f'''(x)$，$\frac{d^3y}{dx^3}$或$\frac{d^3f(x)}{dx^3}$.

一般地，如果函数 $y=f(x)$的 $n-1$ 阶导数 $y^{(n-1)}=f^{(n-1)}(x)$的导数存在，则称 $[f^{(n-1)}(x)]'$为 $y=f(x)$的 n 阶导数，记作 $y^{(n)}$，$f^{(n)}(x)$或$\frac{d^ny}{dx^n}$，即

$$f^{(n)}(x)=\lim_{\Delta x\to 0}\frac{f^{(n-1)}(x+\Delta x)-f^{(n-1)}(x)}{\Delta x}.$$

二阶及二阶以上的导数统称为**高阶导数**.

从定义可以看出，求高阶导数不需要新的方法，只要对 $f'(x)$ 连续求导即可.

例 1 求下列函数的二阶导数：

(1) $y=ax+b(a\neq 0)$； (2) $y=\cos^2\dfrac{x}{2}$.

解 (1) $y'=a$，$y''=0$；

(2) $y'=2\cos\dfrac{x}{2}\left(-\sin\dfrac{x}{2}\right)\cdot\dfrac{1}{2}=-\dfrac{1}{2}\sin x$，$y''=-\dfrac{1}{2}\cos x$.

例 2 已知 $f(x)=\arctan x$，求 $f'''(0)$.

解 因 $f'(x)=\dfrac{1}{1+x^2}$，$f''(x)=\dfrac{-2x}{(1+x^2)^2}$，$f'''(x)=\dfrac{2(3x^2-1)}{(1+x^2)^3}$，

故
$$f'''(0)=\frac{2(3x^2-1)}{(1+x^2)^3}\bigg|_{x=0}=-2.$$

例 3 求指数函数 $y=\mathrm{e}^x$ 的 n 阶导数.

解 $y'=\mathrm{e}^x$，$y''=\mathrm{e}^x$，$y'''=\mathrm{e}^x$，…. 一般地，有 $y^{(n)}=\mathrm{e}^x$.

例 4 求正弦函数和余弦函数的 n 阶导数.

解 $y=\sin x$，$y'=\cos x=\sin\left(x+\dfrac{\pi}{2}\right)$，

$y''=\cos\left(x+\dfrac{\pi}{2}\right)=\sin\left(x+\dfrac{\pi}{2}+\dfrac{\pi}{2}\right)=\sin\left(x+2\,\dfrac{\pi}{2}\right)$，

$y'''=\cos\left(x+2\,\dfrac{\pi}{2}\right)=\sin\left(x+3\,\dfrac{\pi}{2}\right)$，

$y^{(4)}=\cos\left(x+3\,\dfrac{\pi}{2}\right)=\sin\left(x+4\,\dfrac{\pi}{2}\right)$，….

一般地，有 $(\sin x)^{(n)}=\sin\left(x+n\cdot\dfrac{\pi}{2}\right)$.

用类似方法，可得 $(\cos x)^{(n)}=\cos\left(x+n\cdot\dfrac{\pi}{2}\right)$.

例 5 求对数函数 $y=\ln(1+x)$ 的 n 阶导数.

解 $y'=\dfrac{1}{1+x}$，$y''=-\dfrac{1}{(1+x)^2}$，$y'''=\dfrac{1\cdot 2}{(1+x)^3}$，$y^{(4)}=-\dfrac{1\cdot 2\cdot 3}{(1+x)^4}$，….

一般地，有

$$y^{(n)}=(-1)^{n-1}\frac{(n-1)!}{(1+x)^n}.$$

例 6 求幂函数 $y=x^\mu$（μ 是任意常数）的 n 阶导数.

解 $y'=\mu x^{\mu-1}$，$y''=\mu(\mu-1)x^{\mu-2}$，$y'''=\mu(\mu-1)(\mu-2)x^{\mu-3}$，….

一般地，有

$$(x^\mu)^{(n)}=\mu(\mu-1)(\mu-2)\cdots(\mu-n+1)x^{\mu-n}.$$

当 $\mu=n$ 时，有

$$(x^n)^{(n)}=n(n-1)(n-2)\cdots 3\cdot 2\cdot 1=n!.$$

习题 2-3

1. 求下列函数的二阶导数：

(1) $y=2x^2+\ln x$；　(2) $y=e^{2x-1}$；

(3) $y=\ln(1-x^2)$；　(4) $y=\frac{e^x}{x}$；

(5) $y=\ln(x+\sqrt{1+x^2})$；　(6) $y=(1+x^2)\arctan x$；

(7) $y=e^{-t}\cot t$；　(8) $y=\cot\frac{x}{2}$.

2. 验证函数 $y=C_1\cos x+C_2\sin x$(C_1，C_2 是常数)满足关系式：$y''+y=0$.

3. 若 $f''(x)$存在，求下列函数的二阶导数$\frac{d^2y}{dx^2}$：

(1) $y=f(x^2)$；　(2) $y=f(\ln x)$.

4. 设质点作直线运动，其运动方程为 $s=t+\frac{1}{t}$，求质点在 $t=3$ 时刻的速度和加速度.

5. 求下列函数的 n 阶导数：

(1) $y=xe^x$；　(2) $y=e^{-x}$；　(3) $y=\frac{1-x}{1+x}$；

(4) $y=\sin^2 x$；　(5) $y=\frac{1}{x^2-3x-4}$；　(6) $y=x\ln x$.

第四节　隐函数及参数方程确定的函数的导数

一、隐函数的导数

用解析式表示函数通常有两种表达方式，一种是因变量 y 能明显地表示为自变量 x 的函数式，例如 $y=3x^2+\sin x$，$y=x\ln x+\cos e^x$ 等，这种函数称为**显函数**；另一种是因变量 y 隐含在一个方程之中，如方程 $x^2+y^2=1$ 可以确定 y 是 x 的函数，且可以从方程中解出 $y=\sqrt{1-x^2}$ 和$y=-\sqrt{1-x^2}$，这时称 y 是由方程确定的 x 的**隐函数**．有时可以把隐函数化成显函数，但并非所有隐函数都能化成显函数．

例如由 $y-\cos(x+y)=0$ 确定的隐函数就无法用显函数形式表示．因此，有必要给出隐函数的求导方法．

从理论上讲，若方程 $F(x, y)=0$ 确定可导函数 $y=f(x)$，则方程 $F(x, f(x))=0$ 两边对 x 求导，得

$$\frac{d}{dx}F(x,f(x))=0,$$

然后解出$\frac{dy}{dx}$，便得到隐函数所确定的函数的导数．这种方法称为**隐函数求导法**．

例 1　求由方程 $y-\cos(x+y)=0$ 所确定的隐函数 y 的导数$\frac{dy}{dx}$.

解 视 y 是 x 的函数，将方程两边对 x 求导，得

$$\frac{\mathrm{d}y}{\mathrm{d}x}+\sin(x+y)\left(1+\frac{\mathrm{d}y}{\mathrm{d}x}\right)=0,$$

从而
$$\frac{\mathrm{d}y}{\mathrm{d}x}=-\frac{\sin(x+y)}{1+\sin(x+y)}(1+\sin(x+y)\neq 0).$$

例 2 求方程 $\mathrm{e}^y+xy-\mathrm{e}^x=0$ 所确定的隐函数 y 的导数，并求$\left.\frac{\mathrm{d}y}{\mathrm{d}x}\right|_{x=0}$.

解 视 y 是 x 的函数，将方程两边对 x 求导，得

$$\mathrm{e}^y\frac{\mathrm{d}y}{\mathrm{d}x}+y+x\frac{\mathrm{d}y}{\mathrm{d}x}-\mathrm{e}^x=0,$$

从而$\frac{\mathrm{d}y}{\mathrm{d}x}=\frac{\mathrm{e}^x-y}{\mathrm{e}^y+x}$. 又当 $x=0$ 时，代入原方程得 $y=0$，于是

$$\left.\frac{\mathrm{d}y}{\mathrm{d}x}\right|_{x=0}=\left.\frac{\mathrm{e}^x-y}{\mathrm{e}^y+x}\right|_{\substack{x=0\\y=0}}=1.$$

例 3 求椭圆$\frac{x^2}{16}+\frac{y^2}{9}=1$ 在点$\left(2,\frac{3}{2}\sqrt{3}\right)$处的切线方程.

解 由导数的几何意义知道，所求切线的斜率为 $k=y'\Big|_{x=2}$. 将椭圆方程的两边对 x 求导，得$\frac{x}{8}+\frac{2y}{9}\cdot\frac{\mathrm{d}y}{\mathrm{d}x}=0$，从而$\frac{\mathrm{d}y}{\mathrm{d}x}=-\frac{9x}{16y}$.

把 $x=2$，$y=\frac{3}{2}\sqrt{3}$代入上式，得$\left.\frac{\mathrm{d}y}{\mathrm{d}y}\right|_{x=2}=-\frac{\sqrt{3}}{4}$，于是所求的切线方程为

$$y-\frac{3}{2}\sqrt{3}=-\frac{\sqrt{3}}{4}(x-2),$$

即
$$\sqrt{3}x+4y-8\sqrt{3}=0.$$

例 4 求由方程 $\arctan\frac{y}{x}=\ln\sqrt{x^2+y^2}$ 所确定的隐函数 y 的二阶导数 y''.

解 将方程两边对 x 求导，得

$$\frac{1}{1+\left(\frac{y}{x}\right)^2}\cdot\frac{y'x-y}{x^2}=\frac{1}{\sqrt{x^2+y^2}}\cdot\frac{2x+2y\cdot y'}{2\sqrt{x^2+y^2}},$$

即 $y'x-y=x+y\cdot y'$，从而 $y'=\frac{x+y}{x-y}$. 上式两边再对 x 求导，得

$$\begin{aligned}y''&=\frac{(1+y')(x-y)-(x+y)(1-y')}{(x-y)^2}\\&=\frac{\left(1+\frac{x+y}{x-y}\right)(x-y)-(x+y)\left(1-\frac{x+y}{x-y}\right)}{(x-y)^2}\\&=\frac{2(x^2+y^2)}{(x-y)^3}.\end{aligned}$$

求某些函数的导数时，利用所谓**对数求导法**要简便一些. 这种方法是先在 $y=f(x)$的两

边取对数，将显函数 $y=f(x)$转化成隐函数，按隐函数求导方法求导，然后再解出$\frac{\mathrm{d}y}{\mathrm{d}x}$.

例 5 求幂指函数 $y=(\sin x)^{\cos x}(\sin x>0)$的导数.

解 先在两边取自然对数，得

$$\ln y=\cos x\ln\sin x.$$

视 y 是 x 的函数，上式两边对 x 求导，得

$$\begin{aligned}\frac{1}{y}\cdot y'&=-\sin x\ln\sin x+\cos x\cdot\frac{1}{\sin x}\cdot\cos x.\\ y'&=y(-\sin x\ln\sin x+\cot x\cdot\cos x)\\ &=(\sin x)^{\cos x}(\cot x\cos x-\sin x\ln\sin x).\end{aligned}$$

例 6 求函数 $y=\frac{(2x+3)^4\sqrt{x^2-6}}{\sqrt[3]{x+1}}$的导数.

解 先在两边取得对数，得

$$\ln y=4\ln(2x+3)+\frac{1}{2}\ln(x^2-6)-\frac{1}{3}\ln(x+1).$$

上式两边对 x 求导，得

$$\begin{aligned}\frac{1}{y}\cdot y'&=4\cdot\frac{1}{2x+3}\cdot 2+\frac{1}{2}\cdot\frac{1}{x^2-6}\cdot 2x-\frac{1}{3}\cdot\frac{1}{x+1}.\\ y'&=y\left[\frac{8}{2x+3}+\frac{x}{x^2-6}-\frac{1}{3(x+1)}\right]\\ &=\frac{(2x+3)^4\sqrt{x^2-6}}{\sqrt[3]{x+1}}\left[\frac{8}{2x+3}+\frac{x}{x^2-6}-\frac{1}{3(x+1)}\right].\end{aligned}$$

二、由参数方程所确定的函数的导数

设参数方程

$$\begin{cases}x=\varphi(t),\\ y=\psi(t)\end{cases}\tag{1}$$

确定了 y 与 x 之间的函数关系. 下面研究由参数方程(1)所确定的函数的导数问题.

在式(1)中，如果函数 $x=\varphi(t)$具有单调连续的反函数 $t=\varphi^{-1}(x)$，且此反函数与函数 $y=\psi(t)$复合成复合函数，那么由参数方程(1)所确定的函数可以看成是由 $y=\psi(t)$，$t=\varphi^{-1}(x)$复合而成的函数 $y=\psi[\varphi^{-1}(x)]$. 现在，要计算这个复合函数的导数，为此再假定函数$x=\varphi(t)$，$y=\psi(t)$都可导，而且 $\varphi'(t)\neq 0$. 于是根据复合函数的求导法则与反函数的导数公式，就有

$$\frac{\mathrm{d}y}{\mathrm{d}x}=\frac{\mathrm{d}y}{\mathrm{d}t}\cdot\frac{\mathrm{d}t}{\mathrm{d}x}=\frac{\mathrm{d}y}{\mathrm{d}t}\cdot\frac{1}{\frac{\mathrm{d}x}{\mathrm{d}t}}=\frac{\psi'(t)}{\varphi'(t)},$$

即

$$\frac{\mathrm{d}y}{\mathrm{d}x}=\frac{\psi'(t)}{\varphi'(t)}.\tag{2}$$

上式也可写成

$$\frac{\mathrm{d}y}{\mathrm{d}x}=\frac{\mathrm{d}y}{\mathrm{d}t}\Big/\frac{\mathrm{d}x}{\mathrm{d}t}.$$

式(2)就是由参数方程(1)所确定的 y 是 x 的函数的求导公式.

如果 $x=\varphi(t)$，$y=\psi(t)$ 还是二阶可导的，那么从式(2)又可得到由参数方程(1)所确定的 y 是 x 的函数的二阶导数公式：

$$\frac{\mathrm{d}^2 y}{\mathrm{d}x^2}=\frac{\mathrm{d}}{\mathrm{d}x}\left(\frac{\mathrm{d}y}{\mathrm{d}x}\right)=\frac{\mathrm{d}}{\mathrm{d}t}\left(\frac{\psi'(t)}{\varphi'(t)}\right)\cdot\frac{\mathrm{d}t}{\mathrm{d}x}=\frac{\psi''(t)\varphi'(t)-\psi'(t)\varphi''(t)}{[\varphi'(t)]^2}\cdot\frac{1}{\varphi'(t)},$$

即

$$\frac{\mathrm{d}^2 y}{\mathrm{d}x^2}=\frac{\psi''(t)\varphi'(t)-\psi'(t)\varphi''(t)}{[\varphi'(t)]^3}.$$

例 7 已知椭圆的参数方程为

$$\begin{cases}x=a\cos t,\\ y=b\sin t\end{cases}\quad(a>0,\ b>0,\ t\text{ 为参数}),$$

求椭圆在 $t=\frac{\pi}{4}$ 处的切线方程

解 当 $t=\frac{\pi}{4}$ 时，椭圆上的相应点 M_0 的坐标是

$$x_0=a\cos\frac{\pi}{4}=\frac{\sqrt{2}a}{2},y_0=b\sin\frac{\pi}{4}=\frac{\sqrt{2}b}{2}.$$

曲线在点 M_0 的切线斜率为

$$\left.\frac{\mathrm{d}y}{\mathrm{d}x}\right|_{t=\frac{\pi}{4}}=\left.\frac{(b\sin t)'}{(a\cos t)'}\right|_{t=\frac{\pi}{4}}=\left.\frac{b\cos t}{-a\sin t}\right|_{t=\frac{\pi}{4}}=-\frac{b}{a},$$

所以椭圆在点 M_0 的切线方程为

$$y-\frac{\sqrt{2}b}{2}=-\frac{b}{a}\left(x-\frac{\sqrt{2}a}{2}\right),$$

整理后，得

$$bx+ay-\sqrt{2}ab=0.$$

例 8 计算由摆线的参数方程

$$\begin{cases}x=a(t-\sin t),\\ y=a(1-\cos t)\end{cases}$$

所确定的函数 $y=y(x)$ 的二阶导数.

解 $\frac{\mathrm{d}y}{\mathrm{d}x}=\frac{\mathrm{d}y}{\mathrm{d}t}\Big/\frac{\mathrm{d}x}{\mathrm{d}t}=\frac{\sin t}{1-\cos t}=\cot\frac{t}{2}$ $(t\neq 2n\pi$，n 为整数)；

$$\frac{\mathrm{d}^2 y}{\mathrm{d}x^2}=\frac{\mathrm{d}}{\mathrm{d}t}\left(\cot\frac{t}{2}\right)\cdot\frac{1}{\frac{\mathrm{d}x}{\mathrm{d}t}}=\frac{-1}{2\sin^2\frac{t}{2}}\cdot\frac{1}{a(1-\cos t)}=-\frac{1}{a(1-\cos t)^2}\ (t\neq 2n\pi,\ n\text{ 为整数}).$$

习题 2-4

1. 求由下列方程所确定的隐函数 y 的导数：

(1) $x^3+y^3-3axy=0$； (2) $xy=\mathrm{e}^{x+y}$；

(3) $\cos(xy)=x+y$； (4) $\mathrm{e}^{xy}+y\ln x-\cos 2x=0$；

(5) $y=1-x\mathrm{e}^y$； (6) $y=xy+\ln y$.

2. 求由下列方程所确定的隐函数 y 的二阶导数：

(1) $y=1+xe^{y}$；　　(2) $y=\tan(x+y)$；

(3) $x^2-y^2=1$；　　(4) $y=\sin(x+y)$.

3. 利用对数求导法求下列函数的导数：

(1) $y=(\ln x)^{x}$；　　(2) $y=\left(\dfrac{x}{1+x}\right)^{x}$；

(3) $x^{y}=y^{x}$；　　(4) $y=(\sin x)^{\cos x}+(\cos x)^{\sin x}$；

(5) $y=\dfrac{\sqrt{x+2}(3-x)^4}{(x+1)^5}$；　　(6) $y=\sqrt[5]{\dfrac{x-5}{\sqrt[5]{x^2+2}}}$；

(7) $y=(x-c_1)^{l_1}(x-c_2)^{l_2}\cdots(x-c_n)^{l_n}$.

4. 设 $f(x)$ 是由方程 $y=\sin(xy)+3$ 所确定的隐函数，求曲线 $y=f(x)$ 在点(0，3)处的切线方程和法线方程.

5. 求下列参数方程所确定函数的导数 $\dfrac{\mathrm{d}y}{\mathrm{d}x}$：

(1) $\begin{cases}x=1-t^2,\\ y=t-t^2;\end{cases}$　　(2) $\begin{cases}x=a\cos^3 t,\\ y=a\sin^3 t;\end{cases}$

(3) $\begin{cases}x=e^{t}\sin t,\\ y=e^{t}\cos t,\end{cases}$ 其中 $f(t)$ 为二次可导函数，在 $t=\dfrac{\pi}{4}$ 处.

6. 求下列参数方程所确定函数的二阶导数 $\dfrac{\mathrm{d}^2y}{\mathrm{d}x^2}$：

(1) $\begin{cases}x=a\cos t,\\ y=b\sin t;\end{cases}$　　(2) $\begin{cases}x=3e^{-t},\\ y=2e^{t};\end{cases}$

(3) $\begin{cases}x=f'(t),\\ y=tf'(t)-f(t),\end{cases}$ 其中 $f(t)$ 为二次可导函数.

7. 写出下列曲线在已给点处的切线方程和法线方程：

(1) $\begin{cases}x=1+2t-t^2,\\ y=4t^2,\end{cases}$ 在点(1，16)处；　　(2) $\begin{cases}x=\dfrac{3at}{1+t^2},\\ y=\dfrac{3at^2}{1+t^2},\end{cases}$ 在 $t=2$ 处.

第五节　函数的微分

一、微分的概念

我们先看一个比较简单的例子.

一块金属正方形薄片，当受热时，其边长由 x_0 变到 $x_0+\Delta x$(图 2-4)，问薄片的面积 y 改变了多少?

正方形薄片受热所改变的面积，可以看成是边长 x 在 x_0 取得增量 Δx 时，面积 $y=x^2$ 相应的增量 $\Delta y=(x_0+\Delta x)^2-x_0^2$，即

$$\Delta y=2x_0\Delta x+(\Delta x)^2. \tag{1}$$

在实际问题中，往往只需求得 Δy 具有一定精确度的近似值.为此，我们对 Δy 进行分

析，讨论当 $|\Delta x|$ 很小时，Δy 可用怎样一个近似式来表示.

从式(1)中可以看出，Δy 分成两部分，第一部分 $2x_0\Delta x$ 是 Δx 的线性函数，即图 2-4 中带有斜线的两个矩形面积之和；而第二部分 $(\Delta x)^2$ 在图 2-4 中是小正方形的面积，当 $\Delta x\to 0$ 时，第二部分 $(\Delta x)^2$ 是比 Δx 高阶的无穷小，即 $(\Delta x)^2=o(\Delta x)(\Delta x\to 0)$. 由此可见，如果边长改变很小时，面积的改变量 Δy 可近似地用第一部分来代替，即

$$\Delta y\approx 2x_0\Delta x.$$

这时，所产生的误差是 $o(\Delta x)$，显然，$|\Delta x|$ 越小，近似程度就越好.

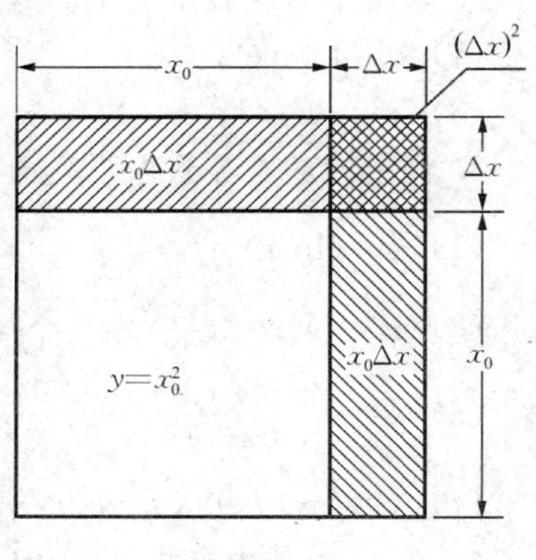

图 2-4

定义 1　设函数 $y=f(x)$ 在 $N(x_0,\delta)$ 内有定义，x_0 及 $x_0+\Delta x$ 在这个邻域内，如果函数的增量 $\Delta y=f(x_0+\Delta x)-f(x_0)$ 可表示为

$$\Delta y=A\Delta x+o(\Delta x), \tag{2}$$

其中，A 是不依赖于 Δx 的常数，而 $o(\Delta x)$ 在 $\Delta x\to 0$ 时是比 Δx 高阶的无穷小量，那么称函数 $y=f(x)$ 在点 x_0 是可微的，并把 $A\Delta x$ 叫做函数 $y=f(x)$ 在点 x_0 处的微分，记作 $\mathrm{d}y$，即

$$\mathrm{d}y=A\Delta x.$$

下面我们来讨论可微的条件：设函数 $y=f(x)$ 在点 x_0 可微，则按定义有式(2)成立，式(2)两边除以 Δx，得 $\frac{\Delta y}{\Delta x}=A+\frac{o(\Delta x)}{\Delta x}$. 于是，当 $\Delta x\to 0$ 时，就得到

$$A=\lim_{\Delta x\to 0}\frac{\Delta y}{\Delta x}=f'(x_0).$$

因此，如果函数 $f(x)$ 在点 x_0 可微，则 $f(x)$ 在点 x_0 可导，且 $A=f'(x_0)$.

反之，如果函数 $y=f(x)$ 在点 x_0 可导，即 $\lim\limits_{\Delta x\to 0}\frac{\Delta y}{\Delta x}=f'(x_0)$ 存在，根据极限与无穷小量的关系，上式可以写成 $\frac{\Delta y}{\Delta x}=f'(x_0)+\alpha$，式中 $\lim\limits_{\Delta x\to 0}\alpha=0$. 于是有

$$\Delta y=f'(x_0)\Delta x+\alpha\Delta x.$$

因 $\alpha\Delta x=o(\Delta x)$，且 $f'(x_0)$ 不依赖于 Δx，故由定义知 $f(x)$ 在点 x_0 可微.

由此可得如下定理：

定理 1　函数 $y=f(x)$ 在点 x_0 可微的充要条件是 $f(x)$ 在点 x_0 可导，且

$$\mathrm{d}y=f'(x_0)\Delta x. \tag{3}$$

由于 $\mathrm{d}y=f'(x_0)\Delta x$ 是 Δx 的线性函数，所以通常称 $\mathrm{d}y$ 是 Δy 的线性主部，从而当 $|\Delta x|$ 很小时有

$$\Delta y\approx \mathrm{d}y.$$

例 1　求函数 $y=x^2$ 在点 $x=1$ 处 $\Delta x=0.01$ 的微分 $\mathrm{d}y$ 和增量 Δy.

解　函数 $y=x^2$ 在点 $x=1$ 处的微分为

$$\mathrm{d}y=(x^2)'\Big|_{x=1}\Delta x=2x\Big|_{x=1}\Delta x=2\times 1\times 0.01=0.02,$$

而 $\Delta y=(1+0.01)^2-1^2=0.0201$.

若函数 $y=f(x)$ 在某区间内任一点处都可微，则称 $f(x)$ 在该区间内可微．此时，对该区间内任一点 x，都有微分 $\mathrm{d}y=f'(x)\Delta x$. 通常把自变量 x 的增量 Δx 称为自变量的微分，记作 $\mathrm{d}x$，即 $\mathrm{d}x=\Delta x$. 于是函数 $y=f(x)$ 的微分又可记作

$$\mathrm{d}y=f'(x)\mathrm{d}x,$$

两边除以 $\mathrm{d}x$，得

$$\frac{\mathrm{d}y}{\mathrm{d}x}=f'(x). \tag{4}$$

式(4)说明，函数的微分 $\mathrm{d}y$ 与自变量的微分 $\mathrm{d}x$ 之商，等于该函数的导数．因此，导数又叫微商．前面我们把 $\frac{\mathrm{d}y}{\mathrm{d}x}$ 当做一个整体记号，现在有了微分的概念，$\frac{\mathrm{d}y}{\mathrm{d}x}$ 可作为分式来处理，这就给以后的运算带来了很多方便．

二、微分的几何意义

在直角坐标系中，作出函数 $y=f(x)$ 的图形(图 2－5)，对于某一固定的 x_0 值，曲线上有一个确定点 $M(x_0,\ y_0)$. 当自变量 x 有微小增量 Δx 时，就得到曲线上另外一点 $N(x_0+\Delta x,\ y_0+\Delta y)$，由图 2－5 可知

$$MQ=\Delta x, NQ=\Delta y.$$

过点 M 作曲线 $y=f(x)$ 的切线 MT，它的倾角为 α，则 $QP=MQ\tan\alpha=\Delta x f'(x_0)$，即 $\mathrm{d}y=QP$.

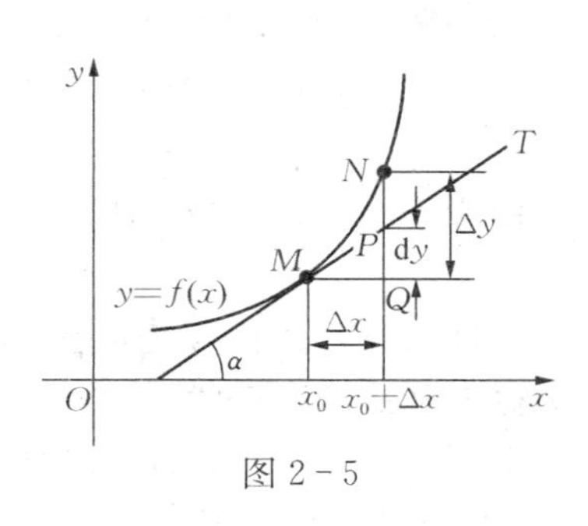

图 2－5

由此可见，函数 $y=f(x)$ 在点 x_0 处的微分，就是曲线 $y=f(x)$ 在点 $M(x_0,\ y_0)$ 处的切线 MT 的纵坐标的增量 QP.

由图 2－5 还可以看出：

(1) 当 $|\Delta x|$ 很小时，用 $\mathrm{d}y$ 来近似代替 Δy 所产生的误差为 $|\Delta y-\mathrm{d}y|$，在图形上就是线段 PN 的长，它比 $|\Delta y|$ 要小得多．

(2) 曲线在一点的附近可以用“直”代“曲”．当 $|\Delta x|$ 很小时，$\triangle PMQ$ 的斜边的长度 $|PM|$ (即切线段)近似地等于曲线段的长度 $|\overset{\frown}{MN}|$．

三、微分基本公式和微分运算法则

从函数微分的表达式

$$\mathrm{d}y=f'(x)\mathrm{d}x$$

可以知道，要计算函数的微分，只要计算出函数的导数，再乘以自变量的微分即可．所以，我们从导数基本公式和运算法则就可以直接推出微分基本公式和运算法则．

(一)微分基本公式

(1) $\mathrm{d}(C)=0$；　　(2) $\mathrm{d}(x^{\mu})=\mu x^{\mu-1}\mathrm{d}x$；

(3) $\mathrm{d}(\sin x)=\cos x\mathrm{d}x$；　　(4) $\mathrm{d}(\cos x)=-\sin x\mathrm{d}x$；

(5) $\mathrm{d}(\tan x)=\sec^2 x\mathrm{d}x$；　　(6) $\mathrm{d}(\cot x)=-\csc^2 x\mathrm{d}x$；

(7) $\mathrm{d}(\sec x)=\sec x\tan x\mathrm{d}x$；　　(8) $\mathrm{d}(\csc x)=-\csc x\cot x\mathrm{d}x$；

(9) $\mathrm{d}(a^x)=a^x\ln a\mathrm{d}x$；　　(10) $\mathrm{d}(\mathrm{e}^x)=\mathrm{e}^x\mathrm{d}x$；

(11) $d(\log_a x)=\frac{1}{x\ln a}dx$；　(12) $d(\ln x)=\frac{1}{x}dx$；

(13) $d(\arcsin x)=\frac{1}{\sqrt{1-x^2}}dx$；　(14) $d(\arccos x)=-\frac{1}{\sqrt{1-x^2}}dx$；

(15) $d(\arctan x)=\frac{1}{1+x^2}dx$；　(16) $d(\text{arccot}\, x)=-\frac{1}{1+x^2}dx$.

(二)函数和、差、积、商的微分法则

由函数和、差、积、商的求导法则，可推得相应的微分法则．

设 $u=u(x)$，$v=v(x)$都是可微函数，C 是常数，则

(1) $d(u\pm v)=du\pm dv$，特别地，$d(u\pm C)=du$；

(2) $d(uv)=udv+vdu$，特别地，$d(Cu)=Cdu$；

(3) $d\left(\frac{u}{v}\right)=\frac{vdu-udv}{v^2}$，特别地，$d\left(\frac{1}{v}\right)=-\frac{dv}{v^2}(v\neq0)$.

(三)复合函数微分法则

设 $y=f(u)$，$u=\varphi(x)$，则复合函数 $y=f[\varphi(x)]$的微分为

$$dy = y'_x dx = f'(u)\varphi'(x)dx.$$

由于 $\varphi'(x)dx=du$，所以，复合函数 $y=f[\varphi(x)]$的微分公式也可以写成

$$dy = f'(u)du. \tag{5}$$

由此可见，无论 u 是自变量还是中间变量，微分形式 $dy=f'(u)du$ 保持不变．这一性质称为**微分形式的不变性**．

根据这一性质，上面所列的微分基本公式中 x 都可以换成可微函数 u，例如设 $y=\cos u$，u 是 x 的可微函数，则

$$dy = d(\cos u) =- \sin u du.$$

所以在求复合函数的微分时，既可根据微分的定义，先利用复合函数求导公式求出复合函数的导数，再乘以自变量的微分，也可以利用微分形式的不变性公式(5)进行运算．

例 2　设函数 $y=e^{-ax}\sin bx$，求 dy.

解　$dy=\sin bx d(e^{-ax})+e^{-ax}d(\sin bx)=\sin bx\cdot e^{-ax}d(-ax)+e^{-ax}\cos bx d(bx)$

$=\sin bx\cdot e^{-ax}(-a)dx+e^{-ax}\cos bx\cdot bdx=e^{-ax}(b\cos bx-a\sin bx)dx.$

例 3　设函数 $y=\ln(1+e^{x^2})$，求 dy.

解　$dy=d\ln(1+e^{x^2})=\frac{1}{1+e^{x^2}}d(1+e^{x^2})=\frac{1}{1+e^{x^2}}\cdot e^{x^2}d(x^2)$

$=\frac{e^{x^2}}{1+e^{x^2}}\cdot 2xdx=\frac{2xe^{x^2}}{1+e^{x^2}}dx.$

因为导数是函数微分 dy 与自变量微分 dx 之商，所以也可以利用微分求导数．

例 4　求由方程 $e^{x+y}-xy=0$ 所确定的隐函数 y 的导数$\frac{dy}{dx}$.

解　对所给方程的两边分别求微分，得

$$d(e^{x+y}) - d(xy) = 0,$$

即
$$e^{x+y}(dx+dy)-ydx-xdy=0,$$

移项合并，得
$$(e^{x+y}-x)dy=(y-e^{x+y})dx,$$

于是
$$\frac{dy}{dx}=\frac{y-e^{x+y}}{e^{x+y}-x}=\frac{y(1-x)}{x(y-1)}.$$

例 5 设$\begin{cases}x=a\cos^2 t,\\ y=b\sin^2 t,\end{cases}$利用微分求$\frac{dy}{dx}$.

解 $\frac{dy}{dx}=\frac{b\cdot 2\sin t\cos t dt}{a\cdot 2\cos t(-\sin t)dt}=-\frac{b}{a}$.

四、高阶微分

对于固定的 dx，函数 $y=f(x)$的微分 $dy=f'(x)dx$ 是 x 的函数，如果它在点 x 的微分仍存在，称该微分为函数 $y=f(x)$的**二阶微分**，记作 d^2y 或 $d^2f(x)$.

同样地，函数 $y=f(x)$的二阶微分的微分称为函数 $f(x)$的三阶微分，记作 d^3y 或 $d^3f(x)$.

一般地，**函数 $y=f(x)$的 $n-1$ 阶微分的微分称为函数 $f(x)$的 n 阶微分，记作** d^ny **或** $d^nf(x)$.

由于自变量的微分 dx 是一个不依赖于 x 的任意量，所以函数 $y=f(x)$的各阶微分有如下表达式：

$$d^2y=d(dy)=d(y'dx)=dy'\cdot dx=(y''dx)\cdot dx=y''dx^2;$$
$$d^3y=d(d^2y)=d(y''dx^2)=dy''\cdot dx^2=(y'''dx)\cdot dx^2=y'''dx^3;$$
……
$$d^ny=d(d^{n-1}y)=d(y^{(n-1)}dx^{n-1})=d(y^{(n-1)})dx^{n-1}=y^{(n)}dx\cdot dx^{n-1}=y^{(n)}dx^n.$$

由此可见，求函数的 n 阶微分，只需求出该函数的 n 阶导数，再乘上 dx 的 n 次幂 dx^n 即可.

由上述各阶微分的表达式，得
$$y''=\frac{d^2y}{dx^2},\ y'''=\frac{d^3y}{dx^3},\ \cdots,\ y^{(n)}=\frac{d^ny}{dx^n}.$$

这就是说，**函数的 n 阶导数就是函数的 n 阶微分与 dx 的 n 次幂的商**.

注意：复合函数的高阶微分不再具有形式不变性. 事实上，设 $y=f(u)$，$u=\varphi(x)$，由一阶微分形式的不变性，得
$$dy=f'(u)du.$$
这里 u 不是自变量，它依赖于自变量 x，因而 du 也不能看成常量，$du=\varphi'(x)dx$. 因此有
$$d^2y=d[f'(u)du]=[df'(u)]du+f'(u)d(du)=f''(u)du^2+f'(u)d^2u.$$

五、微分的简单应用

前面讲过，如果 $y=f(x)$在点 x_0 处的导数 $f'(x_0)\neq 0$，且 $|\Delta x|$ 很小时，我们有
$$\Delta y\approx dy=f'(x_0)\Delta x.$$
这个式子也可写成
$$\Delta y=f(x_0+\Delta x)-f(x_0)\approx f'(x_0)\Delta x \tag{6}$$
或
$$f(x_0+\Delta x)\approx f(x_0)+f'(x_0)\Delta x. \tag{7}$$
在式(7)中，令 $x=x_0+\Delta x$，即 $\Delta x=x-x_0$，那么式(7)可改写为

$$f(x) \approx f(x_0) + f'(x_0)(x - x_0). \tag{8}$$

上述公式可用于近似计算.

例 6 有一批半径为 1 cm 的球，为了提高球面的光洁度，要镀上一层铜，厚度定为 0.01 cm，估计一下每只球需用铜多少克(铜的密度是 8.9 g/cm³)?

解 先求出镀层的体积，再乘上密度就得到每只球需用铜的质量．因为镀层的体积等于两个球体体积之差，所以它就是球体体积 $V=\frac{4}{3}\pi R^3$ 当 R 自 R_0 取得增量 ΔR 时的增量 ΔV.

$$V'\Big|_{R=R_0} = \left(\frac{4}{3}\pi R^3\right)'\Big|_{R=R_0} = 4\pi R_0^2.$$

由式(6)得：$\Delta V \approx 4\pi R_0^2 \Delta R$. 将 $R_0=1$，$\Delta R=0.01$ 代入上式，得

$$\Delta V \approx 4 \times 3.14 \times 1^2 \times 0.01 = 0.13(\text{cm}^3),$$

于是镀每只球需用铜约为

$$0.13 \times 8.9 = 1.16(\text{g}).$$

例 7 计算 $\cos 60°30'$ 的近似值(精确到 0.000 1).

解 由于所求的是余弦函数的值，故选取函数 $f(x)=\cos x$. $f'(x)=-\sin x$，由公式(7)，得

$$\cos(x_0 + \Delta x) \approx \cos x_0 + (-\sin x_0)\Delta x. \tag{9}$$

因 $60°30'=60°+30'=\frac{\pi}{3}+\frac{\pi}{360}$，所以取 $x_0=\frac{\pi}{3}$，$\Delta x=\frac{\pi}{360}$，这时容易求得

$$f\left(\frac{\pi}{3}\right) = \cos\frac{\pi}{3} = \frac{1}{2},\ f'\left(\frac{\pi}{3}\right) = -\sin\frac{\pi}{3} = -\frac{\sqrt{3}}{2} \approx -0.8660,$$

并且 $\Delta x=\frac{\pi}{360}\approx 0.008727$ 也比较小，应用式(9)便得

$$\begin{aligned}\cos 60°30' &= \cos\left(\frac{\pi}{3}+\frac{\pi}{360}\right) \approx \cos\frac{\pi}{3} + \left(-\sin\frac{\pi}{3}\right)\cdot\frac{\pi}{360} \\ &\approx 0.5000 - 0.8660 \times 0.008727 \approx 0.5000 - 0.0076 = 0.4924.\end{aligned}$$

下面我们来推导一些常用的近似公式，为此，在式(8)中取 $x_0=0$，于是，得

$$f(x) \approx f(0) + f'(0)x. \tag{10}$$

应用式(10)可以推得以下几个工程上常用的近似公式(下面都假定 $|x|$ 是较小的数值)：

(1) $\sqrt[n]{1+x} \approx 1+\frac{1}{n}x$；

(2) $\sin x \approx x$(用弧度单位来表达)；

(3) $\tan x \approx x$(用弧度单位来表达)；

(4) $e^x \approx 1+x$；

(5) $\ln(1+x) \approx x$.

证 (1) 设 $f(x)=\sqrt[n]{1+x}$，则 $f'(x)=\frac{1}{n}(1+x)^{\frac{1}{n}-1}$. 于是 $f(0)=1$，$f'(0)=\frac{1}{n}$，代入式(10)得 $f(x)\approx 1+\frac{1}{n}x$，即

$$\sqrt[n]{1+x} \approx 1 + \frac{1}{n}x.$$

(2) 设 $f(x)=\sin x$，则 $f'(x)=\cos x$. 于是 $f(0)=0$，$f'(0)=1$，代入式(10)得 $f(x)=0+1\cdot x=x$，即

$$\sin x\approx x.$$

其他证明从略.

例 8 计算 $\sqrt{1.02}$ 的近似值.

解 由近似公式 $\sqrt[n]{1+x}\approx 1+\frac{1}{n}x$. 因 $n=2$，所以 $\sqrt{1+x}\approx 1+\frac{1}{2}x$. 于是

$$\sqrt{1.02}=\sqrt{1+0.02}\approx 1+\frac{0.02}{2}=1.01.$$

习题 2-5

1. 已知 $y=x^3-x$，计算在 $x=2$ 处当 Δx 分别等于 1，0.1，0.01 时的 Δy 及 $\mathrm{d}y$.

2. 求下列各函数的微分：

(1) $y=\frac{1}{x}+2\sqrt{x}$； (2) $y=\arcsin\sqrt{x}$；

(3) $y=\ln^2(x+\sqrt{1+x^2})$； (4) $y=\mathrm{e}^{-x}\cos(3-x)$；

(5) $y=\tan^2(1+2x^2)$； (6) $y=\arctan\frac{1+x}{1-x}$；

(7) $y=\frac{p}{q^x}$； (8) $y=\ln\sqrt{\frac{1+\sin x}{1-\sin x}}$；

(9) $y=1+x\mathrm{e}^y$； (10) $y=\cos(xy)-x$.

3. 利用微分求导数：

(1) $\begin{cases}x=a\cos^3 t,\\ y=a\sin^3 t;\end{cases}$ (2) $\begin{cases}x=\sqrt{1+t},\\ y=\sqrt{1-t}.\end{cases}$

4. 求下列函数的高阶微分：

(1) $y=x\cos x$， 求 $\mathrm{d}^2 y$；

(2) $y=\mathrm{e}^{2x}-1$， 求 $\mathrm{d}^2 f(0)$；

(3) $y=\ln(x+1)$， 求 $\mathrm{d}^n y$.

5. 将适当的函数填入下列括号内，使等式成立：

(1) $\mathrm{d}(\quad)=2\mathrm{d}x$； (2) $\mathrm{d}(\quad)=3x\mathrm{d}x$；

(3) $\mathrm{d}(\quad)=\cos t\mathrm{d}t$； (4) $\mathrm{d}(\quad)=\cos\omega t\mathrm{d}t$；

(5) $\mathrm{d}(\quad)=\frac{1}{1+x}\mathrm{d}x$； (6) $\mathrm{d}(\quad)=\mathrm{e}^{-2x}\mathrm{d}x$；

(7) $\mathrm{d}(\quad)=\frac{1}{\sqrt{x}}\mathrm{d}x$； (8) $\mathrm{d}(\quad)=\mathrm{e}^{x^2}\mathrm{d}x^2$；

(9) $\mathrm{d}(\sin^2 x)=(\quad)\mathrm{d}(\sin x)$； (10) $\mathrm{d}[\ln(2x+3)]=(\quad)\mathrm{d}(2x+3)$.

6. 设扇形的圆心角 $\alpha=60^\circ$，半径 $R=100$ cm，如果 R 不变，α 减少 $30'$，问扇形面积大约改变了多少？又如果 α 不变，R 增加 1 cm，问扇形面积大约改变了多少？

7. 球壳外直径为 20 cm，厚度为 0.2 cm，求球壳面积的近似值(精确到 1 cm^3).

8. 计算下列函数的近似值：

(1) $\sin 30.5^\circ$；　　(2) $e^{1.01}$；

(3) $\ln 0.98$；　　(4) $\tan 44^\circ$；

(5) $\sqrt[3]{996}$；　　(6) $\arcsin 0.4983$.

9. 当 $|x|$ 很小时，证明下列近似公式：

(1) $\arcsin x \approx x$；　　(2) $\arctan 2x \approx 2x$；

(3) $\frac{1}{1+x} \approx 1-x$；　　(4) $\ln(1+\sin x) \approx x$.

第二章 自测题

一、单项选择题(每题 2 分，共 30 分).

1. 函数 $y=f(x)$ 在 x_0 处连续是它在 x_0 处可导的(　　).

(A) 充分条件；　　(B) 充要条件；

(C) 必要条件；　　(D) 既非充分条件也非必要条件.

2. 函数 $y=f(x)$ 在点 x_0 处的导数 $f'(x_0)$ 的几何意义就是曲线 $y=f(x)$(　　).

(A) 在 x_0 处的切线的斜率；

(B) 在点 $(x_0, f(x_0))$ 处切线的斜率；

(C) 在点 $(x_0, f(x_0))$ 处切线与 x 轴所夹锐角的正切；

(D) 在点 x_0 处的切线的倾斜角.

3. 设 $f(x)$ 是可导函数，当 $f(x)$ 为偶函数，则 $f'(x)$ 是(　　).

(A) 偶函数；　　(B) 奇函数；

(C) 非奇非偶数函数；　　(D) 以上结论都不对.

4. 函数在某点处不可导，函数所表示的曲线在相应点处的切线(　　).

(A) 一定不存在；　　(B) 不一定不存在；

(C) 一定存在；　　(D) 以上结论都不对.

5. 设 $f(x)=(x-a)\varphi(x)$，其中 $\varphi(x)$ 在 $x=a$ 处连续，则 $f'(a)=$(　　).

(A) $a\varphi(a)$；　　(B) $-a\varphi(a)$；　　(C) $-\varphi(a)$；　　(D) $\varphi(a)$.

6. 函数 $y=|\sin x|$ 在 $x=0$ 处是(　　).

(A) 连续可导；　　(B) 不连续不可导；

(C) 不连续可导；　　(D) 连续不可导.

7. 函数 $f(x)=\begin{cases} x^2\sin\frac{1}{x}, & x\neq 0, \\ 0, & x=0 \end{cases}$ 在 $x=0$ 处是(　　).

(A) 连续可导；　　(B) 不连续不可导；

(C) 不连续但可导；　　(D) 连续但不可导.

8. 设 $y=e^{\frac{1}{x}}$，则 $dy=$(　　).

(A) $e^{\frac{1}{x}}dx$；　　(B) $e^{-\frac{1}{x^2}}dx$；　　(C) $\frac{1}{x^2}e^{\frac{1}{x}}dx$；　　(D) $-\frac{1}{x^2}e^{\frac{1}{x}}dx$.

9. 函数 $y=x|x|$ 在点 $x=0$ 处的导数是(　　).

(A) $2x$；　(B) $-2x$；　(C) 0；　(D) 不存在.

10. 函数 $y=e^{|x|}$ 在 $x=0$ 处的导数是(　　).

(A) 1；　(B) -1；　(C) 0；　(D) 不存在.

11. 已知 $y=x\ln y$，则 $y'_x=$(　　).

(A) $\dfrac{x}{y}$；　(B) $\ln y$；　(C) $\dfrac{y\ln y}{y-x}$；　(D) $\ln y+\dfrac{x}{y}$.

12. 函数 $y=\ln(a^x+b^x)$的导数是(　　).

(A) $\dfrac{1}{a^x+b^x}(a^x\ln a+b^x\ln b)$；　(B) $\ln(a-10)$；

(C) $\dfrac{1}{a^x+b^x}\ln10(a^x+b^x)$；　(D) $\dfrac{\ln10}{a^x+b^x}(a^x\ln a^x+b^x\ln b^x)$.

13. 设 $y=f(\sin x)$，则 $dy=$(　　).

(A) $f'(\sin x)\sin x dx$；　(B) $f'(\sin x)dx$；

(C) $f'(\sin x)\cos x dx$；　(D) $f(\sin x)\sin x dx$.

14. 若 $f(x)$是奇函数，且 $f'(0)$存在，则点 $x=0$ 是函数 $F(x)=\dfrac{f(x)}{x}$的(　　).

(A) 无穷间断点；　(B) 可去间断点；

(C) 连续点；　(D) 振荡间断点.

15. 若 $f(x)=\begin{cases}\cos x, & x\leqslant 1,\\ ax+b, & x>1,\end{cases}$ 且 $f'(1)$存在，则必有(　　).

(A) $a=1$，$b=-1$；　(B) $a=b=\sin1$；

(C) $a=-\sin1$，$b=\cos1+\sin1$；　(D) $a=1$，$b=0$.

二、填空题(每题 3 分，共 30 分).

1. 若 $f(x)$在 $x=a$ 处可导，则$\lim\limits_{h\to 0}\dfrac{f(a+nh)-f(a-mh)}{h}=$__________.

2. 若 $f'(x)=\sin^2[\sin(x+1)]$，$f(0)=4$，则$\left.\dfrac{dx}{dy}\right|_{y=4}=$__________.

3. 若$\begin{cases}x=\ln t,\\ y=t^m,\end{cases}$ 则$\left.\dfrac{d^n y}{dx^n}\right|_{t=1}=$__________.

4. 若 $y=\sin x^2$，则$\dfrac{dy}{d(x^2)}=$__________.

5. 若已知 $xy=e^{x+y}$，则$\dfrac{dy}{dx}=$__________.

6. $(x^{\sin x})'=$__________.

7. $\left(\dfrac{x+1}{\sqrt{x}}\right)'=$__________.

8. 设 $y=\ln(1+ax)$，a 为非零常数，则 $y'=$__________，$y''=$__________.

9. 已知 $x=e^t\sin t$，$y=e^t\cos t$，则$\left.\dfrac{dy}{dx}\right|_{t=\frac{\pi}{2}}=$__________.

10. 已知 $f'(x)=Ke^{x}(K\neq 0)$，则 $y=f(x)$的反函数的二阶导数$\frac{d^2x}{dy^2}=$__________.

三、计算下列各题(每题 10 分，共 60 分)：

1. $y=\ln\sqrt{\frac{e^{4x}}{e^{4x}+1}}$，求 $y'\big|_{x=0}$.

2. 设 $\arcsin x\ln y-e^{2x}+\tan y=0$，求$\frac{dy}{dx}\Big|_{\substack{x=0\\y=\frac{\pi}{4}}}$.

3. 设$\begin{cases}x=\cos t+\tan\frac{t}{2},\\y=2t+\arcsin t^2,\end{cases}$ 求$\frac{dy}{dx}\Big|_{t=0}$.

4. 设 $f(t)=\lim\limits_{x\to\infty}t\left(1+\frac{1}{x}\right)^{2tx}$，求 $f'(t)$.

5. 设$\begin{cases}x=te^{-t},\\y=e^{t},\end{cases}$ 求$\frac{dy}{dx}$，$\frac{d^2y}{dx^2}$.

6. 设函数 $f(x)=\begin{cases}e^{ax}, & x\leqslant 0,\\ \sin 2x+b, & x>0,\end{cases}$ 且 $f'(0)$存在，求 a、b.

四、(5 分)求由方程 $2y-x=(x-y)\ln(x-y)$所确定的函数 $y=y(x)$的微分 dy.

五、(5 分)设 $f(x)=\begin{cases}x\arctan\frac{1}{x^2}, & x\neq 0,\\ 0, & x=0,\end{cases}$ 试讨论 $f'(x)$在 $x=0$ 处的连续性.

第三章 微分中值定理与导数的应用

本章我们将应用导数来研究函数的性质并解决一些实际问题．为此，先介绍微分学的几个中值定理，它们是导数应用的理论基础．

第一节 微分中值定理

一、费尔马定理

定理 1 若函数 $f(x)$ 在开区间 (a, b) 内一点 ξ 处可导且取得最大值(或最小值)，则必有 $f'(\xi)=0$.

证 设 $f(x)$ 在 ξ 处取得最大值，即在 (a, b) 内有 $f(x)\leqslant f(\xi)$. 因为 $f(x)$ 在 ξ 处可导，故 $f'_-(\xi)=f'_+(\xi)=f'(\xi)$. 根据导数定义及极限性质，有

$$f'(\xi)=f'_+(\xi)=\lim_{x\to\xi^+}\frac{f(x)-f(\xi)}{x-\xi}\leqslant 0 \text{ 及 } f'(\xi)=f'_-(\xi)=\lim_{x\to\xi^-}\frac{f(x)-f(\xi)}{x-\xi}\geqslant 0,$$

所以，$f'(\xi)=0$. $f(x)$ 在 ξ 处取得最小值时，可相仿证明．

二、罗尔定理

定理 2 若函数 $f(x)$ 满足：

(1) **在闭区间 $[a, b]$ 上连续；**

(2) **在开区间 (a, b) 内可导；**

(3) $f(a)=f(b)$，

则在 (a, b) 内至少存在一点 ξ，使 $f'(\xi)=0$.

几何解释：如果连续曲线弧 $\overset{\frown}{AB}$ 的方程是 $y=f(x)$，它除端点外处处具有不垂直于 x 轴的切线，且两个端点 A、B 处的纵坐标相等，那么在曲线弧 $\overset{\frown}{AB}$ 上，至少有一点 $C(\xi, f(\xi))$，使曲线在 C 点的切线平行于 x 轴(图 3-1).

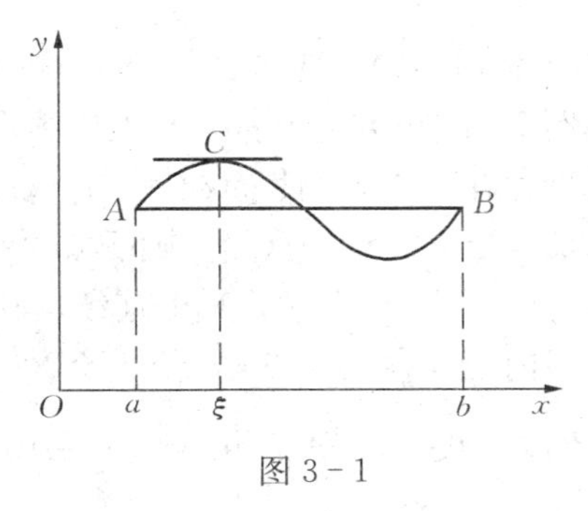

图 3-1

定理的结论也可叙述为：$f'(x)=0$ **在 (a, b) 内至少有一个实根．**

证 因为 $f(x)$ 在 $[a, b]$ 上连续，所以 $f(x)$ 在

$[a, b]$上必取得最大值 $f(x_1)$和最小值 $f(x_2)$，其中 x_1，$x_2 \in [a, b]$.

(1) 若 $f(x_1)=f(x_2)$，则 $f(x)$在$[a, b]$上必为常数，因此有 $f'(x)\equiv 0$. 这时(a, b)内的每一点都可以取作 ξ.

(2) 若 $f(x_1)\neq f(x_2)$，这时 x_1，x_2 中至少有一点在(a, b)内．设 x_1 在(a, b)内，由费尔马定理知，$f'(x_1)=0$. 取 $\xi=x_1$，则在(a, b)内至少有一点 ξ，使得 $f'(\xi)=0$.

注意：定理的三个条件作为一个整体是结论成立的充分条件，如果定理的条件缺少其一结论可能不成立．

例 1 $y=\begin{cases} x, & 0\leqslant x<1, \\ 0, & x=1 \end{cases}$ 不满足定理 2 的条件(1)，定理的结论不成立．

事实上，在$(0, 1)$内 $y'=1$，不存在 ξ，使 $f'(\xi)=0$.

例 2 $y=|x|$，$-1\leqslant x\leqslant 1$.

这个函数满足定理 2 的条件(1)和(3)，但不满足条件(2)，它的导数

$$y'=\begin{cases} -1, & -1\leqslant x<0, \\ 1, & 0<x\leqslant 1 \end{cases}$$

在点 $x=0$ 不可导．由此可知，在区间$(-1, 1)$内不存在点 ξ，使 $f'(\xi)=0$.

例 3 $y=x$，$x\in[0, 1]$(读者自己验证).

然而不能认为，定理的条件不全成立，一定就没有适合定理结论的点 ξ 存在．也就是说，在定理三个条件中任何一个都不是必要条件．

请读者研究以下两个例子：

(1) $f(x)=\sin x$，$0\leqslant x\leqslant \frac{3\pi}{2}$；

(2) $f(x)=\begin{cases} x^2, & -1\leqslant x\leqslant \frac{1}{2}, \\ 1, & \frac{1}{2}<x\leqslant 2. \end{cases}$

例 4 验证函数 $f(x)=x^3-2x^2-x+3$ 在区间$[1, 2]$上满足罗尔定理条件，并求出定理中的 ξ.

解 因为 $f(x)=x^3-2x^2-x+3$ 是多项式，所以在$(-\infty, +\infty)$内可导．故它在$[1, 2]$上连续，在$(1, 2)$内可导，又 $f(1)=f(2)=1$，从而 $f(x)$在$[1, 2]$上满足罗尔定理条件．

由于 $f'(x)=3x^2-4x-1$，令 $f'(x)=0$，即 $3x^2-4x-1=0$. 解方程得

$$x_1=\frac{2+\sqrt{7}}{3}, x_2=\frac{2-\sqrt{7}}{3}.$$

显然 $x_2\notin(1, 2)$，应舍去；而 $x_1\in(1, 2)$，因此取 $\xi=x_1$，就有 $f'(\xi)=0$.

例 5 已知 $f(x)$在$[0, 1]$上连续，在$(0, 1)$内可导，且 $f(0)=1$，$f(1)=0$，证明在$(0, 1)$内至少存在一点 c，使 $f(c)=-cf'(c)$.

证 令 $F(x)=xf(x)$，则 $F'(x)=f(x)+xf'(x)$. 因为 $f(x)$在$[0, 1]$上连续，在$(0, 1)$内可导，所以 $F(x)$在$[0, 1]$上连续，在$(0, 1)$内可导．又 $F(0)=F(1)=0$，由罗尔定理，在$(0, 1)$内至少存在一点 c，使 $F'(c)=0$，即 $f(c)+cf'(c)=0$. 故 $f(c)=-cf'(c)$.

例 6 设 $a_0+\frac{a_1}{2}+\cdots+\frac{a_n}{n+1}=0$，试证在区间$(0, 1)$内至少有一点 ξ，使

$$a_0+a_1\xi+\cdots+a_n\xi^n=0.$$

证 设 $f(x)=a_0x+\frac{a_1}{2}x^2+\cdots+\frac{a_n}{n+1}x^{n+1}$，则 $f(x)$在$[0,1]$上连续，在$(0,1)$内可导，$f(0)=f(1)=0$. 由罗尔定理，在$(0,1)$内一定有一点 ξ，使 $f'(\xi)=0$，即

$$a_0+a_1\xi+\cdots+a_n\xi^n=0.$$

例 7 若函数 $f(x)$在(a,b)内具有二阶导数，且 $f(x_1)=f(x_2)=f(x_3)$，其中 $a<x_1<x_2<x_3<b$，证明在(x_1,x_3)内至少有一点 ξ，使 $f''(\xi)=0$.

证 $f(x)$在$[x_1,x_2]\subset(a,b)$上连续可导，且 $f(x_1)=f(x_2)$，由罗尔定理，存在 $\xi_1\in(x_1,x_2)$，使 $f'(\xi_1)=0(x_1<\xi_1<x_2)$.

同理，$f(x)$在$[x_2,x_3]\subset(a,b)$上连续可导，且 $f(x_2)=f(x_3)$，由罗尔定理，存在 $\xi_2\in(x_2,x_3)$，使 $f'(\xi_2)=0(x_2<\xi_2<x_3)$.

因为 $f(x)$在(a,b)内二阶可导，所以 $f'(x)$在$[\xi_1,\xi_2]\subset(x_1,x_3)\subset(a,b)$上连续可导，且 $f'(\xi_1)=f'(\xi_2)=0$. 由罗尔定理，存在 $\xi\in(\xi_1,\xi_2)$，使 $f''(\xi)=0(x_1<\xi<x_3)$.

三、拉格朗日中值定理

定理 3 若函数 $f(x)$满足：

(1) 在$[a,b]$上连续；(2) 在(a,b)内可导；则在(a,b)内至少存在一点 ξ，使

$$f'(\xi)=\frac{f(b)-f(a)}{b-a}$$

或

$$f(b)-f(a)=f'(\xi)(b-a). \tag{1}$$

如图 3-2，$f'(\xi)$就是点 $C(\xi,f(\xi))$处的切线斜率，而$\frac{f(b)-f(a)}{b-a}$就是弦$\overline{AB}$的斜率. 因此式(1)表示通过点 C 处的切线平行于弦$\overline{AB}$.

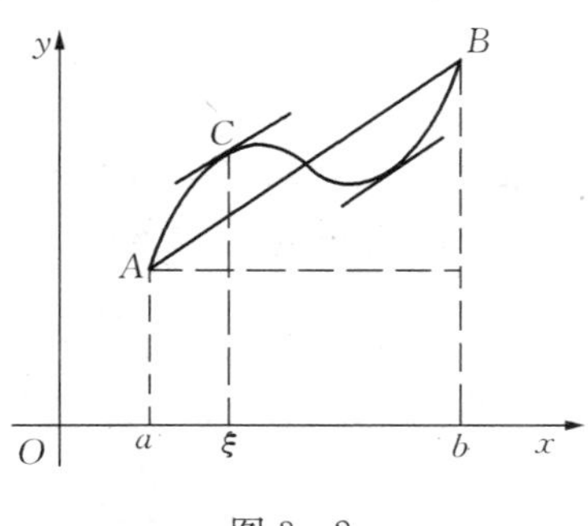

图 3-2

拉格朗日中值定理的几何意义：如果连续曲线 $y=f(x)$的弧$\widehat{AB}$上除端点外处处具有不垂直于 x 轴的切线，那么这条弧上至少有一点 C，使曲线在 C 点处的切线平行于弦$\overline{AB}$.

证 作辅助函数

$$F(x)=f(x)-\left[f(a)+\frac{f(b)-f(a)}{b-a}(x-a)\right].$$

由连续函数性质及导数运算法则可知，$F(x)$在$[a,b]$上连续，在(a,b)内可导，$F(a)=F(b)=0$，满足罗尔定理的三个条件，故在(a,b)内至少有一点 ξ，使

$$F'(\xi)=f'(\xi)-\frac{f(b)-f(a)}{b-a}=0,$$

即
$$f'(\xi)=\frac{f(b)-f(a)}{b-a}\qquad(a<\xi<b).$$

拉格朗日中值定理，通常也称为**微分中值定理**，它是微分学中一个很重要的定理，公式(1)也称为**微分中值公式或拉格朗日公式**.

ξ可以记成$\xi=a+\theta(b-a)$，其中θ是介于0与1之间的某一个数．故公式(1)也可以写成

$$f(b)-f(a)=f'[a+\theta(b-a)](b-a) \quad (0<\theta<1).$$

如果令$x=a$，$x+\Delta x=b$，则$b-a=\Delta x$，式(1)又可写成

$$f(x+\Delta x)-f(x)=f'(x+\theta\Delta x)\Delta x \quad (0<\theta<1).$$

推论1　若在(a, b)内，$f'(x)\equiv 0$，则在(a, b)内$f(x)$为一常数．

证　设x_1，x_2为(a, b)内任意两点，且$x_1<x_2$，在区间$[x_1, x_2]$上对$f(x)$应用拉格朗日定理，得

$$f(x_2)-f(x_1)=f'(\xi)(x_2-x_1), \xi\in(x_1, x_2).$$

因为$f'(\xi)=0$，所以$f(x_2)=f(x_1)$．而这个等式对(a, b)内任意两点都成立，故$f(x)$在(a, b)内为一常数．

推论2　若在(a, b)内$f'(x)=g'(x)$，则在(a, b)内$f(x)=g(x)+C$（C为常数）．

证明不难由推论1得到，请读者自证．

例8　若$ab<0$，拉格朗日公式对于函数$f(x)=\frac{1}{x}$在闭区间$[a, b]$上是否正确？

解　因为$f'(x)=-\frac{1}{x^2}<0$，而在$ab<0$的条件下，

$$\frac{f(b)-f(a)}{b-a}=\frac{\frac{1}{b}-\frac{1}{a}}{b-a}=-\frac{1}{ab}>0,$$

故不存在点$\xi\in(a, b)$，使得

$$f'(\xi)=\frac{f(b)-f(a)}{b-a},$$

即拉格朗日公式对这个函数来说不正确．其原因是$f(x)$在$[a, b]$内有间断点$x=0$，它不满足拉格朗日中值定理的条件．

例9　设$0<a<b$，证明不等式

$$\frac{b-a}{b}<\ln\frac{b}{a}<\frac{b-a}{a}.$$

证　设$f(x)=\ln x$，则$f'(x)=\frac{1}{x}$．在$[a, b]$上函数$f(x)$满足拉格朗日中值定理的条件，故在(a, b)内存在一点ξ，使得

$$\frac{\ln b-\ln a}{b-a}=\frac{1}{\xi}.$$

由于$0<a<\xi<b$，$\frac{1}{b}<\frac{1}{\xi}<\frac{1}{a}$，从而$\frac{1}{b}<\frac{\ln b-\ln a}{b-a}<\frac{1}{a}$．因为$b-a>0$，所以$\frac{b-a}{b}<\ln b-\ln a<\frac{b-a}{a}$．于是，得到

$$\frac{b-a}{b}<\ln\frac{b}{a}<\frac{b-a}{a}.$$

例 10 设 $f(x)$在$(-\infty, +\infty)$内可导，且$\lim\limits_{x\to\infty}f'(x)=A$，求

$$\lim_{x\to\infty}\frac{f(x)-f(x-a)}{a}(a\neq 0).$$

解 在$[x-a, x]$(或$[x, x-a]$)上对 $f(x)$应用拉格朗日定理，则

$$\frac{f(x)-f(x-a)}{x-(x-a)}=f'(\xi),$$

ξ介于x与$x-a$之间，故

$$\lim_{x\to\infty}\frac{f(x)-f(x-a)}{a}=\lim_{x\to\infty}f'(\xi)=\lim_{\xi\to\infty}f'(\xi)=A.$$

例 11 证明 $8\sin^4 x+4\cos 2x-\cos 4x=3$.

证 设 $f(x)=8\sin^4 x+4\cos 2x-\cos 4x$. 因为

$$\begin{aligned}f'(x)&=32\sin^3 x\cos x-8\sin 2x+4\sin 4x\\&=16\sin^2 x\sin 2x-8\sin 2x+8\sin 2x\cos 2x\\&=8(2\sin^2 x-1+\cos 2x)\sin 2x=0,\end{aligned}$$

所以，$f(x)$为常数．又知 $f(0)=3$，于是 $f(x)=3$，即

$$8\sin^4 x+4\cos 2x-\cos 4x=3.$$

四、柯西定理

定理 4 **若 $f(x)$与 $g(x)$满足：**

(1) 在$[a, b]$上连续；

(2) 在(a, b)内可导；

(3) 在(a, b)内 $g'(x)\neq 0$，

则在(a, b)内至少存在一点 ξ，使

$$\frac{f(b)-f(a)}{g(b)-g(a)}=\frac{f'(\xi)}{g'(\xi)}.$$

证 首先注意到 $g(a)\neq g(b)$. 否则，若 $g(a)=g(b)$，由罗尔定理，$g'(x)$在(a, b)内存在零点，与假设矛盾．

作辅助函数

$$F(x)=f(x)-f(a)-\frac{f(b)-f(a)}{g(b)-g(a)}[g(x)-g(a)].$$

容易验证，$F(x)$满足罗尔定理条件．根据罗尔定理可知，在(a, b)内至少存在一点 ξ，使得

$$F'(\xi)=f'(\xi)-\frac{f(b)-f(a)}{g(b)-g(a)}\cdot g'(\xi)=0,$$

由此得

$$\frac{f(b)-f(a)}{g(b)-g(a)}=\frac{f'(\xi)}{g'(\xi)}.$$

柯西中值定理，通常也称为**广义中值定理**．

以上三个定理之间的关系是：**拉格朗日中值定理是罗尔定理的推广，而柯西定理又是拉**

格朗日定理的推广．在柯西定理中，若取 $g(x)=x$，这一特殊情形就是拉格朗日定理；在拉格朗日定理中，当 $f(a)=f(b)$ 时，这一特殊情形就是罗尔定理．

例 12 设 $f(x)$ 在 $[a, b]$ 上连续，在 (a, b) 内可导，又 $b>a>0$．求证，存在 ξ，$\eta\in(a, b)$，使

$$f'(\xi)=\eta f'(\eta)\frac{\ln(b/a)}{b-a}.$$

证 令 $g(x)=\ln x$，$f(x)$ 与 $g(x)$ 在 $[a, b]$ 上满足柯西中值定理的条件，故存在 $\eta\in(a, b)$，使

$$\frac{f(b)-f(a)}{g(b)-g(a)}=\frac{f'(\eta)}{g'(\eta)},$$

即

$$\frac{f(b)-f(a)}{\ln b-\ln a}=\eta f'(\eta).$$

又 $f(x)$ 在 $[a, b]$ 上满足拉格朗日定理条件，故存在 $\xi\in(a, b)$，使 $f(b)-f(a)=f'(\xi)(b-a)$，代入上式即得．

习题 3-1

1. 讨论下面问题．

(1) 举例说明罗尔定理中导数的零点不一定惟一．

(2) 拉格朗日定理和罗尔定理有何区别？它们之间有什么关系？

(3) 举例说明，拉格朗日定理中的条件只是充分条件而不是必要条件(举一个少一条件结论不成立的例子，再举一个不满足条件但结论成立的例子)．

2. 验证 $f(x)=x\sqrt{3-x}$ 在区间 $[0, 3]$ 上满足罗尔定理的条件，并求出定理中的 ξ.

3. 函数 $f(x)=x^3-5x^2+x-2$ 在 $[-1, 0]$ 上是否满足拉格朗日定理条件，若满足，求出定理中的 ξ.

4. 函数 $f(x)=x^2$ 与 $g(x)=x^3-1$ 在 $[1, 2]$ 上是否满足柯西定理的条件，若满足，求出定理中的 ξ.

5. 设函数 $f(x)=x(x-1)(x-2)(x+1)(x+2)$，证明 $f'(x)=0$ 的根全为实数，并指出它们所在的区间．

6. 设 $f(x)$ 在 $[0, \pi]$ 上可导，证明存在一点 $\xi\in(0, \pi)$，使得

$$f'(\xi)\sin\xi+f(\xi)\cos\xi=0.$$

7. 用拉格朗日定理证明：若 $f(x)$ 在 $[0, +\infty)$ 上连续，且当 $x>0$ 时，$f'(x)>0$，而 $f(0)=0$，则当 $x>0$ 时，$f(x)>0$.

8. 设 $f(x)$ 在 (a, b) 内可导，且 $f'(x)\equiv C$，其中 C 为常数，证明 $f(x)=Cx+D$(D 为常数)．

9. 证明下列不等式：

(1) $|\sin a-\sin b|\leqslant|a-b|$；

(2) 当 $x\geqslant1$ 时，$e^x\geqslant ex$；

(3) 当 $0<a<b$ 时，$\dfrac{b-a}{1+b^2}<\arctan b-\arctan a<\dfrac{b-a}{1+a^2}$；

(4) 当 $x>0$ 时，$\dfrac{x}{1+x}<\ln(1+x)<x$；

(5) 当 $0<a<b$，$n>1$ 时，$na^{n-1}(b-a)<b^n-a^n<nb^{n-1}(b-a)$.

第二节　洛必达(L′Hospital)法则

我们知道，计算下面的极限

$$\lim_{x\to 0}\frac{\tan x}{x},\ \lim_{x\to+\infty}\frac{\ln x}{x},\ \lim_{x\to 0^+}\frac{\ln\cot x}{\ln x},$$

不能直接利用极限的运算法则．这些极限的特点是：当 $x\to x_0$（或 $x\to\infty$）时，$f(x)$ 与 $g(x)$ 都趋于零或都趋于无穷大．此时，极限 $\dfrac{f(x)}{g(x)}$ 可能存在，也可能不存在，通常把这种类型的极限叫做未定式，并分别简记为"$\dfrac{0}{0}$"或"$\dfrac{\infty}{\infty}$"．下面给出一种求这类极限的方法——洛必达法则．

一、"$\dfrac{0}{0}$"型未定式

定理 1　若

(1) **函数** $f(x)$ **和** $g(x)$ **在** $N(\hat{x}_0,\ \delta)$ **内有定义，且** $\lim\limits_{x\to x_0}f(x)=0$，$\lim\limits_{x\to x_0}g(x)=0$；

(2) $f(x)$ **和** $g(x)$ **在** $N(\hat{x}_0,\ \delta)$ **内可导，且** $g'(x)\neq 0$；

(3) $\lim\limits_{x\to x_0}\dfrac{f'(x)}{g'(x)}=A$（**或** ∞），**其中** A **为常数，**

则

$$\lim_{x\to x_0}\frac{f(x)}{g(x)}=\lim_{x\to x_0}\frac{f'(x)}{g'(x)}=A(\text{或}\ \infty).$$

证　显然，x_0 为 $f(x)$，$g(x)$ 的可去间断点，我们给 $f(x)$ 和 $g(x)$ 在点 x_0 补充定义：$f(x_0)=g(x_0)=0$，于是由条件(1)，(2)知，$f(x)$ 和 $g(x)$ 在 $N(x_0,\ \delta)$ 内连续．设 x 是 x_0 附近的任意一点，根据定理的条件，可以在区间 $[x_0,\ x]$ 或 $[x,\ x_0]$ 上运用柯西中值定理，因此有

$$\frac{f(x)}{g(x)}=\frac{f(x)-f(x_0)}{g(x)-g(x_0)}=\frac{f'(\xi)}{g'(\xi)},$$

式中，ξ 在 x_0 与 x 之间．当 $x\to x_0$ 时，$\xi\to x_0$，由上式及条件(3)，得

$$\lim_{x\to x_0}\frac{f(x)}{g(x)}=\lim_{\xi\to x_0}\frac{f'(\xi)}{g'(\xi)}=\lim_{x\to x_0}\frac{f'(x)}{g'(x)}=A.$$

注 1　定理 1 中 $x\to x_0$ 改为 $x\to x_0^+$，$x\to x_0^-$，或 $x\to\infty$ 等过程，其结论仍然成立．

注 2　使用洛必达法则时，如果 $\lim\limits_{x\to x_0}\dfrac{f'(x)}{g'(x)}\left(\text{或}\lim\limits_{x\to\infty}\dfrac{f'(x)}{g'(x)}\right)$ 仍为"$\dfrac{0}{0}$"型，且 $f'(x)$ 与 $g'(x)$ 仍满足定理中的条件，这时洛必达法则可以继续使用，即

$$\lim_{x\to x_0}\frac{f(x)}{g(x)}=\lim_{x\to x_0}\frac{f'(x)}{g'(x)}=\lim_{x\to x_0}\frac{f''(x)}{g''(x)}=\cdots.$$

例 1　求 $\lim\limits_{x\to 0}\dfrac{a^x-b^x}{x}$（$a>0$，$b>0$ 为常数）．

解　当 $x\to 0$ 时，分子分母都趋近于零，且满足定理 1 的条件，所以

$$\lim_{x\to 0}\frac{a^x-b^x}{x}=\lim_{x\to 0}\frac{a^x\ln a-b^x\ln b}{1}=\ln a-\ln b=\ln\frac{b}{a}.$$

例 2 求$\lim\limits_{x\to 0}\dfrac{e^x-e^{-x}}{\sin x}$.

解 $\lim\limits_{x\to 0}\dfrac{e^x-e^{-x}}{\sin x}=\lim\limits_{x\to 0}\dfrac{e^x+e^{-x}}{\cos x}=2.$

例 3 求 $\lim\limits_{x\to +\infty}\dfrac{\dfrac{\pi}{2}-\arctan x}{\sin\dfrac{1}{x}}$.

解 $\lim\limits_{x\to +\infty}\dfrac{\dfrac{\pi}{2}-\arctan x}{\sin\dfrac{1}{x}}=\lim\limits_{x\to +\infty}\dfrac{-\dfrac{1}{1+x^2}}{-\dfrac{1}{x^2}\cos x}=\lim\limits_{x\to +\infty}\dfrac{x^2}{1+x^2}\dfrac{1}{\cos\dfrac{1}{x}}=1.$

例 4 求$\lim\limits_{x\to 0}\dfrac{x-\sin x}{x^3}$.

解 $\lim\limits_{x\to 0}\dfrac{x-\sin x}{x^3}=\lim\limits_{x\to 0}\dfrac{1-\cos x}{3x^2}=\lim\limits_{x\to 0}\dfrac{\sin x}{6x}=\dfrac{1}{6}.$

二、“$\dfrac{\infty}{\infty}$”型未定式

定理 2 若

(1) 函数 $f(x)$和 $g(x)$在 $N(\hat{x}_0,\delta)$内有定义，且$\lim\limits_{x\to x_0}f(x)=\infty$，$\lim\limits_{x\to x_0}g(x)=\infty$；

(2) 函数 $f(x)$和 $g(x)$在 $N(\hat{x}_0,\delta)$内可导，且 $g'(x)\neq 0$；

(3) $\lim\limits_{x\to x_0}\dfrac{f'(x)}{g'(x)}=A$(或$\infty$)，其中 A 为常数，

则
$$\lim_{x\to x_0}\frac{f(x)}{g(x)}=\lim_{x\to x_0}\frac{f'(x)}{g'(x)}=A(\text{或}\infty).$$

注 1、注 2 对于定理 2 仍适用．

例 5 求 $\lim\limits_{x\to \frac{\pi}{2}^-}\dfrac{\ln\left(\dfrac{\pi}{2}-x\right)}{\tan x}$.

解 上式为“$\dfrac{\infty}{\infty}$”型未定式，由定理 2，有

$$\lim_{x\to \frac{\pi}{2}^-}\frac{\ln\left(\dfrac{\pi}{2}-x\right)}{\tan x}=\lim_{x\to \frac{\pi}{2}^-}\frac{\dfrac{-1}{\dfrac{\pi}{2}-x}}{\sec^2 x}=\lim_{x\to \frac{\pi}{2}^-}-\frac{\cos^2 x}{\dfrac{\pi}{2}-x}=\lim_{x\to \frac{\pi}{2}^-}\frac{2\cos(-\sin x)}{1}=0.$$

例 6 求 $\lim\limits_{x\to 0^+}\dfrac{\ln\cot x}{\ln x}$.

解 $\lim\limits_{x\to 0^+}\dfrac{\ln\cot x}{\ln x}=\lim\limits_{x\to 0^+}\dfrac{\dfrac{1}{\cot x}(-\csc^2 x)}{\dfrac{1}{x}}=\lim\limits_{x\to 0^+}\dfrac{-x}{\sin x\cos x}=-1.$

例 7 求 $\lim\limits_{x\to+\infty}\dfrac{x^n}{e^{\lambda x}}$($n$ 为正整数，$\lambda>0$).

解 $\lim\limits_{x\to+\infty}\dfrac{x^n}{e^{\lambda x}}=\lim\limits_{x\to+\infty}\dfrac{nx^{n-1}}{\lambda e^{\lambda x}}=\lim\limits_{x\to+\infty}\dfrac{n(n-1)x^{n-2}}{\lambda^2 e^{\lambda x}}=\cdots=\lim\limits_{x\to+\infty}\dfrac{n!}{\lambda^n e^{\lambda x}}=0.$

三、其他类型的未定式

除了上述两种未定式外，还有 $0\cdot\infty$，$\infty-\infty$，0^0，1^∞，∞^0 未定式，它们一般可以化为“$\dfrac{0}{0}$”型和“$\dfrac{\infty}{\infty}$”型，因此也可用洛必达法则求极限.

例 8 求 $\lim\limits_{x\to\frac{\pi}{2}}\tan^2 x\cdot\ln\sin x$.

解
$$\lim_{x\to\frac{\pi}{2}}\tan^2 x\cdot\ln\sin x=\lim_{x\to\frac{\pi}{2}}\frac{\ln\sin x}{\cot^2 x}=\lim_{x\to\frac{\pi}{2}}\frac{\frac{\cos x}{\sin x}}{-2\cot x\cdot\csc^2 x}$$
$$=\lim_{x\to\frac{\pi}{2}}\left(-\frac{1}{2}\sin^2 x\right)=-\frac{1}{2}.$$

例 9 求 $\lim\limits_{x\to0}\left(\dfrac{1}{\sin x}-\dfrac{1}{x}\right)$.

解 $\lim\limits_{x\to0}\left(\dfrac{1}{\sin x}-\dfrac{1}{x}\right)=\lim\limits_{x\to0}\dfrac{x-\sin x}{x\sin x}=\lim\limits_{x\to0}\dfrac{1-\cos x}{\sin x+x\cos x}=\lim\limits_{x\to0}\dfrac{\sin x}{2\cos x-x\sin x}=0.$

例 10 求 $\lim\limits_{x\to0^+}x^{\sin x}$.

解 $\lim\limits_{x\to0^+}x^{\sin x}=\lim\limits_{x\to0^+}e^{\sin x\cdot\ln x}=e^{\lim\limits_{x\to0^+}\sin x\cdot\ln x}$,

而
$$\lim_{x\to0^+}\sin x\cdot\ln x=\lim_{x\to0^+}\frac{\ln x}{\frac{1}{\sin x}}=\lim_{x\to0^+}\frac{\frac{1}{x}}{-\frac{\cos x}{\sin^2 x}}$$
$$=-\lim_{x\to0^+}\frac{\sin^2 x}{x\cos x}=-\lim_{x\to0^+}\frac{\sin x}{x}\cdot\tan x=0,$$

所以
$$\lim_{x\to0^+}x^{\sin x}=\lim_{x\to0^+}e^{\sin x\cdot\ln x}=e^0=1.$$

例 11 求 $\lim\limits_{x\to0^+}(\cot x)^{\frac{1}{\ln x}}$.

解 $\lim\limits_{x\to0^+}(\cot x)^{\frac{1}{\ln x}}=e^{\lim\limits_{x\to0^+}\frac{\ln\cot x}{\ln x}}$，由例 6 可知，$\lim\limits_{x\to0^+}\dfrac{\ln\cot x}{\ln x}=-1$，所以
$$\lim_{x\to0^+}(\cot x)^{\frac{1}{\ln x}}=e^{-1}.$$

例 12 求 $\lim\limits_{x\to0}\left(\dfrac{\sin x}{x}\right)^{\frac{1}{x^2}}$.

解 $\lim\limits_{x\to0}\left(\dfrac{\sin x}{x}\right)^{\frac{1}{x^2}}=e^{\lim\limits_{x\to0}\frac{1}{x^2}\ln\frac{\sin x}{x}}$,

而
$$\lim_{x\to0}\frac{1}{x^2}\ln\frac{\sin x}{x}=\lim_{x\to0}\frac{\frac{x}{\sin x}\cdot\frac{x\cos x-\sin x}{x^2}}{2x}=\lim_{x\to0}\frac{x\cos x-\sin x}{2x^2\sin x}$$

$$=\lim_{x\to 0}\frac{-\sin x}{2(2\sin x+x\cos x)}=\lim_{x\to 0}\frac{-\cos x}{2(3\cos x-x\sin x)}=-\frac{1}{6}.$$

所以$\lim\limits_{x\to 0}\left(\frac{\sin x}{x}\right)^{\frac{1}{x^2}}=\mathrm{e}^{-\frac{1}{6}}$.

使用洛必达法则求极限要注意以下两点：

（1）洛必达法则只能在未定式是“$\frac{0}{0}$”或“$\frac{\infty}{\infty}$”型时才可使用．对于其他类型的未定式必须先化为这两种类型之一，然后再运用洛必达法则．

（2）洛必达法则只说明当$\lim\frac{f'(x)}{g'(x)}$存在或∞时，有$\lim\frac{f(x)}{g(x)}=\lim\frac{f'(x)}{g'(x)}$；当$\lim\frac{f'(x)}{g'(x)}$不存在(也不是$\infty$时)，并不能断定$\lim\frac{f(x)}{g(x)}$也不存在，只是在这种情况下不能利用洛必达法则，可考虑用其他方法求$\lim\frac{f(x)}{g(x)}$.

例 13 求$\lim\limits_{x\to\infty}\frac{x+\sin x}{x}$.

解 对原式中分子和分母分别求导得$\lim\limits_{x\to\infty}\frac{1+\cos x}{1}=\lim\limits_{x\to\infty}(1+\cos x)$，此极限不存在，但是

$$\lim_{x\to\infty}\frac{x+\sin x}{x}=\lim_{x\to\infty}\left(1+\frac{\sin x}{x}\right)=1.$$

习题 3-2

1. 在某种变化趋势下，下列几种类型的极限哪些是未定式？哪些不是未定式？

$$\frac{0}{0}，0^0，0^\infty，1^0，0^1，1^\infty，\infty^\infty.$$

2. 若$\lim\limits_{x\to\infty}\frac{f'(x)}{g'(x)}$不存在($\infty$除外)，则$\lim\limits_{x\to\infty}\frac{f(x)}{g(x)}$也不存在，对吗？为什么？

3. 试说明下列函数不能用洛必达法则求极限：

（1）$\lim\limits_{x\to\infty}\frac{x-\sin x}{x+\sin x}$；　　（2）$\lim\limits_{x\to\infty}\frac{x^2\sin\frac{1}{x}}{\sin x}$；

（3）$\lim\limits_{x\to 1}\frac{(x^2-1)\sin x}{\ln\left(1+\sin\frac{\pi}{2}x\right)}$；　　（4）$\lim\limits_{x\to\infty}\frac{\mathrm{e}^x+\mathrm{e}^{-x}}{\mathrm{e}^x-\mathrm{e}^{-x}}$.

4. 利用洛必达法则求极限：

（1）$\lim\limits_{x\to 0}\frac{\tan ax}{\sin bx}$；　　（2）$\lim\limits_{x\to a}\frac{a^x-x^a}{x-a}(a>0)$；

（3）$\lim\limits_{x\to 0}\frac{x-x\cos x}{x-\sin x}$；　　（4）$\lim\limits_{x\to 0}\frac{x-\arcsin x}{\sin^3 x}$；

（5）$\lim\limits_{x\to\infty}\frac{\ln x}{x^a}$；　　（6）$\lim\limits_{x\to\frac{\pi}{2}}\frac{\tan x-6}{\sec x+8}$；

(7) $\lim\limits_{x\to 0^+}\dfrac{\ln\tan 7x}{\ln\tan 2x}$；　(8) $\lim\limits_{x\to 1^+}\ln x\cdot\ln(x-1)$；

(9) $\lim\limits_{x\to 1}\left(\dfrac{1}{\ln x}-\dfrac{x}{x-1}\right)$；　(10) $\lim\limits_{x\to 1}x^{\frac{1}{x-1}}$；

(11) $\lim\limits_{x\to+\infty}\left(\dfrac{\pi}{2}-\arctan x\right)^{\frac{1}{x}}$；　(12) $\lim\limits_{x\to 0^+}x^x$；

(13) $\lim\limits_{x\to\frac{\pi}{2}^-}(\tan x)^{\sin 2x}$；　(14) $\lim\limits_{x\to 1}x^{\tan\frac{\pi x}{2}}$.

第三节　泰勒公式

无论在近似计算还是在理论分析中，我们都希望能用一个简单的函数来近似地表示一个比较复杂的函数，一般来说，最简单的函数是多项式函数．怎样从一个函数的本身得出所需要的多项式呢？

首先，考虑一个特殊问题：若 $f(x)$是 n 次多项式

$$f(x)=a_0+a_1x+a_2x^2+\cdots+a_nx^n,\qquad(1)$$

则它具有任意阶连续导数．这个多项式的系数 a_0，a_1，…，a_n 和它的导数有什么关系呢？

将 $f(x)$求 n 次导数：

$$f'(x)=a_1+2a_2x+\cdots+na_nx^{n-1},$$
$$f''(x)=1\cdot 2a_2+2\cdot 3a_3x+\cdots+(n-1)na_nx^{n-2},$$
$$\cdots\cdots$$
$$f^{(n)}(x)=1\cdot 2\cdot 3\cdots na_n=n!a_n.$$

在上述各式中，令 $x=0$，得

$$a_0=f(0),\ a_1=f'(0),\ a_2=\frac{f''(0)}{2!},\ a^3=\frac{f'''(0)}{3!},\ \cdots,\ a_n=\frac{f^{(n)}(0)}{n!},$$

代入式(1)，得

$$f(x)=f(0)+\frac{f'(0)}{1!}x+\frac{f''(0)}{2!}x^2+\frac{f'''(0)}{3!}x^3+\cdots+\frac{f^{(n)}(0)}{n!}x^n.$$

若把多项式 $f(x)$按照$(x-x_0)$的幂写出来，即

$$f(x)=b_0+b_1(x-x_0)+b_2(x-x_0)^2+\cdots+b_n(x-x_0)^n.\qquad(2)$$

系数 b_0，b_1，b_2，…，b_n 和 $f(x)$的导数又有什么关系呢？令 $x-x_0=t$，则

$$f(x)=f(x_0+t)=F(t).$$

从而多项式 $F(t)$的系数为

$$b_0=F(0),\ b_1=\frac{F'(0)}{1!},\ b_2=\frac{F''(0)}{2!},\ \cdots,\ b_n=\frac{F^{(n)}(0)}{n!}.$$

由 $F(t)=f(x_0+t)$知，$F^{(k)}(0)=f^{(k)}(x_0)(k=0,1,2,\cdots,n)$，故

$$b_0=f(x_0),\ b_1=\frac{f'(x_0)}{1!},\ b_2=\frac{f''(x_0)}{2!},\ \cdots,\ b_n=\frac{f^{(n)}(x_0)}{n!}.$$

代入式(2)，得

$$f(x)=f(x_0)+\frac{f'(x_0)}{1!}(x-x_0)+\frac{f''(x_0)}{2!}(x-x_0)^2+\cdots+\frac{f^{(n)}(x_0)}{n!}(x-x_0)^n.$$

一般地，对于函数 $f(x)$，若它在点 x_0 具有直到 n 阶的连续导数，我们总可以作出如下的多项式：

$$P_n(x)=f(x_0)+\frac{f'(x_0)}{1!}(x-x_0)+\frac{f''(x_0)}{2!}(x-x_0)^2+\cdots+\frac{f^{(n)}(x_0)}{n!}(x-x_0)^n.$$

$f(x)$不一定等于 $P_n(x)$，若用 $P_n(x)$近似表示函数 $f(x)$所产生的误差是多少呢？泰勒定理回答了这个问题．

定理 1(泰勒定理)　若函数 $f(x)$在点 x_0 的某个区间内有直到 $n+1$ 阶导数，则

$$f(x)=f(x_0)+f'(x_0)(x-x_0)+\frac{f''(x_0)}{2!}(x-x_0)^2+\cdots+\frac{f^{(n)}(x_0)}{n!}(x-x_0)^n+R_n(x),\tag{3}$$

式中，$R_n(x)=\frac{f^{(n+1)}(\xi)}{(n+1)!}(x-x_0)^{n+1}$，$\xi$ 在 x 与 x_0 之间．

公式(3)称为函数 $f(x)$在点 x_0 处的 **n 阶泰勒公式**，多项式

$$P_n(x)=\sum_{k=0}^{n}\frac{f^{(k)}(x_0)}{k!}(x-x_0)^k$$

称为**泰勒多项式**，$\frac{f^{(k)}(x_0)}{k!}(k=0,1,2,3,\cdots,n)$称为**泰勒系数**，$R_n(x)$称为 n 阶泰勒公式的**余项**．余项的形式有许多种，这里采用的是**拉格朗日型余项**．

当 $n=0$ 时，泰勒公式变成拉格朗日中值公式 $f(x)=f(x_0)+f'(\xi)(x-x_0)$，$\xi$ 在 x 与 x_0 之间．因此泰勒公式是拉格朗日中值公式的推广．

当 $x_0=0$ 时，我们得到

$$f(x)=f(0)+f'(0)x+\frac{f''(0)}{2!}x^2+\cdots+\frac{f^{(n)}(0)}{n!}x^n+R_n(x),\tag{4}$$

式中，$R_n(x)=\frac{f^{(n+1)}(\xi)}{(n+1)!}x^{n+1}$，$\xi$ 在 0 与 x 之间．

令 $\xi=\theta x$，则

$$R_n(x)=\frac{f^{(n+1)}(\theta x)}{(n+1)!}x^{n+1},0<\theta<1.$$

公式(4)称为**麦克劳林(Maclaurin)公式**．它在近似计算和一些数学问题中是非常有用的．

若用 $f(x)$在 $x_0=0$ 的泰勒多项式作为 $f(x)$的近似表达式，相应误差为 $|R_n(x)|$．由洛必达法则知$\lim\limits_{x\to 0}\frac{R_n(x)}{x^n}=0$，即当 $x\to 0$ 时 $R_n(x)$是比 x^n 高阶的无穷小量．

例 1　求 $f(x)=e^x$ 在 $x_0=0$ 处的 n 阶麦克劳林公式．

解　因为 $f(x)=e^x$，$f^{(k)}(x)=e^x(k=1,2,3,\cdots,n)$，所以

$$f(0)=f'(0)=f''(0)=\cdots=f^{(n)}(0)=e^0=1,$$

于是

$$e^x=1+x+\frac{x^2}{2!}+\cdots+\frac{x_n}{n!}+o(x^n)\quad(x\to 0).$$

例 2　求 $f(x)=\sin x$ 在 $x_0=0$ 的麦克劳林公式．

解　因为 $f(x)=\sin x$，$f^{(k)}(x)=\sin\left(x+\frac{k\pi}{2}\right)$，$k=1,2,\cdots$，所以 $f(0)=0$，$f'(0)=$

1，$f''(0)=0$，$f'''(0)=-1$，…，$f^{(2m)}(0)=0$，$f^{(2m+1)}(0)=(-1)^m$，…，
因此

$$\sin x = x - \frac{x^3}{3!} + \frac{x^5}{5!} - \cdots + (-1)^n \frac{x^{2n+1}}{(2n+1)!} + o(x^{2n+2})(x \to 0).$$

同理可得，$\cos x = 1 - \frac{x^2}{2!} + \frac{x^4}{4!} - \cdots + (-1)^n \frac{x^{2n}}{(2n)!} + o(x^{2n+1})(x \to 0)$.

例 3 证明 $\ln(1+x) = x - \frac{x^2}{2} + \frac{x^3}{3} - \cdots + (-1)^{n-1}\frac{x^n}{n!} + o(x^n)(x \to 0)$.

证 因 $f(x)=\ln(1+x)$，$f^{(k)}(x)=(-1)^{k-1}(k-1)!\ (1+x)^{-k}$，所以

$$f(0)=0,\ f^{(k)}(0)=(-1)^{k-1}(k-1)!,\ k=1,2,\cdots,$$

因此有

$$\ln(1+x) = x - \frac{x^2}{2} + \frac{x^3}{3} - \cdots + (-1)^{n+1}\frac{x^n}{n} + o(x^n)(x \to 0).$$

习题 3－3

1. 设 $f(x)$ 在 $x=x_0$ 的邻近有连续的二阶导数，证明

$$\lim_{h \to 0} \frac{f(x_0+h)+f(x_0-h)-2f(x_0)}{h^2} = f''(x_0).$$

2. 按 $(x-4)$ 的乘幂展开多项式 $x^4-5x^3+x^2-3x+4$.

3. 求函数 $y=\sqrt{x}$ 在 $x_0=4$ 的三阶泰勒展开式.

4. 求函数 $y=\tan x$ 的二阶麦克劳林公式.

5. 求函数 $f(x)=x^{10}-3x^6+x^2+2$ 在 $x_0=1$ 处的泰勒展开式的前三项，并计算 $f(1.03)$ 的近似值.

第四节　函数的增减性

直接用定义判定函数的单调性，对许多复杂函数来说是不方便的．现在介绍利用函数的导数判定函数单调增减性的方法．

定理 1　设函数 $f(x)$ 在 $[a, b]$ 上连续，在 (a, b) 内可导，则

(1) **若在 (a, b) 内 $f'(x)>0$，则函数 $f(x)$ 在 (a, b) 内单调增加；**

(2) **若在 (a, b) 内 $f'(x)<0$，则函数 $f(x)$ 在 (a, b) 内单调减少．**

证 在区间 (a, b) 内任取两点 x_1，x_2，且 $x_1<x_2$，$f(x)$ 在 $[x_1, x_2]$ 上满足拉格朗日中值定理条件，故存在一点 $\xi \in (x_1, x_2)$，使得

$$f(x_2)-f(x_1)=f'(\xi)(x_2-x_1).$$

(1) 若在 (a, b) 内 $f'(x)>0$，则 $f'(\xi)>0$，又因 $x_2-x_1>0$，由上式得 $f(x_2)-f(x_1)>0$，即 $f(x_2)>f(x_1)$．故 $f(x)$ 在 (a, b) 内单调增加．

(2) 仿(1)可得．

注 1 若把定理 1 中的开区间换成其他类型的区间(包括无穷区间)，则结论仍成立．

注 2 如果在区间 (a, b) 内 $f'(x)\geqslant 0$(或 $f'(x)\leqslant 0$)，但等号只在有限个点处成立，则

$f(x)$在(a, b)内仍是单调增加(或单调减少)的．例如，函数 $f(x)=x^3$ 在点 $x=0$ 处 $f'(0)=0$，但函数 $f(x)$在区间$(-\infty, +\infty)$内单调增加，如图 3-3 所示．

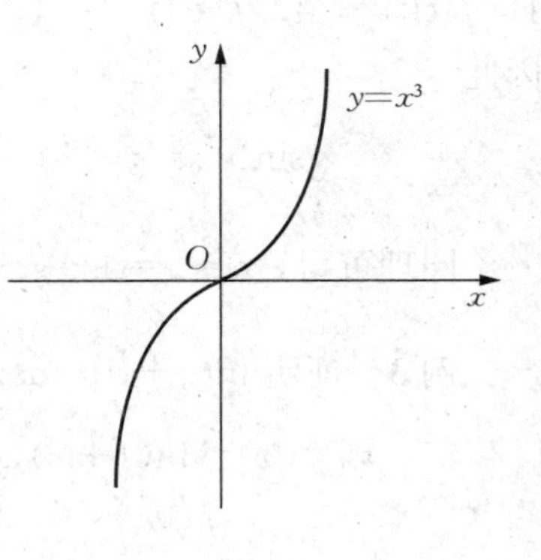

图 3-3

例 1 讨论函数 $f(x)=3x-x^3$ 的单调增减性．

解 $f(x)=3x-x^3$ 的定义域为$(-\infty, +\infty)$，$f'(x)=3-3x^2=3(1+x)(1-x)$，因为在$(-\infty, -1)$，$(1, +\infty)$内 $f'(x)<0$，所以函数 $f(x)$在$(-\infty, -1]$，$[1, +\infty)$上单调减少；而在$(-1, 1)$内 $f'(x)>0$，所以 $f(x)$在$[-1, 1]$上单调增加．

由例 1 可知，使 $f'(x)=0$ 的点可能是单调增减区间的分界点．除此之外，导数不存在的点也可能是单调区间的分界点．例如，函数 $f(x)=|x|$ 在点 $x=0$ 处的导数不存在，但 $f(x)$在$(-\infty, 0)$内单调减少，在$(0, +\infty)$内单调增加．**因此，只要用方程 $f'(x)=0$ 的根及 $f'(x)$不存在的点来划分函数 $f(x)$的定义区间，然后再去判别 $f'(x)$在各部分区间的正负号，便可决定函数在各区间的单调性．**

例 2 确定 $y=\sqrt[3]{x^2}$ 的单调区间．

解 $y=\sqrt[3]{x^2}$ 的定义域区间为$(-\infty, +\infty)$．当 $x\neq 0$ 时，$y'=\dfrac{2}{3\sqrt[3]{x}}$；当 $x=0$ 时，函数的导数不存在．在$(-\infty, +\infty)$内，没有导数等于零的点．

用 $x=0$ 把$(-\infty, +\infty)$分成$(-\infty, 0]$及$(0, +\infty)$．在$(-\infty, 0]$内 $y'<0$；在$(0, +\infty)$内 $y'>0$；从而函数在$(-\infty, 0]$上单调减少，在$(0, +\infty)$内单调增加．

例 3 设函数 $f(x)$在$[0, a]$上有二阶导数，且 $f(0)=0$ 及 $f''(x)>0$，证明$\dfrac{f(x)}{x}$在$(0, a)$内单调增加．

证 $\left[\dfrac{f(x)}{x}\right]'=\dfrac{xf'(x)-f(x)}{x^2}=\dfrac{xf'(x)-[f(x)-f(0)]}{x^2}$.

任取 $x\in(0, a)$，在$[0, x]$上对 $f(x)$应用拉格朗日中值定理，则存在一点 $\xi\in(0, x)$使 $f(x)-f(0)=xf'(\xi)$．代入上式，得

$$\left[\frac{f(x)}{x}\right]'=\frac{f'(x)-f'(\xi)}{x}.$$

由假设 $f''(x)>0$ 知，$f'(x)$为增函数，又 $x>\xi$，所以 $f'(x)>f'(\xi)$．于是 $f'(x)-f'(\xi)>0$，从而$\left[\dfrac{f(x)}{x}\right]'>0$，故$\dfrac{f(x)}{x}$在$(0, a)$内单调增加．

例 4 证明：当 $0<x<\pi$ 时，$\sin x<x$.

证 令 $f(x)=x-\sin x$，则 $f'(x)=1-\cos x$．当 $0<x<\pi$ 时，$f'(x)>0$，故函数 $f(x)$是单调增加的．而当 $0<x<\pi$ 时，$f(x)=x-\sin x>f(0)=0$，即

$$\sin x<x.$$

例 5 证明：当 $x>1$ 时，$2\sqrt{x}>3-\dfrac{1}{x}$.

证 令 $\varphi(x)=2\sqrt{x}-\left(3-\frac{1}{x}\right)$，则

$$\varphi'(x)=\frac{1}{\sqrt{x}}-\frac{1}{x^2}=\frac{x\sqrt{x}-1}{x^2}.$$

$\varphi(x)$在$[1,+\infty)$上连续，且当$x>1$时，$\varphi'(x)>0$，因此在区间$[1,+\infty)$上$\varphi(x)$单调增加．由于$\varphi(1)=2\sqrt{1}-(3-1)=0$，所以当$x>1$时，$\varphi(x)>\varphi(1)=0$，即

$$2\sqrt{x}-\left(3-\frac{1}{x}\right)>0.$$

故 $2\sqrt{x}>3-\frac{1}{x}$.

例 6 证明 $e^x>1+x+\frac{x^2}{2}(x>0)$.

证 设 $f(x)=e^x-1-x-\frac{x^2}{2}$．因为 $f'(x)=e^x-1-x$，$f''(x)=e^x-1$，当 $x>0$ 时，$f''(x)>0$，所以 $f'(x)$在$(0,+\infty)$内单调增加；所以当 $x>0$ 时，有 $f'(x)>f'(0)=0$，即 $f(x)$在$(0,+\infty)$内单调增加；所以当 $x>0$ 时，

$$f(x)=e^x-1-x-\frac{x^2}{2}>f(0)=0,$$

即

$$e^x>1+x+\frac{x^2}{2}.$$

单调性还可以用来判定 $f(x)$的零点个数．

例 7 讨论方程 $x^3+x^2+2x-1=0$ 在$(0,1)$内的实根．

解 设 $f(x)=x^3+x^2+2x-1$，则函数 $f(x)$在$[0,1]$上连续，在$(0,1)$内可导，$f(0)=-1$，$f(1)=3$，$f(0)\cdot f(1)<0$．由零点存在定理，在$(0,1)$内至少有一点 ξ，使 $f(\xi)=0$，即方程 $x^3+x^2+2x-1=0$ 在$(0,1)$内至少有一个实根．

又在$(0,1)$内，$f'(x)=3x^2+2x+2>0$，故 $f(x)$在$[0,1]$上严格单调增加，因而至多有一个零点，即所给方程在$(0,1)$内有且仅有一个根．

习题 3－4

1. 下面命题正确吗？为什么？

(1) 若 $x>0$ 时，$f'(x)>g'(x)$，则 $x>0$ 时，$f(x)>g(x)$；

(2) 若 $f(0)>g(0)$，且当 $x>0$ 时，$f'(x)>g'(x)$，则当 $x>0$ 时，$f(x)>g(x)$；

(3) 若 $f(b)=0$，$f'(x)<0(a<x<b)$，则 $f(x)>0(a<x<b)$；

(4) 若 $f(b)=g(b)$，$f'(x)<g'(x)(a<x<b)$，则 $f(x)>g(x)$.

2. 确定下列函数的单调区间：

(1) $y=2x^3-6x^2-18x-7$；　　(2) $y=2x+\frac{8}{x}(x>0)$；

(3) $y=x-e^x$；　　(4) $y=\frac{2x}{1+x^2}$；

(5) $y=x-2\sin x(0\leqslant x\leqslant 2\pi)$；　　(6) $y=\frac{(\ln x)^2}{x}$；

(7) $y=2x^2-\ln x$;　　　　(8) $y=\sqrt{(2x-a)(a-x)^2}\ (a>0)$.

3. 证明下列不等式：

(1) 当 $x>0$ 时，$1+x\ln(x+\sqrt{1+x^2})>\sqrt{1+x^2}$；

(2) 当 $0<x<\frac{\pi}{2}$ 时，$\sin x+\tan x>2x$；

(3) 当 $a>1$，$x>1$ 时，$x^a-1<ax^{a-1}(x-1)$；

(4) 当 $x>0$ 时，$x-\ln x\geqslant 1$；

(5) 当 $x\geqslant 0$ 时，$\ln(1+x)\geqslant\frac{\arctan x}{1+x}$；

(6) 当 $x>0$ 时，$\sin x>x-\frac{x^3}{6}$.

4. 证明方程 $\sin x=x$ 只有一个实根.

5. 若在 $(-\infty,+\infty)$ 上 $f''(x)>0$，$f(0)<0$，证明 $F(x)=\frac{f(x)}{x}$ 在区间 $(-\infty,0)$ 和 $(0,+\infty)$ 上单调增加.

第五节　函数的极值

定义 1　设 $f(x)$ 在 $N(x_0,\delta)$ 内有定义.

(1) 若对任意 $x\in N(\hat{x}_0,\delta)$ 有 $f(x)<f(x_0)$，则称函数 $f(x)$ 在点 x_0 取得极大值 $f(x_0)$. 点 x_0 称为极大值点.

(2) 若对任意 $x\in N(\hat{x}_0,\delta)$ 有 $f(x)>f(x_0)$，则称函数 $f(x)$ 在点 x_0 取得极小值 $f(x_0)$. 点 x_0 称为极小值点.

极大值和极小值统称为极值；极大值点和极小值点统称为极值点. 极值是一个局部性的概念，它只是与极值点邻近的所有点的函数值相比较而言，并不意味着它是函数在整个定义区间的最大值或最小值. 即函数的极大(小)值不一定是函数的最大(小)值，如图 3-4 所示.

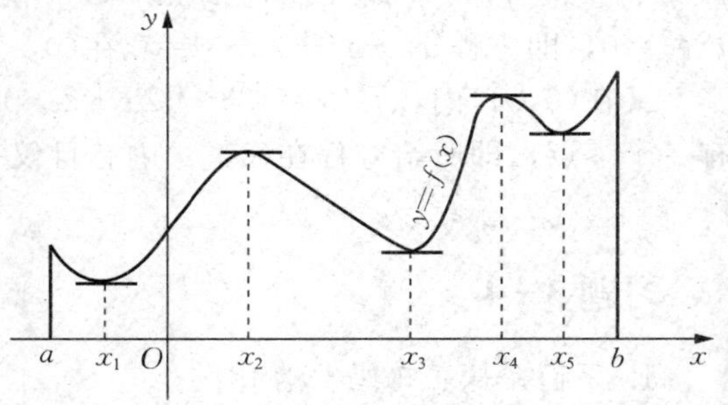

图 3-4

定理 1(极值存在的必要条件)　如果函数 $f(x)$ 在点 x_0 取得极值，且 $f'(x_0)$ 存在，则 $f'(x_0)=0$.

证　因为函数 $f(x)$ 在点 x_0 取得极值 $f(x_0)$，所以存在邻域 $N(\hat{x}_0,\delta)$，使在此邻域内总有 $f(x)<f(x_0)$(或 $f(x)>f(x_0)$). 这表示 $f(x_0)$ 是该邻域内含点 x_0 的任一区间上的最大值(或最小值). 于是，由费尔马定理得 $f'(x_0)=0$.

注 1　$f'(x_0)=0$ 是点 x_0 为极值点的必要条件，但不是充分条件. 例如函数 $f(x)=x^3$，$f'(0)=0$，但点 $x=0$ 不是极值点，如图 3-3 所示.

使 $f'(x)=0$ 的点称为函数的驻点，驻点可能是极值点，也可能不是极值点.

注 2　导数不存在的点也可能是极值点.

例如函数 $f(x)=|x|$，$f'(0)$不存在，但在点 $x=0$ 处有极小值 $f(0)=0$.

注 3 由定理 1，若某点 x_0 既不是函数的驻点又不是导数不存在的点，则 x_0 一定不是函数的极值点．

由注 1 和注 2 可知，函数的极值点必是函数的驻点或导数不存在的点．但是，驻点或导数不存在的点不一定是函数的极值点．为了确定驻点和不可导点中哪些是极值点，下面介绍函数取得极值的充分条件．

定理 2(极值存在的第一充分条件)　设函数 $f(x)$在点 x_0 连续，在 $N(\hat{x}_0,\delta)$内可导．

(1) 若 $x\in(x_0-\delta,x_0)$时 $f'(x)>0$，$x\in(x_0,x_0+\delta)$时 $f'(x)<0$，则函数 $f(x)$在 x_0 处取得极大值 $f(x_0)$.

(2) 若 $x\in(x_0-\delta,x_0)$时 $f'(x)<0$，$x\in(x_0,x_0+\delta)$时 $f'(x)>0$，则函数 $f(x)$在 x_0 处取得极小值 $f(x_0)$.

(3) 若 $x\in(x_0-\delta,x_0)$和 $x\in(x_0,x_0+\delta)$时 $f'(x)$不变号，则函数 $f(x)$在 x_0 处无极值.

证 (1) 当 $x\in(x_0-\delta,x_0)$时 $f'(x)>0$，则 $f(x)$在$(x_0-\delta,x_0)$内单调增加，所以 $f(x)<f(x_0)$；当 $x\in(x_0,x_0+\delta)$时 $f'(x)<0$，则 $f(x)$在$(x_0,x_0+\delta)$内单调减少，所以 $f(x)<f(x_0)$. 故对 $x\in(x_0-\delta,x_0)\cup(x_0,x_0+\delta)$，总有 $f(x)<f(x_0)$，所以 $f(x_0)$是$f(x)$的极大值．同理可证(2).

(3) 因为在$(x_0-\delta,x_0+\delta)$内，$f'(x)$不变号，亦即恒有 $f'(x)>0$ 或 $f'(x)<0$. 因此 $f(x)$在 x_0 的左右两边均单调增加或单调减少，所以不可能在点 x_0 处取得极值．

例 1 求函数 $f(x)=(x-1)^2(x+1)^3$ 的极值．

解 因为 $f'(x)=(x-1)(x+1)^2(5x-1)$，令 $f'(x)=0$，得 $x_1=-1$，$x_2=\frac{1}{5}$，$x_3=1$. 用这三个点将定义区间$(-\infty,+\infty)$分成四个区间$(-\infty,-1)$，$\left(-1,\frac{1}{5}\right)$，$\left(\frac{1}{5},1\right)$，$(1,+\infty)$，列表讨论．

x	$(-\infty,-1)$	-1	$\left(-1,\frac{1}{5}\right)$	$\frac{1}{5}$	$\left(\frac{1}{5},1\right)$	1	$(1,+\infty)$
$f'(x)$	+	0	+	0	−	0	+
$f(x)$	单调增加	无极值	单调增加	极大值 $\frac{3456}{3125}$	单调减少	极小值 0	单调增加

由上表可知，$f(x)$在 $x=\frac{1}{5}$处取得极大值$\frac{3456}{3125}$，在 $x=1$ 处取得极小值 0.

例 2 求函数 $f(x)=x-\frac{3}{2}x^{\frac{2}{3}}$的极值及单调区间．

解 因为 $f'(x)=1-x^{-\frac{1}{3}}=1-\frac{1}{\sqrt[3]{x}}$，令 $f'(x)=0$，得 $x=1$；$x=0$ 时，$f'(x)$不存在，用 0 和 1 两点将函数的定义区间分为三个区间$(-\infty,0)$，$(0,1)$，$(1,+\infty)$.

由下表知，$f(x)$在$(-\infty, 0)$，$(1, +\infty)$内单调增加；在$(0, 1)$上单调减少，在$x=0$处取得极大值0，在$x=1$处取得极小值$-\frac{1}{2}$.

x	$(-\infty, 0)$	0	$(0, 1)$	1	$(1, +\infty)$
$f'(x)$	+	不存在	−	0	+
$f(x)$	单调增加	极大值0	单调减少	极小值$-\frac{1}{2}$	单调增加

当函数$f(x)$在驻点处的二阶导数存在且不等于零时，还可以根据二阶导数的符号来判定函数$f(x)$的极值.

定理3(极值存在的第二充分条件)　若$f'(x_0)=0$，而$f''(x_0)$存在，且$f''(x_0)\neq 0$，则

(1) 当$f''(x_0)<0$时，x_0为$f(x)$的极大值点；

(2) 当$f''(x_0)>0$时，x_0为$f(x)$的极小值点.

证　(1) 由导数的定义及$f'(x_0)=0$和$f''(x_0)<0$，得

$$f''(x_0)=\lim_{x\to x_0}\frac{f'(x)-f'(x_0)}{x-x_0}=\lim_{x\to x_0}\frac{f'(x)}{x-x_0}<0.$$

由极限的性质可知，存在点x_0的某个邻域$N(x_0, \delta)$，使在该邻域内恒有

$$\frac{f'(x)}{x-x_0}<0 \quad (x\neq x_0).$$

所以，当$x\in(x_0-\delta, x_0)$时$f'(x)>0$；当$x\in(x_0, x_0+\delta)$时$f'(x)<0$. 由定理2知$f(x_0)$为极大值. 类似可证(2).

例3　求函数$f(x)=x^3(x-5)^2$的极值.

解　$f'(x)=3x^2(x-5)^2+2x^3(x-5)=5x^2(x-3)(x-5)$. 由$f'(x)=0$得驻点$x_1=0$，$x_2=3$，$x_3=5$，且

$$f''(x)=10x(x-3)(x-5)+5x^2(x-5)+5x^2(x-3)=10x(2x^2-12x+15).$$

由　$f''(3)=-90<0$，所以$x=3$为极大值点，极大值$f(3)=108$；

$f''(5)=250>0$，所以$x=5$为极小值点，极小值$f(5)=8$.

$f''(0)=0$，此时不能用定理3来判定，我们用定理2来判定.

显然，当$-\infty<x<0$时，$f'(x)>0$；当$0<x<3$时，$f'(x)>0$；所以$x=0$不是$f(x)$的极值点.

例4　求函数$f(x)=\sin x+\cos x$在$(0, 2\pi)$内的极值.

解　因为$f'(x)=\cos x-\sin x$，$f''(x)=-\sin x-\cos x$，令$f'(x)=0$，在$(0, 2\pi)$内，得驻点$x_1=\frac{\pi}{4}$，$x_2=\frac{5\pi}{4}$.

又$f''\left(\frac{\pi}{4}\right)=-\sqrt{2}<0$，$f''\left(\frac{5\pi}{4}\right)=\sqrt{2}>0$，所以$f(x)$在$x=\frac{\pi}{4}$处取得极大值$f\left(\frac{\pi}{4}\right)=\sqrt{2}$，在$x=\frac{5\pi}{4}$处取得极小值$f\left(\frac{5\pi}{4}\right)=-\sqrt{2}$.

注　当$f'(x_0)=f''(x_0)=0$时，不能用定理3判断$f(x_0)$究竟是不是极值. 例如函数$f(x)=x^3$，有$f'(0)=f''(0)=0$，但点$x=0$不是极值点；而函数$f(x)=x^4$也有$f'(0)=$

$f''(0)=0$，而点 $x=0$ 却是极小值点．遇到这种情况仍应用定理 2 进行判断．

习题 3－5

1．下面命题正确吗？为什么？

(1) 极值点一定是函数的驻点，驻点也一定是极值点；

(2) 若 $f(x_1)$和 $f(x_2)$分别是函数 $f(x)$在(a, b)上的极大值和极小值，则 $f(x_1)>f(x_2)$；

(3) 若 $f'(x_0)=0$，$f''(x_0)=0$，则 $f(x_0)$在 x_0 处没有极值．

2．求下列函数的极值：

(1) $y=2x^3-3x^2$；　　(2) $y=-x^4+2x^2$；

(3) $y=x-\ln(1+x)$；　　(4) $y=\dfrac{x}{\ln x}$；

(5) $y=x+\sqrt{1-x}$；　　(6) $y=\dfrac{3x^2+4x+4}{x^2+x+1}$；

(7) $y=e^x\cos x$；　　(8) $y=2e^x+e^{-x}$；

(9) $y=x^{\frac{1}{x}}$；　　(10) $y=2-(x-1)^{\frac{2}{3}}$；

(11) $y=x+\tan x$；　　(12) $y=\sin^3 x+\cos^3 x\quad(0<x<2\pi)$.

3．设函数 $f(x)=a\ln x+bx^2+x$ 在 $x_1=1$，$x_2=2$ 取得极值，试确定 a，b 的值，问此时 $f(x)$在 x_1，x_2 是取极大值，还是极小值？

4．试证：如果函数 $y=ax^3+bx^2+cx+d$ 满足条件 $b^2-3ac<0$，则该函数无极值．

5．试问 a 为何值时，函数 $f(x)=a\sin x+\dfrac{1}{3}\sin 3x$ 在 $x=\dfrac{\pi}{3}$处取得极值？它是极大值还是极小值？并求此极值．

第六节　函数的最大值和最小值

一、最大值和最小值

在生产实践及科学实验中，常遇到“最好”、“最省”、“最低”、“最大”和“最小”等问题．例如质量最好、用料最省、效益最高、成本最低、利润最大、投入最小等．这类问题在数学上常常归结为求函数的最大值或最小值问题．

如果函数 $f(x)$在闭区间$[a, b]$上连续，则 $f(x)$在$[a, b]$上必有最大值和最小值．连续函数在闭区间$[a, b]$上的最大值和最小值仅可能在区间内的极值点和区间的端点处取得．因此，为了求出函数 $f(x)$在闭区间$[a, b]$上的最大值与最小值，可先求出函数在$[a, b]$内的一切可能的极值点(所有驻点和导数不存在的点)处的函数值和区间端点处的函数值 $f(a)$，$f(b)$，比较这些函数值的大小，其中最大的就是最大值，最小的就是最小值．

例 1　求函数 $f(x)=(x-1)\sqrt[3]{x^2}$ 在$\left[-1, \dfrac{1}{2}\right]$上的最大值和最小值．

解　当 $x\neq 0$ 时，$f'(x)=\dfrac{5x-2}{3\sqrt[3]{x}}$. 由 $f'(x)=0$，得 $x=\dfrac{2}{5}$；$x=0$ 为 $f'(x)$不存在的点．

由于 $f(-1)=-2$，$f\left(\frac{1}{2}\right)=-\frac{1}{4}\sqrt[3]{2}$，$f(0)=0$，$f\left(\frac{2}{5}\right)=-\frac{3}{5}\sqrt[3]{\frac{4}{25}}$，所以，函数的最大值是 $f(0)=0$，最小值是 $f(-1)=-2$.

注 1 若 $f(x)$ 在一个区间内(开区间，闭区间或无穷区间)只有一个极大值点，而无极小值点，则该极大值点一定是最大值点．对于极小值点也可做出同样的结论．

注 2 若函数 $f(x)$ 在 $[a, b]$ 上单调增加(或减少)，则 $f(x)$ 必在区间 $[a, b]$ 的两端点上达到最大值和最小值．

例 2 求函数 $f(x)=\frac{1}{x}+\frac{1}{1-x}$ 在 $(0, 1)$ 内的最小值．

解 $f'(x)=-\frac{1}{x^2}+\frac{1}{(1-x)^2}=\frac{2x-1}{x^2(1-x^2)}$. 在 $(0, 1)$ 上，令 $f'(x)=0$，得 $x=\frac{1}{2}$.

当 $0<x<\frac{1}{2}$ 时，$f'(x)<0$；当 $\frac{1}{2}<x<1$ 时，$f'(x)>0$，故 $f(x)$ 在 $x=\frac{1}{2}$ 处取得极小值. 由注 1 知，函数 $f(x)$ 在点 $x=\frac{1}{2}$ 处取得最小值 $f\left(\frac{1}{2}\right)=4$.

二、应用举例

例 3 要做一个容积为 V 的圆柱形罐头筒，怎样设计才能使所用材料最省？

解 要使材料最省，就是要罐头筒的总表面积最小．设罐头筒的底半径为 r，高为 h(图 3－5)，则它的侧面积为 $2\pi rh$，底面积为 πr^2，因此总表面积为 $S=2\pi r^2+2\pi rh$.

由体积公式 $V=\pi r^2 h$，有 $h=\frac{V}{\pi r^2}$，所以 $S=2\pi r^2+\frac{2V}{r}$，$r\in(0, +\infty)$.

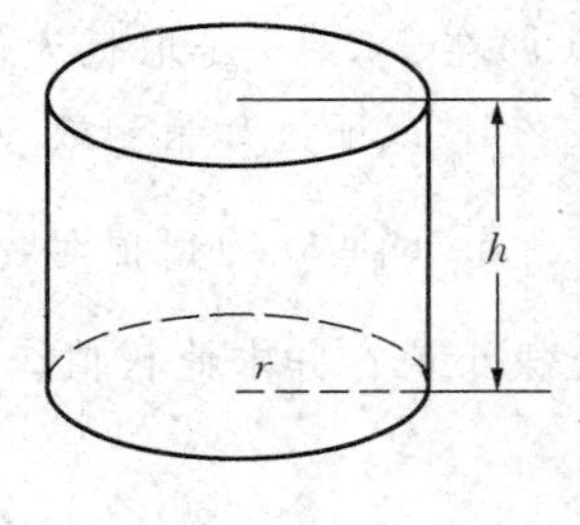

图 3－5

$$S'=4\pi r-\frac{2V}{r^2}=\frac{2(2\pi r^3-V)}{r^2},$$

令 $S'=0$，得 $r=\sqrt[3]{\frac{V}{2\pi}}$，而 $S''=4\pi+\frac{4V}{r^3}$.

因为 π，V 都是正数，$r>0$，所以 $S''>0$. 因此 S 在点 $r=\sqrt[3]{\frac{V}{2\pi}}$ 处取得极小值，也就是最小值．这时相应的高为

$$h=\frac{V}{\pi r^2}=\frac{1}{\pi\left(\sqrt[3]{\frac{V}{2\pi}}\right)^2}=2\sqrt[3]{\frac{V}{2\pi}}=2r.$$

于是得出结论：**当所做罐头筒的高和底面直径相等时，所用材料最省**．

例 4 某乡镇企业的生产成本函数是

$$y=f(x)=9000+40x+0.001x^2,$$

式中，x 表示产品件数．问该企业生产多少件产品时，平均成本达到最小？

解 平均成本函数为

$$H(x)=\frac{f(x)}{x}=\frac{9000}{x}+40+0.001x,$$

x 取区间$(0,+\infty)$内的正整数．

$$H'(x)=-\frac{9000}{x^2}+0.001,$$

令 $H'(x)=0$，得 $x^2=9000000$，$x=\pm 3000$，$x=-3000$(舍去)．又因为 $H''(x)=\frac{18000}{x^3}$，所以

$$H''(3000)=\frac{18000}{3000^3}>0,$$

故该企业生产 3 000 件产品时，平均成本最低，最低平均成本为 $H(3000)=46$.

习题 3 - 6

1. 求下列函数在给定区间上的最大值和最小值：

(1) $y=\frac{1}{3}x^3-2x^2+5$，$[-2, 2]$；　　(2) $y=x+2\sqrt{x}$，$[0, 4]$；

(3) $y=x^{\frac{2}{3}}$，$(-\infty, +\infty)$；　　(4) $y=\ln(x^2+1)$，$[-1, 2]$；

(5) $y=\sqrt{x}\ln x$，$(0, +\infty)$；　　(6) $y=\frac{x^2}{1+x}$，$\left[-\frac{1}{2}, 1\right]$；

(7) $y=\frac{x-1}{x+1}$，$[0, 4]$；　　(8) $y=x^2 e^{-x^2}$，$(-\infty, +\infty)$.

2. 从一块边长为 a 的正方形铁皮的各角上截去相等的方块，把四边折起来做成一个无盖的方盒，为了使这个方盒的容积最大，问应该截去多少？

3. 一块半径为 R 的扇形铁皮，做一个锥形漏斗，问圆心角 φ 取多大时，做成的漏斗容积最大？

4. 用围墙围成面积为 216 m^2 的一块矩形土地，并在正中用一堵墙将其隔成两块，问这块土地的长和宽选取多大的尺寸，才能使所用建筑材料最省？

5. 求内接于椭圆$\frac{x^2}{a^2}+\frac{y^2}{b^2}=1$而面积最大的矩形的各边长．

6. 求内接于半径为 R 的球内且体积最大的圆柱体的高．

7. 轮船甲位于轮船乙以东 75 海里处，以每小时 12 海里的速度向西行驶，而轮船乙以每小时 6 海里的速度向北行驶，问经过多少时间两船相距最近？

8. 对物体的长度进行了 n 次测量，得 n 个数 x_1，x_2，…，x_n. 现在要确定一个量 x，使得它与测得的数值之差的平方和为最小，x 应是多少？

9. 生产某种商品 x 个单位的利润是

$$L(x)=5000+x-0.00001x^2\text{(单位:元)},$$

问生产多少个单位商品时，获得的利润最大，最大利润是多少？

第七节　函数作图法

作函数的图形时，仅知道函数的单调性和极值还不能全面反映函数图形的特征．同是在区间$[a, b]$上单调增加的函数，其图形的弯曲方向也可能不同．如图 3－6 中 ACB 与 ADB 同是上升曲线，但弯曲方向不同，前者是凸的，后者是凹的．本节将用导数研究曲线的凸凹及拐点，从而比较准确地作出函数的图形．

一、函数的凸凹与拐点

从图 3－6 中可以看出，曲线 ACB 是向上弯曲的，其上每一点的切线都位于曲线的上方；曲线 ADB 是向下弯曲的，其上每一点的切线都位于曲线下方，从而我们有如下定义：

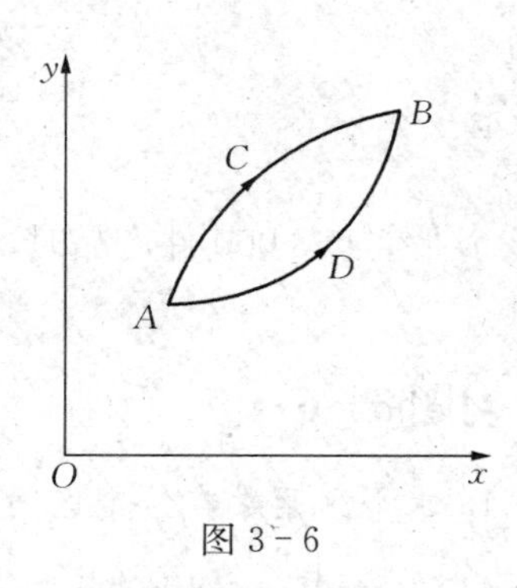

图 3－6

定义 1　如果在某区间内，曲线 $y=f(x)$上每一点处的切线都位于曲线的上方，则称曲线$y=f(x)$在此区间内是凸的；如果在某区间内，曲线 $y=f(x)$上每一点处的切线都位于曲线的下方，则称曲线 $y=f(x)$在此区间内是凹的．

从图 3－6 还可以进一步看出，当曲线 $y=f(x)$凸时，其切线斜率 $f'(x)$是单调减少的，因而 $f''(x)<0$；当曲线凹时，其切线斜率 $f'(x)$是单调增加的，因而 $f''(x)>0$；这说明曲线的凸凹性可由函数 $f(x)$的二阶导数的符号确定．

定理 1　设 $f(x)$在$[a, b]$上连续，在(a, b)内具有二阶导数，则

(1) 若在(a, b)内，$f''(x)>0$，则曲线 $y=f(x)$在$[a, b]$上是凹的；

(2) 若在(a, b)内，$f''(x)<0$，则曲线 $y=f(x)$在$[a, b]$上是凸的．

定义 2　曲线 $y=f(x)$上，凸与凹的分界点称为该曲线的拐点．

由拐点的定义和定理 1 知，使 $f''(x)=0$ 的点及 $f''(x)$不存在的点可能对应曲线的拐点．这些点是不是拐点要用下面的定理来判定．

定理 2　设 $y=f(x)$在点 x_0 连续，在 $N(x_0, \delta)$内有二阶导数，则

(1) 若 $f''(x)$在$(x_0-\delta, x_0)$与$(x_0, x_0+\delta)$内异号，则点$(x_0, f(x_0))$为曲线 $y=f(x)$的拐点；

(2) 若 $f''(x)$在$(x_0-\delta, x_0)$与$(x_0, x_0+\delta)$内同号，则点$(x_0, f(x_0))$不是曲线 $y=f(x)$的拐点．

例 1　求函数 $f(x)=(x-2)\sqrt[3]{x^2}$ 的凸凹区间及拐点．

解　$f'(x)=\frac{5}{3}x^{\frac{2}{3}}-\frac{4}{3}x^{-\frac{1}{3}}$，$f''(x)=\frac{10}{9}x^{-\frac{1}{3}}+\frac{4}{9}x^{-\frac{4}{3}}=\frac{2(5x+2)}{9x\sqrt[3]{x}}$．

令 $f''(x)=0$，得 $x=-\frac{2}{5}$；而 $x=0$ 为 $f''(x)$不存在的点．用 $x=-\frac{2}{5}$，$x=0$ 将定义区间$(-\infty, +\infty)$分成三个部分区间：

x	$\left(-\infty, -\frac{2}{5}\right)$	$-\frac{2}{5}$	$\left(-\frac{2}{5}, 0\right)$	0	$(0, +\infty)$
$f''(x)$	$-$	0	$+$	不存在	$+$
$f(x)$	凸	拐点	凹	不是拐点	凹

由表可知，曲线 $f(x)$的凸区间是$\left(-\infty, -\frac{2}{5}\right)$，凹区间是$\left(-\frac{2}{5}, 0\right)$，$(0, +\infty)$；点$\left(-\frac{2}{5}, -\frac{12}{5}\sqrt{\frac{4}{25}}\right)$是拐点．

例 2 讨论函数 $f(x)=\frac{1}{1+x^2}$的凸凹性及拐点．

解 函数 $f(x)$的定义域为$(-\infty, +\infty)$，对函数求导，得

$$f'(x)=\frac{-2x}{(1+x^2)^2},\ f''(x)=\frac{-2(1+x^2)^2+2x\cdot 2\cdot(1+x^2)\cdot 2x}{(1+x^2)^4}=\frac{2(3x^2-1)}{(1+x^2)^3}.$$

由 $f''(x)=0$ 得 $x=-\frac{1}{\sqrt{3}}$，$x=\frac{1}{\sqrt{3}}$. 用这两点把定义域分成三个部分区间：

x	$\left(-\infty, -\frac{1}{\sqrt{3}}\right)$	$-\frac{1}{\sqrt{3}}$	$\left(-\frac{1}{\sqrt{3}}, \frac{1}{\sqrt{3}}\right)$	$\frac{1}{\sqrt{3}}$	$\left(\frac{1}{\sqrt{3}}, +\infty\right)$
$f''(x)$	$+$	0	$-$	0	$+$
$f(x)$	凹	拐点	凸	拐点	凹

由表可知，曲线 $f(x)$的凸区间是$\left(-\frac{1}{\sqrt{3}}, \frac{1}{\sqrt{3}}\right)$，凹区间是$\left(-\infty, -\frac{1}{\sqrt{3}}\right)$和$\left(\frac{1}{\sqrt{3}}, +\infty\right)$；点$\left(-\frac{1}{\sqrt{3}}, \frac{3}{4}\right)$和$\left(\frac{1}{\sqrt{3}}, \frac{3}{4}\right)$是拐点．

二、曲线的渐近线

有些函数的定义域与值域都是有限区间，此时函数的图形局限于一定的范围之内，如圆、椭圆等；而有些函数的定义域或值域是无穷区间，此时函数的图形向无穷远处延伸，如双曲线、抛物线等．有些向无穷远延伸的曲线，呈现出越来越接近某一直线的形态，这种直线就是曲线的**渐近线**．

定义 3 若曲线上一点沿曲线无限远离原点时，该点与某条直线的距离趋于零，则称此直线为曲线的渐近线．

(一)水平渐近线

若函数 $y=f(x)$的定义域是无限区间，且有$\lim\limits_{x\to\infty}f(x)=a$(或 $\lim\limits_{x\to-\infty}f(x)=a$ 或 $\lim\limits_{x\to+\infty}f(x)=a$)，则直线 $y=a$ 称为曲线 $y=f(x)$的**水平渐近线**．

例 3 对于曲线 $f(x)=\arctan x$，由于 $\lim\limits_{x\to+\infty}\arctan x=\frac{\pi}{2}$，$\lim\limits_{x\to-\infty}\arctan x=-\frac{\pi}{2}$，所以直线$y=\frac{\pi}{2}$与 $y=-\frac{\pi}{2}$是曲线 $f(x)=\arctan x$ 的水平渐近线．

(二)垂直渐近线

若 x_0 是函数 $y=f(x)$ 的间断点，且 $\lim\limits_{x\to x_0}f(x)=\infty$（或 $\lim\limits_{x\to x_0^+}f(x)=\infty$ 或 $\lim\limits_{x\to x_0^-}f(x)=\infty$），则直线 $x=x_0$ 称为曲线 $y=f(x)$ 的**垂直渐近线**.

例 4 求 $f(x)=\dfrac{1}{x-1}$ 的垂直渐近线.

解 因为 $\lim\limits_{x\to 1^+}\dfrac{1}{x-1}=+\infty$，所以，$x=1$ 是曲线的一条垂直渐近线.

(三)斜渐近线

若曲线 $y=f(x)$ 的定义域为无限区间，且有 $\lim\limits_{x\to\infty}\dfrac{f(x)}{x}=a$，$\lim\limits_{x\to\infty}[f(x)-ax]=b$，则直线 $y=ax+b$ 称为曲线 $y=f(x)$ 的**斜渐近线**.

例 5 求曲线 $y=\dfrac{x^2}{1+x}$ 的渐近线.

解 因为 $\lim\limits_{x\to -1}\dfrac{x^2}{1+x}=\infty$，所以直线 $x=-1$ 是曲线的垂直渐近线，又

$$a=\lim_{x\to\infty}\frac{f(x)}{x}=\lim_{x\to\infty}\frac{\frac{x^2}{1+x}}{x}=\lim_{x\to\infty}\frac{x}{1+x}=1,$$

$$b=\lim_{x\to\infty}[f(x)-ax]=\lim_{x\to\infty}\left(\frac{x^2}{1+x}-x\right)=\lim_{x\to\infty}\left(-\frac{x}{1+x}\right)=-1,$$

所以 $y=x-1$ 为曲线的斜渐近线.

三、函数图形的作法

前面几节讨论的函数的各种性态，可应用于函数的作图．描绘函数的图形可按下面的步骤：

第一步 确定函数 $y=f(x)$ 的定义域及函数的某些特性(如奇偶性、周期性等).

第二步 求出方程 $f'(x)=0$ 和 $f''(x)=0$ 在函数定义域内的全部实根和 $f'(x)$，$f''(x)$ 不存在的点；用这些点把定义域划分成部分区间.

第三步 确定在这些部分区间内 $f'(x)$ 和 $f''(x)$ 的符号，并由此确定函数的升降、凸凹、极值点和拐点.

第四步 确定函数图形的水平、铅直和斜渐近线以及其他变化趋势.

第五步 为了把图形描得准确，有时还需要补充一些点；然后结合第三、四步中得到的结果，连接这些点作出函数 $y=f(x)$ 的图形.

例 6 描绘函数 $y=\mathrm{e}^{-x^2}$ 的图形.

解 (1) 函数的定义域为$(-\infty,+\infty)$，且 $y>0$，故图形在上半平面内.

(2) $y=\mathrm{e}^{-x^2}$ 是偶函数，图形关于 y 轴对称.

(3) 曲线 $y=\mathrm{e}^{-x^2}$ 与 y 轴的交点为$(0,1)$.

(4) 因 $\lim\limits_{x\to\infty}\mathrm{e}^{-x^2}=0$，故 $y=0$ 是一条水平渐近线.

(5) $y'=-2x\mathrm{e}^{-x^2}$，令 $y'=0$，得驻点 $x=0$.

(6) $y''=2(2x^2-1)\mathrm{e}^{-x^2}$，令 $y''=0$，得 $x=\pm 1/\sqrt{2}$.

列表如下：

x	0	$(0,\ 1/\sqrt{2})$	$1/\sqrt{2}$	$(1/\sqrt{2},\ +\infty)$
y'	0	$-$	$-$	$-$
y''	$-$	$-$	0	$+$
y	极大值 1	凸	拐点	凹

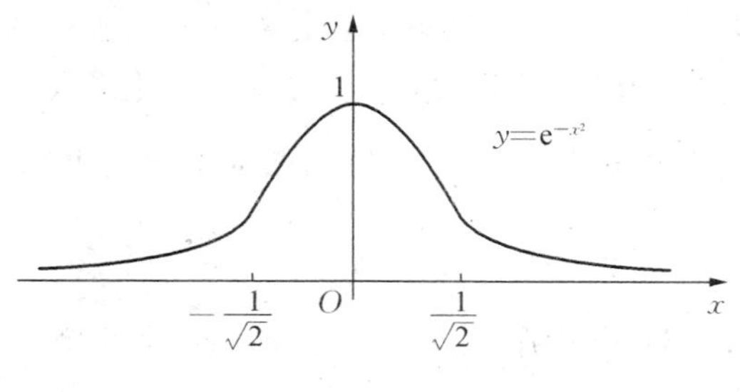

图 3－7

由上面分析画出草图(图 3－7).

习题 3－7

1. 求下列函数的拐点及凸凹区间：

(1) $y=x^2-x^3$；　　(2) $y=3x^5-5x^3$；

(3) $y=(x+1)^4+e^x$；　　(4) $y=\ln(x^3+1)$；

(5) $y=e^{\operatorname{arccot} x}$；　　(6) $y=\sqrt[3]{x}$.

2. 试证明曲线 $y=\dfrac{x-1}{x^2+1}$ 有三个拐点位于同一直线上.

3. a 及 b 为何值时，点(1，3)是曲线 $y=ax^3+bx^2$ 的拐点？

4. 试确定 $y=k(x^2-3)^2$ 中 k 的值，使曲线的拐点处的法线通过原点.

5. 求下列曲线的渐近线：

(1) $y=\ln x$；　　(2) $y=1+e^{\frac{1}{x}}$；

(3) $y=\dfrac{x^3}{(x-1)^2}$；　　(4) $y=1+\dfrac{(1-2x)}{x^2}$.

6. 作出下列函数的图形：

(1) $y=2x^3-3x^2$；　　(2) $y=x^2e^{-x}$；

(3) $y=\dfrac{x^2}{x-2}$；　　(4) $y=x-2\operatorname{arccot} x$.

第八节　导数在经济分析中的应用

一、边际分析

(一)边际函数

设函数 $y=f(x)$，当自变量 x 由 x_0 增加到 $x_0+\Delta x$ 时，函数相应的增量为 $\Delta y=f(x_0+\Delta x)-f(x_0)$，称比值

$$\frac{\Delta y}{\Delta x}=\frac{f(x_0+\Delta x)-f(x_0)}{\Delta x}$$

为 $f(x)$ 在 $[x_0,\ x_0+\Delta x]$ 上的平均变化率，而称

$$\lim_{\Delta x\to 0}\frac{f(x_0+\Delta x)-f(x_0)}{\Delta x}=f'(x_0)$$

为 $f(x)$ 在点 x_0 的**瞬时变化率**．此式表示函数 $f(x)$ 在"**边际**" x_0 处的变化率，即 x 从 $x=x_0$ 起作微小变化时，y 关于 x 的变化率．设 x 从 x_0 起改变一个单位(即 $\Delta x=1$)时，y 相应改变的值为 $\Delta y\Big|_{\substack{x=x_0\\ \Delta x=1}}$，则由微分的定义可知：

$$\Delta y\Big|_{\substack{x=x_0\\ \Delta x=1}} \approx \mathrm{d}y\Big|_{\substack{x=x_0\\ \Delta x=1}} = f'(x)\cdot\Delta x\Big|_{\substack{x=x_0\\ \Delta x=1}} = f'(x_0).$$

这说明函数 $f(x)$ 在点 $x=x_0$ 处可导，当 x 产生一个单位的改变时，y 近似改变 $f'(x_0)$ 个单位．

定义 1　设函数 $y=f(x)$ 在 x 处可导，则称导数 $f'(x)$ 为 $f(x)$ 的边际函数，$f'(x)$ 在点 x_0 的值 $f'(x_0)$ 称为 $f(x)$ 在点 x_0 的边际函数值．

例 1　函数 $y=2x^2+1$，$y'=4x$ 在点 $x=10$ 处的边际函数值 $y'(10)=40$．它表示当 $x=10$ 时，x 改变一个单位，y 近似改变 40 个单位．

(二)边际成本

总成本是指生产一定数量的产品所需的全部经济资源(劳力、原材料、设备等)投入的价格费用总额．它由可变成本和固定成本组成．

平均成本是生产一定产品，平均每单位产品的成本．

边际成本是总成本的变化率．在经济学中它表示产量增加一个单位时所增加的总成本，或增加这一个单位产品的生产成本．

设总成本函数 $C=C(Q)=C_1+C_2(Q)$，其中 C_1 为固定成本，$C_2(Q)$ 为可变成本，Q 为产量，则边际成本

$$C'=C'(Q)=\frac{\mathrm{d}}{\mathrm{d}Q}[C_1+C_2(Q)]=C'_2(Q).$$

可见边际成本与固定成本无关．

平均成本　　$$\overline{C}=\overline{C}(Q)=\frac{C(Q)}{Q}=\frac{C_1}{Q}+\frac{C_2(Q)}{Q}.$$

例 2　已知某商品的成本函数为

$$C=C(Q)=\frac{1}{5}Q+3,$$

求该商品的平均成本和边际成本．

解　$\overline{C}=\frac{1}{5}+\frac{3}{Q}$，$C'(Q)=\left(\frac{1}{5}Q+3\right)'=\frac{1}{5}$，即边际成本是常量．这说明在产量为任何水平时，每增加一个单位产品，总成本都增加$\frac{1}{5}$．换句话说，每增加一个单位产品，总成本增加的数与产量水平无关．

例 3　已知成本函数为

$$C=C(Q)=50+\frac{Q^3}{3}-4Q,$$

求 Q 为多少时，边际成本最小？

解　$C'=Q^2-4$，令 $C'=0$，得 $Q=2$，$C''(2)=4>0$，所以 $Q=2$ 时，边际成本最小．

(三)边际收益

总收益是销售一定量产品所得到的全部收入．**边际收益**为总收益的变化率．在经济学

中，边际收益就是增加一个单位的销售量所增加的销售总收入．总收益和边际收益均为产量的函数．

设 P 为商品价格，Q 为商品销量，R 为总收益，R'为边际收益，则有

价格函数　　$P=P(Q)$；

总收益函数　　$R=R(Q)=Q\cdot P(Q)$；

边际收益函数　　$R'=R'(Q)=QP'(Q)+P(Q)$.

例 4　已知某产品的价格是销量 Q 的函数 $P=P(Q)=90-3Q$，则销售 Q 单位的总收益函数是

$$R(Q)=Q\cdot P(Q)=90Q-3Q^2,$$

边际收益是

$$R'(Q)=90-6Q.$$

比较 $R'(Q)$与 $P(Q)$知，对任何销量 $Q(Q>0)$，恒有

$$R'(Q)<P(Q).$$

又边际价格(称函数 $P=P(Q)$的导数 $P'(Q)$为边际价格)是

$$P'(Q)=(90-3Q)'=-3.$$

不妨假设 Q 的单位是件，P 的单位是元，上式表明：每多销售一件产品，其价格应减少 3 元．

(四)边际利润

设总利润为 L，则 $L=L(Q)=R(Q)-C(Q)$，边际利润为

$$L'=L'(Q)=R'(Q)-C'(Q).$$

$L(Q)$取得最大值的必要条件为：$L'(Q)=0$，即 $R'(Q)=C'(Q)$．于是可知，取得最大利润的必要条件是：边际收益等于边际成本．

$L(Q)$取得最大值的充分条件是：$L''(Q)<0$，即 $R''(Q)<C''(Q)$．于是可知，取得最大利润的充分条件为：边际收益的变化率小于边际成本的变化率．

例 5　某企业对销售分析指出，总利润 L(元)与每月产量 Q(t)的关系为

$$L=L(Q)=250Q-5Q^2,$$

试确定每月生产 20 t、25 t、35 t 的边际利润．

解　$L'(Q)=250-10Q$，则

$$L'(20)=50,\ L'(25)=0,\ L'(35)=-100.$$

上述结果表明：当产量为每月 20 t 时，再增产 1 t，利润将增加 50 元；当产量为每月 35 t时，再增产 1 t，利润减少 100 元；当产量每月已达 25 t 时，再增加产量，利润不仅不再增加，反而开始减少．

例 6　某工厂生产某种产品，固定成本 20 000 元，每生产一单位产品，成本增加 100 元．已知总收益 R 是年产量 Q 的函数，

$$R=R(Q)=\begin{cases}400Q-\dfrac{1}{2}Q^2, & 0\leqslant Q<400,\\ 80000, & Q>400,\end{cases}$$

问每年生产多少产品时，总利润最大，此时总利润是多少？

解　根据题意总成本函数为

$$C=C(Q)=20000+100Q,$$

从而可得总利润函数为

$$L=L(Q)=R(Q)-C(Q)=\begin{cases}300Q-\dfrac{Q^2}{2}-20000, & 0\leqslant Q\leqslant 400,\\ 60000-100Q, & Q>400,\end{cases}$$

$$L'(Q)=\begin{cases}300-Q, & 0\leqslant Q\leqslant 400,\\ -100, & Q>400.\end{cases}$$

令 $L'(Q)=0$，得 $Q=300$，$L''(300)<0$，所以 $Q=300$ 时 L 最大．此时 $L(300)=25000$，即当年产量为 300 个单位时，总利润最大，最大利润为 25 000 元．

二、弹性分析

函数的改变量与函数的变化率是绝对改变量，在经济分析当中，除研究绝对改变量外，还要研究相对改变量与相对变化率．例如甲种商品单位价格为 10 元，乙种商品单位价格 2 000元，甲、乙两种商品都涨价 1 元，它们的绝对改变量都是 1 元，但两者涨价的百分比(相对改变量)却有很大差别，甲种商品涨了 10%，而乙种商品涨了 0.05%.

定义 2 **设 $y=f(x)$ 在点 x 可导，函数的相对改变量 $\dfrac{\Delta y}{y}=\dfrac{f(x+\Delta x)-f(x)}{y}$ 与自变量的相对改变量 $\dfrac{\Delta x}{x}$ 之比 $\dfrac{\Delta y/y}{\Delta x/x}$，称为函数从 x 到 $x+\Delta x$ 两点间的相对变化率(或弹性)．当 $\Delta x\to 0$ 时，$\dfrac{\Delta y/y}{\Delta x/x}$ 的极限称为 $f(x)$ 在 x 的弹性，记作 η，即**

$$\eta=\lim_{\Delta x\to 0}\frac{\Delta y/y}{\Delta x/x}=\lim_{\Delta x\to 0}\frac{\Delta y}{\Delta x}\cdot\frac{x}{y}=y'\cdot\frac{x}{y}.$$

显然，η 仍为 x 的函数，我们称它为 $f(x)$ 的弹性函数．

当 $x=x_0$ 时，$\eta|_{x=x_0}=f'(x_0)\cdot\dfrac{x_0}{f(x_0)}$，称为 $f(x)$ 在点 x_0 处的弹性．

函数 $f(x)$ 在 x 处的弹性 η 反映随 x 的变化 $f(x)$ 变化幅度的大小，即函数 $f(x)$ 对 x 变化反应的灵敏度．

例 7 求函数 $f(x)=\dfrac{x}{x+2}$ 从 $x=1$ 到 $x=3$ 两点间的弹性以及 $f(x)$ 在点 $x=1$ 处的弹性，并说明其意义．

解 x 的相对改变量为 $\dfrac{\Delta x}{x}=\dfrac{3-1}{1}=2$，$f(x)$ 的相对改变量为

$$\frac{\Delta y}{y}=\frac{f(3)-f(1)}{f(1)}=\frac{4}{5},$$

所以 $f(x)$ 从 $x=1$ 到 $x=3$ 两点间的弹性为

$$\frac{\Delta y}{y}\bigg/\frac{\Delta x}{x}=\frac{\frac{4}{5}}{2}=0.4.$$

它表示当 x 从 1 变到 3 时，函数值从 $\dfrac{1}{3}$ 变到 $\dfrac{3}{5}$；当 x 每增加 1%时，函数值平均增加 0.4%.

$$\eta|_{x=1}=f'(1)\cdot\frac{1}{f(1)}=3\cdot\frac{2}{(x+2)^2}\bigg|_{x=1}=\frac{2}{3}\approx 0.67.$$

它表示当 $x=1$ 时，再增加 1%，函数值便从 $f(x)=\frac{1}{3}$ 再相应增加 0.67%.

(一)需求弹性与供给弹性

在市场经济中，商品的需求量对市场价格的反应是很灵敏的，刻画这种灵敏度的量就是**需求弹性**.

一般说来，商品价格低，需求量大，商品价格高，需求量小，因此需求函数 $Q=f(P)$ 是减函数．由于 ΔP 与 ΔQ 异号，P_0，Q_0 为正数，于是$\frac{\Delta Q/Q_0}{\Delta P/P_0}$及 $f'(P_0)\frac{P_0}{Q_0}$皆为负数．为了用正数表示需求弹性，我们用需求函数相对变化率的相反数来定义需求弹性．

定义 3　设某商品需求函数 $Q=f(P)$ 在 $P=P_0$ 处可导，则称非负实数$-\frac{\Delta Q/Q_0}{\Delta P/P_0}$为该商品在 $P=P_0$ 与 $P=P_0+\Delta P$ 两点间的需求弹性，记作

$$\overline{\eta}(P_0,\ P_0+\Delta P)=-\frac{\Delta Q}{\Delta P}\cdot\frac{P_0}{Q_0};$$

称$\lim\limits_{\Delta P\to 0}\left(-\frac{\Delta Q/Q_0}{\Delta P/P_0}\right)=f'(P_0)\cdot\frac{P_0}{f(P_0)}$为该商品在 $P=P_0$ 处的需求弹性，记作

$$\eta|_{P=P_0}=\eta(P_0)=-f'(P_0)\cdot\frac{P_0}{f(P_0)}.$$

例 8　设需求函数 $Q=f(P)=250-25P$，求：(1)当价格 P 从 3 到 5 时两点间的弹性；(2)在$P=3$，$P=8$，$P=5$ 处的弹性，并说明其经济意义．

解　(1) $\overline{\eta}=-\frac{\Delta Q}{\Delta P}\cdot\frac{P_0}{Q_0}=-\frac{(250-25\times 5)-(250-25\times 3)}{5-3}\cdot\frac{3}{250-25\times 3}$

$$=\frac{50}{2}\cdot\frac{3}{175}=\frac{3}{7}\approx 0.43.$$

这表明当价格从 3 到 5 时，平均每上涨 1%，需求量 Q 从 $f(3)=175$ 起平均下降 0.43%.

(2) $f'(P)=-25$，所以 $\eta=-f'(P)\frac{P}{f(P)}=\frac{25P}{250-25P}=\frac{P}{10-P}$.

当 $P=3$ 时，$\eta=\frac{3}{10-3}=\frac{3}{7}=0.43$；

当 $P=8$ 时，$\eta=\frac{8}{10-8}=\frac{8}{2}=4$；

当 $P=5$ 时，$\eta=\frac{5}{10-5}=1$.

其经济意义为：当 $P=3$ 时，$\eta=0.43<1$. 这表明需求变动的幅度小于价格变动的幅度. 当价格上涨 1%时，需求只减少 0.43%，即价格的变动对需求量的影响不大．

当 $P=8$ 时，$\eta=4>1$. 这表明需求变动的幅度大于价格变动的幅度．当价格上涨 1%时，需求减少 4%，即价格变动对需求量的影响较大．

当 $P=5$ 时，$\eta=1$. 这表明需求与价格变动的幅度相同．当价格上涨 1%时，需求则减小 1%；价格下降 1%时，需求则增加 1%.

由于供给函数 $Q=Q(P)$ 是增函数，$\frac{\Delta P}{P_0}$与$\frac{\Delta Q}{Q_0}$同号，因此有下面供给弹性定义．

定义 4 设某商品供给函数 $Q=\varphi(P)$ 在 $P=P_0$ 可导，则称 $\dfrac{\Delta Q/Q_0}{\Delta P/P_0}$ 为该商品在 $P=P_0$ 与 $P=P_0+\Delta P$ 两点间的供给弹性，记作

$$\overline{\varepsilon}(P_0,P_0+\Delta P)=\frac{\Delta Q}{\Delta P}\cdot\frac{P_0}{Q_0};$$

称 $\lim\limits_{\Delta P\to 0}\dfrac{\Delta Q/Q_0}{\Delta P/P_0}=\varphi'(P_0)\cdot\dfrac{P_0}{Q_0}$ 为该产品在 $P=P_0$ 处的供给弹性，记作

$$\varepsilon\big|_{P=P_0}=\varphi'(P_0)\frac{P_0}{\varphi(P_0)}.$$

(二)弹性与收益

总收益 R 是商品价格 P 与销售量 Q 的乘积，即 $R=P\cdot Q=P\cdot f(P)$.

$$R'=f(P)+Pf'(P)=f(P)\left[1+f'(P)\frac{P}{f(P)}\right]=f(P)(1-\eta).$$

(1) 若 $\eta<1$，需求变动的幅度小于价格变动的幅度．此时，$R'>0$，R 递增．即价格上涨，总收益增加；价格下跌，总收益减少．

(2) 若 $\eta>1$，需求变动的幅度大于价格变动的幅度．此时，$R'<0$，R 递减．即价格上涨，总收益减少；价格下跌，总收益增加．

(3) 若 $\eta=1$，需求变动的幅度等于价格变动的幅度．此时，$R'=0$，R 取得最大值．

综上所述，总收益的变化受需求弹性的制约，随商品需求的变化而变化，其关系如图 3-8 所示．

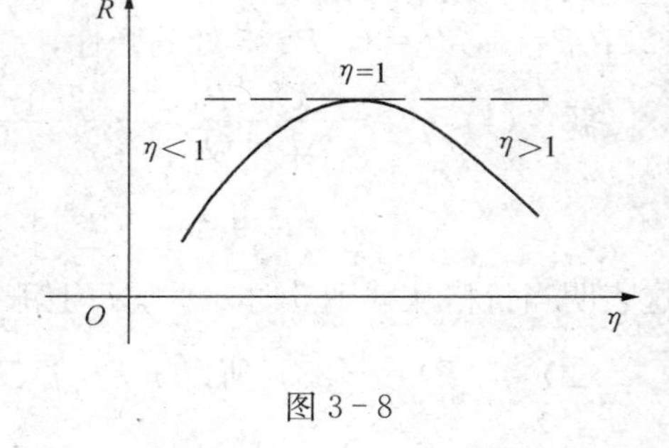

图 3-8

例 9 设某种商品需求函数为 $Q=f(P)=24-\dfrac{P}{4}$，求：(1) 需求弹性；(2) $P=4$ 时的需求弹性；(3) 在 $P=4$ 时，若价格上涨 1%，总收益增加还是减少？(4) P 为何值时，总收益最大？最大的总收益是多少？

解 (1) $\eta(P)=\dfrac{1}{4}\cdot\dfrac{P}{24-\dfrac{P}{4}}=\dfrac{P}{96-P}$;

(2) $\eta(4)=\dfrac{4}{96-4}=\dfrac{1}{23}$;

(3) $\eta(4)=\dfrac{1}{23}<1$，所以价格上涨 1%，总收益将增加；

(4) $R=P\cdot Q=P\cdot f(P)=P\left(24-\dfrac{P}{4}\right)=24P-\dfrac{P^2}{4}$. $R'=24-\dfrac{P}{2}$，令 $R'=0$，则 $P=48$，$R(48)=480$. 所以当 $P=48$ 时总收益最大，最大收益为 480.

习题 3-8

1. 某产品生产 x 单位的总成本 C 为 x 的函数 $C=C(x)=1\,100+\dfrac{1}{1\,200}x^2$，求：(1) 生

产 900 单位时的总成本和平均单位成本；(2) 生产 900 到 1 000 单位时总成本的平均变化率；(3) 生产 900 和 1 000 单位时的边际成本.

2. 设某商品的需求函数为 $P=145-\frac{Q}{4}$，总成本函数为 $C=200+30Q$，试求：(1) 当 $Q=100$ 时，总收益、平均收益和边际收益；(2) 当 $Q=100$ 时，总利润、平均利润和边际利润.

3. 求函数 $y=120e^{4x}$ 和 $y=x^a$(a 为常数)的弹性函数.

4. 设某商品需求函数为 $Q=e^{-\frac{P}{4}}$，求需求弹性函数及 $P=3$，$P=4$，$P=5$ 时的需求弹性.

第三章 自测题

一、选择题(每题 2 分，共 30 分).

1. 在下列函数中，在$[-1, 1]$上满足罗尔定理条件的函数是(　　).

(A) e^x；　(B) $\ln x$；　(C) $1-x^2$；　(D) $\frac{1}{1-x^2}$.

2. 设 $f(x)$在$[a, b]$上连续，在(a, b)内可导，x_1，x_2 是(a, b)内任意两点，且 $f(x_1)\neq f(x_2)$，则在(x_1, x_2)内至少有一点 ξ，使得(　　).

(A) $f'(\xi)=0$；　(B) $f'(\xi)=\frac{f(x_2)-f(x_1)}{x_2-x_1}$；

(C) $f(x_2)-f(x_1)=f'(\xi)$；　(D) $f'(\xi)=\frac{f(x_2)-f(x_1)}{x_1-x_2}$.

3. 函数 $f(x)=\arctan x$ 在$[0, 1]$上，使拉格朗日中值定理成立的 ξ 是(　　).

(A) $\arccos\sqrt{\frac{\pi}{4}}$；　(B) $-\arccos\sqrt{\frac{4}{\pi}}$；

(C) $\sqrt{\frac{4-\pi}{\pi}}$；　(D) $-\sqrt{\frac{4-\pi}{\pi}}$.

4. 如果 a，b 是方程 $f(x)=0$ 的两个根，$f(x)$在$[a, b]$上连续，在(a, b)内可导，那么方程 $f'(x)=0$ 在(a, b)内(　　).

(A) 只有一个根；　(B) 至少有一个根；

(C) 没有根；　(D) 以上结论都不对.

5. 若 $f(x)$在(a, b)内满足 $f'(x)<0$，$f''(x)>0$，则曲线 $f(x)$在(a, b)内是(　　).

(A) 单调上升且是凹的；　(B) 单调下降且是凹的；

(C) 单调上升且是凸的；　(D) 单调下降且是凸的.

6. 设 $f(x)$在(a, b)内可导，$x_0\in(a, b)$，若 $x>x_0$ 时，$f'(x)>0$；$x<x_0$ 时，$f'(x)<0$，则 x_0 一定是(　　).

(A) 极大值点；　(B) 极小值点；

(C) 最大值点；　(D) 最小值点.

7. 若 $f'(x_0)=0$，则 x_0 一定是(　　).

(A) 极大值点；　(B) 极小值点；

(C) 最大值点；　(D) 不一定是极值点.

8. 如果一个连续函数在闭区间上既有极大值，又有极小值，则(　　).

(A) 极大值一定是最大值；

(B) 极大值一定是最小值；

(C) 极大值一定比极小值大；

(D) 极大值不一定是最大值，极小值不一定是最小值.

9. 函数 $f(x)=\arctan x-x$ 在$(-\infty, +\infty)$内是(　　).

(A) 单调上升；　　(B) 单调下降；

(C) 时而上升时而下降；　　(D) 以上结论都不对.

10. 函数 $y=x-\ln(1+x)$ 的单调增区间是(　　).

(A) $(-\infty, +\infty)$；　　(B) $(-\infty, -1)$；

(C) $(-1, 0)$；　　(D) $(0, +\infty)$.

11. 函数 $y=x-\ln(1+x^2)$ 的极值是(　　).

(A) $1-\ln2$；　　(B) $-1-\ln2$；

(C) 没有极值；　　(D) 0.

12. 若 $a=$(　　)，$b=$(　　)，则 $y=ax^3-3x+b$ 有极大值 4 与极小值 2.

(A) $\sqrt{2}$；　　(B) $\sqrt{3}$；　　(C) 3；　　(D) 4.

13. 曲线 $y=(x-1)^3$ 的拐点是(　　).

(A) $(-1, -8)$；　　(B) $(1, 0)$；

(C) $(0, -1)$；　　(D) $(0, 1)$.

14. 函数 $f(x)$在点 $x=x_0$ 的某邻域有定义，已知 $f'(x_0)=0$ 且 $f''(x_0)=0$，则在点 $x=x_0$ 处，$f(x)$(　　).

(A) 必有极值；　　(B) 必有拐点；

(C) 可能有极值也可能没有极值；　　(D) 可能有拐点也可能没有拐点.

15. $\lim\limits_{x\to\infty}\dfrac{x-\sin x}{x+\sin x}=$(　　).

(A) -1；　　(B) 1；　　(C) 0；　　(D) ∞.

二、填空题(每题 3 分，共 30 分).

1. 函数 $f(x)$在(a, b)上恒为常数的充要条件为________.

2. 设 $f(x)=x(x+1)(x+2)(x+3)$，则 $f'(x)=0$ 有________个实根，分别在区间________.

3. 在区间$[a, b]$上，$f'(x)>0$ 是函数 $f(x)$递增的________条件.

4. 若 $f(x)$，$g(x)$在点 b 左连续且 $f(b)=g(b)$，$f'(x)<g'(x)(a<x<b)$，则 $f(x)$________$g(x)$.

5. 对于可导函数 $f(x)$，若 x_0 是 $f(x)$的极值点，则 $f'(x_0)=$________.

6. $y=\arctan x+\dfrac{1}{x}$的单调递减区间是________.

7. $y=x^3-3x$ 的极大值点是________，极大值是________.

8. 若 $F(x)=C(x^2+1)^2$，$C>0$，在 $x=$________点处取得极________值，其值为________.

9. 函数 $f(x)=\dfrac{x}{\ln x}$，当 $x=$__________时取得极小值，且极小值为__________.

10. 函数 $f(x)=x^2-\dfrac{1}{x^2}$在$[-3,-1]$上的最大值为__________，最小值为__________.

三、求下列各题(每题 5 分，共 25 分)：

1. 设 $F(x)=\begin{cases}\dfrac{g(x-1)}{x-1}, & x\neq 1,\\ 0, & x=1,\end{cases}$ 且 $g(0)=g'(0)=0$，$g''(x)$连续，$g''(0)=2$，求 $F'(1)$.

2. 设 $f(x)=x(x-1)(x-2)\cdots(x-n)$，求 $f'(0)$.

3. 已知 $f(x)$ 三次可微，且 $f(0)=0$，$f'''(0)=6$，$f''(0)=0$，$f'(0)=1$，求 $\lim\limits_{x\to 0}\dfrac{f(x)-x}{x^3}$.

4. 已知 $f(x)=x^3+ax^2+bx$ 在点 $x=1$ 处有极值-2，试确定系数 a，b，并求出所有的极大值与极小值.

5. 设 $f(x)=2x+\dfrac{A}{x^2}-\dfrac{12}{x}(x>0)$，求使 $f(x)\geqslant 3$ 成立的最小常数 A.

四、(8 分)在曲线 $y=1-x^2(x>0)$上求一点 P，使曲线在该点处的切线与两坐标轴所围成的三角形面积最小.

五、(7 分)设 $f(x)$在$[0,1]$上可导，且 $0<f(x)<1$，对$(0,1)$内所有 x，$f'(x)\neq 1$. 证明：在$(0,1)$内，方程 $f(x)=x$ 至多有一个实根.

【第四章】 不定积分

在第二章中，我们讨论了如何求一个函数的导函数与微分的问题，求一个函数的导数和微分的运算称为**微分法**．本章将讨论它的相反问题，即已知一个函数的导函数，如何去求原来的函数．这种由已知导函数去寻求原函数的运算称为**积分法**，它是微分的逆运算．本章将介绍不定积分的概念、性质和常用的积分法．

第一节　原函数与不定积分

一、原 函 数

我们知道，若已知沿直线运动物体的运动方程为 $s=s(t)$，则$\frac{\mathrm{d}s}{\mathrm{d}t}=s'(t)$是它的瞬时速度 $v(t)$. 在实际问题中，也常常需要解决它的逆问题，即已知物体的瞬时速度 $v(t)$，求物体的运动方程 $s(t)$，使 $s'(t)=v(t)$. 这显然就是已知函数的导数反过来求原来的函数的问题．

定义 1　设 $f(x)$是定义在某一区间 I 上的函数，如果在该区间上存在函数 $F(x)$，使对任一 $x\in I$ 都有

$$F'(x)=f(x) \text{ 或 } \mathrm{d}F(x)=f(x)\mathrm{d}x,$$

则称函数 $F(x)$为 $f(x)$在区间 I 上的原函数．

例 1　设 $f(x)=\sin x$，求 $f(x)$的一个原函数．

解　因为$(-\cos x)'=\sin x$，所以 $F(x)=-\cos x$ 是 $f(x)$的一个原函数．

例 2　设 $f(x)=2x$，求 $f(x)$的一个原函数．

解　因为$(x^2)'=2x$，所以 $F(x)=x^2$ 是 $f(x)$的一个原函数．

关于原函数，需要回答这样几个问题：

1. $f(x)$具备什么条件，它的原函数一定存在？

下面的定理回答了这一问题．

定理 1(原函数存在定理)　**如果 $f(x)$在区间 I 上连续，那么在区间 I 上存在可导函数 $F(x)$，使对任一 $x\in I$ 都有**

$$F'(x)=f(x).$$

定理 1 说明，连续函数一定有原函数．我们已经知道，初等函数在其定义区间上是连续的，于是初等函数在其定义区间上存在原函数(该定理的证明留在第五章).

2. 一个可微函数的导函数只有一个，那么当一个函数存在原函数时，它的原函数有多少个?

在例 1 中，我们知道 $F(x)=-\cos x$ 是 $f(x)=\sin x$ 的一个原函数．因为 $(-\cos x+C)'=\sin x$（其中 C 为任意常数），所以 $-\cos x+C$ 也是 $\sin x$ 的一个原函数．可见 $\sin x$ 的原函数有无穷多个．

一般说来，若 $F(x)$ 是 $f(x)$ 的一个原函数，即 $F'(x)=f(x)$，由于 $(F(x)+C)'=f(x)$（其中 C 为任意常数），所以 $F(x)+C$ 都是 $f(x)$ 的原函数．这就是说，若 $f(x)$ 有一个原函数，那么 $f(x)$ 就有无穷多个原函数．

3. 既然 $F(x)+C$ 都是 $f(x)$ 的原函数，那么 $F(x)+C$ 是否包含了 $f(x)$ 的全部原函数?

回答是肯定的．

定理 2　如果 $F(x)$ 是函数 $f(x)$ 的一个原函数，则 $f(x)$ 的全体原函数为形如 $F(x)+C$（C 为任意常数）的函数所组成．

证　设 $G(x)$ 是 $f(x)$ 的另一原函数，于是有

$$G'(x)=F'(x)=f(x),$$

从而
$$[G(x)-F(x)]'=G'(x)-F'(x)=f(x)-f(x)\equiv 0.$$

根据第三章第一节定理 3 的推论 1 知，$G(x)-F(x)=C$，即

$$G(x)=F(x)+C,$$

这表明 $f(x)$ 的任一原函数均能表示成 $F(x)+C$ 的形式．

二、不定积分

定义 2　在区间 I 上，如果函数 $F(x)$ 是 $f(x)$ 的一个原函数，那么 $f(x)$ 的全体原函数 $F(x)+C$ 称为 $f(x)$ 在区间 I 上的不定积分，并用记号 $\int f(x)\mathrm{d}x$ 表示，即

$$\int f(x)\mathrm{d}x=F(x)+C,$$

其中，符号 $\int$ 称为积分号，$f(x)$ 称为被积函数，$f(x)\mathrm{d}x$ 称为被积表达式，x 称为积分变量，常数 C 称为积分常数．

由定义 2 可知，只要求出函数 $f(x)$ 的一个原函数 $F(x)$，再加上任意常数 C，就得到 $f(x)$ 的不定积分．

例 3　求 $\int \frac{1}{1+x^2}\mathrm{d}x$.

解　因为 $(\arctan x)'=\frac{1}{1+x^2}$，所以 $\arctan x$ 是 $\frac{1}{1+x^2}$ 的一个原函数，由不定积分定义

$$\int \frac{1}{1+x^2}\mathrm{d}x=\arctan x+C.$$

例 4　求 $\int \frac{1}{x}\mathrm{d}x$.

解　当 $x>0$ 时，$(\ln x)'=\frac{1}{x}$，所以 $\ln x$ 是 $\frac{1}{x}$ 在 $(0, +\infty)$ 内的一个原函数，因此，在 $(0, +\infty)$ 内，

$$\int \frac{1}{x}\mathrm{d}x=\ln x+C.$$

当 $x<0$ 时，由于 $[\ln(-x)]'=\frac{1}{-x}(-1)=\frac{1}{x}$，所以 $\ln(-x)$ 是 $\frac{1}{x}$ 在 $(-\infty, 0)$ 内的一个原函数，因此，在 $(-\infty, 0)$ 内

$$\int \frac{1}{x}\mathrm{d}x = \ln(-x)+C.$$

把 $x>0$ 及 $x<0$ 的结果合起来，有

$$\int \frac{1}{x}\mathrm{d}x = \ln|x|+C.$$

例 5 已知物体在时刻 t 的运动速度为 $v(t)=t^2$，且当 $t=1$ 时 $s=2$，试求物体的运动方程 $s(t)$.

解 因为物体运动的速度

$$v(t)=s'(t)=t^2,$$

故

$$s(t)=\int v(t)\mathrm{d}t=\int t^2\mathrm{d}t=\frac{1}{3}t^3+C.$$

又因为 $s(1)=2$，故可解得 $C=\frac{5}{3}$，于是

$$s(t)=\frac{1}{3}t^3+\frac{5}{3}.$$

三、不定积分的几何意义

函数 $f(x)$ 的原函数 $F(x)$ 的图形称为 $f(x)$ 的**积分曲线**，这样，不定积分 $\int f(x)\mathrm{d}x$ 在几何上就表示**积分曲线族**．这族曲线中的任何一条曲线都可由另一条曲线沿 y 轴向上或向下平行移动得到．这是因为在横坐标相同的点处作切线，这些切线是彼此平行的(图 4－1)，即它们的斜率都是 $f(x)$.

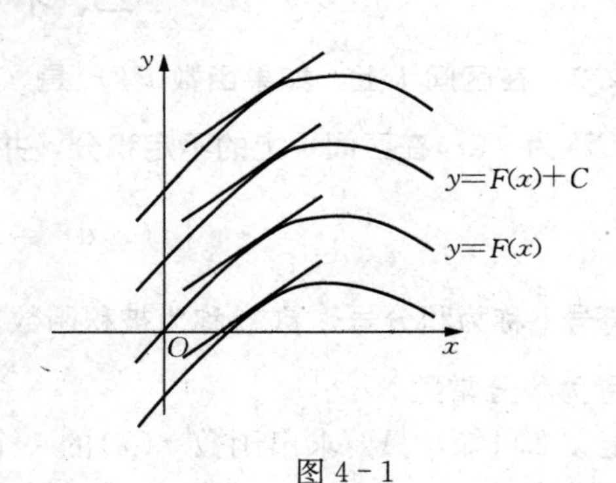

图 4－1

四、基本积分公式和不定积分的性质

(一)基本积分公式

由于积分法和微分法互为逆运算，因此，由导数的基本公式可以得到下面的基本积分公式：

1. $\int 0\mathrm{d}x = C$ （C 为常数）；

2. $\int k\mathrm{d}x = kx+C$ （k 为常数）；

3. $\int x^{\mu}\mathrm{d}x = \frac{1}{\mu+1}x^{\mu+1}+C$ （$\mu\neq-1$）；

4. $\int \frac{1}{x}\mathrm{d}x = \ln|x|+C$；

5. $\int e^x dx = e^x + C$;

6. $\int a^x dx = \frac{a^x}{\ln a} + C$;

7. $\int \sin x dx = -\cos x + C$;

8. $\int \cos x dx = \sin x + C$;

9. $\int \frac{1}{\cos^2 x} dx = \int \sec^2 x dx = \tan x + C$;

10. $\int \frac{1}{\sin^2 x} dx = \int \csc^2 dx = -\cot x + C$;

11. $\int \sec x \tan x dx = \sec x + C$;

12. $\int \csc x \cot x dx = -\csc x + C$;

13. $\int \frac{1}{1+x^2} dx = \arctan x + C = -\operatorname{arccot} x + C$;

14. $\int \frac{1}{\sqrt{1-x^2}} dx = \arcsin x + C = -\arccos x + C$.

基本积分公式是积分运算的基础，应该熟记．

(二)不定积分的性质

性质 1　函数 $f(x)$ 的不定积分与导数(或微分)是互逆运算，即

$$\left(\int f(x) dx\right)' = f(x) \text{ 或 } d\int f(x) dx = f(x) dx; \quad (1)$$

$$\int f'(x) dx = f(x) + C \text{ 或} \int df(x) = f(x) + C. \quad (2)$$

证　设 $F(x)$ 是 $f(x)$ 的一个原函数，即 $F'(x)=f(x)$，则

$$\left(\int f(x) dx\right)' = [F(x)+C]' = F'(x) = f(x),$$

所以式(1)成立．

式(2)成立是显然的．因为 $f(x)$ 是 $f'(x)$ 的一个原函数，所以

$$\int f'(x) dx = f(x) + C.$$

性质 1 表明了不定积分与微分运算的互逆关系．如果对一个函数先求不定积分，再求导数或微分，则两者作用相互抵消；如果对一个函数先求导数或微分，后求不定积分，则结果相差一个常数．

性质 2　被积函数中不为零的常数因子可以提到积分号外，即

$$\int kf(x) dx = k\int f(x) dx \qquad (k \neq 0). \quad (3)$$

证　根据导数运算法则及本节性质 1，

$$\left(k\int f(x) dx\right)' = k\left(\int f(x) dx\right)' = kf(x),$$

故 $$\int kf(x)\mathrm{d}x = k\int f(x)\mathrm{d}x.$$

性质3　有限个函数的代数和的不定积分，等于各个函数的不定积分的代数和，即

$$\int[f_1(x)\pm f_2(x)\pm\cdots\pm f_n(x)]\mathrm{d}x=\int f_1(x)\mathrm{d}x\pm\int f_2(x)\mathrm{d}x\pm\cdots\pm\int f_n(x)\mathrm{d}x.\quad(4)$$

对于一些比较简单的函数的不定积分，可将被积函数进行适当的变形，然后利用不定积分的性质和基本积分公式求出不定积分．这种方法称为**直接积分法**．

例6　求 $\int(1+\sqrt{x})^4\mathrm{d}x$.

解
$$\begin{aligned}\int(1+\sqrt{x})^4\mathrm{d}x&=\int(1+4\sqrt{x}+6x+4x\sqrt{x}+x^2)\mathrm{d}x\\&=\int\mathrm{d}x+4\int x^{\frac{1}{2}}\mathrm{d}x+6\int x\mathrm{d}x+4\int x^{\frac{3}{2}}\mathrm{d}x+\int x^2\mathrm{d}x\\&=x+\frac{8}{3}x^{\frac{3}{2}}+3x^2+\frac{8}{5}x^{\frac{5}{2}}+\frac{1}{3}x^3+C.\end{aligned}$$

例7　求 $\int\tan^2 x\mathrm{d}x$.

解　$\int\tan^2x\mathrm{d}x=\int(\sec^2x-1)\mathrm{d}x=\tan x-x+C.$

例8　求 $\int\frac{1}{x^6+x^4}\mathrm{d}x$.

解
$$\begin{aligned}\int\frac{1}{x^6+x^4}\mathrm{d}x&=\int\frac{1}{x^4(x^2+1)}\mathrm{d}x=\int\frac{1+x^2-x^2}{x^4(x^2+1)}\mathrm{d}x\\&=\int\left(\frac{1}{x^4}-\frac{1}{x^2(x^2+1)}\right)\mathrm{d}x=\int\left(\frac{1}{x^4}-\frac{1+x^2-x^2}{x^2(x^2+1)}\right)\mathrm{d}x\\&=\int\left(x^{-4}-x^{-2}+\frac{1}{x^2+1}\right)\mathrm{d}x=\frac{1}{x}-\frac{1}{3x^3}+\arctan x+C.\end{aligned}$$

例9　求 $\int\frac{1}{\sin^2x\cos^2x}\mathrm{d}x$.

解
$$\begin{aligned}\int\frac{1}{\sin^2x\cos^2x}\mathrm{d}x&=\int\frac{\sin^2x+\cos^2x}{\sin^2x\cos^2x}\mathrm{d}x=\int\frac{1}{\cos^2x}\mathrm{d}x+\int\frac{1}{\sin^2x}\mathrm{d}x\\&=\tan x-\cot x+C.\end{aligned}$$

习题 4-1

1. 求下列不定积分：

(1) $\int\frac{\sqrt{x}-x+x^2\mathrm{e}^x}{x^2}\mathrm{d}x$；　　(2) $\int(2^x+3^x)^2\mathrm{d}x$；

(3) $\int\left(1-\frac{1}{x^2}\right)\sqrt{x\sqrt{x}}\,\mathrm{d}x$；　　(4) $\int\frac{1+2x^2}{x^2(1+x^2)}\mathrm{d}x$；

(5) $\int\frac{\cos 2x}{\cos x-\sin x}\mathrm{d}x$；　　(6) $\int\sin^2\frac{x}{2}\mathrm{d}x$；

(7) $\int\frac{x^4}{1+x^2}\mathrm{d}x$；　　(8) $\int\frac{2^{x+1}-5^{x-1}}{10^x}\mathrm{d}x$；

(9) $\int \frac{(x-\sqrt{x})(1+\sqrt{x})}{\sqrt[3]{x}}\mathrm{d}x$；　　　(10) $\int \mathrm{e}^{x}\left(1-\frac{\mathrm{e}^{-x}}{\sqrt{x}}\right)\mathrm{d}x$.

2. 一曲线通过点$(\mathrm{e}^2, 3)$，且在任一点处的切线的斜率等于该点横坐标的倒数，求该曲线的方程.

3. 证明：若$\int f(x)\mathrm{d}x = F(x)+C$，则

$$\int f(ax+b)\mathrm{d}x = \frac{1}{a}F(ax+b)+C.$$

第二节　换元积分法

利用直接积分法可以求一些简单的函数的不定积分，但当被积函数较为复杂时，直接积分法往往难以奏效．如求积分$\int \sin(3x+5)\mathrm{d}x$，它不能直接用公式$\int \sin x\mathrm{d}x = -\cos x + C$进行积分，这是因为被积函数是一个复合函数．我们知道，复合函数的微分法解决了许多复杂函数的求导(求微分)问题．同样，将复合函数的微分法用于求积分，即得复合函数的积分法——换元积分法．

一、第一换元积分法(凑微分法)

定理 1　如果 $f(u)$ 有原函数 $F(u)$，$u=\varphi(x)$ 具有连续的导函数，那么 $F[\varphi(x)]$ 是 $f[\varphi(x)]\varphi'(x)$ 的原函数，即

$$\int f[\varphi(x)]\varphi'(x)\mathrm{d}x = F[\varphi(x)]+C = \left[\int f(u)\mathrm{d}u\right]_{u=\varphi(x)}+C. \tag{1}$$

证　由假设 $F(u)$ 是 $f(u)$ 的原函数，有

$$\mathrm{d}F(u) = f(u)\mathrm{d}u.$$

又根据复合函数微分法

$$\mathrm{d}F[\varphi(x)] = f[\varphi(x)]\varphi'(x)\mathrm{d}x,$$

所以 $F[\varphi(x)]$ 是 $f[\varphi(x)]\varphi'(x)$ 的原函数，即

$$\int f[\varphi(x)]\varphi'(x)\mathrm{d}x = F[\varphi(x)]+C.$$

例 1　求$\int \tan x\mathrm{d}x$.

解　$\int \tan x\mathrm{d}x = \int \frac{\sin x}{\cos x}\mathrm{d}x = -\int \frac{\mathrm{d}\cos x}{\cos x}$

$$\xlongequal{u=\cos x} -\int \frac{1}{u}\mathrm{d}u = -\ln|u|+C = -\ln|\cos x|+C.$$

例 2　求$\int \csc x\mathrm{d}x$.

解　$\int \csc x\mathrm{d}x = \int \frac{1}{\sin x}\mathrm{d}x = \int \frac{1}{2\sin\frac{x}{2}\cos\frac{x}{2}}\mathrm{d}x = \int \frac{1}{\tan\frac{x}{2}\cos^2\frac{x}{2}}\mathrm{d}\left(\frac{x}{2}\right)$

$$=\int \frac{\mathrm{d}\tan\frac{x}{2}}{\tan\frac{x}{2}} \xlongequal{u=\tan\frac{x}{2}} \int \frac{1}{u}\mathrm{d}u=\ln|u|+C=\ln\left|\tan\frac{x}{2}\right|+C.$$

因为 $$\tan\frac{x}{2}=\frac{\sin\frac{x}{2}}{\cos\frac{x}{2}}=\frac{2\sin^2\frac{x}{2}}{\sin x}=\frac{1-\cos x}{\sin x}=\csc x-\cot x,$$

故上述不定积分又可写为

$$\int\csc x\mathrm{d}x=\ln|\csc x-\cot x|+C.$$

例 3 求 $\int\sec x\mathrm{d}x$.

解 $$\int\sec x\mathrm{d}x=\int\frac{1}{\cos x}\mathrm{d}x=\int\frac{\mathrm{d}\left(x+\frac{\pi}{2}\right)}{\sin\left(x+\frac{\pi}{2}\right)}$$

$$\xlongequal{u=x+\frac{\pi}{2}}\int\frac{\mathrm{d}u}{\sin u}=\ln|\csc u-\cot u|+C$$

$$=\ln\left|\csc\left(x+\frac{\pi}{2}\right)-\cot\left(x+\frac{\pi}{2}\right)\right|+C$$

$$=\ln|\sec x+\tan x|+C.$$

第一类换元积分法又称凑微分法，在解题熟练后，可以不写出代换式，直接凑微分，求出积分结果．

例 4 求 $\int(ax+b)^n\mathrm{d}x$（a，b 为常数，$a\neq0$）.

解 $$\int(ax+b)^n\mathrm{d}x=\frac{1}{a}\int(ax+b)^n\mathrm{d}(ax+b)=\frac{1}{a(n+1)}(ax+b)^{n+1}+C.$$

例 5 求 $\int\frac{1}{a^2+x^2}\mathrm{d}x$.

解 $$\int\frac{1}{a^2+x^2}\mathrm{d}x=\int\frac{1}{a^2\left[1+\left(\frac{x}{a}\right)^2\right]}\mathrm{d}x=\frac{1}{a}\int\frac{1}{1+\left(\frac{x}{a}\right)^2}\mathrm{d}\left(\frac{x}{a}\right)=\frac{1}{a}\arctan\frac{x}{a}+C.$$

例 6 求 $\int\frac{1}{\sqrt{a^2-x^2}}\mathrm{d}x$（$a$ 为常数，$a>0$）.

解 $$\int\frac{1}{\sqrt{a^2-x^2}}\mathrm{d}x=\int\frac{1}{a\sqrt{1-\left(\frac{x}{a}\right)^2}}\mathrm{d}x=\int\frac{1}{\sqrt{1-\left(\frac{x}{a}\right)^2}}\mathrm{d}\left(\frac{x}{a}\right)$$

$$=\arcsin\frac{x}{a}+C.$$

例 7 求 $\int\frac{1}{x^2-a^2}\mathrm{d}x$.

解 $$\int\frac{1}{x^2-a^2}\mathrm{d}x=\int\frac{1}{(x-a)(x+a)}\mathrm{d}x=\frac{1}{2a}\int\left(\frac{1}{x-a}-\frac{1}{x+a}\right)\mathrm{d}x$$

$$=\frac{1}{2a}\left[\int\frac{1}{x-a}dx-\int\frac{1}{x+a}dx\right]$$

$$=\frac{1}{2a}\left[\int\frac{1}{x-a}d(x-a)-\int\frac{1}{x+a}d(x+a)\right]$$

$$=\frac{1}{2a}[\ln|x-a|-\ln|x+a|]+C$$

$$=\frac{1}{2a}\ln\left|\frac{x-a}{x+a}\right|+C.$$

例 8 求 $\int\frac{1}{x^2+4x+29}dx$.

解 $\int\frac{1}{x^2+4x+29}dx=\int\frac{1}{(x+2)^2+5^2}d(x+2)\xlongequal{\text{由例 5}}\frac{1}{5}\arctan\frac{x+2}{5}+C.$

例 9 求 $\int\frac{1}{x^2}\cos\frac{1}{x}dx$.

解 $\int\frac{1}{x^2}\cos\frac{1}{x}dx=-\int\cos\frac{1}{x}d\left(\frac{1}{x}\right)=-\sin\frac{1}{x}+C.$

例 10 求 $\int x(1+x^2)^{100}dx$.

解 $\int x(1+x^2)^{100}dx=\frac{1}{2}\int(1+x^2)^{100}d(1+x^2)=\frac{1}{202}(1+x^2)^{101}+C.$

例 11 求 $\int\frac{\sqrt{1+2\arctan x}}{1+x^2}dx$.

解 $\int\frac{\sqrt{1+2\arctan x}}{1+x^2}dx=\frac{1}{2}\int(1+2\arctan x)^{\frac{1}{2}}d(1+2\arctan x)$

$$=\frac{1}{3}(1+2\arctan x)^{\frac{3}{2}}+C.$$

例 12 求 $\int(x-1)e^{x^2-2x}dx$.

解 $\int(x-1)e^{x^2-2x}dx=\frac{1}{2}\int e^{x^2-2x}d(x^2-2x)=\frac{1}{2}e^{x^2-2x}+C.$

例 13 求 $\int\frac{1}{x(1+3\ln x)}dx$.

解 $\int\frac{1}{x(1+3\ln x)}dx=\int\frac{1}{1+3\ln x}d\ln x=\frac{1}{3}\int\frac{1}{1+3\ln x}d(1+3\ln x)$

$$=\frac{1}{3}\ln|1+3\ln x|+C.$$

例 14 求 $\int\sin^4x\cos xdx$.

解 $\int\sin^4x\cos xdx=\int\sin^4xd\sin x=\frac{1}{5}\sin^5x+C.$

例 15 求 $\int\cos^2xdx$.

解 $\int\cos^2xdx=\int\frac{1+\cos2x}{2}dx=\int\frac{1}{2}dx+\frac{1}{2}\int\cos 2xdx$

$$= \frac{x}{2} + \frac{1}{4}\int \cos 2x \mathrm{d}(2x) = \frac{x}{2} + \frac{1}{4}\sin 2x + C.$$

例 16 求 $\int \cos 2x \cos 4x \mathrm{d}x$.

解
$$\int \cos 2x \cos 4x \mathrm{d}x = \frac{1}{2}\int (\cos 2x + \cos 6x)\mathrm{d}x$$
$$= \frac{1}{2}\left[\frac{1}{2}\int \cos 2x \mathrm{d}(2x) + \frac{1}{6}\int \cos 6x \mathrm{d}(6x)\right]$$
$$= \frac{1}{4}\sin 2x + \frac{1}{12}\sin 6x + C.$$

由以上例题可以看出，在运用换元积分法时，有时需要对被积函数做适当的代数运算或三角运算，然后再凑微分，技巧性很强，无一般规律可循．因此，只有在练习过程中，随时总结、归纳，积累经验，才能运用灵活，下面给出几种常见的凑微分形式：

1. $\int f(ax+b)\mathrm{d}x = \frac{1}{a}\int f(ax+b)\mathrm{d}(ax+b)$；

2. $\int f(ax^n+b)x^{n-1}\mathrm{d}x = \frac{1}{na}\int f(ax^n+b)\mathrm{d}(ax^n+b)$；

3. $\int f(\ln x)\cdot \frac{\mathrm{d}x}{x} = \int f(\ln x)\mathrm{d}(\ln x)$；

4. $\int f\left(\frac{1}{x}\right)\cdot \frac{\mathrm{d}x}{x^2} = -\int f\left(\frac{1}{x}\right)\mathrm{d}\left(\frac{1}{x}\right)$；

5. $\int f(\mathrm{e}^x)\mathrm{e}^x\mathrm{d}x = \int f(\mathrm{e}^x)\mathrm{d}(\mathrm{e}^x)$；

6. $\int f(\sin x)\cos x\mathrm{d}x = \int f(\sin x)\mathrm{d}(\sin x)$；

7. $\int f(\cos x)\sin x\mathrm{d}x = -\int f(\cos x)\mathrm{d}(\cos x)$；

8. $\int f(\tan x)\sec^2 x\mathrm{d}x = \int f(\tan x)\mathrm{d}(\tan x)$；

9. $\int f(\cot x)\csc^2 x\mathrm{d}x = -\int f(\cot x)\mathrm{d}(\cot x)$；

10. $\int f(\arcsin x)\frac{\mathrm{d}x}{\sqrt{1-x^2}} = \int f(\arcsin x)\mathrm{d}(\arcsin x)$；

11. $\int f(\arctan x)\frac{\mathrm{d}x}{1+x^2} = \int f(\arctan x)\mathrm{d}(\arctan x)$.

二、第二换元积分法

第一换元积分法是将积分 $\int f[\varphi(x)]\varphi'(x)\mathrm{d}x$ 中 $\varphi(x)$ 用一个新的变量 u 替换，化为积分 $\int f(u)\mathrm{d}u$，从而使不定积分容易计算；第二换元积分法，则是引入新积分变量 t，将 x 表示为 t 的一个连续函数 $x=\varphi(t)$，从而简化积分计算．

定理 2 **设 $x=\varphi(t)$ 是单调可导函数，且 $\varphi'(t)\neq 0$. 如果 $f[\varphi(t)]\varphi'(t)$ 有原函数 $\Phi(t)$，**

即 $\int f[\varphi(t)]\varphi'(t)\mathrm{d}t=\Phi(t)+C$，**则**

$$\int f(x)\mathrm{d}x=\left[\int f[\varphi(t)]\varphi'(t)\mathrm{d}t\right]_{t=\psi(x)}=\Phi[\psi(x)]+C,\qquad(2)$$

其中，$t=\psi(x)$**是** $x=\varphi(t)$**的反函数.**

证 由假设 $\Phi(t)$是 $f[\varphi(t)]\varphi'(t)$的原函数，故有

$$\mathrm{d}\Phi(t)=f[\varphi(t)]\varphi'(t)\mathrm{d}t.$$

由于 $t=\psi(x)$是 $x=\varphi(t)$的反函数，根据复合函数微分法有

$$\mathrm{d}\Phi[\psi(x)]=\Phi'[\psi(x)]\mathrm{d}\psi(x)=\Phi'(t)\mathrm{d}t=f[\varphi(t)]\varphi'(t)\mathrm{d}t=f(x)\mathrm{d}x,$$

所以 $\Phi[\psi(x)]$是 $f(x)$的原函数，即

$$\int f(x)\mathrm{d}x=\Phi[\psi(x)]+C.$$

第二换元积分法是用一个新积分变量 t 的函数 $\varphi(t)$代换旧积分变量 x，将关于积分变量 x 的不定积分 $\int f(x)\mathrm{d}x$ 转化为关于积分变量 t 的不定积分 $\int g(t)\mathrm{d}t$(其中,$g(t)=f[\varphi(t)]\varphi'(t)$). 经过代换后，不定积分 $\int g(t)\mathrm{d}t$ 比原积分 $\int f(x)\mathrm{d}x$ 容易积出. 在应用这种换元积分法时，要注意适当的选择变量代换 $x=\varphi(t)$，否则会使积分更加复杂.

例 17 求 $\int\frac{1}{1+\sqrt{x}}\mathrm{d}x$.

解 令 $x=t^2(t>0)$，则 $t=\sqrt{x}$，$\mathrm{d}x=2t\mathrm{d}t$，于是

$$\int\frac{\mathrm{d}x}{1+\sqrt{x}}=\int\frac{2t\mathrm{d}t}{1+t}=2\int\frac{t+1-1}{1+t}\mathrm{d}t=2\int\left(1-\frac{1}{1+t}\right)\mathrm{d}t$$

$$=2t-2\ln(t+1)+C=2\sqrt{x}-2\ln(\sqrt{x}+1)+C.$$

例 18 求 $\int\frac{1}{\sqrt{x^2+a^2}}\mathrm{d}x(a>0)$.

解 为了去掉根号，令 $x=a\tan t$，则 $\mathrm{d}x=a\sec^2t\mathrm{d}t$，于是

$$\int\frac{1}{\sqrt{x^2+a^2}}\mathrm{d}x=\int\frac{a\sec^2t}{a\sec t}\mathrm{d}t=\int\sec t\mathrm{d}t=\ln|\sec t+\tan t|+C.\qquad(3)$$

为了把 $\sec t$ 和 $\tan t$ 换成 x 的函数，根据 $\tan t=\frac{x}{a}$ 作如图 4－2 所示的辅助三角形，于是有 $\sec t=\frac{\sqrt{a^2+x^2}}{a}$，代入式(3)，得

$$\int\frac{1}{\sqrt{x^2+a^2}}\mathrm{d}x=\ln\left(\frac{x}{a}+\frac{\sqrt{x^2+a^2}}{a}\right)+C_1=\ln(x+\sqrt{x^2+a^2})+C\quad(C=C_1-\ln a).$$

例 19 求 $\int\sqrt{a^2-x^2}\,\mathrm{d}x(a>0)$.

解 令 $x=a\sin t$，则 $\mathrm{d}x=a\cos t\mathrm{d}t$，于是

$$\int\sqrt{a^2-x^2}\,\mathrm{d}x=\int a\cos t\,a\cos t\mathrm{d}t=a^2\int\cos^2t\mathrm{d}t$$

$$=a^2\int\frac{1+\cos2t}{2}\mathrm{d}t=\frac{a^2}{2}\left(t+\frac{\sin2t}{2}\right)+C.\qquad(4)$$

为了把变量还原为 x，根据 $\sin t=\frac{x}{a}$ 作如图 4-3 所示的辅助三角形，于是有 $\cos t=\frac{\sqrt{a^2-x^2}}{a}$，$\sin 2t=2\sin t\cos t=2\cdot\frac{x}{a}\cdot\frac{\sqrt{a^2-x^2}}{a}$，$t=\arcsin\frac{x}{a}$，代入式(4)，得

$$\int\sqrt{a^2-x^2}\,\mathrm{d}x=\frac{a^2}{2}\arcsin\frac{x}{a}+\frac{x}{2}\sqrt{a^2-x^2}+C.$$

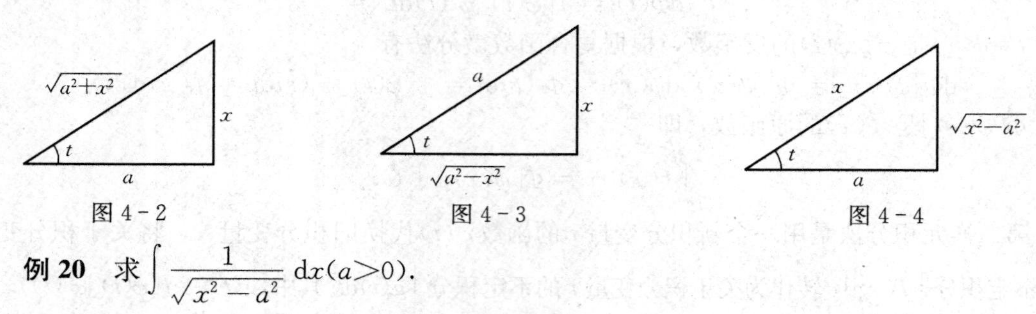

图 4-2　　图 4-3　　图 4-4

例 20　求 $\int\frac{1}{\sqrt{x^2-a^2}}\mathrm{d}x(a>0)$.

解　令 $x=a\sec t$，则 $\mathrm{d}x=a\sec t\tan t\mathrm{d}t$，得

$$\int\frac{1}{\sqrt{x^2-a^2}}\mathrm{d}x=\int\frac{a\sec t\tan t}{a\tan t}\mathrm{d}t=\int\sec t\mathrm{d}t=\ln|\sec t+\tan t|+C. \tag{5}$$

根据 $\sec t=\frac{x}{a}$ 作如图 4-4 所示的辅助三角形，于是有 $\tan t=\frac{\sqrt{x^2-a^2}}{a}$，代入式(5)，得

$$\begin{aligned}\int\frac{1}{\sqrt{x^2-a^2}}\mathrm{d}x&=\ln\left|\frac{x}{a}+\frac{\sqrt{x^2-a^2}}{a}\right|+C_1\\&=\ln\left|x+\sqrt{x^2-a^2}\right|+C\quad(C=C_1-\ln a).\end{aligned}$$

例 21　求 $\int\frac{x+1}{x^2\sqrt{x^2-1}}\mathrm{d}x$.

解　这类积分可以用三角代换去掉根号，但用代换 $x=\frac{1}{t}$(倒代换)更加简便，即

$$\begin{aligned}\int\frac{x+1}{x^2\sqrt{x^2-1}}\mathrm{d}x&\xlongequal{x=\frac{1}{t}}\int\frac{\frac{1}{t}+1}{\frac{1}{t^2}\sqrt{\frac{1}{t^2}-1}}\cdot\left(-\frac{1}{t^2}\mathrm{d}t\right)=-\int\frac{1+t}{\sqrt{1-t^2}}\mathrm{d}t\\&=-\int\frac{1}{\sqrt{1-t^2}}\mathrm{d}t+\int\frac{1}{2\sqrt{1-t^2}}\mathrm{d}(1-t^2)\\&=-\arcsin t+\sqrt{1-t^2}+C\\&=\frac{\sqrt{x^2-1}}{x}-\arcsin\frac{1}{x}+C.\end{aligned}$$

由上面例题可以归纳出两种常用的变量代换法：

(一)三角函数代换法

如果被积函数含有 $\sqrt{a^2-x^2}$，作代换 $x=a\sin t$ 或 $x=a\cos t$；如果被积函数含有 $\sqrt{x^2+a^2}$，作代换 $x=a\tan t$；如果被积函数含有 $\sqrt{x^2-a^2}$，作代换 $x=a\sec t$. 上述三种代换，称为三角代换．利用三角代换，可以把根式积分化为三角有理式积分．

(二)倒代换$\left(即令\ x=\frac{1}{t}\right)$

如果被积函数的分子和分母关于积分变量 x 的最高次幂分别为 m 和 n，当 $n-m>1$ 时，用倒代换常可以消去被积函数的分母中的变量因子 x(如例 21).

在本节的例题中，有几个积分经常用到，它们通常被当作公式使用．因此，除了基本积分公式外，再补充下面几个积分公式(编号接基本积分公式)：

15. $\int \tan x\mathrm{d}x=-\ln|\cos x|+C$；

16. $\int \cot x\mathrm{d}x=\ln|\sin x|+C$；

17. $\int \sec x\mathrm{d}x=\ln|\sec x+\tan x|+C$；

18. $\int \csc x\mathrm{d}x=\ln|\csc x-\cot x|+C$；

19. $\int \frac{1}{a^2+x^2}\mathrm{d}x=\frac{1}{a}\arctan\frac{x}{a}+C$；

20. $\int \frac{1}{x^2-a^2}\mathrm{d}x=\frac{1}{2a}\ln\left|\frac{x-a}{x+a}\right|+C$；

21. $\int \frac{1}{\sqrt{a^2-x^2}}\mathrm{d}x=\arcsin\frac{x}{a}+C$；

22. $\int \sqrt{a^2-x^2}\,\mathrm{d}x=\frac{x}{2}\sqrt{a^2-x^2}+\frac{a^2}{2}\arcsin\frac{x}{a}+C$；

23. $\int \frac{1}{\sqrt{x^2+a^2}}\mathrm{d}x=\ln|x+\sqrt{x^2+a^2}|+C$；

24. $\int \frac{1}{\sqrt{x^2-a^2}}\mathrm{d}x=\ln|x+\sqrt{x^2-a^2}|+C$.

例 22 求 $\int \frac{1}{\sqrt{1+x+x^2}}\mathrm{d}x$.

解

$$\int \frac{1}{\sqrt{1+x+x^2}}\mathrm{d}x=\int \frac{1}{\sqrt{\left(x+\frac{1}{2}\right)^2+\left(\frac{\sqrt{3}}{2}\right)^2}}\mathrm{d}x$$

$$=\ln\left(x+\frac{1}{2}+\sqrt{1+x+x^2}\right)+C.$$

例 23 求 $\int \sqrt{5-4x-x^2}\,\mathrm{d}x$.

解

$$\int \sqrt{5-4x-x^2}\,\mathrm{d}x=\int \sqrt{3^2-(x+2)^2}\,\mathrm{d}x$$

$$=\frac{1}{2}(x+2)\sqrt{5-4x-x^2}+\frac{9}{2}\arcsin\frac{x+2}{3}+C.$$

习题 4－2

1. 填括号，使下列各等式成立：

(1) $dx=(\quad)d(7x-3)$；　(2) $x^3dx=(\quad)d(3x^4-2)$；

(3) $xdx=(\quad)d(1-x^2)$；　(4) $\frac{1}{1+9x^2}dx=(\quad)d(\arctan 3x)$；

(5) $\cos(\omega t+\varphi)dt=d(\quad)$；　(6) $e^{kx}dx=d(\quad)$；

(7) $\frac{x}{\sqrt{x^2+a^2}}dx=d(\quad)$；　(8) $\sin x\cos xdx=d(\quad)$.

2. 求下列不定积分：

(1) $\int(1-x)^6dx$；　(2) $\int\sqrt{2+3x}dx$；

(3) $\int(1+2x^2)^2xdx$；　(4) $\int\frac{1}{ax+b}dx(a\neq 0)$；

(5) $\int\frac{e^x}{1+e^x}dx$；　(6) $\int e^{e^x+x}dx$；

(7) $\int\sin(3x+2)dx$；　(8) $\int\frac{\sin\sqrt{t}}{\sqrt{t}}dt$；

(9) $\int\frac{\sqrt{1-\sqrt{x}}}{\sqrt{x}}dx$；　(10) $\int\frac{1}{x\ln x\ln\ln x}dx$；

(11) $\int\frac{x}{\sqrt{1+x^2}}\tan\sqrt{1+x^2}dx$；　(12) $\int\frac{1}{e^x+e^{-x}}dx$；

(13) $\int\frac{3x^3}{1-x^4}dx$；　(14) $\int\cos^2(\omega t+\varphi)\sin(\omega t+\varphi)dt$；

(15) $\int\frac{\sin x+\cos x}{\sqrt[3]{\sin x-\cos x}}dx$；　(16) $\int\cos^3xdx$；

(17) $\int\cos^2(\omega t+\varphi)dt$；　(18) $\int\cos x\cos\frac{x}{2}dx$；

(19) $\int\frac{1}{\sin x\cos x}dx$；　(20) $\int\cos 3x\sin 2xdx$；

(21) $\int\tan^3x\sec xdx$；　(22) $\int\frac{10^{2\arccos x}}{\sqrt{1-x^2}}dx$；

(23) $\int\frac{\arctan\sqrt{x}}{\sqrt{x}(1+x)}dx$；　(24) $\int\frac{1+\ln x}{(x\ln x)^2}dx$；

(25) $\int\frac{\ln\tan x}{\cos x\sin x}dx$；　(26) $\int\frac{1}{x\sqrt{x^2-1}}dx$；

(27) $\int\frac{\sqrt{x^2-9}}{x}dx$；　(28) $\int\frac{x^2}{\sqrt{a^2-x^2}}dx(a>0)$；

(29) $\int\frac{1}{1+\sqrt{2x}}dx$；　(30) $\int\frac{1}{(x+1)(x-2)}dx$；

(31) $\int\frac{1}{x^2+2x+5}dx$；　(32) $\int\frac{x^3}{(1+x^2)^{\frac{3}{2}}}dx$；

(33) $\int\frac{x^2}{(1+x^2)^2}dx$；　(34) $\int\frac{1}{x^2\sqrt{a^2+x^2}}dx\ (a>0)$；

(35) $\int \frac{1}{x(x^7+2)}dx$；　　(36) $\int \frac{1}{\sqrt{1+e^x}}dx$；

(37) $\int \frac{x}{1+\sqrt{1+x^2}}dx$；　　(38) $\int \frac{x+1}{(x^2+2x)\sqrt{x^2+2x}}dx$.

3. 设 $\int f(x)\,dx=x^2+C$，求 $\int xf(1-x^2)dx$.

4. 设 $f'(\cos x+2)=\sin^2 x+\tan^2 x$，求 $f(x)$.

第三节　分部积分法

第二节我们将复合函数的微分法用于求积分，得到换元积分法，大大拓展了求积分的领域. 下面我们利用两个函数乘积的微分法则，推出另一种求积分的基本方法——**分部积分法**.

设函数 $u=u(x)$，$v=v(x)$具有连续导数，由函数乘积的微分公式有

$$d(uv)=udv+vdu,$$

移项，得

$$udv=d(uv)-vdu,$$

对上式两边积分，得

$$\int udv=uv-\int vdu. \tag{1}$$

公式(1)叫做**分部积分公式**.

使用分部积分公式首先是把不定积分 $\int f(x)dx$ 的被积表达式 $f(x)dx$ 变成形如 $u(x)dv(x)$ 的形式，然后套用公式. 这样就把求不定积分 $\int f(x)dx=\int udv$ 的问题转化为求不定积分 $\int vdu$ 的问题. 如果 $\int vdu$ 易于求出，那么分部积分公式就起到了化难为易的作用.

应用分部积分法的关键是恰当地选择 u 和 dv. 一般来说，选取 u 和 dv 的原则是

1. v 易于求出；

2. $\int vdu$ 要比 $\int udv$ 容易求出.

例 1　求 $\int xe^x dx$.

解　设 $u=x$，$dv=e^x dx=de^x$，则 $du=dx$，$v=e^x$. 由分部积分公式，得

$$\int xe^x dx=\int xde^x=xe^x-\int e^x dx=xe^x-e^x+C=(x-1)e^x+C.$$

例 2　求 $\int x^2\ln x dx$.

解　设 $u=\ln x$，$dv=x^2dx=d\left(\frac{1}{3}x^3\right)$，则 $du=\frac{1}{x}dx$，$v=\frac{1}{3}x^3$. 由分部积分公式，得

$$\begin{aligned}\int x^2\ln x dx&=\frac{1}{3}x^3\ln x-\int\frac{1}{3}x^3\frac{1}{x}dx=\frac{1}{3}x^3\ln x-\frac{1}{3}\int x^2 dx\\&=\frac{1}{3}x^3\ln x-\frac{1}{9}x^3+C=\frac{x^3}{3}\left(\ln x-\frac{1}{3}\right)+C.\end{aligned}$$

例 3 求$\int \arccos x\mathrm{d}x$.

解 $\int \arccos x\mathrm{d}x = x\arccos x + \int \frac{x}{\sqrt{1-x^2}}\mathrm{d}x$

$$= x\arccos x - \frac{1}{2}\int \frac{1}{\sqrt{1-x^2}}\mathrm{d}(1-x^2)$$

$$= x\arccos x - \sqrt{1-x^2} + C.$$

例 4 求$\int x^2\cos x\mathrm{d}x$.

解 $\int x^2\cos x\mathrm{d}x = \int x^2\mathrm{d}\sin x = x^2\sin x - \int \sin x\mathrm{d}x^2$

$$= x^2\sin x - 2\int x\sin x\mathrm{d}x = x^2\sin x + 2\int x\mathrm{d}\cos x$$

$$= x^2\sin x + 2(x\cos x - \int \cos x\mathrm{d}x)$$

$$= x^2\sin x + 2(x\cos x - \sin x) + C$$

$$= x^2\sin x + 2x\cos x - 2\sin x + C.$$

例 5 求$\int \mathrm{e}^x\sin x\mathrm{d}x$.

解 $\int \mathrm{e}^x\sin x\mathrm{d}x = \int \mathrm{e}^x\mathrm{d}(-\cos x) = -\mathrm{e}^x\cos x + \int \cos x\mathrm{d}\mathrm{e}^x$

$$= -\mathrm{e}^x\cos x + \int \mathrm{e}^x\cos x\mathrm{d}x$$

$$= -\mathrm{e}^x\cos x + \int \mathrm{e}^x\mathrm{d}\sin x$$

$$= -\mathrm{e}^x\cos x + \mathrm{e}^x\sin x - \int \mathrm{e}^x\sin x\mathrm{d}x.$$

等式右端出现了原不定积分，于是移项，除以 2，得

$$\int \mathrm{e}^x\sin x\mathrm{d}x = \frac{\mathrm{e}^x}{2}(\sin x - \cos x) + C.$$

通过上面例题可以看出，分部积分法适用于两种不同类型函数的乘积的不定积分．当被积函数是幂函数 x^n(n 为正整数)和正(余)弦函数的乘积，或幂函数 x^n(n 为正整数)和指数函数 e^{kx} 的乘积时，设 u 为幂数 x^n，则每用一次分部积分公式，幂函数 x^n 的幂次就降低一次，所以，若 $n>1$，就需要连续使用分部积分法才能求出不定积分；当被积函数是幂函数和反三角函数或幂函数和对数函数的乘积时，设 u 为反三角函数或对数函数．下面给出常见的几类被积函数中 u，$\mathrm{d}v$ 的选择：

1. $\int x^n\mathrm{e}^{kx}\mathrm{d}x$，设 $u=x^n$，$\mathrm{d}v=\mathrm{e}^{kx}\mathrm{d}x$；

2. $\int x^n\sin(ax+b)\mathrm{d}x$，设 $u=x^n$，$\mathrm{d}v=\sin(ax+b)\mathrm{d}x$；

3. $\int x^n\cos(ax+b)\mathrm{d}x$，设 $u=x^n$，$\mathrm{d}v=\cos(ax+b)\mathrm{d}x$；

4. $\int x^n\ln x\mathrm{d}x$，设 $u=\ln x$，$\mathrm{d}v=x^n\mathrm{d}x$；

5. $\int x^n \arcsin(ax+b)\mathrm{d}x$，设 $u=\arcsin(ax+b)$，$\mathrm{d}v=x^n\mathrm{d}x$；

6. $\int x^n \arctan(ax+b)\mathrm{d}x$，设 $u=\arctan(ax+b)$，$\mathrm{d}v=x^n\mathrm{d}x$；

7. $\int \mathrm{e}^{kx}\sin(ax+b)\mathrm{d}x$ 和 $\int \mathrm{e}^{kx}\cos(ax+b)\mathrm{d}x$，$u$，$\mathrm{d}v$ 随意选择.

分部积分法并不仅仅局限于求两种不同类型函数乘积的不定积分，分部积分法还可以用于求抽象函数的不定积分，建立某些不定积分的递推公式，也可以与换元积分法结合使用.

例 6 设 $f(x)$ 的原函数为 $\dfrac{\sin x}{x}$，求 $\int xf'(2x)\mathrm{d}x$.

解
$$\int xf'(2x)\mathrm{d}x=\frac{1}{2}\int x\mathrm{d}f(2x)=\frac{1}{2}xf(2x)-\frac{1}{2}\int f(2x)\mathrm{d}x$$
$$=\frac{1}{2}xf(2x)-\frac{1}{4}\int f(2x)\mathrm{d}(2x).$$

因为 $\dfrac{\sin x}{x}$ 为 $f(x)$ 的原函数，所以 $f(x)=\left(\dfrac{\sin x}{x}\right)'=\dfrac{x\cos x-\sin x}{x^2}$，于是
$$f(2x)=\frac{2x\cos(2x)-\sin(2x)}{4x^2},$$
故
$$\int xf'(2x)\mathrm{d}x=\frac{2x\cos(2x)-\sin(2x)}{8x}-\frac{1}{4}\cdot\frac{\sin(2x)}{2x}+C$$
$$=\frac{1}{4}\cos(2x)-\frac{1}{4x}\sin(2x)+C.$$

例 7 建立不定积分 $I_n=\int \tan^n x\mathrm{d}x$（其中 n 为正整数，$n>1$）的递推公式.

解
$$I_n=\int \tan^n x\mathrm{d}x=\int \tan^{n-2}x\tan^2 x\mathrm{d}x=\int \tan^{n-2}x(\sec^2 x-1)\mathrm{d}x$$
$$=\int \tan^{n-2}x\mathrm{d}(\tan x)-I_{n-2}=\frac{\tan^{n-1}x}{n-1}-I_{n-2}.$$

例 8 求 $\int \dfrac{x\mathrm{e}^x}{(1+x)^2}\mathrm{d}x$.

解
$$\int \frac{x\mathrm{e}^x}{(1+x)^2}\mathrm{d}x\xlongequal{t=1+x}\int\frac{(t-1)\mathrm{e}^{t-1}}{t^2}\mathrm{d}t=\frac{1}{\mathrm{e}}\left[\int\frac{1}{t}\mathrm{e}^t\mathrm{d}t-\int\frac{1}{t^2}\mathrm{e}^t\mathrm{d}t\right],\tag{2}$$

而 $\int\dfrac{1}{t}\mathrm{e}^t\mathrm{d}t=\int\dfrac{1}{t}\mathrm{d}\mathrm{e}^t=\dfrac{1}{t}\mathrm{e}^t-\int\mathrm{e}^t\mathrm{d}\left(\dfrac{1}{t}\right)=\dfrac{1}{t}\mathrm{e}^t+\int\dfrac{1}{t^2}\mathrm{e}^t\mathrm{d}t$，代入式(2)，得
$$\int\frac{x\mathrm{e}^x}{(1+x)^2}\mathrm{d}x=\frac{1}{\mathrm{e}}\left(\frac{1}{t}\mathrm{e}^t+\int\frac{1}{t^2}\mathrm{e}^t\mathrm{d}t-\int\frac{1}{t^2}\mathrm{e}^t\mathrm{d}t\right)=\frac{1}{t}\mathrm{e}^{t-1}+C=\frac{\mathrm{e}^x}{1+x}+C.$$

习题 4-3

1. 求下列不定积分：

(1) $\int x\sin 2x\mathrm{d}x$；　　(2) $\int(\ln x)^2\mathrm{d}x$；

(3) $\int\csc^3 x\mathrm{d}x$；　　(4) $\int\sin(\ln x)\mathrm{d}x$；

(5) $\int x^3 e^{-x^2}\,dx$；　　(6) $\int e^{\sqrt{x}}\,dx$；

(7) $\int \frac{\ln\ln x}{x}dx$；　　(8) $\int \frac{\ln\tan x}{\sin x\cos x}dx$；

(9) $\int e^{-2x}\sin\frac{x}{2}dx$；　　(10) $\int x^2\arctan x\,dx$；

(11) $\int \frac{\ln x}{x^n}dx\,(n\neq 1)$；　　(12) $\int x\csc^2 x\,dx$；

(13) $\int x\sin x\cos x\,dx$；　　(14) $\int \ln(1+x^2)\,dx$；

(15) $\int x e^{x^2}(1+x^2)\,dx$；　　(16) $\int x^5\sin x^2\,dx$；

(17) $\int \frac{x\arctan x}{\sqrt{1+x^2}}dx$；　　(18) $\int \frac{x}{\cos^2 x}dx$.

2. 证明下列递推公式．

(1) $I_n=\int x^n e^x\,dx = x^n e^x - nI_{n-1}$（$n$ 为正整数）；

(2) $I_n=\int \cos^n x\,dx=\frac{\cos^{n-1}x\sin x}{n}+\frac{n-1}{n}I_{n-2}$（$n$ 为正整数）.

3. 已知 $f(x)$ 的一个原函数为 $(\ln x)^2$，求 $\int xf''(x)\,dx$.

第四节　几种特殊类型函数的积分

一、有理函数的不定积分

两个多项式的商所表示的函数 $R(x)$ 称为**有理函数**，即

$$R(x)=\frac{P(x)}{Q(x)}=\frac{a_0x^n+a_1x^{n-1}+a_2x^{n-2}+\cdots+a_{n-1}x+a_n}{b_0x^m+b_1x^{m-1}+b_2x^{m-2}+\cdots+b_{m-1}x+b_m},\qquad(1)$$

其中，n 和 m 是非负整数；a_0，a_1，a_2，…，a_n 及 b_0，b_1，b_2，…，b_m 都是实数，并且 $a_0\neq 0$，$b_0\neq 0$.

当式(1)的分子多项式的次数 n 小于其分母多项式的次数 m，即 $n<m$ 时，称为**有理真分式**；当 $n\geqslant m$ 时，称为**有理假分式**．

对于任一假分式，我们总可以利用多项式的除法，将它化为一个多项式和一个真分式之和的形式．例如：

$$\frac{x^4+x+1}{x^2+1}=(x^2-1)+\frac{x+2}{x^2+1}.$$

多项式的积分容易求得，下面只讨论真分式的积分问题．

设有理函数式(1)中 $n<m$，如果多项式 $Q(x)$ 在实数范围内能分解成一次因式和二次质因式的乘积：

$$Q(x)=b\,(x-a)^{\alpha}\cdots(x-b)^{\beta}(x^2+px+q)^{\lambda}\cdots(x^2+rx+s)^{\mu},$$

其中，a，…，b，p，q，…，r，s 为实数；$p^2-4q<0$，…，$r^2-4s<0$；α，…，β，λ，…，μ 为正整数，那么根据代数理论可知，真分式 $\frac{P(x)}{Q(x)}$ 总可以分解成如下部分分式之和，即

$$\frac{P(x)}{Q(x)}=\frac{A_1}{(x-a)^{\alpha}}+\frac{A_2}{(x-a)^{\alpha-1}}+\cdots+\frac{A_{\alpha}}{x-a}+\cdots+\frac{B_1}{(x-b)^{\beta}}+\frac{B_2}{(x-b)^{\beta-1}}+\cdots+\frac{B_{\beta}}{x-b}+$$
$$\frac{M_1x+N_1}{(x^2+px+q)^{\lambda}}+\frac{M_2x+N_2}{(x^2+px+q)^{\lambda-1}}+\cdots+\frac{M_{\lambda}x+N_{\lambda}}{x^2+px+q}+\cdots+$$
$$\frac{R_1x+S_1}{(x^2+rx+s)^{\mu}}+\frac{R_2x+S_2}{(x^2+rx+s)^{\mu-1}}+\cdots+\frac{R_{\mu}x+S_{\mu}}{x^2+rx+s},\tag{2}$$

其中，A_i，B_i，M_i，N_i，R_i，S_i 都是待定常数，并且这样分解时，这些常数是惟一的．

可见在实数范围内，任何有理真分式都可以分解成下面四类简单分式之和：

1. $\dfrac{A}{x-a}$；

2. $\dfrac{A}{(x-a)^k}$ （k 是正整数，$k\geqslant 2$）；

3. $\dfrac{Ax+B}{x^2+px+q}$ （$p^2-4q<0$）；

4. $\dfrac{Ax+B}{(x^2+px+q)^k}$ （k 是正整数，$k\geqslant 2$，$p^2-4q<0$）．

因此，求有理函数的不定积分就归结为求这四类简单分式的积分．下面讨论这四类简单分式的积分．

1. $\displaystyle\int\frac{A}{x-a}\mathrm{d}x=A\int\frac{1}{x-a}\mathrm{d}(x-a)=A\ln|x-a|+C.$

2. $\displaystyle\int\frac{A}{(x-a)^k}\mathrm{d}x=A\int(x-a)^{-k}\mathrm{d}(x-a)=\frac{-A}{k-1}\cdot\frac{1}{(x-a)^{k-1}}+C.$

3. $\displaystyle\int\frac{Ax+B}{x^2+px+q}$ （$p^2-4q<0$）．

将分母配方，得 $x^2+px+q=\left(x+\dfrac{p}{2}\right)^2+\left(q-\dfrac{p^2}{4}\right)$，作变量代换 $u=x+\dfrac{p}{2}$，则 $x=u-\dfrac{p}{2}$，$\mathrm{d}x=\mathrm{d}u$；由于 $p^2-4q<0$，$q-\dfrac{p^2}{4}>0$，记 $q-\dfrac{p^2}{4}=a^2$，于是

$$\begin{aligned}\int\frac{Ax+B}{x^2+px+q}\mathrm{d}x&=\int\frac{Ax+B}{\left(x+\dfrac{p}{2}\right)^2+\left(q-\dfrac{p^2}{4}\right)}\mathrm{d}x=\int\frac{A\left(u-\dfrac{p}{2}\right)+B}{u^2+a^2}\mathrm{d}u\\&=\int\frac{Au}{u^2+a^2}\mathrm{d}u+\int\frac{B-\dfrac{Ap}{2}}{u^2+a^2}\mathrm{d}u\\&=\frac{A}{2}\ln(u^2+a^2)+\frac{B-\dfrac{Ap}{2}}{a}\arctan\frac{u}{a}+C\\&=\frac{A}{2}\ln(x^2+px+q)+\frac{2B-Ap}{\sqrt{4q-p^2}}\arctan\frac{2x+p}{\sqrt{4q-p^2}}+C.\end{aligned}$$

4. $\displaystyle\int\frac{Ax+B}{(x^2+px+q)^k}\mathrm{d}x$ （$k\geqslant 2$，$p^2-4q<0$）．

作变量代换 $u=x+\dfrac{p}{2}$，并记 $q-\dfrac{p^2}{4}=a^2$，于是

$$\int \frac{Ax+B}{(x^2+px+q)^k}\mathrm{d}x = \int \frac{Au}{(u^2+a^2)^k}\mathrm{d}u + \int \frac{B-\frac{Ap}{2}}{(u^2+a^2)^k}\mathrm{d}u,$$

其中第一个积分

$$\int \frac{Au}{(u^2+a^2)^k}\mathrm{d}u = \frac{A}{2}\int (u^2+a^2)^{-k}\mathrm{d}(u^2+a^2) = \frac{-A}{2(k-1)} \cdot \frac{1}{(u^2+a^2)^{k-1}} + C.$$

第二个积分可通过建立递推公式求得．记

$$I_k = \int \frac{\mathrm{d}u}{(u^2+a^2)^k},$$

利用分部积分法有

$$\begin{aligned} I_k &= \int \frac{\mathrm{d}u}{(u^2+a^2)^k} = \frac{u}{(u^2+a^2)^k} + 2k\int \frac{u^2\mathrm{d}u}{(u^2+a^2)^{k+1}} \\ &= \frac{u}{(u^2+a^2)^k} + 2k\int \frac{(u^2+a^2)-a^2}{(u^2+a^2)^{k+1}}\mathrm{d}u \\ &= \frac{u}{(u^2+a^2)^k} + 2kI_k - 2a^2kI_{k+1}, \end{aligned}$$

整理，得

$$I_{k+1} = \frac{1}{2a^2k} \cdot \frac{u}{(u^2+a^2)^k} + \frac{2k-1}{2a^2k}I_k,$$

于是可得递推公式

$$I_k = \frac{1}{a^2}\left[\frac{1}{2(k-1)} \cdot \frac{u}{(u^2+a^2)^{k-1}} + \frac{2k-3}{2k-2}I_{k-1}\right]. \tag{3}$$

利用式(3)，逐步递推，最后可归结为不定积分

$$I_1 = \int \frac{\mathrm{d}u}{u^2+a^2} = \frac{1}{a}\arctan\frac{u}{a} + C.$$

最后由 $u=x+\frac{p}{2}$ 全部换回原积分变量，即可求出不定积分 $\int \frac{Ax+B}{(x^2+px+q)^k}\mathrm{d}x$.

例 1 求 $\int \frac{x-1}{(x^2+2x+3)^2}\mathrm{d}x$.

解
$$\begin{aligned} \int \frac{x-1}{(x^2+2x+3)^2}\mathrm{d}x &= \int \frac{x+1-2}{[(x+1)^2+2]^2}\mathrm{d}x \\ &\xlongequal{u=x+1} \int \frac{u}{(u^2+2)^2}\mathrm{d}u - 2\int \frac{\mathrm{d}u}{(u^2+2)^2} \\ &= -\frac{1}{2(u^2+2)} - 2\times\frac{1}{2}\left(\frac{1}{2\times 1} \cdot \frac{u}{u^2+2} + \frac{1}{2}\int \frac{\mathrm{d}u}{u^2+2}\right) \\ &= -\frac{u+1}{2(u^2+2)} - \frac{1}{2\sqrt{2}}\arctan\frac{u}{\sqrt{2}} + C \\ &= -\frac{x+2}{2(x^2+2x+3)} - \frac{1}{2\sqrt{2}}\arctan\frac{x+1}{\sqrt{2}} + C. \end{aligned}$$

例 2 求 $\int \frac{1}{x(x-1)^2}\mathrm{d}x$.

解 因为 $\frac{1}{x(x-1)^2}$ 可分解为

$$\frac{1}{x(x-1)^2}=\frac{A}{x}+\frac{B}{(x-1)^2}+\frac{C}{x-1},$$

其中，A，B，C 为待定系数．可以用两种方法求出待定系数．

第一种方法：两端去掉分母后，得

$$1=A(x-1)^2+Bx+Cx(x-1), \tag{4}$$

即
$$1=(A+C)x^2+(B-2A-C)x+A.$$

由于(4)式是恒等式，等式两端 x^2 和 x 的系数及常数项必须分别相等，于是有

$$\begin{cases}A+C=0,\\ B-2A-C=0,\\ A=1,\end{cases}$$

从而解得　$A=1$，$B=1$，$C=-1$.

第二种方法：在恒等式(4)中，代入特殊的 x 值，从而求出待定系数．如令 $x=0$，得 $A=1$；令 $x=1$，得 $B=1$；把 A，B 的值代入(4)式，并令 $x=2$，得 $1=1+2+2C$，即 $C=-1$. 于是

$$\begin{aligned}\int\frac{1}{x(x-1)^2}\mathrm{d}x&=\int\left[\frac{1}{x}+\frac{1}{(x-1)^2}-\frac{1}{x-1}\right]\mathrm{d}x\\&=\int\frac{1}{x}\mathrm{d}x+\int\frac{1}{(x-1)^2}\mathrm{d}x-\int\frac{1}{x-1}\mathrm{d}x\\&=\ln|x|-\frac{1}{x-1}-\ln|x-1|+C.\end{aligned}$$

例 3　求 $\displaystyle\int\frac{2x+2}{(x-1)(x^2+1)^2}\mathrm{d}x$.

解　因为 $\displaystyle\frac{2x+2}{(x-1)(x^2+1)^2}=\frac{A}{x-1}+\frac{Bx+C}{(x^2+1)^2}+\frac{Dx+E}{x^2+1}$,

两端去分母，得

$$\begin{aligned}2x+2&=A(x^2+1)^2+(Bx+C)(x-1)+(Dx+E)(x-1)(x^2+1)\\&=(A+D)x^4+(E-D)x^3+(2A+D-E+B)x^2+(-D+\\&\quad E-B+C)x+(A-E+C),\end{aligned}$$

两端比较系数，得

$$\begin{cases}A+D=0,\\ E-D=0,\\ 2A+D-E+B=0,\\ -D+E-B+C=2,\\ A-E-C=2,\end{cases}$$

解方程组，得 $A=1$，$B=-2$，$C=0$，$D=-1$，$E=-1$，故

$$\begin{aligned}\int\frac{2x+2}{(x-1)(x^2+1)^2}\mathrm{d}x&=\int\left[\frac{1}{x-1}-\frac{2x}{(x^2+1)^2}-\frac{x+1}{x^2+1}\right]\mathrm{d}x\\&=\int\frac{1}{x-1}\mathrm{d}x-\int\frac{2x}{(x^2+1)^2}\mathrm{d}x-\int\frac{x+1}{x^2+1}\mathrm{d}x\end{aligned}$$

$$=\ln|x-1|+\frac{1}{x^2+1}-\frac{1}{2}\ln(x^2+1)-\arctan x+C$$

$$=\ln\frac{|x-1|}{\sqrt{x^2+1}}+\frac{1}{x^2+1}-\arctan x+C.$$

例 4 求 $\int\frac{x+3}{x^2-5x+6}\mathrm{d}x$.

解 因为 $\frac{x+3}{x^2-5x+6}=\frac{x+3}{(x-2)(x-3)}=\frac{A}{x-2}+\frac{B}{x-3}$,

两端去分母，得

$$x+3=A(x-3)+B(x-2).$$

令 $x=2$，得 $A=-5$；令 $x=3$，得 $B=6$. 于是

$$\int\frac{x+3}{x^2-5x+6}\mathrm{d}x=\int\left(\frac{6}{x-3}-\frac{5}{x-2}\right)\mathrm{d}x=6\ln|x-3|-5\ln|x-2|+C$$

$$=\ln\left|\frac{(x-3)^6}{(x-2)^5}\right|+C.$$

从理论上讲，多项式 $Q(x)$ 总可以在实数范围内分解成一次因式和二次因式的乘积，从而把有理函数 $\frac{P(x)}{Q(x)}$ 分解为多项式与四类简单分式之和，而简单分式都可以积出．所以，任何有理函数的原函数都是初等函数．但我们同时也应该注意到，在具体使用此方法时会遇到困难．首先，用待定系数法求待定系数时，计算比较繁琐；其次，当分母的次数比较高时，因式分解相当困难．因此，在解题时要灵活使用各种方法．

例 5 求 $\int\frac{x^2+x+2}{x^3+x^2+x+1}\mathrm{d}x$.

解 $\int\frac{x^2+x+2}{x^3+x^2+x+1}\mathrm{d}x=\int\frac{(x^2+1)+(x+1)}{(x^2+1)(x+1)}\mathrm{d}x$

$$=\int\frac{1}{x+1}\mathrm{d}x+\int\frac{1}{x^2+1}\mathrm{d}x$$

$$=\ln|x+1|+\arctan x+C.$$

例 6 求 $\int\frac{1}{(x^2-4x+4)(x^2-4x+5)}\mathrm{d}x$.

解 $\int\frac{1}{(x^2-4x+4)(x^2-4x+5)}\mathrm{d}x=\int\frac{(x^2-4x+5)-(x^2-4x+4)}{(x^2-4x+4)(x^2-4x+5)}\mathrm{d}x$

$$=\int\frac{1}{x^2-4x+4}\mathrm{d}x-\int\frac{1}{x^2-4x+5}\mathrm{d}x$$

$$=\int\frac{1}{(x-2)^2}\mathrm{d}(x-2)-\int\frac{1}{(x-2)^2+1}\mathrm{d}(x-2)$$

$$=-\frac{1}{x-2}-\arctan(x-2)+C.$$

例 7 求 $\int\frac{1}{x^4+1}\mathrm{d}x$.

解 $\int\frac{1}{x^4+1}\mathrm{d}x=\frac{1}{2}\int\frac{x^2+1}{x^4+1}\mathrm{d}x-\frac{1}{2}\int\frac{x^2-1}{x^4+1}\mathrm{d}x$

$$= \frac{1}{2}\int \frac{1+\frac{1}{x^2}}{x^2+\frac{1}{x^2}}dx - \frac{1}{2}\int \frac{1-\frac{1}{x^2}}{x^2+\frac{1}{x^2}}dx$$

$$= \frac{1}{2}\int \frac{1}{\left(x-\frac{1}{x}\right)^2+2}d\left(x-\frac{1}{x}\right) - \frac{1}{2}\int \frac{1}{\left(x+\frac{1}{x}\right)^2-2}d\left(x+\frac{1}{x}\right)$$

$$= \frac{1}{2\sqrt{2}}\arctan\frac{x^2-1}{\sqrt{2}x} - \frac{1}{4\sqrt{2}}\ln\left|\frac{x^2-x\sqrt{2}+1}{x^2+x\sqrt{2}+1}\right| + C.$$

二、三角函数有理式的积分

由三角函数和常数经过有限次四则运算所构成的函数称为**三角函数有理式**．因为所有三角函数都可以表示为 $\sin x$ 和 $\cos x$ 的有理函数，所以，下面只讨论 $R(\sin x，\cos x)$型函数的不定积分．

由三角学知道，$\sin x$ 和 $\cos x$ 都可以用 $\tan\frac{x}{2}$的有理式表示，因此，作变量代换 $u=\tan\frac{x}{2}$，则

$$\sin x = 2\sin\frac{x}{2}\cos\frac{x}{2} = \frac{2\tan\frac{x}{2}}{\sec^2\frac{x}{2}} = \frac{2\tan\frac{x}{2}}{1+\tan^2\frac{x}{2}} = \frac{2u}{1+u^2},$$

$$\cos x = \cos^2\frac{x}{2} - \sin^2\frac{x}{2} = \frac{1-\tan^2\frac{x}{2}}{\sec^2\frac{x}{2}} = \frac{1-\tan^2\frac{x}{2}}{1+\tan^2\frac{x}{2}} = \frac{1-u^2}{1+u^2}.$$

又由 $x=2\arctan u$，得 $dx=\frac{2}{1+u^2}du$，于是

$$\int R(\sin x,\cos x)dx = \int R\left(\frac{2u}{1+u^2},\frac{1-u^2}{1+u^2}\right)\frac{2}{1+u^2}du.$$

由此可见，在任何情况下，变换 $u=\tan\frac{x}{2}$都可以把积分$\int R(\sin x,\cos x)\,dx$ 有理化．所以，称变换 $u=\tan\frac{x}{2}$为万能代换．

例 8 求$\int \frac{1}{1+\sin x+\cos x}dx$.

解 设 $u=\tan\frac{x}{2}$，则

$$\int \frac{1}{1+\sin x+\cos x}dx = \int \frac{1}{1+\frac{2u}{1+u^2}+\frac{1-u^2}{1+u^2}}\cdot\frac{2}{1+u^2}du$$

$$= \int \frac{1}{1+u}du = \ln|1+u|+C$$

$$= \ln\left|1+\tan\frac{x}{2}\right|+C.$$

例 9 求$\int \frac{1+\sin x}{1-\cos x}\mathrm{d}x$.

解 设$u=\tan\frac{x}{2}$，则

$$\int \frac{1+\sin x}{1-\cos x}\mathrm{d}x=\int \frac{1+\frac{2u}{1+u^2}}{1-\frac{1-u^2}{1+u^2}}\cdot\frac{2}{1+u^2}\mathrm{d}u=\int \frac{(1+u^2)+2u}{u^2(1+u^2)}\mathrm{d}u$$

$$=\int \frac{1}{u^2}\mathrm{d}u+\int \frac{2}{u(1+u^2)}\mathrm{d}u=\int \frac{1}{u^2}\mathrm{d}u+2\int \frac{(1+u^2)-u^2}{u(1+u^2)}\mathrm{d}u$$

$$=\int \frac{1}{u^2}\mathrm{d}u+2\int \frac{1}{u}\mathrm{d}u-\int \frac{2u}{1+u^2}\mathrm{d}u$$

$$=-\frac{1}{u}+2\ln|u|-\ln(1+u^2)+C$$

$$=2\ln\left|\tan\frac{x}{2}\right|-\cot\frac{x}{2}-\ln\left(\sec^2\frac{x}{2}\right)+C.$$

虽然利用代换$u=\tan\frac{x}{2}$可以把三角函数有理式的积分化为有理函数的积分，但是，经代换后得出的有理函数积分一般比较麻烦．因此，这种代换不一定是最简捷的代换．

例 10 求$\int \frac{\sin x}{1+\sin x}\mathrm{d}x$.

解 $$\int \frac{\sin x}{1+\sin x}\mathrm{d}x=\int \frac{\sin x(1-\sin x)}{1-\sin^2 x}\mathrm{d}x=\int \frac{\sin x-\sin^2 x}{\cos^2 x}\mathrm{d}x$$

$$=\int \frac{\sin x}{\cos^2 x}\mathrm{d}x-\int \frac{1-\cos^2 x}{\cos^2 x}\mathrm{d}x$$

$$=-\int \frac{1}{\cos^2 x}\mathrm{d}\cos x-\int \frac{1}{\cos^2 x}\mathrm{d}x+\int \mathrm{d}x$$

$$=\frac{1}{\cos x}-\tan x+x+C.$$

例 11 求$\int \frac{1}{1+3\cos^2 x}\mathrm{d}x$.

解 $$\int \frac{1}{1+3\cos^2 x}\mathrm{d}x=\int \frac{\sec^2 x}{\sec^2 x+3}\mathrm{d}x=\int \frac{1}{\tan^2 x+4}\mathrm{d}\tan x$$

$$=\frac{1}{2}\arctan\left(\frac{\tan x}{2}\right)+C.$$

三、简单无理函数的积分

(一)$R(x, \sqrt[n]{ax+b})$型函数的积分

$R(x, u)$表示x和u两个变量的有理式，其中a，b为常数．对于这种类型函数的积分，作变量代换$\sqrt[n]{ax+b}=u$，则$x=\frac{u^n-b}{a}$，$\mathrm{d}x=\frac{nu^{n-1}}{a}\mathrm{d}u$，于是

$$\int R(x, \sqrt[n]{ax+b})\mathrm{d}x=\int R\left(\frac{u^n-b}{a}, u\right)\cdot\frac{nu^{n-1}}{a}\mathrm{d}u. \qquad (5)$$

式(5)右端是一个有理函数的积分．

例 12 求 $\int \frac{1}{1+\sqrt[3]{x+2}}dx$.

解 令 $\sqrt[3]{x+2}=u$，则 $x=u^3-2$，$dx=3u^2du$，于是

$$\int \frac{1}{1+\sqrt[3]{x+2}}dx=\int \frac{3u^2}{1+u}du=3\int \frac{u^2-1+1}{1+u}du$$
$$=3\int\left(u-1+\frac{1}{1+u}\right)du=3\left(\frac{u^2}{2}-u+\ln|1+u|\right)+C$$
$$=\frac{3}{2}\sqrt[3]{(x+2)^2}-3\sqrt[3]{x+2}+3\ln|1+\sqrt[3]{x+2}|+C.$$

例 13 求 $\int \frac{\sqrt{x}}{1+\sqrt[3]{x}}dx$.

解 为了同时去掉被积函数中的两个根式，取 3 和 2 的最小公倍数 6，并作变量代换 $\sqrt[6]{x}=u$，则 $x=u^6$，$dx=6u^5du$，$\sqrt[3]{x}=u^2$，$\sqrt{x}=u^3$，于是

$$\int \frac{\sqrt{x}}{1+\sqrt[3]{x}}dx=\int \frac{6u^8}{u^2+1}du=6\int \frac{u^8}{u^2+1}du$$
$$=6\int\left(u^6-u^4+u^2-1+\frac{1}{1+u^2}\right)du$$
$$=\frac{6u^7}{7}-\frac{6u^5}{5}+2u^3-6u+6\arctan u+C$$
$$=\frac{6x\sqrt[6]{x}}{7}-\frac{6\sqrt[6]{x^5}}{5}+2\sqrt{x}-6\sqrt[6]{x}+6\arctan\sqrt[6]{x}+C.$$

(二) $R\left(x,\sqrt[n]{\frac{ax+b}{cx+d}}\right)$ 型函数的积分

这里 $R(x, u)$ 仍然表示 x 和 u 两个变量的有理式，其中 a，b，c，d 为常数．对于这种类型函数的不定积分，作变量代换 $\sqrt[n]{\frac{ax+b}{cx+d}}=u$，则 $x=\frac{du^n-b}{a-cu^n}$，$dx=\frac{nu^{n-1}(ad-bc)}{(a-cu^n)^2}du$，于是

$$\int R\left(x,\sqrt[n]{\frac{ax+b}{cx+d}}\right)dx=\int R\left(\frac{du^n-b}{a-cu^n},\ u\right)\cdot\frac{nu^{n-1}(ad-bc)}{(a-cu^n)^2}du. \tag{6}$$

式(6)右端是一个有理函数的积分．

例 14 求 $\int \frac{1}{x}\sqrt{\frac{1+x}{x}}dx$.

解 令 $\sqrt{\frac{1+x}{x}}=u$，则 $x=\frac{1}{u^2-1}$，$dx=-\frac{2u}{(u^2-1)^2}du$，于是

$$\int \frac{1}{x}\sqrt{\frac{1+x}{x}}dx=\int(u^2-1)u\cdot\frac{-2u}{(u^2-1)^2}du=-2\int \frac{u^2}{u^2-1}du=-2\int \frac{u^2-1+1}{u^2-1}du$$
$$=-2\int\left(1+\frac{1}{u^2-1}\right)du=-2u-\ln\left|\frac{u-1}{u+1}\right|+C$$
$$=-2u+2\ln(u+1)-\ln|u^2-1|+C$$
$$=-2\sqrt{\frac{1+x}{x}}+2\ln\left(\sqrt{\frac{1+x}{x}}+1\right)+\ln|x|+C.$$

例 15 求$\int \frac{1}{\sqrt[3]{(x+1)^2(x-1)^4}}\mathrm{d}x$.

解 $\int \frac{1}{\sqrt[3]{(x+1)^2(x-1)^4}}\mathrm{d}x=\int \frac{1}{(x+1)(x-1)\sqrt[3]{\frac{x-1}{x+1}}}\mathrm{d}x$，令$\sqrt[3]{\frac{x-1}{x+1}}=u$，则$\frac{x-1}{x+1}=u^3$，$x=\frac{u^3+1}{1-u^3}$，$\mathrm{d}x=\frac{6u^2}{(1-u^3)^2}\mathrm{d}u$，于是

$$\int \frac{1}{\sqrt[3]{(x+1)^2(x-1)^4}}\mathrm{d}x=\int \frac{1}{(x^2-1)\sqrt[3]{\frac{x-1}{x+1}}}\mathrm{d}x=\frac{3}{2}\int \frac{1}{u^2}\mathrm{d}u$$

$$=-\frac{3}{2u}+C=-\frac{3}{2}\sqrt[3]{\frac{x+1}{x-1}}+C.$$

习题 4-4

求下列不定积分：

1. $\int \frac{2x^3+1}{(x-1)^{100}}\mathrm{d}x$；
2. $\int \frac{x^5+x^4-8}{x^3-x}\mathrm{d}x$；
3. $\int \frac{3}{x^3+1}\mathrm{d}x$；
4. $\int \frac{x^2+1}{(x+1)^2(x-1)}\mathrm{d}x$；
5. $\int \frac{1}{(x^2+1)(x^2+x+1)}\mathrm{d}x$；
6. $\int \frac{x^4}{x^2+x-2}\mathrm{d}x$；
7. $\int \frac{1}{(u^2+4)^3}\mathrm{d}u$；
8. $\int \frac{x^2-5x+9}{x^2-5x+6}\mathrm{d}x$；
9. $\int \frac{1}{\sin 2x-2\sin x}\mathrm{d}x$；
10. $\int \frac{1+\tan x}{\sin 2x}\mathrm{d}x$；
11. $\int \frac{1+\sin x}{\sin x(1+\cos x)}\mathrm{d}x$；
12. $\int \frac{1}{\sin x(1+\sin^2 x)}\mathrm{d}x$；
13. $\int \frac{\sin x\cos x}{\sin x+\cos x}\mathrm{d}x$；
14. $\int \frac{1}{\sqrt{x}+\sqrt[3]{x}}\mathrm{d}x$；
15. $\int \left(\sqrt{\frac{x+3}{x-1}}-\sqrt{\frac{x-1}{x+3}}\right)\mathrm{d}x$；
16. $\int \frac{\sqrt{3-4x}}{x}\mathrm{d}x$；
17. $\int \frac{1}{x}\sqrt{\frac{1-x}{1+x}}\mathrm{d}x$；
18. $\int \frac{\sqrt{1+x}-1}{\sqrt{1+x}+1}\mathrm{d}x$；
19. $\int \frac{1}{\sqrt[3]{(1+x)^2}+\sqrt{1+x}}\mathrm{d}x$；
20. $\int \frac{1}{x-\sqrt[3]{3x+2}}\mathrm{d}x$.

第五节　不定积分的应用

一、不定积分在农业经济中的应用

由边际函数求总函数（即原函数）. 由边际函数的经济学意义可知，边际函数是总函数的

导数．如边际产量函数是总产量函数的导数，边际成本函数是总成本函数的导数，边际收益函数是总收益函数的导数等等．若已知边际函数求总函数，根据微分学和不定积分的互逆关系，我们可以得到如下结果：

1. 已知某产品或某品种农作物总产量 $y(x)$ 的边际产量为 $f(x)$，其中 x 表示该产品或该品种农作物的增产要素，则该产品或该品种农作物的总产量函数为

$$y=\int f(x)\mathrm{d}x.$$

积分常数可根据具体问题的条件来确定(以下同).

2. 已知某产品的总成本 $C_T(Q)$ 的边际成本为 $C_M(Q)$，则该产品的总成本函数为

$$C_T(Q)=\int C_M(Q)\mathrm{d}Q.$$

3. 已知某产品的总收益 $R_T(Q)$ 的边际收益为 $R_M(Q)$，则该产品的总收益函数为

$$R_T(Q)=\int R_M(Q)\mathrm{d}Q.$$

由总收益函数知，其条件为 $R_T(0)=0$.

4. 已知某产品的总利润 $L_T(Q)$ 的边际利润为 $L_M(Q)$，则该产品的总利润函数为

$$L_T(Q)=\int L_M(Q)\mathrm{d}Q.$$

例 1 已知某农机厂生产一种农机产品，该厂固定成本为 $C_1=1000$ 元，边际成本为 $C_M(Q)=\frac{Q}{2}$(Q 表示产品件数)，最大生产能力为 100 件，且当产品量 $Q=0$ 时，总成本 $C_T=1000$ 元，即$C_T(0)=1000$ 元．求该厂生产该产品的总成本函数 $C_T(Q)$，并求生产 50 件产品时的总成本．

解 由题意可知

$$C_T(Q)=\int C_M(Q)\mathrm{d}Q=\int\frac{Q}{2}\mathrm{d}Q=\frac{Q^2}{4}+C.$$

由条件 $C_T(0)=1000$，解得积分常数 $C=1000$，总成本函数为

$$C_T(Q)=1000+\frac{Q^2}{4},Q\in[0,1000].$$

当 $Q=50$ 时，总成本为

$$C_T(50)=1000+\left.\frac{Q^2}{4}\right|_{Q=50}=1000+\frac{50^2}{4}=1625(\text{元}).$$

例 2 已知某农产品的总利润函数 $L_T(Q)$ 的边际利润函数为 $L_M(Q)=16-\frac{Q}{2}$(元/单位)，其中 Q 表示产品量，且 $L_T(0)=-60$ 元．求：(1) 总利润函数 $L_T(Q)$；(2) 产量 Q 为多少单位时，总利润 L_T 最大？最大利润是多少？

解 (1) 由题意可知

$$L_T(Q)=\int L_M(Q)\mathrm{d}Q=\int\left(16-\frac{Q}{2}\right)\mathrm{d}Q=16Q-\frac{Q^2}{4}+C.$$

由条件 $L_T(0)=-60$，解得 $C=-60$，所以，总利润函数为

$$L_T(0)=16Q-\frac{Q^2}{4}-60.$$

（2）$L_T'(Q)=L_M(Q)=16-\frac{Q}{2}$，令 $L_T'(Q)=0$，解得 $Q=32$. 因为 $L_T''(Q)=-\frac{1}{2}<0$，即有 $L_T''(32)<0$，因此 $L_T(Q)$ 在点 $Q=32$ 取得极大值，因为只有一个极值，从而也是最大值．所以，当产量 Q 为 32 个单位时，总利润最大，最大利润为

$$L_T(32)=\left(-60+16Q-\frac{Q^2}{4}\right)\bigg|_{Q=32}=196(\text{元}).$$

例 3 已知生产某农产品 Q 单位时，总收益函数 $R_T(Q)$ 的边际收益函数为 $R_M(Q)=200-\frac{Q}{100}$（元/单位），且 $R_T(0)=0$. 试求生产 Q 单位时，总收益函数 $R_T(Q)$，并求生产这种产品2 000单位时的总收益．

解 由题意可知

$$R_T(Q)=\int R_M(Q)\mathrm{d}Q=\int\left(200-\frac{Q}{100}\right)\mathrm{d}Q=200Q-\frac{Q^2}{200}+C.$$

由条件 $R_T(0)=0$，解得积分常数 $C=0$，所以，生产 Q 单位时，总收益函数为

$$R_T(Q)=200Q-\frac{Q^2}{200}.$$

当生产 2 000 单位时，总收益为

$$R_T(2000)=\left(200Q-\frac{Q^2}{200}\right)\bigg|_{Q=2000}=380000(\text{元}).$$

例 4 已知某品种作物产量 $y(x)$（$\mathrm{kg/hm^2}$）的边际产量为 $f(x)=15.92-0.88x$，其中 x 表示肥料投入量（$\mathrm{kg/hm^2}$），且 $y(0)=3612$. 求：（1）产量函数 $y(x)$；（2）施肥量为多少时，产量最高，并求最高产量．

解 （1）由题意知

$$y(x)=\int f(x)\mathrm{d}x=\int(15.92-0.88x)\mathrm{d}x=15.92x-0.44x^2+C.$$

由条件 $y(0)=3612$，解得积分常数 $C=3612$，所以，总产量函数为

$$y(x)=3612+15.92x-0.44x^2.$$

（2）因为 $y'(x)=15.92-0.88x$，令 $y'(x)=0$，解得 $x\approx18.0909$. 由于最高产量的客观存在性，所以，当施肥量为 18.0909 $\mathrm{kg/hm^2}$ 时，产量达到最高，且最高产量为

$$y(18.0909)=(3612+15.92x-0.44x^2)_{x=18.0909}\approx3756(\mathrm{kg/hm^2}).$$

二、不定积分在生物科学中的应用

（一）生物个体生长模型

植物和动物个体在不受任何人为限制的条件下，生长都具有指数增长的趋势．下面以植物为例，建立其个体生长模型．

设 $W=W(t)$ 表示植物个体在时刻 t 的重量，且当 $t=0$ 时，$W=W_0$，则在理想的环境中，植物的生长率与重量成正比，即

$$\frac{\mathrm{d}W}{\mathrm{d}t}=RW,W\bigg|_{t=0}=W_0,\tag{1}$$

其中 R 为常数．由式(1)，得

$$\int\frac{\mathrm{d}W}{W}=\int R\mathrm{d}t,$$

积分，得

$$\ln W = Rt + C_1, W = \mathrm{e}^{C_1} \cdot \mathrm{e}^{Rt} = C\mathrm{e}^{Rt} (C = \mathrm{e}^{C_1}).$$

由条件$W\Big|_{t=0}=W_0$，解得积分常数 $C=W_0$，从而得植物个体的生长模型为

$$W = W_0 \mathrm{e}^{Rt}. \tag{2}$$

在模型中，$G=\dfrac{\mathrm{d}W}{\mathrm{d}t}$为绝对生长速率，它反映了植物个体在某瞬时 t 的生长速度．$R=\dfrac{1}{W}\cdot\dfrac{\mathrm{d}W}{\mathrm{d}t}$为相对生长速率，它反应植物各部分的联合工作性能的尺度．

应该注意的是，对于不同的实际问题(如不同的植物、不同的动物)，W_0 及 R 是不同的. 式(2)是在理想环境下生物个体生长的一般规律，但事实上，生物个体的生长或多或少会受到各种因素的影响．因此，在具体研究时，应根据实际情况，考虑各种因素的影响．

(二)生物种群动态模型

1. 简单的生死过程模型

设在所考虑的动植物群体中，生物个体的生死与年龄和种群大小无关，种群中成员生殖能力都一样，若生物是两性时，只考虑雌性，假定不会缺少雄性．设 $N(t)$表示时刻 t 时的种群大小，λ 表示每个个体的生殖率，μ 表示死亡率，则种群增长的确定性方程为

$$\frac{\mathrm{d}N}{\mathrm{d}t} = (\lambda - \mu)N, N\Big|_{t=0} = N_0. \tag{3}$$

由式(3)，得

$$\int \frac{\mathrm{d}N}{N} = \int (\lambda - \mu)\mathrm{d}t,$$

积分，得

$$\ln N = (\lambda - \mu)t + C_1, N = \mathrm{e}^{C_1} \cdot \mathrm{e}^{(\lambda-\mu)t} = C\mathrm{e}^{(\lambda-\mu)t} \quad (C = \mathrm{e}^{C_1}).$$

由条件$N\Big|_{t=0}=N_0$，解得积分常数 $C=N_0$，从而

$$N = N_0 \mathrm{e}^{(\lambda-\mu)t}. \tag{4}$$

式(4)即为种群增长方程．

由式(4)可以看出，当 $\lambda>\mu$ 时，种群按指数增长；当 $\lambda=\mu$ 时，种群大小保持稳定不变；当 $\lambda<\mu$ 时，种群依指数减少，直至灭亡．

在实际问题中，当群体中个体数目相当小，成员间的竞争不会影响生殖率时，可用本模型研究．

2. 限制性的种群增长模型

简单的生死模型只适用于种群相当小及它的成员间无干扰的情形，但在有限的环境中，任何种群的增长终究要受到环境及资源的限制．因此，当生存的种群对资源的要求阻碍进一步增长时，这种种群就处于它的“饱和水平”，其数值取决于环境的“负担能力”．对于个体生长来讲，到一定时候，由于生理等的反馈作用，亦使它的生长速度受阻且趋于上限．

设 $N(t)$表示时刻 t 时的种群大小，B 为种群上限，则种群的相对增长速度应与$(B-N)$成比例，即

$$\frac{1}{N}\cdot\frac{\mathrm{d}N}{\mathrm{d}t} = \lambda(B-N)(\lambda < 0), \frac{\mathrm{d}N}{\mathrm{d}t} = \lambda N(B-N). \tag{5}$$

由式(5)，得

$$\int \frac{\mathrm{d}N}{N(B-N)} = \int \lambda \mathrm{d}t,$$

从而

$$N = \frac{B}{1+C\mathrm{e}^{-\lambda Bt}}. \tag{6}$$

若$N\Big|_{t=0}=N_0$，则解得积分常数$C=\frac{B}{N_0}-1(B>N_0)$，于是得种群增长函数为

$$N = \frac{B}{1+\left(\frac{B}{N_0}-1\right)\mathrm{e}^{-\lambda Bt}}. \tag{7}$$

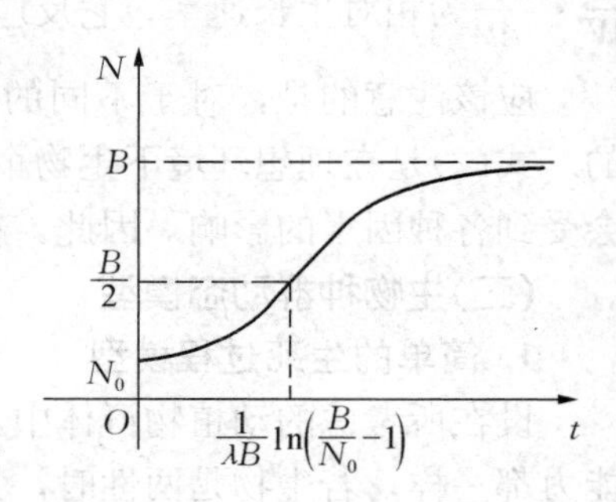

图 4-5

显然，当$t\to\infty$时，种群趋于饱和水平，即

$$\lim_{t\to\infty} N = \lim_{t\to\infty}\frac{B}{1+\left(\frac{B}{N_0}-1\right)\mathrm{e}^{-\lambda Bt}} = B.$$

易于验证，曲线(7)的拐点为$\left(\frac{1}{\lambda B}\ln\left(\frac{B}{N_0}-1\right), \frac{B}{2}\right)$. 因此，式(7)的图像为图 4-5 的$S$型曲线．方程(5)称为 Verhulst-Pear 阻滞方程．

以上是生物科学中几个简单的生物生长模型，其他更一般的生长模型可参阅有关资料．

习题 4-5

1. 某养猪场有固定成本 20 000 元，一年最多能养 400 头猪，已知每养一头猪成本增加 100 元，并且总收益$R_T(Q)$的边际收益为$R_M(Q)=400-Q$(其中Q表示年养殖头数)．求：(1)总成本函数$C_T(Q)$和总收益函数$R_T(Q)$；(2)一年养殖多少头猪时，总利润最大？最大利润是多少？(注：总利润函数$L_T(Q)=R_T(Q)-C_T(Q)$)．

2. 已知某品种小麦产量函数$y(x)$(kg/hm²)(其中x表示氮肥施用量(kg/hm²))的边际产量为$f(x)=0.6889-0.001x$，且$y(0)=3623.83$. 求：(1)产量函数$y(x)$；(2)每公顷施氮肥多少时，小麦产量最高？最高产量是多少？

3. 设某种农产品每天生产x单位时，固定成本为 30 元，总成本函数$C_T(x)$的边际成本函数为$C_M(x)=0.2x+3$(元/单位)，且$C_T(0)=30$. 求：(1)总成本函数$C_T(x)$；(2)如果这种商品规定的销售单价为 12 元，且产品可以全部售出，求总利润函数$L_T(x)$；(3)每天生产多少单位时，才能获得最大利润？最大利润是多少？

4. 已知某产品生产Q个单位时，总收益函数$R_T(Q)$的边际收益为$R_M(Q)=200-\frac{Q}{100}$(元/单位)，且$R_T(0)=0$. 求：(1)总收益函数$R_T(Q)$；(2)若已经生产了 100 个单位，求再生产 100 个单位总收益将增加多少？

5. 设一个物种的增长依赖主要食物的供应量为σ，σ_0表示生存所需的最低量，则种群增长方程可表示为$\frac{\mathrm{d}N}{\mathrm{d}t}=a(\sigma-\sigma_0)N(a>0)$，其中$N(t)$表示时刻$t$时的种群大小，并设$N\big|_{t=0}=$

N_0. 试求种群的增长函数，并讨论之.

第四章 自 测 题

一、填空(每小题 3 分，共 30 分).

1. $\int f'(x)\mathrm{d}x =$ ________.

2. $\int \mathrm{e}^x\left(1+\frac{\mathrm{e}^{-x}}{\cos^2 x}\right)\mathrm{d}x=$ ________.

3. 若 $f'(\mathrm{e}^x)=1+x$，则 $f(x)$ ________.

4. $\int \sqrt{\mathrm{e}^x-1}\,\mathrm{d}x =$ ________.

5. $\int \frac{2^x}{\sqrt{1-4^x}}\mathrm{d}x =$ ________.

6. $\int \frac{1}{x^2\sqrt{1-x^2}}\mathrm{d}x =$ ________.

7. $\int \frac{x}{4-x^2+\sqrt{4-x^2}}\mathrm{d}x =$ ________.

8. $\int \frac{1}{(\sin x+\cos x)^2}\mathrm{d}x =$ ________.

9. $\int \frac{x^3+x-1}{(x^2+2)^2}\mathrm{d}x =$ ________.

10. $\int \frac{\sqrt{x^2-9}}{x^2}\mathrm{d}x =$ ________.

二、选择填空(在下列各题给出的四个选项中，只有一项是正确的，请把正确选项前的字母填在题后的括号内)(每小题 3 分，共 24 分).

1. 下列命题中，正确的是(　　).

(A) 若 $f(x)$在某一区间内不连续，则在这个区间内 $f(x)$无原函数；

(B) 有界连续函数的原函数必为有界函数；

(C) 初等函数在其定义域内必有原函数；

(D) 偶函数的原函数都是奇函数.

2. 在开区间(a, b)内，如果 $f'(x)=\varphi'(x)$，则一定有(　　).

(A) $f(x)=\varphi(x)$；　　(B) $f(x)=\varphi(x)+C$；

(C) $\left[\int f(x)\mathrm{d}x\right]' = \left[\int \varphi(x)\mathrm{d}x\right]'$；　　(D) A,B,C 均不正确.

3. 若 $\int f(x)\mathrm{d}x = x^2\mathrm{e}^{2x}+C$，则 $f(x)=$(　　).

(A) $2x\mathrm{e}^{2x}$；　　(B) $2x^2\mathrm{e}^{2x}$；

(C) $x\mathrm{e}^{2x}$；　　(D) $2x\mathrm{e}^{2x}(1+x)$.

4. 若 $\int f(x)\mathrm{d}x = F(x) = C$,则$\int \frac{1}{x}f(\ln x)\mathrm{d}x =$ (　　).

(A) $F(\ln+x)+C$；　　(B) $-F(\ln x)+C$；

(C) $F\left(\frac{1}{x}\right)+C$；　　(D) $\frac{1}{x}F(\ln x)+C$.

5. 已知 $f'(\sin^2 x)=\cos 2x+\tan^2 x$，则当 $0<x<1$ 时，$f(x)=$(　　).

(A) $\ln(1-x)-x^2+C$；　　(B) $-\ln(1-x)-x^2+C$；

(C) $\ln(1+x)-x^2+C$；　　(D) $\ln(1-x)+x^2+C$.

6. 设 $f(x)=\mathrm{e}^{-x}$，则 $\int \frac{f'(\ln x)}{x}\mathrm{d}x =$ (　　).

(A) $-\frac{1}{x}+C$； (B) $\frac{1}{x}\ln x+C$；

(C) $\frac{1}{x}+C$； (D) $\frac{1}{x}\mathrm{e}^{x}+C$.

7. $\int\frac{\ln x-1}{x^{2}}\mathrm{d}x=(\quad)$.

(A) $-\frac{\ln x}{x}+C$； (B) $\frac{\ln x}{x}+C$；

(C) $\frac{\ln x}{x^{2}}+C$； (D) $-\frac{\ln x}{x^{2}}+C$.

8. 已知当 $x\neq0$ 时，$f'(x)$连续，则 $\int\frac{xf'(x)-(1+x)f(x)}{x^{2}\mathrm{e}^{x}}\mathrm{d}x=(\quad)$.

(A) $\frac{f(x)}{x^{2}\mathrm{e}^{x}}+C$； (B) $\frac{f(x)}{x\mathrm{e}^{x}}+C$；

(C) $-\frac{f(x)}{x^{2}\mathrm{e}^{x}}+C$； (D) $-\frac{f(x)}{x\mathrm{e}^{x}}+C$.

三、(8 分)证明若 $y=ax^{2}+bx+c$，$(a\neq0)$则

当 $a>0$ 时，$\int\frac{1}{\sqrt{y}}\mathrm{d}x=\frac{1}{\sqrt{a}}\ln\left|\frac{y'}{2}+\sqrt{ay}\right|+C$；

当 $a<0$ 时，$\int\frac{1}{\sqrt{y}}\mathrm{d}x=\frac{1}{\sqrt{-a}}\arcsin\frac{-y'}{\sqrt{b^{2}-4ac}}+C$.

四、(7 分)求 $I_n=\int(\ln x)^n\mathrm{d}x$ 的递推公式(n 为正整数).

五、(7 分)一物体作直线运动，已知其加速度为 $a=12t^{2}-3\sin t$，如果当 $t=0$ 时，速度 $V_0=5$，路程 $s_0=0$. 求：(1)速度 V 和时间 t 之间的函数关系；(2)路程 s 和时间 t 之间的函数关系.

六、(7 分)已知曲线上任意点的切线斜率为$\frac{b^{2}x}{a^{2}y}$，且过点$(-2, 1)$，试求该曲线的方程.

七、(8 分)已知某产品的总成本 $C_T(Q)$(万元)的边际成本 $C_M(Q)=1$，总收益 $R_T(Q)$(万元)的边际收益 $R_M(Q)=5-Q$，其中 Q(万台)表示生产量. 若 $C_T(0)=1$，$R_T(0)=0$，求总利润函数 $L_T(Q)$($L_T(Q)=R_T(Q)-C_T(Q)$).

八、(9 分)已知稻瘟病情增长的数学模型为$\frac{1}{y}\cdot\frac{\mathrm{d}y}{\mathrm{d}t}=r\left(1-\frac{y}{Y_0}\right)$，其中 y 表示病痕数量(或累加孢子数)，Y_0 表示生长季节的最高病痕(或孢子)数量，r 为常数. 若 $y(0)=y_0$，求稻瘟病情增长函数 $y(t)$.

[第五章] 定积分

定积分是积分学中的另一个重要概念．我们先从几何学与力学问题出发引入定积分概念，然后讨论它的性质和计算方法，最后介绍定积分在几何、物理、经济方面的一些应用．

第一节　定积分的概念与性质

一、定积分问题举例

(一)曲边梯形的面积

设 $y=f(x)$ 是区间 $[a,\ b]$ 上的非负连续函数，由直线 $x=a$，$x=b$，$y=0$ 及曲线 $y=f(x)$ 所围成的图形(图5-1)，称为**曲边梯形**，曲线 $y=f(x)$ 称为曲边．现在求其面积 A.

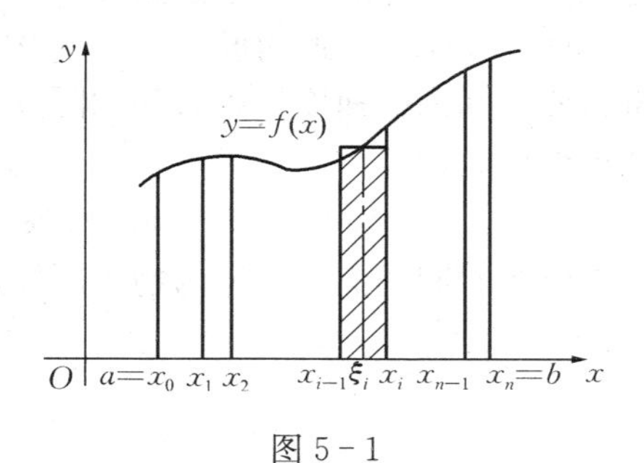

图 5-1

由于曲边梯形的高 $f(x)$ 在区间 $[a,\ b]$ 上是变动的，无法直接用已有的梯形面积公式计算；但曲边梯形的高 $f(x)$ 在区间 $[a,\ b]$ 上是连续变化的，当区间很小时，高 $f(x)$ 的变化也很小，近似不变．因此，如果把区间 $[a,\ b]$ 分成许多小区间，在每个小区间上用某一点处的高近似代替该区间上的小曲边梯形的变高，那么，每个小曲边梯形就可近似看成这样得到的小矩形，从而所有小矩形面积之和就可作为曲边梯形面积的近似值．如果将区间 $[a,\ b]$ 无限细分下去，即让每个小区间的长度都趋于零，这时所有小矩形面积之和的极限就可定义为曲边梯形的面积．其具体做法如下：

(1) 在区间 $[a,\ b]$ 内插入 $n-1$ 个分点

$$a=x_0<x_1<x_2<x_3<\cdots<x_{n-1}<x_n=b,$$

把区间 $[a,\ b]$ 分成 n 个小区间 $[x_{i-1},\ x_i]$ $(i=1,\ 2,\ \cdots,\ n)$，各小区间 $[x_{i-1},\ x_i]$ 的长度依次记为 $\Delta x_i=x_i-x_{i-1}$ $(i=1,\ 2,\ \cdots,\ n)$．过各个分点作垂直于 x 轴的直线，将整个曲边梯形分成 n 个小曲边梯形(图 5-1)，小曲边梯形的面积记为 ΔA_i $(i=1,\ 2,\ \cdots,\ n)$.

(2) 在每个小区间 $[x_{i-1},\ x_i]$ 上任意取一点 ξ_i $(x_{i-1}\leqslant\xi_i\leqslant x_i)$，作以 $f(\xi_i)$ 为高，底边为 Δx_i 的小矩形，其面积为 $f(\xi_i)\Delta x_i$，它可作为同底的小曲边梯形面积的近似值，即

$$\Delta A_i\approx f(\xi_i)\Delta x_i\quad(i=1,2,\cdots,n).$$

把 n 个小矩形的面积加起来，就得到整个曲边梯形面积 A 的近似值，即

$$A = \sum_{i=1}^{n} \Delta A_i \approx \sum_{i=1}^{n} f(\xi_i)\Delta x_i.$$

(3) 记$\lambda=\max\{\Delta x_1, \Delta x_2, \cdots, \Delta x_n\}$，则当$\lambda\to 0$时，每个小区间$[x_{i-1}, x_i]$的长度$\Delta x_i$也趋于零．此时和式$\sum\limits_{i=1}^{n} f(\xi_i)\Delta x_i$的极限便是所求曲边梯形面积$A$的精确值，即

$$A = \lim_{\lambda\to 0}\sum_{i=1}^{n} f(\xi_i)\Delta x_i.$$

(二)变速直线运动的路程

设某物体作变速直线运动，已知速度$v=v(t)$是时间间隔$[a, b]$上的一个连续函数，求在这段时间间隔内物体所经过的路程s.

在等速直线运动中，路程＝速度×时间．现在速度是随时间变化的变量，因此，所求路程s不能直接按等速直线运动的路程公式来计算．然而，物体运动的速度函数$v=v(t)$是连续变化的，在很短的一段时间内，速度变化很小，近似于等速，从而可以以等速运动代替变速运动．因此，如果将$[a, b]$分成若干个小时间间隔，计算出每个小时间间隔内物体所经过路程的近似值，然后再求和就得到整个路程的近似值；最后，通过对时间间隔无限细分，用求极限的办法就可得变速直线运动路程的精确值．其具体做法如下：

(1) 在时间t的变化区间$[a, b]$内插入$(n-1)$个分点

$$a = t_0 < t_1 < t_2 < t_3 < \cdots < t_{n-1} < t_n = b,$$

把区间$[a, b]$分成n个小区间$[t_{i-1}, t_i]$，记$\Delta t_i=t_i-t_{i-1}(i=1, 2, \cdots, n)$.

(2) 在每一小段时间$[t_{i-1}, t_i]$内，以任一时刻$\xi_i(t_{i-1}\leqslant\xi_i\leqslant t_i)$处的速度$v(\xi_i)$去近似代替这段时间内的速度，则时间间隔$[t_{i-1}, t_i]$内物体所经过的路程$\Delta s_i$可以用$v(\xi_i)\Delta t_i$作为它的近似值，即

$$\Delta s_i \approx v(\xi_i)\Delta t_i \qquad (i=1, 2, \cdots, n),$$

于是整个时间间隔$[a, b]$内物体所经过的路程s的近似值为

$$s = \sum_{i=1}^{n}\Delta s_i \approx \sum_{i=1}^{n} v(\xi_i)\Delta t_i.$$

(3) 记$\lambda=\max\{\Delta t_1, \Delta t_2, \cdots, \Delta t_n\}$，则当$\lambda\to 0$时，和式$\sum\limits_{i=1}^{n} v(\xi_i)\Delta t_i$的极限就是路程$s$，即

$$s = \lim_{\lambda\to 0}\sum_{i=1}^{n} v(\xi_i)\Delta t_i.$$

二、定积分的定义

我们看到，虽然曲边梯形面积和变速直线运动路程的实际意义不同，但解决问题的方法却完全相同．概括起来就是：**分割、近似求和、取极限**．抛开它们各自所代表的实际意义，抓住共同本质与特点加以概括，就可得到下述定积分的定义．

定义 1　设函数$y=f(x)$在区间$[a, b]$上有界，在$[a, b]$上插入$n-1$个分点

$$a = x_0 < x_1 < x_2 < x_3 < \cdots < x_{n-1} < x_n = b,$$

将区间$[a, b]$分成n个小区间

$$[x_0, x_1], [x_1, x_2], \cdots, [x_{n-1}, x_n],$$

各小区间的长度依次记为 $\Delta x_i=x_i-x_{i-1}(i=1,2,\cdots,n)$，在每个小区间上任取一点 $\xi_i(x_{i-1}\leqslant\xi_i\leqslant x_i)$，作乘积 $f(\xi_i)\Delta x_i(i=1,2,\cdots,n)$，并作出和式

$$\sum_{i=1}^{n}f(\xi_i)\Delta x_i.$$

记 $\lambda=\max\limits_{1\leqslant i\leqslant n}\{\Delta x_i\}$，如果不论对区间 $[a,b]$ 怎样分法，也不论在小区间 $[x_{i-1},x_i]$ 上点 ξ_i 怎样取法，只要当 $\lambda\to0$ 时，和式 $\sum\limits_{i=1}^{n}f(\xi_i)\Delta x_i$ 总趋于确定的值 I，则称 $f(x)$ 在 $[a,b]$ 上可积，称此极限值 I 为函数 $f(x)$ 在 $[a,b]$ 上的定积分，记作 $\int_a^b f(x)\mathrm{d}x$，即

$$\int_a^b f(x)\mathrm{d}x=\lim_{\lambda\to0}\sum_{i=1}^{n}f(\xi_i)\Delta x_i,$$

其中 $f(x)$ 叫做**被积函数**，$f(x)\mathrm{d}x$ 叫做**被积表达式**，x 叫做**积分变量**，a 叫做**积分下限**，b 叫做**积分上限**，$[a,b]$ 叫做**积分区间**.

注 1 定积分是一个依赖于被积函数 $f(x)$ 及积分区间 $[a,b]$ 的常量，与积分变量采用什么字母无关，即

$$\int_a^b f(x)\mathrm{d}x=\int_a^b f(t)\mathrm{d}t=\int_a^b f(u)\mathrm{d}u.$$

注 2 定义中要求 $a<b$，为方便起见，允许 $b\leqslant a$，并规定

$$\int_a^b f(x)\mathrm{d}x=-\int_b^a f(x)\mathrm{d}x \text{ 及} \int_a^a f(x)\mathrm{d}x=0.$$

函数 $f(x)$ 在 $[a,b]$ 上满足什么条件一定可积？这个问题我们不作深入讨论，仅给出以下两个充分条件.

定理 1 **若 $f(x)$ 在区间 $[a,b]$ 上连续，则 $f(x)$ 在 $[a,b]$ 上可积；若 $f(x)$ 在区间 $[a,b]$ 上有界，且仅有有限个第一类间断点，则 $f(x)$ 在 $[a,b]$ 上可积.**

三、定积分的几何意义

(1) 若在 $[a,b]$ 上 $f(x)\geqslant0$，则由曲边梯形的面积问题知，定积分 $\int_a^b f(x)\mathrm{d}x$ 等于以 $y=f(x)$ 为曲边的 $[a,b]$ 上的曲边梯形的面积 A，即

$$\int_a^b f(x)\mathrm{d}x=A.$$

由此可知，图 5-2 中(a)，(b)阴影部分的面积可分别归结为

$$\int_a^b x\mathrm{d}x=\frac{1}{2}(b^2-a^2),\quad \int_{-R}^{R}\sqrt{R^2-x^2}\,\mathrm{d}x=\frac{\pi}{2}R^2.$$

(2) 若在 $[a,b]$ 上 $f(x)\leqslant0$，因 $f(\xi_i)\leqslant0$，从而 $\sum\limits_{i=1}^{n}f(\xi_i)\Delta x_i\leqslant0$，$\int_a^b f(x)\mathrm{d}x\leqslant0$. 此时 $\int_a^b f(x)\mathrm{d}x$ 的绝对值与由直线 $x=a$，$x=b$，$y=0$ 及曲线 $y=f(x)$ 所围成的曲边梯形的面积 A 相等(图 5-3)，即

$$\int_a^b f(x)\mathrm{d}x=-A.$$

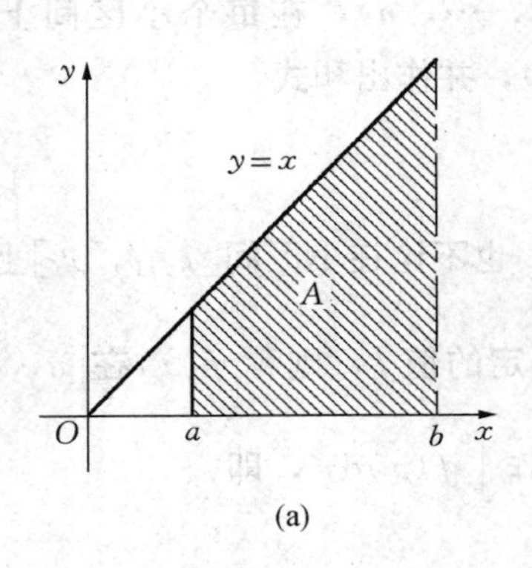

(a)

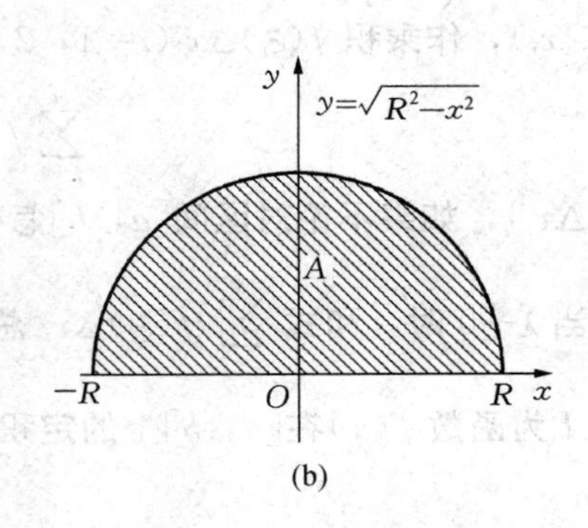

(b)

图 5－2

(3) 若在$[a,b]$上$f(x)$有正有负，则$\int_a^b f(x)\mathrm{d}x$等于$[a,b]$上位于x轴上方的图形面积减去x轴下方的图形面积．例如对图 5－4 有

$$\int_a^b f(x)\mathrm{d}x=\int_a^{x_1} f(x)\mathrm{d}x+\int_{x_1}^{x_2} f(x)\mathrm{d}x+\int_{x_2}^{b} f(x)\mathrm{d}x=-A_1+A_2-A_3.$$

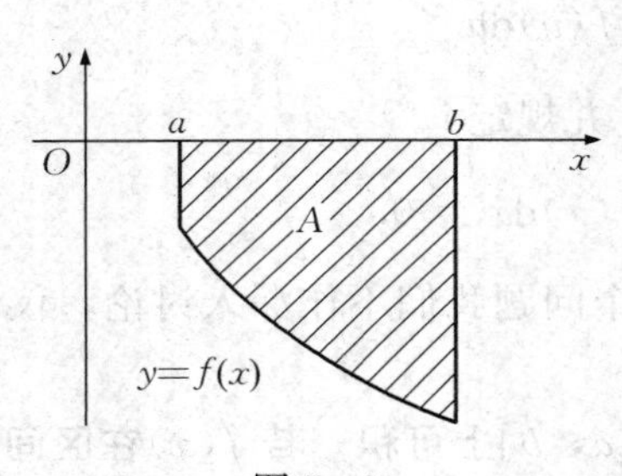

图 5－3

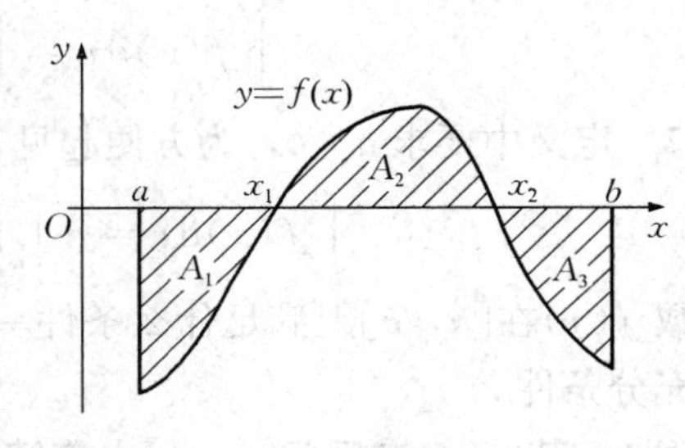

图 5－4

四、定积分的性质

性质 1　被积函数中的常数因子可以提到积分号外面，即

$$\int_a^b kf(x)\mathrm{d}x=k\int_a^b f(x)\mathrm{d}x\quad (k\text{ 为常数}).$$

证　$\int_a^b kf(x)\mathrm{d}x=\lim\limits_{\lambda\to 0}\sum\limits_{i=1}^n kf(\xi_i)\Delta x_i=k\lim\limits_{\lambda\to 0}\sum\limits_{i=1}^n f(\xi_i)\Delta x_i=k\int_a^b f(x)\mathrm{d}x.$

性质 2　函数的和(差)的定积分等于它们定积分的和(差)，即

$$\int_a^b [f(x)\pm g(x)]\mathrm{d}x=\int_a^b f(x)\mathrm{d}x\pm\int_a^b g(x)\mathrm{d}x.$$

证

$$\begin{aligned}\int_a^b [f(x)\pm g(x)]\mathrm{d}x&=\lim_{\lambda\to 0}\sum_{i=1}^n [f(\xi_i)\pm g(\xi_i)]\Delta x_i\\&=\lim_{\lambda\to 0}\sum_{i=1}^n f(\xi_i)\Delta x_i\pm\lim_{\lambda\to 0}\sum_{i=1}^n g(\xi_i)\Delta x_i=\int_a^b f(x)\mathrm{d}x\pm\int_a^b g(x)\mathrm{d}x.\end{aligned}$$

此性质对有限多个函数的代数和也成立．

性质 3　对于任意三个数 a，b，c，恒有

$$\int_a^b f(x)\mathrm{d}x=\int_a^c f(x)\mathrm{d}x+\int_c^b f(x)\mathrm{d}x.$$

证 当$a<c<b$时，因为函数$f(x)$在$[a, b]$上可积，所以无论对$[a, b]$怎样划分，和式的极限总是不变的．因此在划分区间时，可以使c永远是一个分点，那么$[a, b]$上的积分和等于$[a, c]$上的积分和加上$[c, b]$上的积分和，即

$$\sum_{[a,b]} f(\xi_i)\Delta x_i = \sum_{[a,c]} f(\xi_i)\Delta x_i + \sum_{[c,b]} f(\xi_i)\Delta x_i.$$

令$\lambda \to 0$，上式两端取极限，得

$$\int_a^b f(x)\mathrm{d}x = \int_a^c f(x)\mathrm{d}x + \int_c^b f(x)\mathrm{d}x;$$

同理，当$c<a<b$时，

$$\int_c^b f(x)\mathrm{d}x = \int_c^a f(x)\mathrm{d}x + \int_a^b f(x)\mathrm{d}x,$$

所以
$$\int_a^b f(x)\mathrm{d}x = \int_c^b f(x)\mathrm{d}x - \int_c^a f(x)\mathrm{d}x = \int_a^c f(x)\mathrm{d}x + \int_c^b f(x)\mathrm{d}x.$$

其他情形仿此可证．

性质 4 **如果在**$[a, b]$**上**$f(x)\geqslant 0$，**则**$\int_a^b f(x)\mathrm{d}x \geqslant 0$.

证 因为$f(x)\geqslant 0$，所以$f(\xi_i)\geqslant 0(i=1, 2, \cdots, n)$，又$\Delta x_i\geqslant 0$，所以$\sum\limits_{i=1}^{n} f(\xi_i)\Delta x_i \geqslant 0$，于是

$$\int_a^b f(x)\mathrm{d}x = \lim_{\lambda\to 0}\sum_{i=1}^{n} f(\xi_i)\Delta x_i \geqslant 0.$$

同理可证，如果在$[a, b]$上$f(x)\leqslant 0$，则$\int_a^b f(x)\mathrm{d}x \leqslant 0$.

性质 5 **如果在**$[a, b]$**上**$f(x)\leqslant g(x)$，**则**$\int_a^b f(x)\mathrm{d}x \leqslant \int_a^b g(x)\mathrm{d}x$.

证 因为在$[a, b]$上$f(x)\leqslant g(x)$，则$f(x)-g(x)\leqslant 0$，即

$$\int_a^b [f(x)-g(x)]\mathrm{d}x \leqslant 0,$$

于是
$$\int_a^b f(x)\mathrm{d}x \leqslant \int_a^b g(x)\mathrm{d}x.$$

性质 6 **如果在**$[a, b]$**上**，$f(x)\equiv 1$，**则**$\int_a^b f(x)\mathrm{d}x = \int_a^b 1\mathrm{d}x = b-a$.

性质 7 **设**M，m**是函数**$f(x)$**在区间**$[a, b]$**上的最大值与最小值，则**

$$m(b-a)\leqslant \int_a^b f(x)\mathrm{d}x \leqslant M(b-a).$$

证 因为$m\leqslant f(x)\leqslant M$，由性质 5，得

$$\int_a^b m\mathrm{d}x \leqslant \int_a^b f(x)\mathrm{d}x \leqslant \int_a^b M\mathrm{d}x,$$

所以
$$m(b-a)\leqslant \int_a^b f(x)\mathrm{d}x \leqslant M(b-a).$$

性质 8（积分中值定理） **设函数**$f(x)$**在**$[a, b]$**上连续，则在**$[a, b]$**上至少存在一点**ξ，**使得**

$$\int_a^b f(x)\mathrm{d}x = f(\xi)(b-a) \quad (a\leqslant \xi \leqslant b).$$

该公式叫做积分中值公式．

证 因为 $f(x)$ 在 $[a, b]$ 上连续，所以 $f(x)$ 在 $[a, b]$ 上一定有最小值 m 和最大值 M，由性质 7，

$$m(b-a) \leqslant \int_a^b f(x)\mathrm{d}x \leqslant M(b-a),$$

即

$$m \leqslant \frac{1}{b-a}\int_a^b f(x)\mathrm{d}x \leqslant M.$$

$\frac{1}{b-a}\int_a^b f(x)\mathrm{d}x$ 是介于 $f(x)$ 的最小值与最大值之间的一个数，根据闭区间上连续函数的介值定理，至少存在一点 $\xi \in [a, b]$，使得 $f(\xi)=\frac{1}{b-a}\int_a^b f(x)\mathrm{d}x$ 成立，即

$$\int_a^b f(x)\mathrm{d}x = f(\xi)(b-a).$$

积分中值公式有以下几何解释：在区间 $[a, b]$ 上至少存在一点 ξ，使得以区间 $[a, b]$ 为底，以曲线 $y=f(x)$ 为曲边的曲边梯形面积等于与之同一底边而高为 $f(\xi)$ 的一个矩形的面积(图 5-5)．

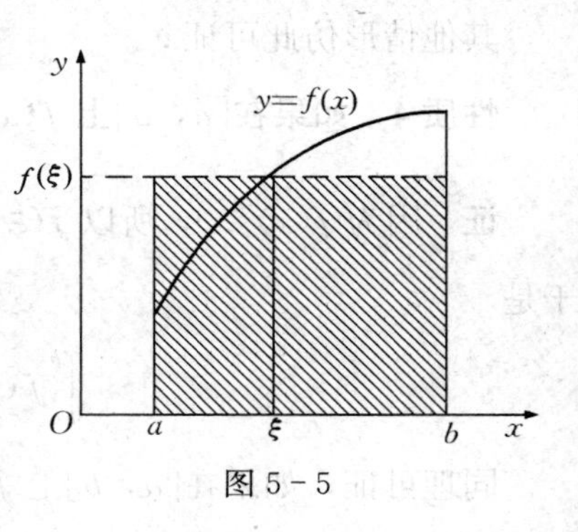

图 5-5

例 1 利用定义计算定积分 $\int_0^1 x^2\mathrm{d}x$.

解 因为被积函数 $f(x)=x^2$ 在积分区间 $[0, 1]$ 上连续，而连续函数是可积的，所以定积分与区间 $[0, 1]$ 的分法及点 ξ_i 的取法无关．因此，为了便于计算，不妨把区间 $[0, 1]$ 分成 n 等份，分点为 $x_i=\frac{i}{n}(i=1, 2, \cdots, n)$．这样每个小区间 $[x_{i-1}, x_i]$ 的长度 $\Delta x_i=\frac{1}{n}(i=1, 2, \cdots, n)$．取 $\xi_i=x_i=\frac{i}{n}(i=1, 2, \cdots, n)$，于是得和式

$$\begin{aligned}\sum_{i=1}^n f(\xi_i)\Delta x_i &= \sum_{i=1}^n \xi_i^2\Delta x_i = \sum_{i=1}^n\left(\frac{i}{n}\right)^2\frac{1}{n} = \frac{1}{n^3}\sum_{i=1}^n i^2 \\ &= \frac{1}{n^3}\frac{n(n+1)(2n+1)}{6} = \frac{1}{6}\left(1+\frac{1}{n}\right)\left(2+\frac{1}{n}\right).\end{aligned}$$

当 $\lambda \to 0$，即 $n\to\infty$ 时，由定积分的定义即得所要计算的定积分值为

$$\int_0^1 x^2\mathrm{d}x = \lim_{n\to+\infty}\sum_{i=1}^n f(\xi_i)\Delta x_i = \lim_{n\to+\infty}\frac{1}{6}\left(1+\frac{1}{n}\right)\left(2+\frac{1}{n}\right) = \frac{1}{3}.$$

例 2 设 $f(x)$ 在 $[0, 1]$ 上连续，在 $(0, 1)$ 内可导，且 $f(0)=3\int_{\frac{2}{3}}^1 f(x)\mathrm{d}x$．证明：在 $(0, 1)$ 内有一点 c，使 $f'(c)=0$.

证 对于 $f(x)$，在 $\left[\frac{2}{3}, 1\right]$ 上利用性质 8，至少存在一点 $\xi \in \left[\frac{2}{3}, 1\right]$，使得

$$f(\xi) = \frac{1}{1-\frac{2}{3}}\int_{\frac{2}{3}}^1 f(x)\mathrm{d}x = 3\int_{\frac{2}{3}}^1 f(x)\mathrm{d}x = f(0).$$

在 $[0, \xi]$ 上利用罗尔定理可得，至少存在一点 $c\in(0, \xi)$，使 $f'(c)=0$.

例 3 估计定积分 $\int_0^1 (e^{x^2}-\arctan x^2)\mathrm{d}x$ 的值．

解 令 $f(x)=e^{x^2}-\arctan x^2$，则 $f'(x)=2x\left(e^{x^2}-\frac{1}{1+x^4}\right)$. 在$[0,\ 1]$上，$f'(x)\geqslant 0$，即 $f(x)$在$[0,\ 1]$上单调增加，故

$$1=f(0)\leqslant f(x)\leqslant f(1)=e-\frac{\pi}{4},$$

从而
$$\int_0^1 \mathrm{d}x\leqslant\int_0^1 f(x)\mathrm{d}x\leqslant\int_0^1\left(e-\frac{\pi}{4}\right)\mathrm{d}x,$$

即
$$1\leqslant\int_0^1(e^{x^2}-\arctan x^2)\mathrm{d}x\leqslant e-\frac{\pi}{4}.$$

习题 5－1

1. 利用定积分定义计算下列定积分：

(1) $\int_0^1 x\mathrm{d}x$； (2) $\int_0^1 e^x\mathrm{d}x$.

2. 利用定积分的几何意义，判断下列定积分的值是正是负：

(1) $\int_0^{\frac{3}{4}\pi}\sin x\mathrm{d}x$； (2) $\int_{-1}^0 e^{-x^2}\mathrm{d}x$； (3) $\int_{\frac{1}{3}}^{\frac{1}{2}}\ln x\mathrm{d}x$.

3. 利用定积分性质，比较下列定积分的大小：

(1) $\int_0^1 x\mathrm{d}x,\int_0^1 x^2\mathrm{d}x,\int_0^1 x^3\mathrm{d}x$；

(2) $\int_3^4\ln x\mathrm{d}x,\int_3^4\ln^2 x\mathrm{d}x,\int_3^4\ln^3 x\mathrm{d}x$.

4. 估计下列定积分的值：

(1) $I=\int_1^4(x^2+1)\mathrm{d}x$； (2) $I=\int_0^1 e^{x^2}\mathrm{d}x$；

(3) $I=\int_{\frac{\sqrt{3}}{3}}^{\sqrt{3}}x\arctan x\mathrm{d}x$； (4) $I=\int_2^0 e^{x^2-x}\mathrm{d}x$.

5. 设 $f(x)$是$[a,\ b]$上的非负连续函数，且有一点 $x_0\in(a,\ b)$使 $f(x_0)>0$，证明

$$\int_a^b f(x)\mathrm{d}x>0.$$

第二节 微积分基本公式

按定积分的定义来计算一个函数的定积分是困难的，如果被积函数比较复杂，其难度更大．因此，必须寻求计算定积分的新方法．

先从熟悉的变速直线运动谈起．由第一节知，如果一物体作变速直线运动，其速度 $v=v(t)$，它从时刻 $t=a$ 到时刻 $t=b$ 所经过的路程等于定积分

$$s=\int_a^b v(t)\mathrm{d}t.$$

另一方面，若已知物体运动的路程函数 $s=s(t)$，则它从时刻 $t=a$ 到时刻 $t=b$ 所经过的

路程为 $s=s(b)-s(a)$，故有

$$\int_a^b v(t)\mathrm{d}t = s(b)-s(a). \tag{1}$$

因为 $s'(t)=v(t)$，即路程函数 $s(t)$ 是速度函数 $v(t)$ 的原函数，所以式(1)表示速度函数 $v(t)$ 在区间 $[a, b]$ 上的定积分等于 $v(t)$ 的原函数 $s(t)$ 在区间 $[a, b]$ 上的增量 $s(b)-s(a)$.

又因为 $s'(t)=v(t)$，式(1)又可写为

$$\int_a^b s'(t)\mathrm{d}t = s(b)-s(a). \tag{2}$$

一般地，对于任意 $x\in[a, b]$，则有

$$\int_a^x s'(t)\mathrm{d}t = s(x)-s(a). \tag{3}$$

式(3)两边都是 x 的函数，从而有

$$\frac{\mathrm{d}}{\mathrm{d}x}\int_a^x v(t)\mathrm{d}t = v(x).$$

该式表明了积分与微分的互逆运算关系．下面我们从理论上给出证明．

一、积分上限的函数

设 $f(x)$ 在 $[a, b]$ 上连续，x 为 $[a, b]$ 上任一点，现在考察 $f(x)$ 在部分区间 $[a, x]$ 上的定积分 $\int_a^x f(t)\mathrm{d}t$. 由于 $f(t)$ 在 $[a, x]$ 上连续，所以定积分 $\int_a^x f(t)\mathrm{d}t$ 一定存在，并且它是积分上限 x 的函数，记为 $\Phi(x)$，即

$$\Phi(x) = \int_a^x f(t)\mathrm{d}t.$$

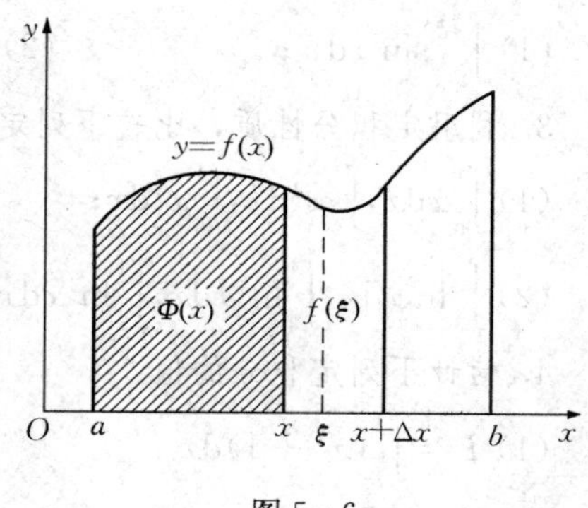

图 5-6

从几何上看，这个函数 $\Phi(x)$ 表示区间 $[a, x]$ 上曲边梯形的面积(图 5-6 中阴影部分). 关于这个函数有以下定理．

定理 1　如果函数 $f(x)$ 在 $[a, b]$ 上连续，则函数 $\Phi(x)=\int_a^x f(t)\mathrm{d}t$ 是函数 $f(x)$ 的一个原函数，即有

$$\Phi'(x) = \frac{\mathrm{d}}{\mathrm{d}x}\int_a^x f(t)\mathrm{d}t = f(x),$$

或

$$\mathrm{d}\Phi(x) = \mathrm{d}\int_a^x f(t)\mathrm{d}t = f(x)\mathrm{d}x.$$

证　设给 x 以增量 Δx，则函数 $\Phi(x)$ 的相应增量为

$$\Delta\Phi(x) = \Phi(x+\Delta x)-\Phi(x) = \int_a^{x+\Delta x} f(t)\mathrm{d}t - \int_a^x f(t)\mathrm{d}t$$

$$= \int_a^x f(t)\mathrm{d}t + \int_x^{x+\Delta x} f(t)\mathrm{d}t - \int_a^x f(t)\mathrm{d}t = \int_x^{x+\Delta x} f(t)\mathrm{d}t.$$

由定积分中值定理有

$$\Delta\Phi(x)=\int_{x}^{x+\Delta x}f(t)\mathrm{d}t=f(\xi)\Delta x,$$

其中 ξ 在 x 和 $x+\Delta x$ 之间，用 Δx 除上式两端，得

$$\frac{\Delta\Phi(x)}{\Delta x}=f(\xi).$$

由于假设 $y=f(x)$ 在$[a, b]$上连续，而 $\Delta x\to0$，$\xi\to x$，此时 $f(\xi)\to f(x)$.

令 $\Delta x\to0$，对上式两端取极限便得到

$$\Phi'(x)=f(x).$$

此定理表明：如果函数 $f(x)$ 在$[a, b]$上连续，则它的原函数必定存在，并且它的一个原函数可以用定积分的形式表达为

$$\Phi(x)=\int_{a}^{x}f(t)\mathrm{d}t.$$

由此还可推出：

(1) 如果 $f(x)$ 在$[a, b]$上连续，则有 $\int f(x)\mathrm{d}x=\int_{a}^{x}f(t)\mathrm{d}t+C$，这说明 $f(x)$ 的不定积分可以通过可变上限的定积分来表示；

(2) 如果 $f(x)$ 在$[a, b]$上连续，那么定积分 $\int_{a}^{b}f(x)\mathrm{d}x$ 中被积表达式不仅表示定积分和式的代表项，而且也表示函数 $\Phi(x)=\int_{a}^{x}f(t)\mathrm{d}t$ 的微分，即

$$\mathrm{d}\int_{a}^{x}f(t)\mathrm{d}t=f(x)\mathrm{d}x.$$

例 1 $I_1(x)=\int_{a}^{x^2}xf(t)\mathrm{d}t$，$I_2(x)=x\int_{a}^{x^2}f(x)\mathrm{d}x$，$I_3(x)=\int_{a}^{x^2}xf(x)\mathrm{d}x$ 三者之间有何区别？当 $f(x)$ 连续时，如何求它们的导数？

解 这里应首先分清两种变量：积分变量与上限变量.

$I_1(x)$ 与 $I_2(x)$ 表示同一函数. 这是因为定积分与积分变量无关，所以

$$I_2(x)=x\int_{a}^{x^2}f(x)\mathrm{d}x=x\int_{a}^{x^2}f(t)\mathrm{d}t.$$

这里积分变量是 t，相对 t 而言，x 是常数，故可以放到积分号里，所以

$$I_2(x)=\int_{a}^{x^2}xf(t)\mathrm{d}t=I_1(x).$$

$I_1(x)$ 与 $I_3(x)$ 表示的函数不同.

$$I_3(x)=\int_{a}^{x^2}xf(x)\mathrm{d}x=\int_{a}^{x^2}tf(t)\mathrm{d}t\neq\int_{a}^{x^2}xf(t)\mathrm{d}t=I_1(x),$$

$$\begin{aligned}\frac{\mathrm{d}}{\mathrm{d}x}I_1(x)&=\frac{\mathrm{d}}{\mathrm{d}x}\left[x\int_{a}^{x^2}f(t)\mathrm{d}t\right]=\int_{a}^{x^2}f(t)\mathrm{d}t+xf(x^2)\cdot(x^2)'\\&=\int_{a}^{x^2}f(t)\mathrm{d}t+2x^2f(x^2),\end{aligned}$$

$$\frac{\mathrm{d}}{\mathrm{d}x}I_3(x)=\frac{\mathrm{d}}{\mathrm{d}x}\int_{a}^{x^2}tf(t)\mathrm{d}t=x^2f(x^2)\cdot(x^2)'=2x^3f(x^2).$$

二、牛顿—莱布尼茨公式

定理 2　如果函数 $F(x)$ 是连续函数 $f(x)$ 在 $[a, b]$ 上的一个原函数，则

$$\int_a^b f(x)\mathrm{d}x = F(b) - F(a).$$

这个公式叫做**牛顿—莱布尼茨公式**，它是计算定积分的基本公式．

证　由定理 1，$\Phi(x)=\int_a^x f(t)\mathrm{d}t$ 是 $f(x)$ 的一个原函数，又知 $F(x)$ 也是 $f(x)$ 的一个原函数，因为两个原函数之间仅差一个常数，所以

$$\int_a^x f(t)\mathrm{d}t = F(x) + C \quad (a \leqslant x \leqslant b).$$

在上式中，令 $x=a$，得 $C=-F(a)$，代入上式，得

$$\int_a^x f(t)\mathrm{d}t = F(x) - F(a).$$

再令 $x=b$，并把积分变量 t 换成 x，便得到

$$\int_a^b f(x)\mathrm{d}x = F(b) - F(a).$$

通常把 $F(b)-F(a)$ 记为 $[F(x)]_a^b$ 或 $F(x)\Big|_a^b$，于是牛顿—莱布尼茨公式可写成 $\int_a^b f(x)\mathrm{d}x=[F(x)]_a^b$ 或 $\int_a^b f(x)\mathrm{d}x = F(x)\Big|_a^b$，即 $\int_a^b f(x)\mathrm{d}x = \int f(x)\mathrm{d}x\Big|_a^b$．此式表明了定积分与不定积分的关系．

定理 1 和定理 2 揭示了微分与积分以及定积分与不定积分之间的内在联系，因此统称为**微积分基本定理**．

例 2　求 $\int_{-1}^1 \frac{\mathrm{d}x}{1+x^2}$.

解　由于 $\arctan x$ 是 $\frac{1}{1+x^2}$ 的一个原函数，所以有

$$\int_{-1}^1 \frac{\mathrm{d}x}{1+x^2} = [\arctan x]_{-1}^1 = \frac{\pi}{4} - \left(-\frac{\pi}{4}\right) = \frac{\pi}{2}.$$

例 3　求 $\int_0^\pi \sqrt{1+\cos 2x}\,\mathrm{d}x$.

解
$$\begin{aligned}\int_0^\pi \sqrt{1+\cos 2x}\,\mathrm{d}x &= \int_0^\pi \sqrt{2\cos^2 x}\,\mathrm{d}x = \sqrt{2}\int_0^\pi |\cos x|\,\mathrm{d}x \\ &= \sqrt{2}\int_0^{\frac{\pi}{2}} \cos x\mathrm{d}x + \sqrt{2}\int_{\frac{\pi}{2}}^\pi (-\cos x)\mathrm{d}x \\ &= \sqrt{2}[\sin x]_0^{\frac{\pi}{2}} - \sqrt{2}[\sin x]_{\frac{\pi}{2}}^\pi = 2\sqrt{2}.\end{aligned}$$

例 4　设 $f(x)=\begin{cases} x+1, & x\geqslant 1, \\ \frac{1}{2}x^2, & x<1, \end{cases}$ 求 $\int_0^2 f(x)\mathrm{d}x$.

解
$$\int_0^2 f(x)\mathrm{d}x = \int_0^1 \frac{1}{2}x^2\mathrm{d}x + \int_1^2 (x+1)\mathrm{d}x = \left[\frac{1}{6}x^3\right]_0^1 + \left[\frac{1}{2}x^2 + x\right]_1^2 = \frac{8}{3}.$$

例 5 证明：若 $f(x)$连续，且 $u(x)$、$v(x)$可导，则

$$\frac{\mathrm{d}}{\mathrm{d}x}\int_{v(x)}^{u(x)} f(t)\mathrm{d}t = f[u(x)]u'(x) - f[v(x)]v'(x).$$

证 设 $F(x)$为 $f(x)$的一个原函数，即 $F'(x)=f(x)$，则有

$$\int_{v(x)}^{u(x)} f(t)\mathrm{d}t = F(t)\Big|_{v(x)}^{u(x)} = F[u(x)] - F[v(x)],$$

故

$$\begin{aligned}\frac{\mathrm{d}}{\mathrm{d}x}\int_{v(x)}^{u(x)} f(t)\mathrm{d}t &= \frac{\mathrm{d}F[u(x)]}{\mathrm{d}x} - \frac{\mathrm{d}F[v(x)]}{\mathrm{d}x} \\ &= \frac{\mathrm{d}F[u(x)]}{\mathrm{d}u(x)}\frac{\mathrm{d}u(x)}{\mathrm{d}x} - \frac{\mathrm{d}F[v(x)]}{\mathrm{d}v(x)}\frac{\mathrm{d}v(x)}{\mathrm{d}x} \\ &= F'[u(x)]u'(x) - F'[v(x)]v'(x) \\ &= f[u(x)]u'(x) - f[v(x)]v'(x).\end{aligned}$$

例 6 已知 $y = \int_{-\sqrt{x}}^{\sqrt{x}} \frac{1}{\sqrt{2\pi}}\mathrm{e}^{-\frac{t^2}{2}}\mathrm{d}t$,求$\frac{\mathrm{d}y}{\mathrm{d}x}$.

解 $\frac{\mathrm{d}y}{\mathrm{d}x}=\frac{1}{\sqrt{2\pi}}\mathrm{e}^{-\frac{(\sqrt{x})^2}{2}}(\sqrt{x})'-\frac{1}{\sqrt{2\pi}}\mathrm{e}^{-\frac{(-\sqrt{x})^2}{2}}(-\sqrt{x})'$

$=\frac{1}{2\sqrt{2\pi x}}\mathrm{e}^{-\frac{x}{2}}+\frac{1}{2\sqrt{2\pi x}}\mathrm{e}^{-\frac{x}{2}}=\frac{1}{\sqrt{2\pi x}}\mathrm{e}^{-\frac{x}{2}}$.

例 7 求 $\lim\limits_{x\to 0}\frac{\int_{\cos x}^{1}\mathrm{e}^{-t^2}\mathrm{d}t}{x^2}$.

解 这是一个“$\frac{0}{0}$”型的未定式，应用洛必达法则，得

$$\lim_{x\to 0}\frac{\int_{\cos x}^{1}\mathrm{e}^{-t^2}\mathrm{d}t}{x^2} = \lim_{x\to 0}\frac{-\mathrm{e}^{-\cos^2 x}(\cos x)'}{2x} = \lim_{x\to 0}\frac{\mathrm{e}^{-\cos^2 x}\sin x}{2x} = \frac{1}{2\mathrm{e}}.$$

例 8 设 $f(x)$在$[a, b]$上连续，且 $f(x)>0$，$F(x)=\int_a^x f(t)\mathrm{d}t+\int_b^x \frac{1}{f(t)}\mathrm{d}t$，求证 $F(x)$在$[a, b]$上单调递增.

证 因为 $f(x)$在$[a, b]$上连续，且 $f(x)>0$，所以$\frac{1}{f(x)}$在$[a, b]$上连续. 由

$$F'(x) = f(x) + \frac{1}{f(x)} > 0,$$

所以，$F(x)$在$[a, b]$上单调递增.

例 9 求函数 $F(x) = \int_0^x t(t-4)\mathrm{d}t$ 在$[-1,5]$上的最大值与最小值.

解 $F'(x)=x(x-4)=x^2-4x$，令 $F'(x)=0$，得 $x=0$，$x=4$. 而 $F''(x)=2x-4$，$F''(0)=-4<0$，$F''(4)=4>0$，所以 $F(x)$在 $x=0$，$x=4$ 分别取得极大值，极小值：

$$F(0) = 0, F(4) = \int_0^4 t(t-4)\mathrm{d}t = -\frac{32}{3}.$$

又 $F(-1)=-\frac{7}{3}$，$F(5)=-\frac{25}{3}$，故 $F(x)$在区间$[-1, 5]$上的最小值为$-\frac{32}{3}$；最大值为零.

习题 5-2

1. 计算下列各定积分：

(1) $\int_{2}^{3} 0\mathrm{d}x$；

(2) $\int_{1}^{2}\left(x^{2}+\frac{1}{x^{4}}\right)\mathrm{d}x$；

(3) $\int_{1}^{2} \frac{1}{x}\mathrm{d}x$；

(4) $\int_{4}^{9}\sqrt{x}(1+\sqrt{x})\mathrm{d}x$；

(5) $\int_{0}^{\frac{\pi}{4}} \tan^{2}x\mathrm{d}x$；

(6) $\int_{2}^{4}\frac{1}{x^{2}+2x+3}\mathrm{d}x$；

(7) $\int_{0}^{1}\frac{1}{\sqrt{4-x^{2}}}\mathrm{d}x$；

(8) $\int_{0}^{1} t\mathrm{e}^{-\frac{t^{2}}{2}}\mathrm{d}x$.

2. 计算下列定积分：

(1) $\int_{0}^{2\pi} |\sin x|\mathrm{d}x$；

(2) $\int_{0}^{\pi}\sqrt{\sin^{3}x-\sin^{5}x}\mathrm{d}x$；

(3) 设 $f(x)=\begin{cases}x^{2}, & x\leqslant 1,\\ x-1, & x>1,\end{cases}$ 求$\int_{0}^{2} f(x)\mathrm{d}x$.

3. 计算下列各题：

(1) $\frac{\mathrm{d}}{\mathrm{d}x}\int_{\frac{\pi}{2}}^{2x}\frac{\sin t}{t}\mathrm{d}t$；

(2) $\frac{\mathrm{d}}{\mathrm{d}x}\int_{x^{2}}^{0}\frac{t\sin t}{1+\cos^{2}t}\mathrm{d}t$；

(3) $\frac{\mathrm{d}}{\mathrm{d}x}\int_{x^{2}}^{x^{3}}\frac{1}{\sqrt{1+t^{4}}}\mathrm{d}t$；

(4) $\lim\limits_{x\to 0}\frac{\int_{0}^{x}\cos t^{2}\mathrm{d}t}{x}$.

4. 讨论函数 $y=\int_{0}^{x} t\mathrm{e}^{-t^{2}}\mathrm{d}t$ 的极值点.

5. 求函数 $y=\int_{0}^{x}\frac{3t+1}{t^{2}-t+1}\mathrm{d}t$ 在[0，1]上的最大值与最小值.

6. 对任意 x，试求使 $\int_{a}^{x} f(t)\mathrm{d}t=2x^{2}+5x-3$ 成立的连续函数 $f(x)$和常数 a.

7. 设 $f(x)$在闭区间[a，b]上连续，在开区间(a，b)内可导，且 $f'(x)\leqslant 0$，证明：函数 $F(x)=\frac{1}{x-a}\int_{a}^{x} f(t)\mathrm{d}t$ 在(a，b)内单调递减.

8. 设 m，n 为整数，试证下列等式成立：

(1) $\int_{-\pi}^{\pi}\cos mx\mathrm{d}x=0$；

(2) $\int_{-\pi}^{\pi}\sin mx\mathrm{d}x=0$；

(3) $\int_{-\pi}^{\pi}\cos mx\sin nx\mathrm{d}x=0$；

(4) $\int_{-\pi}^{\pi}\cos mx\cos nx\mathrm{d}x=\begin{cases}0, & m\neq n,\\ \pi, & m=n;\end{cases}$

(5) $\int_{-\pi}^{\pi}\sin mx\sin nx\mathrm{d}x=\begin{cases}0, & m\neq n,\\ \pi, & m=n.\end{cases}$

第三节　定积分的换元积分法和分部积分法

在不定积分中，换元积分法和分部积分法对寻求原函数起了重要作用，根据牛顿—莱布尼茨公式，定积分的计算可化为求 $f(x)$的原函数在积分区间$[a, b]$上的增量．因此不定积分中的换元积分法和分部积分法对定积分仍然适用．

一、换元积分法

定理 1　设函数 $f(x)$在$[a, b]$上连续，函数 $x=\varphi(t)$在$[\alpha, \beta]$或$[\beta, \alpha]$上有连续导数，且 $\varphi(\alpha)=a$，$\varphi(\beta)=b$，则

$$\int_a^b f(x)\mathrm{d}x = \int_\alpha^\beta f[\varphi(t)]\varphi'(t)\mathrm{d}t.$$

证　假设 $F(x)$是 $f(x)$的一个原函数，则 $\int f(x)\mathrm{d}x = F(x)+C$，即

$$\int f[\varphi(t)]\varphi'(t)\mathrm{d}t = F[\varphi(t)]+C,$$

于是
$$\int_a^b f(x)\mathrm{d}x = F(b)-F(a) = F[\varphi(\beta)]-F[\varphi(\alpha)] = \int_\alpha^\beta f[\varphi(t)]\varphi'(t)\mathrm{d}t.$$

应用换元积分公式时应注意以下两点：

(1) 用 $x=\varphi(t)$把原来变量 x 代换成新变量 t 时，积分限也要换成相应于新变量 t 的积分限．

(2) 求出 $f[\varphi(t)]\varphi'(t)$的一个原函数 $F(t)$后，不必像计算不定积分那样再把 $F(t)$变换成原来的变量 x 的函数，而只要把相应于新变量 t 的积分上、下限分别代入 $F(t)$，然后相减即可．

例 1　求 $\int_0^a \sqrt{a^2-x^2}\,\mathrm{d}x\ (a>0)$.

解　设 $x=a\sin t\left(0\leqslant t\leqslant\frac{\pi}{2}\right)$，则 $\mathrm{d}x=a\cos t\mathrm{d}t$. 当 x 从 0 变到 a 时，t 从 0 变到$\frac{\pi}{2}$. 因此有

$$\int_0^a \sqrt{a^2-x^2}\mathrm{d}x = a^2\int_0^{\frac{\pi}{2}}\cos^2 t\mathrm{d}t = \frac{a^2}{2}\int_0^{\frac{\pi}{2}}(1+\cos 2t)\mathrm{d}t$$

$$= \frac{a^2}{2}\left[t+\frac{1}{2}\sin 2t\right]_0^{\frac{\pi}{2}} = \frac{\pi}{4}a^2.$$

例 2　求 $\int_0^a \frac{1}{\sqrt{x^2+a^2}}\mathrm{d}x\ (a>0)$.

解　设 $x=a\tan t\left(0\leqslant t\leqslant\frac{\pi}{4}\right)$，则 $\mathrm{d}x=a\sec^2 t\mathrm{d}t$. 当 x 从 0 变到 a 时，t 从 0 变到$\frac{\pi}{4}$. 于是

$$\int_0^a \frac{1}{\sqrt{x^2+a^2}}\mathrm{d}x = \int_0^{\frac{\pi}{4}}\frac{a\sec^2 t}{a\sec t}\mathrm{d}t = \int_0^{\frac{\pi}{4}}\sec t\mathrm{d}t = \ln\left|\sec t+\tan t\right|_0^{\frac{\pi}{4}} = \ln(1+\sqrt{2}).$$

例 3　求 $\int_1^4 \frac{1}{x+\sqrt{x}}\mathrm{d}x$.

解 设$\sqrt{x}=t(t>0)$，则$x=t^2$，$\mathrm{d}x=2t\mathrm{d}t$. 当$x$从1变到4时，$t$从1变到2. 于是

$$\int_1^4 \frac{1}{x+\sqrt{x}}\mathrm{d}x=\int_1^2 \frac{2t}{t^2+t}\mathrm{d}t=2\int_1^2 \frac{1}{t+1}\mathrm{d}t=2\ln(t+1)\Big|_1^2=2\ln\frac{3}{2}.$$

应用定积分的换元积分法时，可以不引进新变量而利用“凑微分”法积分，这时积分上、下限就不需要改变．

例 4 计算$\int_0^{\ln 2} \mathrm{e}^x\sqrt{\mathrm{e}^x-1}\,\mathrm{d}x$．

解 $\int_0^{\ln 2} \mathrm{e}^x\sqrt{\mathrm{e}^x-1}\,\mathrm{d}x=\int_0^{\ln 2}\sqrt{\mathrm{e}^x-1}\,\mathrm{d}(\mathrm{e}^x-1)=\frac{2}{3}(\mathrm{e}^x-1)^{\frac{3}{2}}\Big|_0^{\ln 2}=\frac{2}{3}.$

例 5 求$\int_1^{\mathrm{e}^2}\frac{1}{x(1+3\ln x)}\mathrm{d}x.$

解 $\int_1^{\mathrm{e}^2}\frac{1}{x(1+3\ln x)}\mathrm{d}x=\frac{1}{3}\int_1^{\mathrm{e}^2}\frac{1}{(1+3\ln x)}\mathrm{d}(1+3\ln x)=\frac{1}{3}\ln|1+3\ln x|\Big|_1^{\mathrm{e}^2}=\frac{1}{3}\ln 7.$

例 6 求$I=\int_a^x tf(x-t)\mathrm{d}t$的导数．

解 被积函数中含有x，首先令$x-t=u$消去$f(x-t)$中的x，则

$$\begin{aligned}I&=-\int_{x-a}^0 (x-u)f(u)\mathrm{d}u=\int_0^{x-a}(x-u)f(u)\mathrm{d}u\\&=x\int_0^{x-a}f(u)\mathrm{d}u-\int_0^{x-a}uf(u)\mathrm{d}u,\\\frac{\mathrm{d}I}{\mathrm{d}x}&=\int_0^{x-a}f(u)\mathrm{d}u+xf(x-a)-(x-a)f(x-a)\\&=\int_0^{x-a}f(u)\mathrm{d}u+af(x-a).\end{aligned}$$

例 7 求$\int_0^y \mathrm{e}^{-t^2}\mathrm{d}t+\int_0^x \cos t^2\mathrm{d}t=0$所确定的隐函数$y$对$x$的导数$\frac{\mathrm{d}y}{\mathrm{d}x}$.

解 方程两边对x求导，得

$$\mathrm{e}^{-y^2}\frac{\mathrm{d}y}{\mathrm{d}x}+\cos x^2=0,$$

即

$$\frac{\mathrm{d}y}{\mathrm{d}x}=-\mathrm{e}^{y^2}\cos x^2.$$

例 8 设$f(x)$在$[-a,a]$上连续，证明：

(1) 如果$f(x)$是$[-a,a]$上的偶函数，则

$$\int_{-a}^a f(x)\mathrm{d}x=2\int_0^a f(x)\mathrm{d}x;$$

(2) 如果$f(x)$是$[-a,a]$上的奇函数，则

$$\int_{-a}^a f(x)\mathrm{d}x=0.$$

证 因为$\int_{-a}^a f(x)\mathrm{d}x=\int_{-a}^0 f(x)\mathrm{d}x+\int_0^a f(x)\mathrm{d}x$,对积分$\int_{-a}^0 f(x)\mathrm{d}x$作变量代换$x=-t$，则

$$\int_{-a}^0 f(x)\mathrm{d}x=-\int_a^0 f(-t)\mathrm{d}t=\int_0^a f(-t)\mathrm{d}t=\int_0^a f(-x)\mathrm{d}x,$$

于是 $$\int_{-a}^{a} f(x)\mathrm{d}x = \int_{0}^{a} f(-x)\mathrm{d}x + \int_{0}^{a} f(x)\mathrm{d}x = \int_{0}^{a} [f(-x)+f(x)]\mathrm{d}x.$$

（1）当 $f(x)$ 为偶函数时，即 $f(-x)=f(x)$，则 $f(x)+f(-x)=2f(x)$，所以

$$\int_{-a}^{a} f(x)\mathrm{d}x = 2\int_{0}^{a} f(x)\mathrm{d}x.$$

（2）当 $f(x)$ 为奇函数时，即 $f(-x)=-f(x)$，则 $f(x)+f(-x)=0$，所以

$$\int_{-a}^{a} f(x)\mathrm{d}x = 0.$$

由例 8 可知：关于原点对称的区间上的奇函数或偶函数的定积分计算可以简化，如

$$\int_{-3}^{3} x^5\cos x\mathrm{d}x = 0，\int_{-2}^{2} x^2\mathrm{d}x = 2\int_{0}^{2} x^2\mathrm{d}x = 2\left.\frac{x^3}{3}\right|_0^2 = \frac{16}{3}.$$

二、分部积分法

定理 2　如果 $u=u(x)$，$v=v(x)$，在 $[a，b]$ 上具有连续导数，则

$$\int_a^b u\mathrm{d}v = [uv]_a^b - \int_a^b v\mathrm{d}u.$$

证　由不定积分的分部积分公式 $\int u\mathrm{d}v = uv - \int v\mathrm{d}u$，则

$$\int_a^b u\mathrm{d}v = \left[\int u\mathrm{d}v\right]_a^b = \left[uv - \int v\mathrm{d}u\right]_a^b = [uv]_a^b - \int_a^b v\mathrm{d}u.$$

例 9　求 $\int_0^{\pi} x\cos x\mathrm{d}x$.

解　$u=x$，$\mathrm{d}v=\cos x\mathrm{d}x$，则 $\mathrm{d}u=\mathrm{d}x$，$v=\sin x$. 于是

$$\int_0^{\pi} x\cos x\mathrm{d}x = x\sin x\Big|_0^{\pi} - \int_0^{\pi}\sin x\mathrm{d}x = -\int_0^{\pi}\sin x\mathrm{d}x = \cos x\Big|_0^{\pi} = -2.$$

例 10　求 $\int_0^1 \arctan x\mathrm{d}x$.

解　$$\int_0^1 \arctan x\mathrm{d}x = x\arctan x\Big|_0^1 - \int_0^1 x\frac{1}{1+x^2}\mathrm{d}x = \frac{\pi}{4} - \frac{1}{2}\int_0^1\frac{1}{1+x^2}\mathrm{d}(x^2+1)$$

$$= \frac{\pi}{4} - \frac{1}{2}\ln(x^2+1)\Big|_0^1 = \frac{\pi}{4} - \frac{1}{2}\ln 2 = \frac{\pi}{4} - \ln\sqrt{2}.$$

例 11　求 $\int_0^1 \mathrm{e}^{\sqrt{x}}\mathrm{d}x$.

解　令 $t=\sqrt{x}\,(t>0)$，则 $x=t^2$，$\mathrm{d}x=2t\mathrm{d}t$. 当 x 从 0 变到 1 时，t 从 0 变到 1，因此有

$$\int_0^1 \mathrm{e}^{\sqrt{x}}\mathrm{d}x = 2\int_0^1 t\mathrm{e}^t\mathrm{d}t = 2t\mathrm{e}^t\Big|_0^1 - 2\int_0^1 \mathrm{e}^t\mathrm{d}t = 2\mathrm{e} - 2\mathrm{e}^t\Big|_0^1 = 2.$$

例 12　设 $f(x) = \int_1^{x^2}\frac{\sin t}{t}\mathrm{d}t$，求 $\int_0^1 xf(x)\mathrm{d}x$.

解　因 $f(1)=0$，$f'(x)=\frac{\sin x^2}{x^2}\cdot 2x=\frac{2\sin x^2}{x}$，则

$$\int_0^1 xf(x)\mathrm{d}x = \int_0^1 f(x)\mathrm{d}\left(\frac{x^2}{2}\right) = \frac{x^2}{2}f(x)\Big|_0^1 - \int_0^1\frac{x^2}{2}\cdot\frac{2\sin x^2}{x}\mathrm{d}x$$

$$= -\int_0^1 x\sin x^2\mathrm{d}x = \frac{1}{2}\cos x^2\Big|_0^1 = \frac{1}{2}(\cos 1 - 1).$$

例 13 求 $I_n=\int_0^{\frac{\pi}{2}}\cos^n x\,dx$（$n$ 为大于 1 的正整数）.

解
$$\begin{aligned}I_n&=\int_0^{\frac{\pi}{2}}\cos^n x\,dx=\int_0^{\frac{\pi}{2}}\cos^{n-1}x\cos x\,dx\\&=[\sin x\cos^{n-1}x]_0^{\frac{\pi}{2}}+(n-1)\int_0^{\frac{\pi}{2}}\sin^2 x\cos^{n-2}x\,dx\\&=(n-1)\int_0^{\frac{\pi}{2}}(1-\cos^2 x)\cos^{n-2}x\,dx\\&=(n-1)\int_0^{\frac{\pi}{2}}\cos^{n-2}x\,dx-(n-1)\int_0^{\frac{\pi}{2}}\cos^n x\,dx,\end{aligned}$$

即 $I_n=(n-1)I_{n-2}-(n-1)I_n$，移项，得

$$I_n=\frac{n-1}{n}I_{n-2}.$$

这个等式叫做积分 I_n 关于下标的递推公式.

连续使用此公式可使 $\cos^n x$ 的幂次 n 逐渐降低；当 n 为奇数时，可降到 1，当 n 为偶数时，可降到 0. 再由

$$I_1=\int_0^{\frac{\pi}{2}}\cos x\,dx=1,\quad I_0=\int_0^{\frac{\pi}{2}}dx=\frac{\pi}{2},$$

则得
$$I_n=\int_0^{\frac{\pi}{2}}\cos^n x\,dx=\begin{cases}\dfrac{n-1}{n}\,\dfrac{n-3}{n-2}\,\dfrac{n-5}{n-4}\cdots\dfrac{4}{5}\,\dfrac{2}{3} & (n\text{ 为奇数}),\\[2ex]\dfrac{n-1}{n}\,\dfrac{n-3}{n-2}\,\dfrac{n-5}{n-4}\cdots\dfrac{3}{4}\,\dfrac{1}{2}\,\dfrac{\pi}{2} & (n\text{ 为偶数}).\end{cases}$$

对例 13 中的 $\int_0^{\frac{\pi}{2}}\cos^n x\,dx$ 作变量代换 $x=\frac{\pi}{2}-t$，则有

$$\int_0^{\frac{\pi}{2}}\cos^n x\,dx=\int_{\frac{\pi}{2}}^0\cos^n\left(\frac{\pi}{2}-t\right)(-dt)=\int_0^{\frac{\pi}{2}}\sin^n t\,dt=\int_0^{\frac{\pi}{2}}\sin^n x\,dx,$$

因此 $\int_0^{\frac{\pi}{2}}\cos^n x\,dx$ 与 $\int_0^{\frac{\pi}{2}}\sin^n x\,dx$ 有相同的计算结果.

习题 5-3

1. 计算下列定积分：

(1) $\int_{-2}^{1}\frac{dx}{(11+5x)^3}$；　　(2) $\int_0^{\sqrt{2}}\sqrt{2-x^2}\,dx$；

(3) $\int_{\frac{\sqrt{2}}{2}}^{1}\frac{\sqrt{1-x^2}}{x^2}dx$；　　(4) $\int_1^{\sqrt{3}}\frac{1}{x^2\sqrt{1+x^2}}dx$；

(5) $\int_{-1}^{1}\frac{x\,dx}{\sqrt{5-4x}}$；　　(6) $\int_{-\frac{\pi}{2}}^{\frac{\pi}{2}}\cos x\cos 2x\,dx$；

(7) $\int_0^{\frac{\pi}{2}}\frac{dx}{3+2\cos x}$；　　(8) $\int_0^{\frac{\pi}{2}}\frac{\cos x}{6-5\sin x+\sin^2 x}dx$；

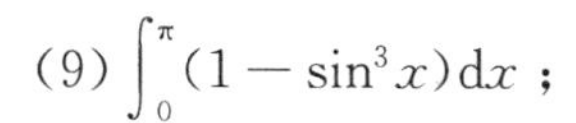

(9) $\int_0^{\pi}(1-\sin^3 x)\mathrm{d}x$ ；　(10) $\int_0^{\frac{\pi}{4}}\frac{1-\cos^4 x}{2}\mathrm{d}x$ ；

(11) $\int_1^{e^2}\frac{\mathrm{d}x}{x\sqrt{1+\ln x}}$ ；　(12) $\int_1^{\ln 2}\sqrt{e^x-1}\,\mathrm{d}x$.

2. 计算下列定积分：

(1) $\int_0^1 x e^{-x}\mathrm{d}x$ ；　(2) $\int_1^e x\ln x\mathrm{d}x$ ；

(3) $\int_1^4\frac{\ln x}{\sqrt{x}}\mathrm{d}x$ ；　(4) $\int_0^1 x\arctan x\mathrm{d}x$ ；

(5) $\int_0^{\frac{\pi}{2}} e^x\cos x\mathrm{d}x$ ；　(6) $\int_0^{\pi}(x\sin x)^2\mathrm{d}x$ ；

(7) $\int_1^e\sin(\ln x)\mathrm{d}x$ ；　(8) $\int_0^{\frac{\pi}{2}}\cos^8 x\mathrm{d}x$.

3. 利用函数的奇偶性计算下列积分：

(1) $\int_{-\pi}^{\pi}x^6\sin x\mathrm{d}x$ ；　(2) $\int_{-\frac{\pi}{2}}^{\frac{\pi}{2}}4\cos 4\theta\mathrm{d}\theta$；

(3) $\int_{-\frac{1}{2}}^{\frac{1}{2}}\frac{(\arcsin x)^2}{\sqrt{1-x^2}}\mathrm{d}x$ ；　(4) $\int_{-5}^{5}\frac{x^4\sin x}{x^4+2x^2+1}\mathrm{d}x$.

4. 证明下列等式：

(1) $\int_0^1 x^m(1-x)^n\mathrm{d}x=\int_0^1 x^n(1-x)^m\mathrm{d}x\quad(m>0,\ n>0)$；

(2) $\int_a^b f(x)\mathrm{d}x=\int_a^b f(a+b-x)\mathrm{d}x$ ；

(3) $\int_0^a f(x^2)\mathrm{d}x=\frac{1}{2}\int_{-a}^{a}f(x^2)\mathrm{d}x$.

5. 若函数 $y=f(x)$在$[0,1]$上连续，证明：

(1) $\int_0^{\frac{\pi}{2}}f(\sin x)\mathrm{d}x=\int_0^{\frac{\pi}{2}}f(\cos x)\mathrm{d}x$ ；

(2) $\int_0^{\pi}xf(\sin x)\mathrm{d}x=\frac{\pi}{2}\int_0^{\pi}f(\sin x)\mathrm{d}x$.

6. 设函数 $f(x)$在区间$[0,1]$上连续，证明：

$$\int_0^1\left[\int_0^x f(t)\mathrm{d}t\right]\mathrm{d}x=\int_0^1(1-x)f(x)\mathrm{d}x.$$

第四节　广义积分与 Gamma 函数

在前面几节所研究的定积分中，我们都假定积分区间为有限区间且被积函数在积分区间上连续或有有限个第一类间断点．但在许多实际问题中，我们常常会遇到积分区间为无穷区间或被积函数为无界函数的积分，我们称这样的积分为**广义积分**，以前定义的积分为**常义积分**．

一、积分区间为无穷区间的广义积分

定义 1　**设函数** $f(x)$**在**$[a,+\infty)$**上有定义且对任意的** $b>a$，$f(x)$**在**$[a,b]$**上可积，称极限**

$$\lim_{b\to+\infty}\int_a^b f(x)\mathrm{d}x \tag{1}$$

为函数 $f(x)$ 在 $[a, +\infty)$ 上的广义积分，记作 $\int_a^{+\infty} f(x)\mathrm{d}x$，即

$$\int_a^{+\infty} f(x)\mathrm{d}x = \lim_{b\to+\infty}\int_a^b f(x)\mathrm{d}x. \tag{2}$$

若式(1)的极限存在，则称此**广义积分收敛**，否则称此**广义积分发散**.

类似地，可定义函数 $f(x)$ 在 $(-\infty, b]$ 上的广义积分为

$$\int_{-\infty}^b f(x)\mathrm{d}x = \lim_{a\to-\infty}\int_a^b f(x)\mathrm{d}x. \tag{3}$$

函数 $f(x)$ 在 $(-\infty, +\infty)$ 上的广义积分为

$$\begin{aligned}\int_{-\infty}^{+\infty} f(x)\mathrm{d}x &= \int_{-\infty}^{c} f(x)\mathrm{d}x + \int_c^{+\infty} f(x)\mathrm{d}x \\ &= \lim_{a\to-\infty}\int_a^c f(x)\mathrm{d}x + \lim_{b\to+\infty}\int_c^b f(x)\mathrm{d}x,\end{aligned} \tag{4}$$

其中，c 为任意常数.

若式(4)中右端两个广义积分 $\int_{-\infty}^{c} f(x)\mathrm{d}x$ 及 $\int_c^{+\infty} f(x)\mathrm{d}x$ 均收敛，则称 $\int_{-\infty}^{+\infty} f(x)\mathrm{d}x$ 收敛；若二者至少有一个发散，则称 $\int_{-\infty}^{+\infty} f(x)\mathrm{d}x$ 发散.

例 1 计算广义积分 $\int_{-\infty}^{+\infty}\frac{1}{1+x^2}\mathrm{d}x$.

解

$$\begin{aligned}\int_{-\infty}^{+\infty}\frac{1}{1+x^2}\mathrm{d}x &= \int_{-\infty}^{0}\frac{1}{1+x^2}\mathrm{d}x + \int_0^{+\infty}\frac{1}{1+x^2}\mathrm{d}x \\ &= \lim_{a\to-\infty}\int_a^0\frac{1}{1+x^2}\mathrm{d}x + \lim_{b\to+\infty}\int_0^b\frac{1}{1+x^2}\mathrm{d}x \\ &= \lim_{a\to-\infty}[\arctan x]_a^0 + \lim_{b\to+\infty}[\arctan x]_0^b \\ &= -\lim_{a\to-\infty}(\arctan a) + \lim_{b\to+\infty}(\arctan b) = \frac{\pi}{2}+\frac{\pi}{2} = \pi.\end{aligned}$$

设 $F(x)$ 为 $f(x)$ 的原函数，如果 $\lim\limits_{b\to+\infty}F(b)$ 存在，记此极限为 $F(+\infty)$，此时广义积分可记为

$$\int_a^{+\infty} f(x)\mathrm{d}x = \lim_{b\to+\infty}\int_a^b f(x)\mathrm{d}x = \lim_{b\to+\infty}[F(x)]_a^b = F(+\infty) - F(a) = F(x)\Big|_a^{+\infty}.$$

对于无穷区间 $(-\infty, b)$ 及 $(-\infty, +\infty)$ 上的广义积分也可采用类似记号，如例 1 的计算可写为

$$\int_{-\infty}^{+\infty}\frac{1}{1+x^2}\mathrm{d}x = [\arctan x]_{-\infty}^{+\infty} = \frac{\pi}{2}+\frac{\pi}{2} = \pi.$$

例 2 计算广义积分 $\int_0^{+\infty} t\mathrm{e}^{-t}\mathrm{d}t$

解 $\int_0^{+\infty} t\mathrm{e}^{-t}\mathrm{d}t = \int_0^{+\infty}(-t)\mathrm{d}\mathrm{e}^{-t} = (-t\mathrm{e}^{-t})\Big|_0^{+\infty} + \int_0^{+\infty}\mathrm{e}^{-t}\mathrm{d}t = (-\mathrm{e}^{-t})\,|_0^{+\infty} = 1.$

例 3 证明广义积分 $\int_1^{+\infty}\frac{1}{x^p}\mathrm{d}x$，当 $p>1$ 时收敛，当 $p\leqslant 1$ 时发散.

证 当 $p=1$ 时，$\int_1^{+\infty}\frac{1}{x^p}\mathrm{d}x = \ln x\Big|_1^{+\infty} = +\infty.$

当 $p\neq 1$ 时，$\int_1^{+\infty}\frac{1}{x^p}\mathrm{d}x=\frac{x^{1-p}}{1-p}\Big|_1^{+\infty}=\begin{cases}+\infty, & p<1,\\ \frac{1}{p-1}, & p>1.\end{cases}$

因此，当 $p>1$ 时，广义积分收敛，其值等于 $\frac{1}{p-1}$；当 $p\leqslant 1$ 时，广义积分发散．

二、被积函数具有无穷间断点的广义积分

定义 2 **设函数 $f(x)$ 在 $(a, b]$ 上连续，$\lim\limits_{x\to a^+}f(x)=\infty$，取 $\varepsilon>0$，称极限**

$$\lim_{\varepsilon\to 0^+}\int_{a+\varepsilon}^b f(x)\mathrm{d}x \quad (a+\varepsilon<b) \tag{5}$$

为函数 $f(x)$ 在 $(a, b]$ 上的广义积分，仍记为 $\int_a^b f(x)\mathrm{d}x$，即

$$\int_a^b f(x)\mathrm{d}x=\lim_{\varepsilon\to 0^+}\int_{a+\varepsilon}^b f(x)\mathrm{d}x. \tag{6}$$

若式(5)的极限存在，则称此**广义积分收敛**，否则称此**广义积分发散**．

类似地，若 $f(x)$ 在 $[a, b)$ 上连续，$\lim\limits_{x\to b^-}f(x)=\infty$，则定义广义积分

$$\int_a^b f(x)\mathrm{d}x=\lim_{\varepsilon\to 0^+}\int_a^{b-\varepsilon}f(x)\mathrm{d}x \quad (\varepsilon>0,\ a<b-\varepsilon). \tag{7}$$

若 $f(x)$ 在 $[a, b]$ 上除点 $x=c(a<c<b)$ 外连续，$\lim\limits_{x\to c}f(x)=\infty$，则定义广义积分

$$\int_a^b f(x)\mathrm{d}x=\int_a^c f(x)\mathrm{d}x+\int_c^b f(x)\mathrm{d}x.$$

若 $\int_a^c f(x)\mathrm{d}x$ 与 $\int_c^b f(x)\mathrm{d}x$ 都收敛，则广义积分 $\int_a^b f(x)\mathrm{d}x$ 收敛；若 $\int_a^c f(x)\mathrm{d}x$ 或 $\int_c^b f(x)\mathrm{d}x$ 中至少有一个发散，则 $\int_a^b f(x)\mathrm{d}x$ 发散．

例 4 计算广义积分 $\int_0^a\frac{1}{\sqrt{a^2-x^2}}\mathrm{d}x\ (a>0)$.

解 因为 $\lim\limits_{x\to a^-}\frac{1}{\sqrt{a^2-x^2}}=+\infty$，所以 $x=a$ 为被积函数的无穷间断点．于是

$$\int_0^a\frac{1}{\sqrt{a^2-x^2}}\mathrm{d}x=\lim_{\varepsilon\to 0^+}\int_0^{a-\varepsilon}\frac{1}{\sqrt{a^2-x^2}}\mathrm{d}x=\lim_{\varepsilon\to 0^+}\left[\arcsin\frac{x}{a}\right]_0^{a-\varepsilon}$$

$$=\lim_{\varepsilon\to 0^+}\arcsin\frac{a-\varepsilon}{a}=\arcsin 1=\frac{\pi}{2}.$$

例 5 证明广义积分 $\int_0^1\frac{1}{x^p}\mathrm{d}x$，当 $p<1$ 时收敛，当 $p\geqslant 1$ 时发散．

证 当 $p=1$ 时，$\int_0^1\frac{1}{x}\mathrm{d}x=\lim\limits_{\varepsilon\to 0^+}\int_\varepsilon^1\frac{1}{x}\mathrm{d}x=\lim\limits_{\varepsilon\to 0^+}\ln x\Big|_\varepsilon^1=\lim\limits_{\varepsilon\to 0^+}(-\ln\varepsilon)=+\infty$；

当 $p\neq 1$ 时，$\int_0^1\frac{1}{x^p}\mathrm{d}x=\lim\limits_{\varepsilon\to 0^+}\int_\varepsilon^1\frac{\mathrm{d}x}{x^p}=\lim\limits_{\varepsilon\to 0^+}\frac{x^{1-p}}{1-p}\Big|_\varepsilon^1=\begin{cases}+\infty, & p>1,\\ \frac{1}{1-p}, & p<1,\end{cases}$

即当 $p<1$ 时收敛，$p\geqslant 1$ 时发散．

三、Gamma 函数

广义积分$\int_0^{+\infty} x^{\alpha-1}e^{-x}dx$当$\alpha>0$时收敛(证明从略)．因此对$(0, +\infty)$内任一确定的$\alpha$，总存在一个广义积分与之对应，这种对应关系所产生的函数通常记为$\Gamma(\alpha)$，即

$$\Gamma(\alpha)=\int_0^{+\infty} x^{\alpha-1}e^{-x}dx(\alpha>0),$$

称为 Gamma 函数(Γ 函数)．

Gamma 函数有如下重要性质：

(一)Gamma 函数的递推公式

$$\Gamma(\alpha+1)=\alpha\Gamma(\alpha).$$

证 $\Gamma(\alpha+1)=\int_0^{+\infty} x^{\alpha}e^{-x}dx=\int_0^{+\infty} x^{\alpha}d(-e^{-x})=-x^{\alpha}e^{-x}\Big|_0^{+\infty}+\alpha\int_0^{+\infty} x^{\alpha-1}e^{-x}dx$

$$=\alpha\int_0^{+\infty} x^{\alpha-1}e^{-x}dx=\alpha\Gamma(\alpha),$$

特别地，当α为正整数n时，有

$$\Gamma(n+1)=n\Gamma(n)=n(n-1)\Gamma(n-1)=\cdots=n!\Gamma(1).$$

而$\Gamma(1)=\int_0^{+\infty} e^{-x}dx=-e^{-x}\Big|_0^{+\infty}=1$，所以有等式$\Gamma(n+1)=n!$．

(二)Gamma 函数的另一种形式

在$\Gamma(a)=\int_0^{+\infty} x^{a-1}e^{-x}dx$中，令$x=t^2(t>0)$，可得 Gamma 函数的另一种形式

$$\Gamma(a)=2\int_0^{+\infty} t^{2a-1}e^{-t^2}dt.$$

若令$\alpha=\frac{1}{2}$，得$\Gamma\left(\frac{1}{2}\right)=2\int_0^{+\infty} e^{-t^2}dt$,其中$\int_0^{+\infty} e^{-x^2}dx$ **叫概率积分**．可利用第七章二重积分计算出它的值为$\frac{\sqrt{\pi}}{2}$，于是

$$\Gamma\left(\frac{1}{2}\right)=\sqrt{\pi}.$$

例 6 求$\Gamma\left(\frac{7}{2}\right)$的值．

解 $\Gamma\left(\frac{7}{2}\right)=\frac{5}{2}\Gamma\left(\frac{5}{2}\right)=\frac{5}{2}\cdot\frac{3}{2}\Gamma\left(\frac{3}{2}\right)=\frac{5}{2}\cdot\frac{3}{2}\cdot\frac{1}{2}\Gamma\left(\frac{1}{2}\right)=\frac{15}{8}\sqrt{\pi}.$

习题 5-4

1. 计算下列广义积分：

(1) $\int_1^{+\infty}\frac{1}{x^4}dx$；　　(2) $\int_0^{+\infty} e^{-ax}dx(a>0)$；

(3) $\int_1^{+\infty}\frac{\arctan x}{x^2}dx$；　　(4) $\int_1^{+\infty}\frac{1}{x^2(1+x)}dx$；

(5) $\int_{-\infty}^{+\infty}\frac{1}{x^2+2x+2}\mathrm{d}x$；　　(6) $\int_{0}^{+\infty}\mathrm{e}^{-at}\cos bt\,\mathrm{d}t(a>0)$；

(7) $\int_{0}^{1}\frac{1}{1-x^2}\mathrm{d}x$；　　(8) $\int_{0}^{1}\sin(\ln x)\mathrm{d}x$；

(9) $\int_{0}^{2}\frac{1}{x^2-4x+3}\mathrm{d}x$；　　(10) $\int_{1}^{\mathrm{e}}\frac{1}{x\sqrt{1-(\ln x)^2}}\mathrm{d}x$；

(11) $\int_{\frac{-\pi}{4}}^{\frac{3\pi}{4}}\frac{1}{\cos^2 x}\mathrm{d}x$；　　(12) $\int_{0}^{1}\frac{1}{\sqrt{1-x^2}}\mathrm{d}x$；

(13) $\int_{0}^{+\infty}x^4\mathrm{e}^{-x}\mathrm{d}x$；　　(14) $\int_{0}^{+\infty}x^2\mathrm{e}^{-2x^2}\mathrm{d}x$.

2. 求 $\Gamma\left(\frac{11}{2}\right)$ 的值.

3. 计算广义积分 $\int_{0}^{+\infty}x^3\mathrm{e}^{-\lambda x}\mathrm{d}x$，其中 λ 为大于零的常数.

4. 当 k 这何值时，广义积分 $\int_{2}^{+\infty}\frac{1}{x(\ln x)^k}\mathrm{d}x$ 收敛？当 k 为何值时，广义积分发散？

第五节　定积分的应用

本节我们将应用前面学过的定积分理论分析和解决一些几何、物理、经济方面的问题.通过这些例子，不仅在于建立计算这些几何、物理量的公式，而且更重要的是介绍运用“微元法”将所求的量归结为定积分的方法.

一、微 元 法

在利用定积分研究解决实际问题时，常采用所谓**“微元法”**.为了说明这种方法，我们先回顾一下用定积分求解曲边梯形面积问题的方法和步骤.

设 $f(x)$在区间$[a, b]$上连续，且 $f(x)\geqslant 0$，求以曲线 $y=f(x)$为曲边的$[a, b]$上的曲边梯形的面积 A. 把这个面积 A 表示为定积分 $A=\int_a^b f(x)\mathrm{d}x$，求面积 A 的思路是**“分割、近似代替、取极限”**，即：

第一步：将$[a, b]$分成 n 个小区间，相应地把曲边梯形分成 n 个小曲边梯形，其面积记作 $\Delta A_i(i=1, 2, \cdots, n)$，则

$$A=\sum_{i=1}^{n}\Delta A_i.$$

第二步：计算每个小区间上面积 ΔA_i 近似值

$$\Delta A_i\approx f(\xi_i)\Delta x_i(x_{i-1}\leqslant\xi_i\leqslant x_i).$$

第三步：求和得 A 的近似值

$$A\approx\sum_{i=1}^{n}f(\xi_i)\Delta x_i.$$

第四步：取极限得 $A=\lim\limits_{\lambda\to 0}\sum_{i=1}^{n}f(\xi_i)\Delta x_i=\int_a^b f(x)\mathrm{d}x$.

在上述问题中我们注意到，所求量(即面积 A)与区间$[a,\ b]$有关，如果把区间$[a,\ b]$分成许多部分区间，则所求量相应地分成许多部分量(ΔA_i)，而所求量等于所有部分量之和，(如 $A=\sum\limits_{i=1}^{n}\Delta A_i$)，这一性质称为所求量对于区间$[a,\ b]$具有可加性.

在上述计算曲边梯形的面积时，关键是第二、四两步，有了第二步中的 $\Delta A\approx\sum\limits_{i=1}^{n}f(\xi_i)\Delta x_i$，积分的主要形式就已经形成.为了以后使用方便，可把上述四步概括为下面两步，设所求量为 U，区间为$[a,\ b]$.

第一步：在区间$[a,\ b]$上任取一小区间$[x,\ x+\mathrm{d}x]$，并求出相应于这个小区间的部分量 ΔU 的近似值.如果 ΔU 能近似地表示为 $f(x)$在$[x,\ x+\mathrm{d}x]$左端点 x 处的值与 $\mathrm{d}x$ 的乘积 $f(x)\mathrm{d}x$，就把 $f(x)\mathrm{d}x$ 称为所求量 U 的微元，记作 $\mathrm{d}U$，即

$$\mathrm{d}U=f(x)\mathrm{d}x.$$

第二步：以所求量 U 的微元 $\mathrm{d}U=f(x)\mathrm{d}x$ 为被积表达式，在$[a,\ b]$上作定积分，得

$$U=\int_a^b f(x)\mathrm{d}x.$$

这就是所求量 U 的积分表达式.

这个方法称为**“微元法”**，下面我们将应用此方法来讨论几何、物理中的一些问题.

二、平面图形的面积

(一)直角坐标情形

1. 设平面图形由连续曲线 $y=f_1(x)$，$y=f_2(x)$及直线 $x=a$，$x=b$ 所围成，并且在$[a,\ b]$上 $f_1(x)\geqslant f_2(x)$(图 5-7，图 5-8)，那么这块图形的面积为

$$A=\int_a^b[f_1(x)-f_2(x)]\mathrm{d}x. \tag{1}$$

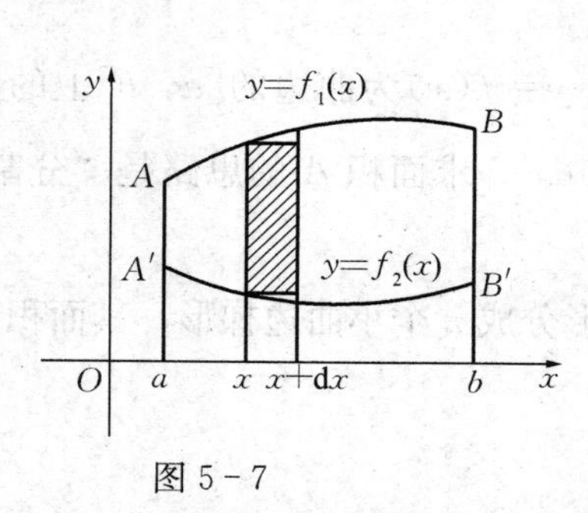

图 5-7

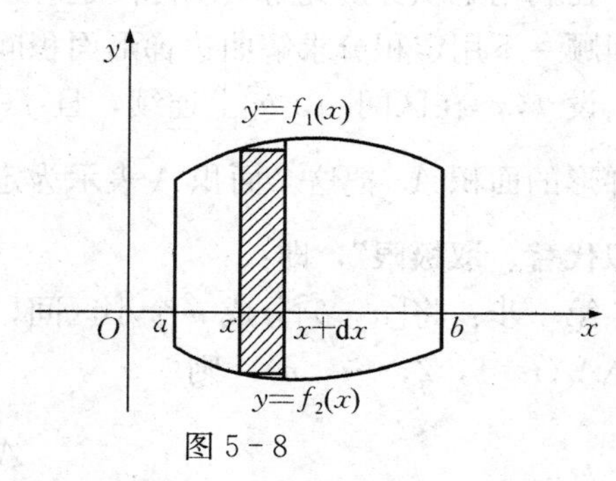

图 5-8

事实上，小区间$[x,\ x+\mathrm{d}x]$上的面积微元 $\mathrm{d}A=[f_1(x)-f_2(x)]\mathrm{d}x$，于是所求平面图形的面积为

$$A=\int_a^b[f_1(x)-f_2(x)]\mathrm{d}x.$$

2. 设平面图形由连续曲线 $x=g_1(y)$，$x=g_2(y)$及直线 $y=c$，$y=d$ 所围成，并且在$[c,\ d]$上 $g_1(y)\geqslant g_2(y)$(图 5-9)，那么这块图形的面积为

$$A=\int_c^d[g_1(y)-g_2(y)]\mathrm{d}y. \tag{2}$$

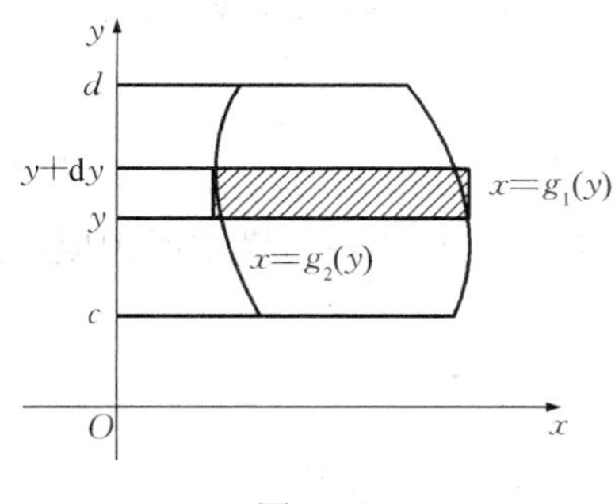

图 5-9

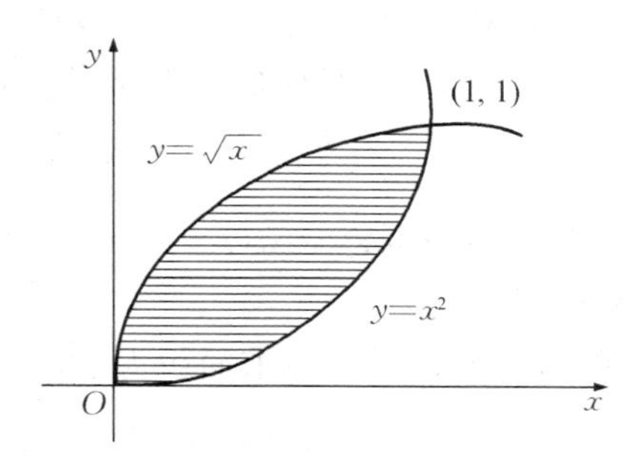

图 5-10

例 1 计算由两条抛物线 $y=x^2$ 和 $y=\sqrt{x}$ 所围平面图形的面积(图 5-10).

解 方法一：为了确定积分的上、下限，先求出这两条曲线的交点(0，0)和(1，1)，在区间[0，1]上$\sqrt{x}\geqslant x^2$，代入公式(1)得所求面积为

$$A=\int_0^1[\sqrt{x}-x^2]\mathrm{d}x=\left[\frac{2}{3}x^{\frac{3}{2}}-\frac{1}{3}x^3\right]_0^1=\frac{1}{3}.$$

方法二：先求出两曲线的交点(0，0)和(1，1)，在区间[0，1]上$\sqrt{y}\geqslant y^2$，代入公式(2)得所求面积为

$$A=\int_0^1(\sqrt{y}-y^2)\mathrm{d}y=\frac{1}{3}.$$

例 2 计算抛物线 $y^2=2x$ 与直线 $x-y=4$ 所围平面图形的面积(图 5-11).

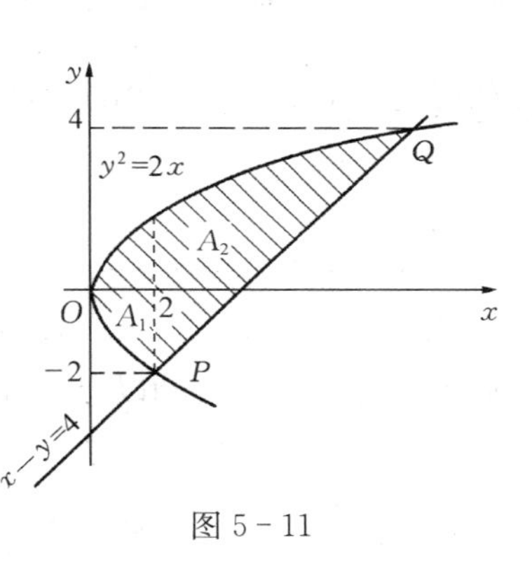

图 5-11

解 方法一：求出两条曲线的交点 $P(2，-2)$ 和 $Q(8，4)$，所求面积

$$A=\int_{-2}^4\left(y+4-\frac{1}{2}y^2\right)\mathrm{d}y=\left[\frac{y^2}{2}+4y-\frac{y^3}{6}\right]_{-2}^4=18.$$

方法二：用直线 $x=2$ 将图形分成两部分，左侧图形的面积

$$A_1=\int_0^2[\sqrt{2x}-(-\sqrt{2x})]\mathrm{d}x=2\sqrt{2}\left[\frac{2}{3}x^{\frac{3}{2}}\right]_0^2=\frac{16}{3};$$

右侧图形的面积

$$A_2=\int_2^8[\sqrt{2x}-(x-4)]\mathrm{d}x=\left[\frac{2\sqrt{2}}{3}x^{\frac{3}{2}}-\frac{1}{2}x^2+4x\right]_2^8=\frac{38}{3}.$$

所求图形的面积

$$A=A_1+A_2=\frac{16}{3}+\frac{38}{3}=18.$$

注：由例 2 可知，对同一问题，有时可选取不同的积分变量进行计算，但计算的难易程度往往不同，因此在实际计算时，应选取合适的积分变量，使计算简化.

(二)参数方程情形

当曲边梯形的曲边 $y=f(x)$ $(f(x)\geqslant 0，x\in[a，b])$由参数方程

$$\begin{cases}x=\varphi(t),\\ y=\psi(t)\end{cases}$$

给出时，如果 $\varphi(t)$，$\psi(t)$满足：(1)$\varphi(\alpha)=a$，$\varphi(\beta)=b$；(2)$\varphi(t)$在$[\alpha, \beta]$(或$[\beta, \alpha]$)上具有连续导数，且 $y=\psi(t)$连续；则曲边梯形的面积

$$A=\int_a^b f(x)\mathrm{d}x=\int_\alpha^\beta \psi(t)\varphi'(t)\mathrm{d}t. \tag{3}$$

例 3 求由摆线 $x=a(t-\sin t)$，$y=a(1-\cos t)$的一拱($0\leqslant t\leqslant 2\pi$)与横轴所围成的图形的面积.

解 由公式(3)，所求面积为

$$\begin{aligned}A&=\int_0^{2\pi} a(1-\cos t)a(t-\sin t)'\mathrm{d}t=a^2\int_0^{2\pi}(1-2\cos t+\cos^2 t)\mathrm{d}t\\&=a^2(t-2\sin t)\Big|_0^{2\pi}+a^2\int_0^{2\pi}\frac{1+\cos 2t}{2}\mathrm{d}t=3\pi a^2.\end{aligned}$$

(三)极坐标情形

设曲线的方程由极坐标 $r=r(\theta)$($\alpha\leqslant\theta\leqslant\beta$)给出. 求由曲线 $r=r(\theta)$、射线 $\theta=\alpha$ 及 $\theta=\beta$ 所围成的曲边扇形的面积 A(图 5-12). 这里 $r(\theta)$在$[\alpha, \beta]$上连续，且 $r(\theta)\geqslant 0$.

由于当 θ 在$[\alpha, \beta]$上变动时，极半径 $r=r(\theta)$也随之变动，因此所求图形的面积不能直接利用圆扇形的面积公式 $A=\frac{1}{2}R^2\theta$ 来计算.

利用微元法，取极角 θ 为积分变量，其变化区间为$[\alpha, \beta]$. 在$[\alpha, \beta]$内任取一小区间$[\theta, \theta+\mathrm{d}\theta]$，对应的窄曲边扇形(图 5-12 中阴影部分)面积的近似值为$\frac{1}{2}r^2(\theta)\mathrm{d}\theta$. 于是面积 A 的微元为 $\mathrm{d}A=\frac{1}{2}r^2(\theta)\mathrm{d}\theta$. 在$[\alpha, \beta]$上积分，得曲边扇形面积为

$$A=\int_\alpha^\beta \mathrm{d}A=\int_\alpha^\beta \frac{1}{2}r^2(\theta)\mathrm{d}\theta. \tag{4}$$

例 4 计算心形线 $r=a(1+\cos\theta)$($a>0$)所围成图形的面积.

解 由 $r(-\theta)=a(1+\cos(-\theta))=a(1+\cos\theta)=r(\theta)$，可知其图形关于极轴对称(图 5-13)，因此只须计算它在极轴以上部分面积 A_1，再两倍即可.

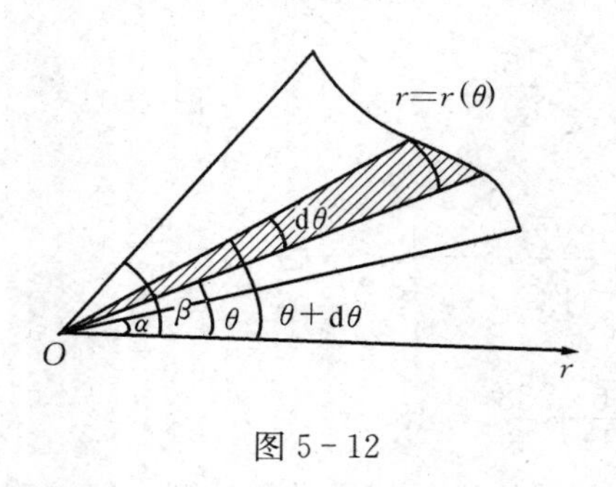

图 5-12

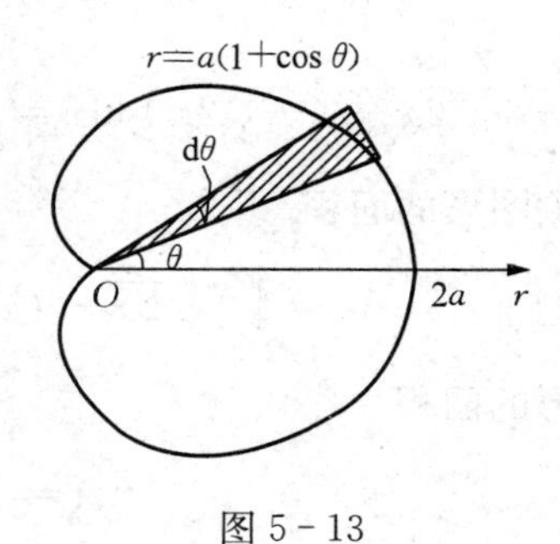

图 5-13

由公式(4)有

$$\begin{aligned}A_1&=\int_0^\pi \frac{1}{2}a^2(1+\cos\theta)^2\mathrm{d}\theta\\&=\frac{a^2}{2}\left(\frac{3}{2}\theta+2\sin\theta+\frac{1}{4}\sin 2\theta\right)\Big|_0^\pi=\frac{3}{4}\pi a^2,\end{aligned}$$

从而所求面积为 $A=2A_1=\frac{3}{2}\pi a^2$.

三、体　　积

(一)已知平行截面的立体体积

设有一立体(图 5-14)，其垂直于 x 轴的截面面积是已知连续函数 $S(x)$，且立体位于 $x=a$，$x=b$ 两点处垂直于 x 轴的两个平面之间，求此立体的体积.

在区间$[a, b]$上任取一个小区间$[x, x+\mathrm{d}x]$，此区间相应的小立体体积可以用底面积为 $S(x)$，高为 $\mathrm{d}x$ 的扁柱体的体积 $\mathrm{d}V=S(x)\mathrm{d}x$ 近似代替，即体积微元 $\mathrm{d}V=S(x)\mathrm{d}x$，于是所求立体的体积

$$V=\int_a^b S(x)\mathrm{d}x. \tag{5}$$

例 5 一平面经过半径为 R 的圆柱体的底面直径，并与底面交成角 α，求此平面截圆柱体所得楔形的体积(图 5-15).

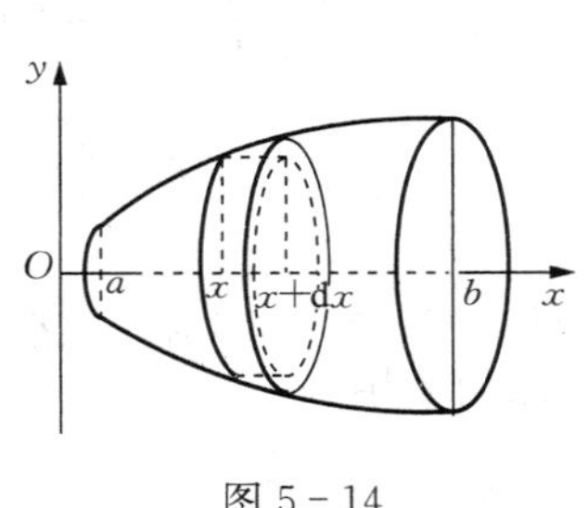

图 5-14

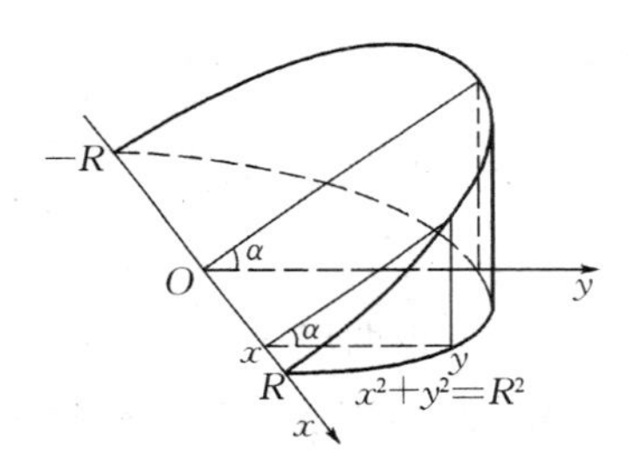

图 5-15

解 取直径所在的直线为 x 轴，底面中心为原点，这时垂直于 x 轴的各个截面都是直角三角形，它的一个锐角为 α，这个锐角的邻边长度为 $\sqrt{R^2-x^2}$，这样截面面积为

$$S(x)=\frac{1}{2}(R^2-x^2)\tan\alpha,$$

因此所求体积为

$$V=\int_{-R}^{R}\frac{1}{2}(R^2-x^2)\tan\alpha\mathrm{d}x=\frac{1}{2}\tan\alpha\left[R^2x-\frac{x^3}{3}\right]_{-R}^{R}=\frac{2}{3}R^3\tan\alpha.$$

(二)旋转体的体积

设有一曲边梯形，由连续曲线 $y=f(x)$，x 轴及直线 $x=a$，$x=b$ 所围成，求此曲边梯形绕 x 轴旋转一周所形成的旋转体(图 5-16)的体积.

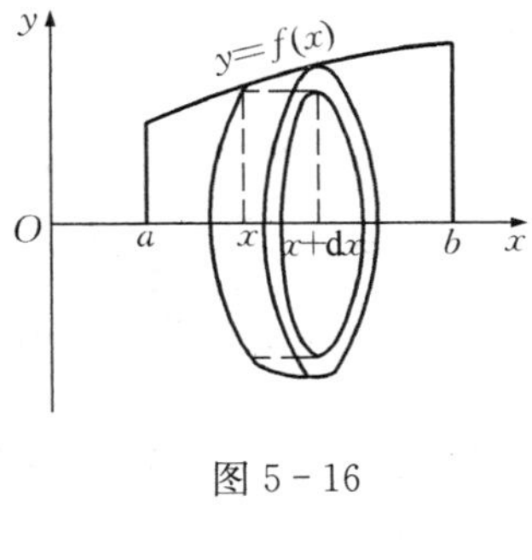

图 5-16

在$[a, b]$上任取一个区间$[x, x+\mathrm{d}x]$，如图 5-16 所示.在点 x 垂直于 x 轴的截面是半径为 $y=f(x)$ 的圆，因此截面面积 $A(x)=\pi y^2=\pi[f(x)]^2$. 由公式(5)得旋转体体积

$$V=\pi\int_a^b y^2\mathrm{d}x=\pi\int_a^b[f(x)]^2\mathrm{d}x. \tag{6}$$

例 6 将抛物线 $y=x^2$，x 轴及直线 $x=0$，$x=2$ 所围成的平面图形绕 x 轴旋转，求所形成的旋转体的体积．

解 根据公式(6)，得

$$V=\pi\int_0^2 y^2\mathrm{d}x=\pi\int_0^2 x^4\mathrm{d}x=\frac{32}{5}\pi.$$

若平面图形是由连续曲线 $y=f_1(x)$，$y=f_2(x)$(不妨设 $0\leqslant f_1(x)\leqslant f_2(x)$)及 $x=a$，$x=b(b>a)$所围成的平面图形，则该图形绕 x 轴旋转一周所形成的立体体积

$$V=\pi\int_a^b[f_2^2(x)-f_1^2(x)]\mathrm{d}x. \tag{7}$$

例 7 求圆 $x^2+(y-b)^2=a^2(0<a<b)$绕 x 轴旋转所形成的立体体积．

解 由图 5-17 知，该立体是由 $y_1=b+\sqrt{a^2-x^2}$，$y_2=b-\sqrt{a^2-x^2}$ 以及 $x=a$，$x=-a$ 围成的平面图形绕 x 轴旋转所生成的立体．由公式(7)知

$$\begin{aligned}V&=\pi\int_{-a}^{a}[(b+\sqrt{a^2-x^2})^2-(b-\sqrt{a^2-x^2})^2]\mathrm{d}x\\&=\pi\int_{-a}^{a}4b\sqrt{a^2-x^2}\mathrm{d}x\\&=4b\pi\left[\frac{a^2}{2}\arcsin\frac{x}{a}+\frac{x}{2}\sqrt{a^2-x^2}\right]_{-a}^{a}\\&=2\pi^2a^2b.\end{aligned}$$

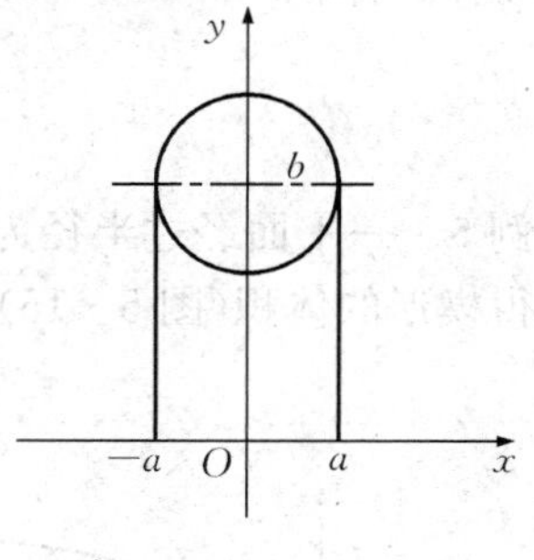

图 5-17

用类似的方法可求得曲线 $x=g_1(y)$，$x=g_2(y)$(不妨设 $0\leqslant g_1(y)\leqslant g_2(y)$)及直线 $y=c$，$y=d(c<d)$所围成的图形绕 y 轴旋转一周而生成的旋转体的体积

$$V=\pi\int_c^d[g_2^2(y)-g_1^2(y)]\mathrm{d}y. \tag{8}$$

四、平面曲线的弧长

(一)直角坐标情形

设函数 $y=f(x)$具有一阶连续导数，计算曲线 $y=f(x)$上相应于 x 从 a 到 b 的一段弧长．

取 x 为积分变量，它的变化区间为$[a, b]$．在$[a, b]$上任取一个小区间$[x, x+\mathrm{d}x]$，与该区间相应的小段弧的长度可以用该曲线在点$(x,f(x))$处的切线上相应的一小段长度来近似代替，从而得到弧长元素 $\mathrm{d}S=\sqrt{(\mathrm{d}x)^2+(\mathrm{d}y)^2}=\sqrt{1+y'^2}\,\mathrm{d}x$，于是所求弧长

$$S=\int_a^b\sqrt{1+y'^2}\,\mathrm{d}x. \tag{9}$$

例 8 求抛物线 $y=\frac{1}{2}x^2$ 在点 $O(0, 0)$，$A\left(a,\frac{1}{2}a^2\right)$之间的一段弧长．

解 由公式(9)，所求弧长

$$\begin{aligned}S&=\int_0^a\sqrt{1+y'^2}\,\mathrm{d}x=\int_0^a\sqrt{1+x^2}\,\mathrm{d}x=\left[\frac{x}{2}\sqrt{1+x^2}+\frac{1}{2}\ln(x+\sqrt{1+x^2})\right]_0^a\\&=\frac{a}{2}\sqrt{1+a^2}+\frac{1}{2}\ln(a+\sqrt{1+a^2}).\end{aligned}$$

(二)参数方程情形

设曲线的参数方程为

$$\begin{cases} x = \varphi(t), \\ y = \psi(t) \end{cases} \quad (\alpha \leqslant t \leqslant \beta),$$

计算这段曲线的弧长 .

取参数 t 为积分变量，它的变化区间为$[\alpha, \beta]$，弧长微元

$$\mathrm{d}S = \sqrt{(\mathrm{d}x)^2 + (\mathrm{d}y)^2} = \sqrt{[\varphi'(t)\mathrm{d}t]^2 + [\psi'(t)\mathrm{d}t]^2} = \sqrt{\varphi'^2(t) + \psi'^2(t)}\,\mathrm{d}t,$$

于是所求弧长为

$$S = \int_\alpha^\beta \sqrt{\varphi'^2(t) + \psi'^2(t)}\,\mathrm{d}t. \tag{10}$$

例 9 求摆线$\begin{cases} x=a(t-\sin t), \\ y=a(1-\cos t) \end{cases}$一拱($0\leqslant t\leqslant 2\pi$)的长度(其中 $a>0$).

解 由公式(10)，所求弧长

$$S = \int_0^{2\pi} \sqrt{a^2(1-\cos t)^2 + a^2\sin^2 t}\,\mathrm{d}t = a\int_0^{2\pi} \sqrt{2(1-\cos t)}\,\mathrm{d}t$$

$$= 2a\int_0^{2\pi} \sin\frac{t}{2}\mathrm{d}t = 2a\left[-2\cos\frac{t}{2}\right]_0^{2\pi} = 8a.$$

(三)极坐标情形

若曲线弧由极坐标方程 $r=r(\theta)$ $(\alpha\leqslant\theta\leqslant\beta)$给出，其中 $r(\theta)$在$[\alpha, \beta]$上具有一阶连续导数，现在来求这条曲线弧的长度 .

由直角坐标与极坐标之间的关系，可得以极角 θ 为参数的曲线弧的参数方程为

$$\begin{cases} x = r(\theta)\cos\theta, \\ y = r(\theta)\sin\theta \end{cases} \quad (\alpha \leqslant \theta \leqslant \beta),$$

于是弧长微元 $\mathrm{d}S=\sqrt{x'^2(\theta)+y'^2(\theta)}\,\mathrm{d}\theta=\sqrt{r'^2(\theta)+r'^2(\theta)}\,\mathrm{d}\theta$，从而所求弧长为

$$S = \int_\alpha^\beta \sqrt{r^2(\theta) + r'^2(\theta)}\,\mathrm{d}\theta. \tag{11}$$

例 10 求曲线 $r=\dfrac{1}{\theta}$相应于$\theta=\dfrac{3}{4}$到 $\theta=\dfrac{4}{3}$的一段弧长 .

解 由公式(11)，所求弧长

$$S = \int_\alpha^\beta \sqrt{r^2(\theta)r'^2(\theta)}\,\mathrm{d}\theta = \int_{\frac{3}{4}}^{\frac{4}{3}} \sqrt{\frac{1}{\theta^2} + \left(-\frac{1}{\theta^2}\right)^2}\,\mathrm{d}\theta = -\int_{\frac{3}{4}}^{\frac{4}{3}} \sqrt{\theta^2+1}\,\mathrm{d}\left(\frac{1}{\theta}\right)$$

$$= -\frac{\sqrt{\theta^2+1}}{\theta}\Bigg|_{\frac{3}{4}}^{\frac{4}{3}} + \int_{\frac{3}{4}}^{\frac{4}{3}} \frac{1}{\sqrt{1+\theta^2}}\mathrm{d}\theta = \frac{5}{12} + \ln\frac{3}{2}.$$

五、变力沿直线所做的功

由物理学知道，如果物体在直线运动的过程中有一个不变的力 F 作用在这个物体上，且该力的方向与物体运动的方向一致，那么，在物体移动距离 s 时，力 F 对物体所做的功 $W=F\cdot s$. 若物体在运动中所受到的力是变化的，则此情况下就是变力沿直线做功问题 .

设物体在变力 $F(x)$作用下从 $x=a$ 移动到 $x=b$，取小区间$[x, x+\mathrm{d}x]$，在这段距离内物体受力可近似等于 $F(x)$，所以功元素为 $\mathrm{d}W=F(x)\mathrm{d}x$，故

$$W = \int_a^b F(x)\mathrm{d}x. \tag{12}$$

例 11 设在 O 点放置一个带电量为 $+q$ 的点电荷，由物理学知，这时它的周围会产生一个电场，这个电场对周围的电荷有作用力，今有一单位正电荷从 A 点沿直线 OA 方向被移至点 B，求电场力 F 对它做的功．

解 取过点 O，A 的直线为 r 轴，OA 的方向为轴的正向．设点 A，B 的坐标分别为 a，b，由物理学知，单位正电荷在点 r 时电场对它的作用力

$$F=k\frac{q}{r^2}.$$

由公式(12)，电场力对它所做的功

$$W=\int_a^b F(r)\mathrm{d}r=\int_a^b k\cdot\frac{q}{r^2}\mathrm{d}r=kq\left[-\frac{1}{r}\right]_a^b=kq\left[\frac{1}{a}-\frac{1}{b}\right].$$

若电荷从 A 点被移至无穷远处，这时电场力对它所做的功

$$W=\int_a^{+\infty}k\cdot\frac{q}{r^2}\mathrm{d}r=\frac{kq}{a}.$$

六、经济应用问题

(一)由边际函数或函数的变化率求此函数及与此函数相关的量

已知某函数(如成本函数、收益函数、需求函数等)，利用微分或导数运算可以求出其边际函数(如边际成本、边际收益、边际需求等)；求积分则是由已知的边际函数确定原函数．

当产量由 a 个单位变到 b 个单位时，总成本的改变量为

$$\Delta C=\int_a^b C_M(Q)\mathrm{d}Q,$$

式中，$C_M(Q)$为边际成本．

同理，若已知边际收益为 $R'(Q)=R_M(Q)$，则总收益函数可表示为

$$R=R(Q)=\int_0^Q R_M(Q)\mathrm{d}Q.$$

当销售量由 a 个单位变到 b 个单位时，总收益的改变量为

$$\Delta R=\int_b^a R_M(Q)\mathrm{d}Q.$$

因为边际利润是边际收益与边际成本之差 $L'(Q)=R_M(Q)-C_M(Q)$，于是产量为 Q 时的总利润函数 $L(Q)$为

$$L=L(Q)=\int_0^Q[R_M(Q)-C_M(Q)]\mathrm{d}Q-C_0,$$

式中，C_0 是固定成本，积分 $\int_0^Q[R_M(Q)-C_M(Q)]\mathrm{d}Q$ 是不计固定成本下的利润函数．

当产量由 a 个单位变到 b 个单位时，总利润的改变量为

$$\Delta L=\int_a^b[R_M(Q)-C_M(Q)]\mathrm{d}Q.$$

例 12 已知某产品总产量 $Q(t)$的变化率是时间 t(单位：年)的函数 $f(t)=3t+6\geqslant 0(t\geqslant 0)$，求第一个五年和第二个五年的总产量各为多少？

解 因为总产量 $Q(t)$是它的变化率 $f(t)$的原函数，所以第一个五年的总产量为

$$\int_0^5 f(t)\mathrm{d}t=\int_0^5(3t+6)\mathrm{d}t=\left(\frac{3}{2}t^2+6t\right)\Big|_0^5=67.5\text{(单位)};$$

第二个五年的总产量为

$$\int_5^{10} f(t)\mathrm{d}t=\int_5^{10}(3t+6)\mathrm{d}t=\left(\frac{3}{2}t^2+6t\right)\bigg|_5^{10}=142.5(\text{单位}).$$

例 13 设某产品的总成本 C(单位：万元)的变化率是产量 x(单位：百台)的函数 $C'(x)=4+\dfrac{x}{4}$，总收益 R(单位：万元)的变化率是产量 x 的函数 $R'(x)=8-x$. (1) 求产量由 1 百台增加到 5 百台时总成本与总收益各增加多少？(2) 求产量为多少时，总利润 L 最大. (3) 已知固定成本 $C(0)=1$(万元)，分别求出总成本、总利润与总产量的函数关系式. (4) 求总利润最大时的总利润、总成本与总收益.

解 (1) 产量由 1 百台增加到 5 百台时总成本与总收益分别为

$$C=\int_1^5\left(4+\frac{x}{4}\right)\mathrm{d}x=\left(4x+\frac{x^2}{8}\right)\bigg|_1^5=19(\text{万元}),$$

$$R=\int_1^5(8-x)\mathrm{d}x=\left(8x-\frac{1}{2}x^2\right)\bigg|_1^5=20(\text{万元}).$$

(2) 由于总利润 $L(x)=R(x)-C(x)$，故

$$L'(x)=R'(x)-C'(x)=(8-x)-\left(4+\frac{x}{4}\right)=4-\frac{5}{4}x.$$

令 $L'(x)=0$，得 $x=3.2$(百台). 由 $L''(x)=-\dfrac{5}{4}<0$，所以产量为 3.2 百台时总利润最大.

(3) 因为总成本是固定成本与可变成本之和，故

$$C(x)=C(0)+\int_0^x C'(x)\mathrm{d}x=C(0)+\int_0^x C'(t)\mathrm{d}t,$$

所以总成本函数为

$$C(x)=1+\int_0^x\left(4+\frac{t}{4}\right)\mathrm{d}t=1+4x+\frac{x^2}{8}.$$

由 $L(x)=R(x)-C(x)$ 及 $R(x)=\int_0^x(8-t)\mathrm{d}t=8x-\dfrac{1}{2}x^2$，得总利润函数

$$L(x)=\left(8x-\frac{x^2}{2}\right)-\left(1+4x+\frac{x^2}{8}\right)=-1+4x-\frac{5}{8}x^2.$$

(4) $L(3.2)=-1+4\times3.2-\dfrac{5}{8}\times3.2^2=5.4$(万元)；

$C(3.2)=1+4\times3.2+\dfrac{1}{8}\times3.2^2=15.08$(万元)；

$R(3.2)=8\times3.2-\dfrac{1}{2}\times3.2^2=20.48$(万元).

(二)非均匀资金流量的现值与未来值

在连续的情况下，设资金流 A 是时间 t 的函数，即 $A=A(t)$，这样在很短的时间间隔$[t, t+\Delta t]$内资金流量的近似值是 $A(t)\mathrm{d}t$，在利率为 R 时，其现值为

$$A(t)\mathrm{d}t\times \mathrm{e}^{-Rt}=A(t)\mathrm{e}^{-Rt}\mathrm{d}t.$$

于是，到第 T 年末资金流量总和的现值就是从 0 到 T 的定积分，即

$$P=\int_0^T A(t)\mathrm{e}^{-Rt}\mathrm{d}t.$$

在$[t, t+\Delta t]$时间间隔内，资金流量近似值 $A(t)\mathrm{d}t$ 的未来值为

$$A(t)\mathrm{d}t \times \mathrm{e}^{Rt} = A(t)\mathrm{e}^{Rt}\mathrm{d}t,$$

于是，在 0 到 T 年内，总的资金流量化为未来 T 年值为

$$F = \int_0^T A(t)\mathrm{e}^{Rt}\mathrm{d}t.$$

(三)学习曲线模型

函数的一般形式为

$$f(x) = cx^k,\ x \in [1, +\infty),$$

式中，$f(x)$是要生产第 x 单位产品所需的直接劳动时数，$-1 \leqslant k \leqslant 0$，$c > 0$ 为常数．函数 $f(x) = cx^k(-1 \leqslant k < 0)$描述了生产单位产品的学习速度，这个速度以单位产品的劳动时数为函数．因此，函数 $f(x)$表示随着生产量增加直接劳动时数下降．

一旦定出了总生产过程的学习曲线，它就可以用来决定未来的生产时数的预测工具．如果已知学习曲线，那么生产第 a 单位产品到第 b 单位产品所需工时总数应为

$$N = \int_a^b f(x)\mathrm{d}x = \int_a^b cx^k\mathrm{d}x.$$

习题 5－5

1. 计算下列各图中阴影部分的面积：

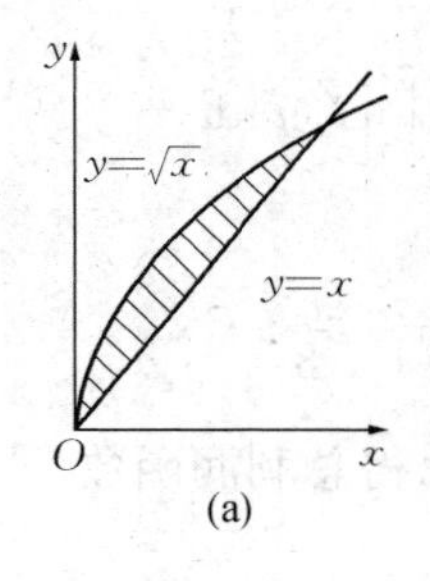

(a)

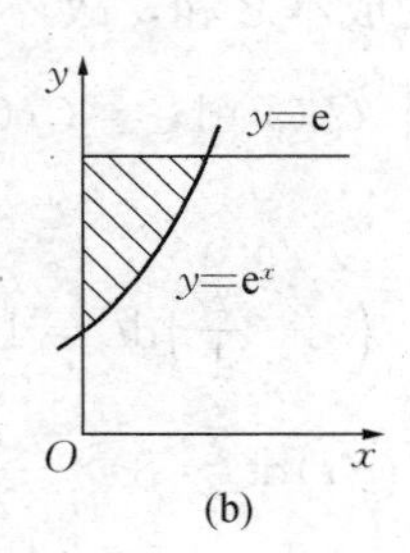

(b)

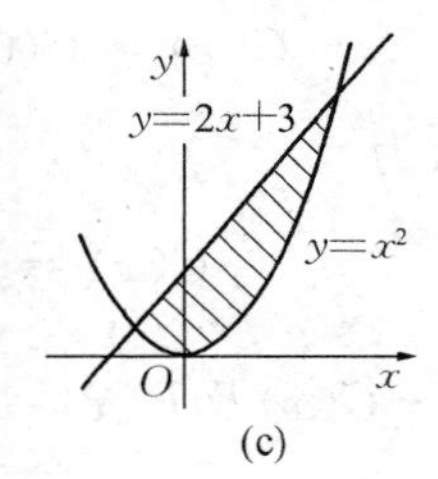

(c)

题 1 图

2. 求由下列各曲线所围成的图形的面积：

(1) 曲线 $y = \dfrac{1}{x}$ 与直线 $y = x$ 及 $x = 2$；

(2) 曲线 $y = \mathrm{e}^x$，$y = \mathrm{e}^{-x}$ 与直线 $x = 1$；

(3) 曲线 $y = x^2$ 与直线 $y = x$ 及 $y = 2x$；

(4) $x = a\cos^3 t$，$y = a\sin^3 t$；

(5) $r = 2a\cos\theta$；

(6) $r = 2a(2 + \cos\theta)\quad (a > 0)$；

(7) $r = 3\cos\theta$ 与 $r = 1 + \cos\theta$；

(8) $r = \sqrt{2}\sin\theta$ 与 $r^2 = \cos 2\theta$.

3. 求抛物线 $y^2 = 2px$ 及其在点$\left(\dfrac{p}{2},\ p\right)$处的法线所围成的图形面积．

4. 求抛物线 $y^2 = 2x$ 将圆 $x^2 + y^2 = 8$ 分割成两部分的面积．

5. 把抛物线 $y^2=4ax$ 及直线 $x=b(b>0)$ 所围成的图形绕 x 轴旋转，计算所得旋转体的体积．

6. 求由曲线 $y=x^3$ 及直线 $x=2$，$y=0$ 所围成的平面图形分别绕 x 轴及 y 轴旋转所得旋转体的体积．

7. 求抛物线 $y^2=2px$ 自点 $O(0,0)$ 至点 $A\left(\frac{p}{2},p\right)$ 之间的一段弧长．

8. 求圆的渐伸线 $\begin{cases}x=a(\cos t+t\sin t),\\y=a(\sin t-t\cos t)\end{cases}$ 自 $t=0$ 至 $t=\pi$ 的一段曲线的弧长．

9. 求阿基米德螺线 $r=a\theta(a>0)$ 相应于 θ 从 0 到 2π 的一段的弧长．

10. 半径为 R 米的半球形水池充满了水，今把池中水全部抽尽，问要做多少功?

11. 设有一弹簧，原长 15 cm，假定 0.5 kg 的力能使弹簧伸长 1 cm，求把这弹簧拉长 10 cm 所做的功．

12. 已知某产品生产 x 个单位时，总收益 R 的变化率(边际收益)为

$$R'=R'(x)=200-\frac{x}{100}\qquad(x\geqslant 0).$$

(1) 求生产了 50 个单位时的总收益；

(2) 如果已经生产了 100 个单位，求再生产 100 个单位时的总收益．

第五章 自测题

一、判断题(每题 2 分，共 16 分).

1. 函数 $f(x)$ 在区间 $[a,b]$ 上有界，则 $f(x)$ 在 $[a,b]$ 上可积．（　　）

2. 设 $f(x)$ 在 $(-\infty,+\infty)$ 内连续，则 $G(x)=\int_a^x f(t)\mathrm{d}t$ 是 $f(x)$ 的一个原函数．（　　）

3. $\frac{\mathrm{d}}{\mathrm{d}x}\int_1^x \sin t\mathrm{d}t=\sin x-\sin 1$．（　　）

4. 函数 $f(x)$ 在 $[a,b]$ 上有定义，则存在一点 $\xi\in[a,b]$，使

$$\int_a^b f(x)\mathrm{d}x=f(\xi)(b-a).$$（　　）

5. $\int_{-1}^1\frac{\mathrm{d}x}{1+x^2}=\int_{-1}^1\frac{1}{1+\left(\frac{1}{x}\right)^2}\cdot\frac{1}{x^2}\mathrm{d}x=-\int_{-1}^1\frac{1}{1+\left(\frac{1}{x}\right)^2}\mathrm{d}\left(\frac{1}{x}\right)$

$$=-\arctan\frac{1}{x}\Big|_{-1}^1=-\frac{\pi}{2}.$$（　　）

6. $\int_0^1(2x+k)\mathrm{d}x=2$，则 $k=1$.（　　）

7. 设函数 $y=\int_0^x(t-1)\mathrm{d}t$，则 y 有极小值 $\frac{1}{2}$.（　　）

8. 设 $\int_0^x f(t)\mathrm{d}t=\frac{1}{2}f(x)-\frac{1}{2}$，且 $f(0)=1$，则 $f(x)=\mathrm{e}^{2x}$.（　　）

二、多项选择题(每题 3 分，共 27 分).

1. 初等函数 $f(x)$在其定义域$[a,b]$上一定(　　).

(A) 连续；　(B) 可导；　(C) 可微；　(D) 可积 .

2. $f(x)$在区间$[a,b]$上连续，则函数 $F(x)=\int_a^x f(t)\mathrm{d}t$ 在区间$[a,b]$上一定(　　).

(A) 连续；　(B) 可导；　(C) 可积；　(D) 有界 .

3. $\int_{-1}^{1}\frac{1}{x^2}\mathrm{d}x=$(　　).

(A) -2；　(B) 2；　(C) 0；　(D) 发散 .

4. 积分区间相同，被积函数也相同的两个定积分的值一定(　　).

(A) 相等；　(B) 相差一个无穷小量；　(C) 相差一个任意常数 .

5. 设 $a=\int_1^2\ln x\mathrm{d}x, b=\int_1^2|\ln x|\mathrm{d}x$，则(　　).

(A) $a>b$；　(B) $a<b$；　(C) $a=b$.

6. 设函数 $f(x)$在$[a,b]$上连续，则 $\int_a^b f(x)\mathrm{d}x=$(　　).

(A) $\int_a^b f(u)\mathrm{d}u$；　(B) $\int_a^b f(2u)\,\mathrm{d}2u$；　(C) $\int_{\frac{a}{2}}^{\frac{b}{2}} f(2u)\mathrm{d}2u$.

7. 设 $f(x)$在$[a,b]$上连续，且 x 与 t 无关，则(　　).

(A) $\int_a^b tf(x)\mathrm{d}t=t\int_a^b f(x)\mathrm{d}t$；　(B) $\int_a^b tf(x)\mathrm{d}x=t\int_a^b f(x)\mathrm{d}x$；

(C) $\int_a^b tf(x)\mathrm{d}t=f(x)\int_a^b t\mathrm{d}t$.

8. $\frac{\mathrm{d}}{\mathrm{d}x}\int_a^b\sin x^2\mathrm{d}x=$(　　).

(A) $\sin x^2$；　(B) 0；　(C) $\sin b^2-\sin a^2$.

9. 设 $f(x)$在$(-\infty,+\infty)$内连续，$f(x)\neq 0$，且 $a<b$，则下面定积分的值不为 0 的是(　　).

(A) $\int_a^b|f(x)|\mathrm{d}x$；　(B) $\int_a^b\mathrm{d}x$；　(C) $\int_a^b f(x)\mathrm{d}x+\int_b^a f(x)\mathrm{d}x$.

三、计算下列各题(每题 3 分，共 27 分)：

1. $\int_0^5\frac{x^3}{1+x^2}\mathrm{d}x$；　2. $\int_{-1}^{1}\frac{\tan x}{\sin^2 x+1}\mathrm{d}x$；　3. $\int_1^5\frac{\sqrt{x-1}}{x}\mathrm{d}x$；

4. $\int_0^{\ln 2}\sqrt{\mathrm{e}^x-1}\,\mathrm{d}x$；　5. $\int_0^2 x^2\sqrt{4-x^2}\,\mathrm{d}x$；　6. $\int_0^1 x\mathrm{e}^{-x}\mathrm{d}x$；

7. $\int_{\mathrm{e}^{-1}}^{\mathrm{e}}|\ln x|\mathrm{d}x$；　8. $\lim\limits_{x\to 0}\frac{\int_0^x\cos^2 t\mathrm{d}t}{x}$；　9. $\lim\limits_{x\to 0}\frac{\int_0^x\arctan t\mathrm{d}t}{x^2}$.

四、求解下列各题(每题 3 分，共 9 分)：

1. 设 $f(x)=\int_{x^2}^{x}\ln t\mathrm{d}t$，求 $f'(x)$和 $f'\left(\frac{1}{2}\right)$.

2. 设 $b>0$，且 $\int_1^b\ln x\mathrm{d}x=1$，求 b.

3. 讨论广义积分 $\int_2^{+\infty}\frac{1}{x(\ln x)^p}\mathrm{d}x$ 的敛散性 .

五、(6 分)求抛物线 $y=-x^2+4x-3$ 及其在点(0，-3)和(3，0)处切线所围成的平面图形的面积 .

六、(7 分)用定积分的方法，求高为 H，底半径为 R 的圆锥体的体积 V.

七、(8 分)某产品的总成本 C(万元)的变化率(边际成本)$C'=1$，总收益 R(万元)的变化率(边际收益)为生产量 x(百台)的函数 $R'=R'(x)=5-x$,

(1) 求生产量等于多少时，总利润 $L=R-C$ 为最大?

(2) 从利润最大的生产量又生产了 100 台，总利润减少了多少?

[第六章] 多元函数微分学

前面我们讨论的函数，都只有一个自变量，称之为**一元函数**．然而，客观世界是复杂的，某个变量的变化，往往受到多种因素的影响，于是多元函数微积分也就应运而生．一方面，多元微积分是一元微积分的推广，其性质有许多相似之处；另一方面，多元微积分还有不少独特的性质和结果．为了给多元微积分一个直观的描述，首先介绍空间解析几何的基本知识．

第一节　空间解析几何简介

一、空间直角坐标系

过空间取一定点 O，作三条互相垂直的数轴，它们都以 O 为原点．这三条轴分别叫做 x 轴、y 轴、z 轴，统称为**坐标轴**．O 称为**坐标原点**．三条坐标轴的正方向符合**右手法则**．即用右手握住 z 轴，当右手的四指从 x 轴正向以 $\pi/2$ 角度转向 y 轴正向时，大拇指的指向就是 z 轴正向，如图 6－1 所示．这样的三条坐标轴构成了一个**空间直角坐标系**，记为 $Oxyz$.

每两条坐标轴确定的一个平面，称为**坐标平面**．由 x 轴和 y 轴确定的平面称为 xOy 平面，由 x 轴和 z 轴确定的平面称为 xOz 平面，由 y 轴和 z 轴确定的平面称为 yOz 平面．三个坐标平面将空间分成八个部分，每个部分称一个卦限，分别记为Ⅰ、Ⅱ、Ⅲ、Ⅳ、Ⅴ、Ⅵ、Ⅶ、Ⅷ，如图 6－2 所示．

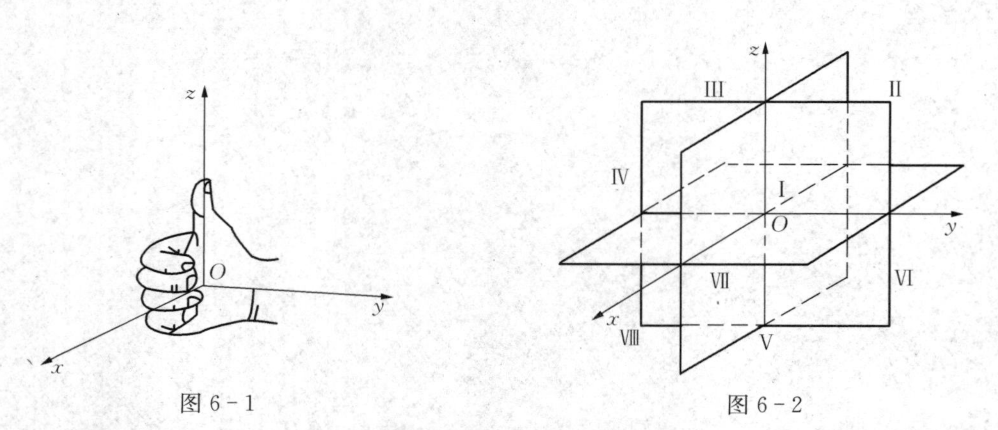

图 6－1　　　　图 6－2

有了空间直角坐标系，就可以建立空间上的点与有序数组之间的一一对应关系．

设 M 为空间一点，过点 M 作三个平面分别垂直于 x 轴、y 轴和 z 轴，并与三坐标轴分别交于点 P，Q，R，如图 6-3 所示．

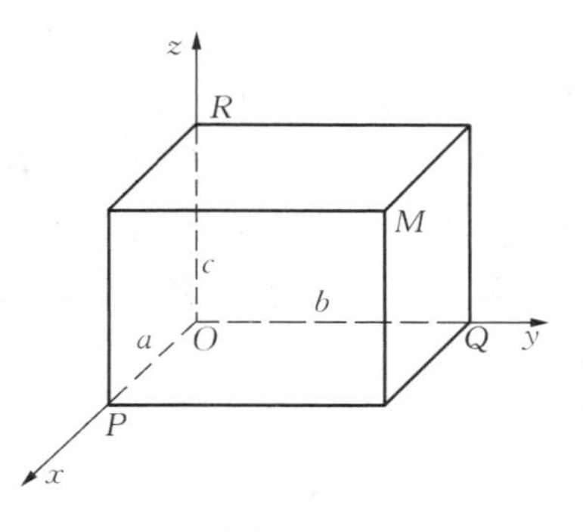

图 6-3

设这三点在 x 轴、y 轴、z 轴上的坐标依次取为 a，b，c，从而空间一点 M 就惟一确定了一个有序数组 (a, b, c)；反过来，已知一个有序数组 (a, b, c)，在 x 轴上取坐标为 a 的点 P，在 y 轴上取坐标为 b 的点 Q，在 z 轴上取坐标为 c 的点 R，然后通过 P、Q、R 分别作垂直于 x 轴、y 轴、z 轴的平面，这三个平面的交点 M 便是有序数组 (a, b, c) 所惟一确定的点．这样，就建立了空间上的点 M 与有序数组 (a, b, c) 之间的一一对应关系．因此，称该有序数组 (a, b, c) 为点 M 的坐标，记为 $M(a, b, c)$，称 a，b，c 分别为点 M 的**横坐标、纵坐标、竖坐标**．

显然，坐标原点 O 的坐标为 $(0, 0, 0)$；x 轴上的点为坐标为 $(a, 0, 0)$，y 轴上的点的坐标为 $(0, b, 0)$，z 轴上的点的坐标为 $(0, 0, c)$；xOy 面上的点的坐标为 $(a, b, 0)$，yOz 面上的点的坐标为 $(0, b, c)$，xOz 面上的点的坐标为 $(a, 0, c)$．

二、空间两点间的距离

已知空间两点 $M_1(x_1, y_1, z_1)$ 和 $M_2(x_2, y_2, z_2)$，过点 M_1 和 M_2 各作三个分别垂直于三条坐标轴的平面，这六个平面围成一个似 M_1M_2 为对角线的长方体（图 6-4）．容易求得，**空间两点 M_1M_2 之间的距离**为

$$|M_1M_2| = \sqrt{(x_2-x_1)^2+(y_2-y_1)^2+(z_2-z_1)^2}. \tag{1}$$

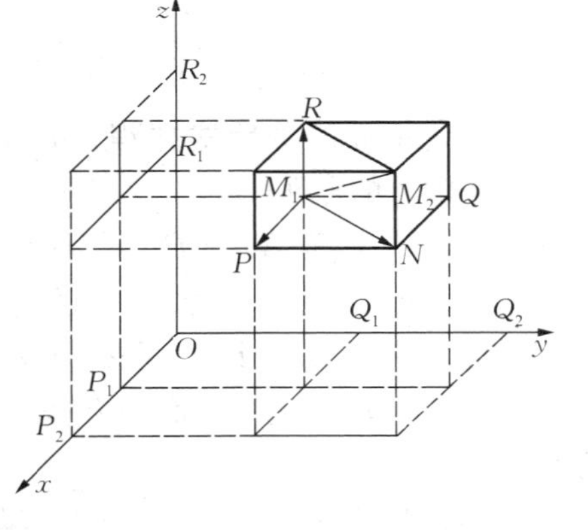

图 6-4

特别地，空间一点 $M(x, y, z)$ 到原点 $O(0, 0, 0)$ 的距离为

$$|OM| = \sqrt{x^2+y^2+z^2}.$$

例 1 动点 $P(x, y, z)$ 与两定点 $A(1, -1, 0)$，$B(2, 0, -2)$ 的距离相等，求动点 P 的轨迹方程．

解 由题设，根据公式（1），得

$$(x-1)^2+(y+1)^2+z^2=(x-2)^2+y^2+(z+2)^2,$$

即动点 P 的轨迹方程为

$$x+y-2z+3=0.$$

三、空间曲面

在空间直角坐标系中，三元方程

$$F(x, y, z)=0 \tag{2}$$

表示一空间曲面 S（图 6-5）．

（一）空间平面

空间平面的一般方程为

$$Ax + By + Cz + D = 0, \qquad (3)$$

其中，A，B，C，D 为常数，且 A，B，C 不全为零．

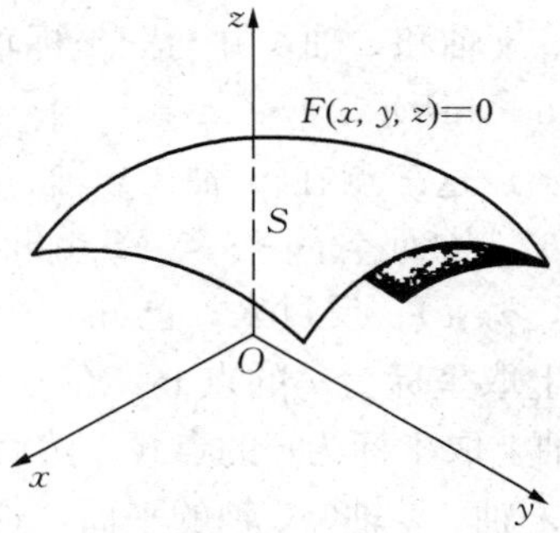

图 6-5

例 2　设平面过点(4，0，0)，(0，3，0)，(0，0，2)，求平面方程．

解　将三点坐标代入平面的一般方程 $Ax+By+Cz+D=0$，得

$$\begin{cases}4A+D=0,\\3B+D=0,\\2C+D=0,\end{cases}\quad 即 \quad \begin{cases}A=-\dfrac{D}{4},\\B=-\dfrac{D}{3},\\C=-\dfrac{D}{2},\end{cases}$$

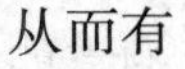

从而有
$$-\frac{D}{4}x-\frac{D}{3}y-\frac{D}{2}z+D=0,$$

整理，得
$$\frac{x}{4}+\frac{y}{3}+\frac{z}{2}=1.$$

由例 2 知，若平面与 x，y，z 轴的交点分别为 $P(a,0,0)$，$Q(0,b,0)$，$R(0,0,c)$，其中 $a\neq 0$，$b\neq 0$，$c\neq 0$（图 6-6），将 P，Q，R 的坐标代入 $Ax+By+Cz+D=0$，则有

$$\frac{x}{a}+\frac{y}{b}+\frac{z}{c}=1.$$

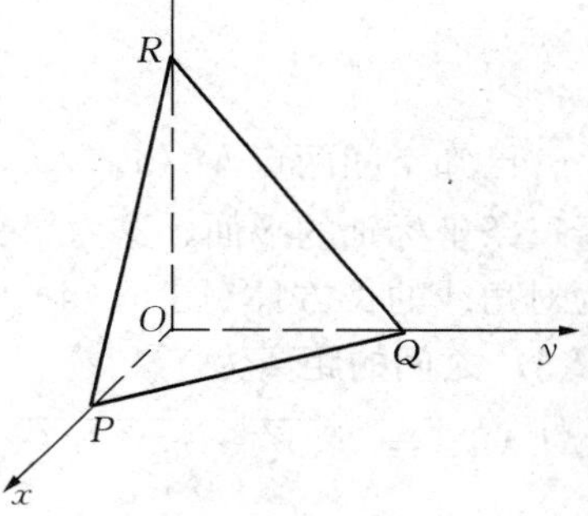

图 6-6

称此方程为平面的**截距式方程**，a，b，c 分别称为平面在 x，y，z 轴上的截距．

一般地，平面 $Ax+By+D=0$ 平行于 z 轴，平面 $Ax+Cz+D=0$ 平行于 y 轴，平面 $By+Cz+D=0$ 平行于 x 轴；平面 $Ax+D=0$ 平行于 yOz 坐标平面，平面 $By+D=0$ 平行于 xOz 坐标平面，平面 $Cz+D=0$ 平行于 xOy 坐标平面．

特别地，xOy 坐标平面的方程为 $z=0$，yOz 坐标平面的方程为 $x=0$，xOz 坐标平面的方程为 $y=0$.

(二)球心在 $M_0(x_0, y_0, z_0)$，半径为 R 的球面方程

设 $M(x, y, z)$ 为球面上任意一点，则 $|M_0M|=R$，即

$$\sqrt{(x-x_0)^2+(y-y_0)^2+(z-z_0)^2}=R,$$

从而

$$(x-x_0)^2+(y-y_0)^2+(z-z_0)^2=R^2. \qquad (4)$$

这就是球心在 $M_0(x_0, y_0, z_0)$，半径为 R 的**球面方程**（图6-7).

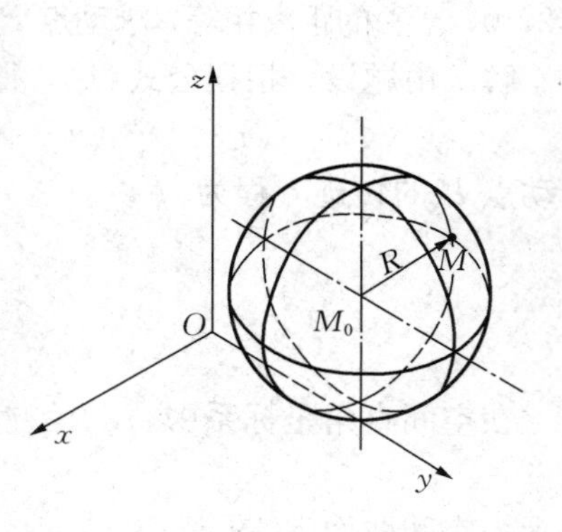

图 6-7

特别地，球心在坐标原点 $O(0,0,0)$，半径为 R 的球面方程为

$$x^2+y^2+z^2=R^2.$$

对于一些复杂的空间曲面，需要用坐标面或平行于坐标面的平面与曲面相交，考察其交痕(称为交线)的形状，来了解曲面的全貌．

为研究复杂的空间曲面，我们给出空间曲线的概念．

四、空间曲线

空间曲线是空间两个曲面的交线．

设曲面 S_1，S_2 的方程分别为 $F_1(x, y, z)=0$，$F_2(x, y, z)=0$，则称

$$\begin{cases}F_1(x, y, z)=0,\\F_2(x, y, z)=0\end{cases}\tag{5}$$

为**空间曲线 C 的一般方程**，如图 6－8 所示．

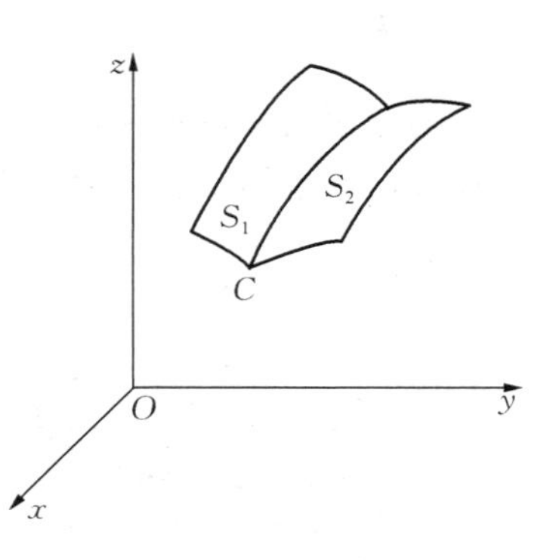

图 6－8

特殊地，空间直线是两个空间平面的交线，其一般方程为

$$\begin{cases}A_1x+B_1y+C_1z+D_1=0,\\A_2x+B_2y+C_2z+D_2=0.\end{cases}$$

例如，平面 $\frac{x}{a}+\frac{y}{b}+\frac{z}{c}=1$(图 6－6)与 yOz 坐标平面的交线可表示为

$$\begin{cases}\frac{x}{a}+\frac{y}{b}+\frac{z}{c}=1,\\x=0,\end{cases}$$

即

$$\begin{cases}\frac{y}{b}+\frac{z}{c}=1,\\x=0.\end{cases}$$

它是 yOz 坐标平面的一条直线．

五、常见的曲面

除前文所述的平面和球面外，常见的曲面还有：

(一)椭球面

由方程

$$\frac{x^2}{a^2}+\frac{y^2}{b^2}+\frac{z^2}{c^2}=1\tag{6}$$

所表示的曲面叫做椭球面，如图 6－9 所示．该曲面与三个坐标平面的交线都是椭圆．a，b，c 称为椭球面的三个半轴．

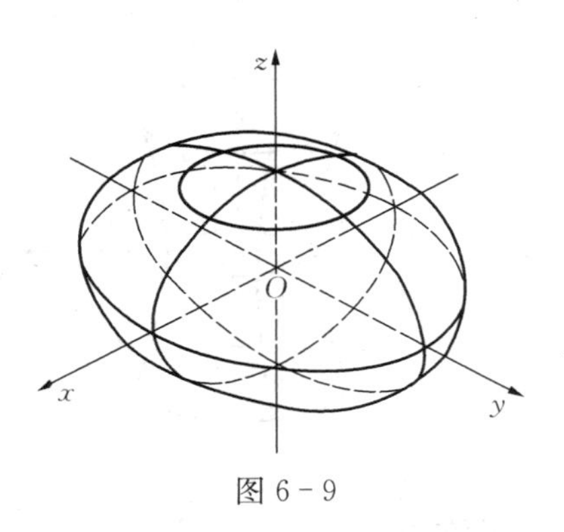

图 6－9

若 $a=b=c$，则方程(6)变为 $x^2+y^2+z^2=a^2$，即球心在坐标原点，半径为 a 的球面．

(二)抛物面

由方程

$$\frac{x^2}{2p}+\frac{y^2}{2q}=z \quad (p,q\text{同号}) \tag{7}$$

所表示的曲面叫做**椭圆抛物面**(图 6-10)．当 p，$q>0$ 时，曲面过坐标原点且位于 xOy 面上方，与 yOz 面及 xOz 面的交线都是抛物线，而用平面 $z=k(k\neq 0)$ 去截时，交线为椭圆．

由方程

$$-\frac{x^2}{2p}+\frac{y^2}{2q}=z \quad (p,q\text{同号}) \tag{8}$$

所表示的曲面叫做双曲抛物面(图6-11)．当 p，$q>0$ 时，它与平面 $y=k$ 及 $x=k$ 的交线均为抛物线，与平面 $z=k(k\neq 0)$的交线为双曲线．因其形状似马鞍，又称**马鞍面**．

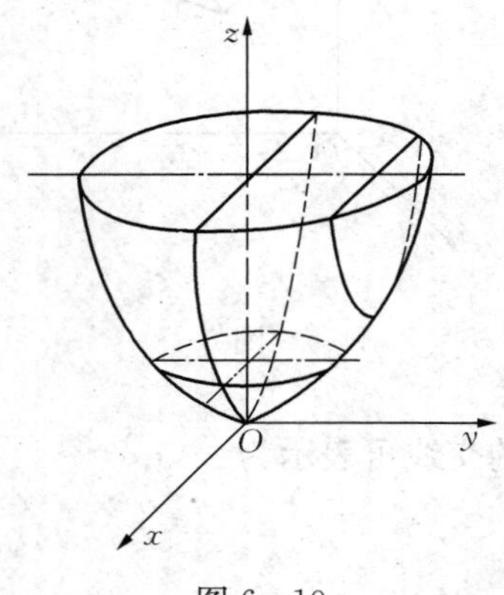

图 6-10

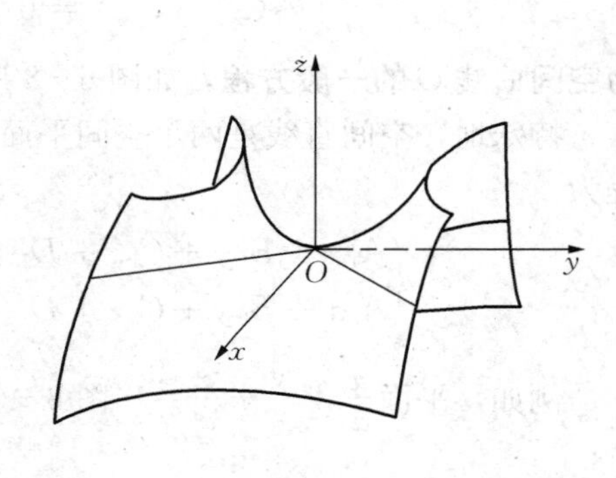

图 6-11

(三)双曲面

由方程

$$\frac{x^2}{a^2}+\frac{y^2}{b^2}-\frac{z^2}{c^2}=1 \tag{9}$$

所表示的曲面叫做**单叶双曲面**，其形状如图 6-12 所示．

由方程

$$\frac{x^2}{a^2}-\frac{y^2}{b^2}+\frac{z^2}{c^2}=-1 \tag{10}$$

所表示的曲面叫做**双叶双曲面**，其形状如图 6-13 所示．

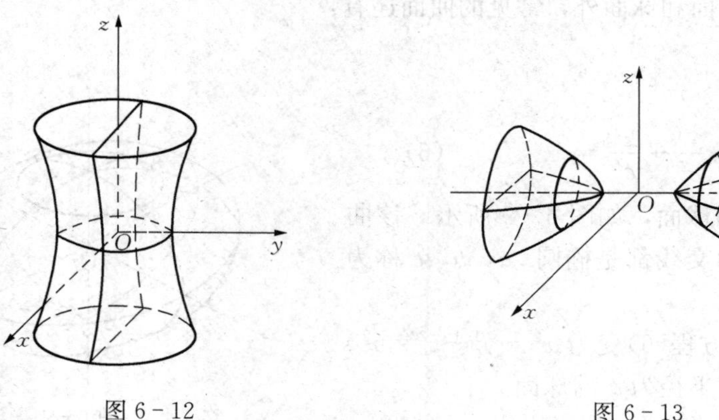

图 6-12　　图 6-13

(四)锥面

由方程

$$z^2=a^2x^2+b^2y^2 \tag{11}$$

所表示的曲面叫做**锥面**，其形状如图 6－14 所示．

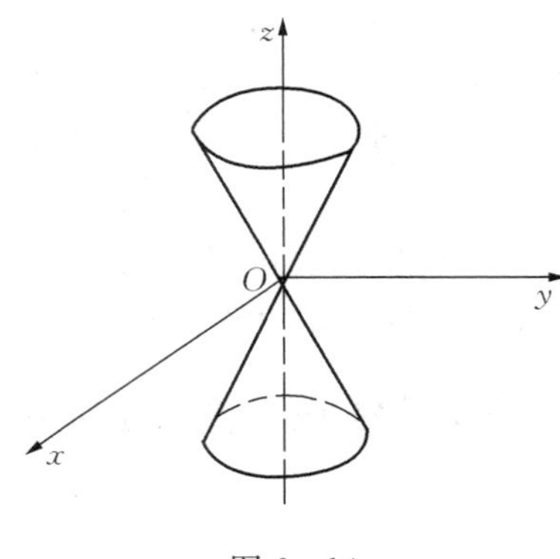

图 6－14

(五)柱面

定义 1　平行于定直线并沿定曲线 C 移动的直线 L 所形成的曲面叫做柱面．定曲线 C 叫做柱面的准线，动直线 L 叫做柱面的母线．

设 C 是 xOy 面上的曲线 $\begin{cases} F(x, y)=0, \\ z=0, \end{cases}$ 以 C 为准线，L 为母线，平行于 z 轴移动形成一**柱面**(图 6－15)，显然柱面上任一点 $M(x, y, z)$的坐标必满足 $F(x, y)=0$；反过来，满足$F(x, y)=0$ 的点 $M(x, y, z)$，不管其 z 的坐标是多少，总在此柱面上．因此，方程 $F(x, y)=0$ 表示母线平行于 z 轴，准线是 xOy 面上的曲线 $F(x, y)=0$ 的柱面方程．

下面是几种常见的母线平行于 z 轴的柱面．

(1) $x^2+y^2=R^2$ 表示圆柱面，其准线为 xOy 面上的圆 $x^2+y^2=R^2$(图 6－16)．

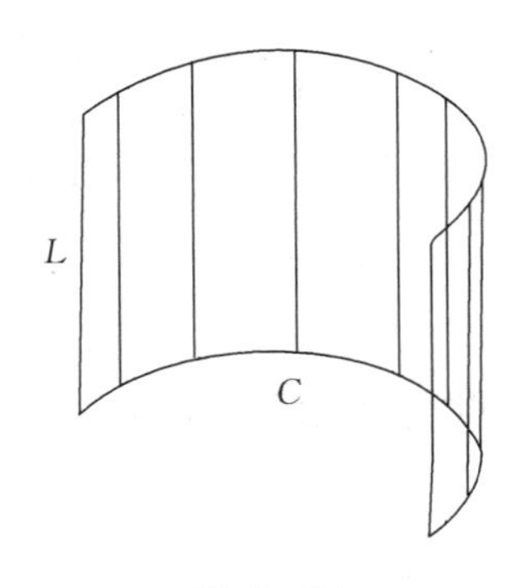

图 6－15

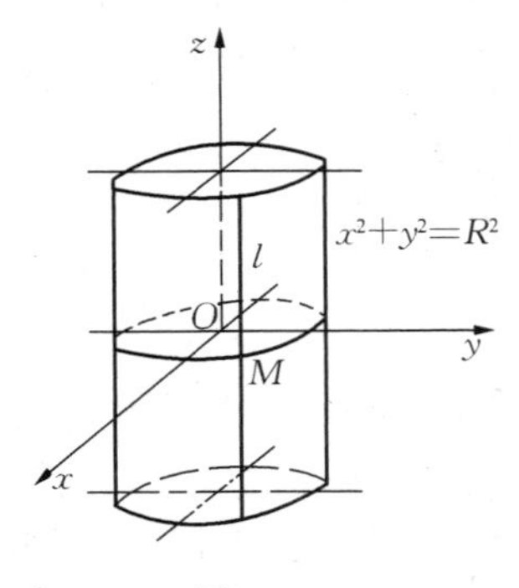

图 6－16

(2) $\frac{x^2}{a^2}+\frac{y^2}{b^2}=1$ 表示椭圆柱面，其准线为 xOy 面上的椭圆

$$\frac{x^2}{a^2}+\frac{y^2}{b^2}=1.$$

(3) $\frac{x^2}{a^2}-\frac{y^2}{b^2}=1$ 表示双曲柱面，其准线为 xOy 面上的双曲线

$$\frac{x^2}{a^2}-\frac{y^2}{b^2}=1.$$

(4) $x^2=2py(p>0)$表示抛物柱面，其准线为 xOy 面上抛物线

$$x^2 = 2py.$$

需要注意的是，同一个方程 $F(x, y)=0$，在平面直角坐标系 xOy 下，表示一条平面曲线，而在空间直角坐标系下，表示的是母线平行于 z 轴并以 xOy 面上的曲线 $F(x, y)=0$ 为准线的柱面.

同理，$F(y, z)=0$，$F(x, z)=0$ 分别表示母线平行于 x 轴、y 轴，准线是 yOz 面及 xOz 面上的曲线 $F(y, z)=0$，$F(y, z)=0$ 的柱面方程.

六、空间曲线在坐标面上的投影

设空间曲线 C 的一般方程为

$$\begin{cases} F_1(x, y, z) = 0, \\ F_2(x, y, z) = 0. \end{cases} \tag{12}$$

由方程组(12)消去变量 z 后，得

$$H(x, y) = 0. \tag{13}$$

它表示一个以 C 为准线，母线平行于 z 轴的柱面(记为 S)，S 垂直于 xOy 面，称 S 为空间曲线 C 关于 xOy 上的**投影柱面**. S 与 xOy 面的交线 C'

$$\begin{cases} H(x, y) = 0, \\ z = 0, \end{cases}$$

叫做空间曲线 C 在 xOy 面上的**投影曲线**(**简称投影**)(图 6-17).

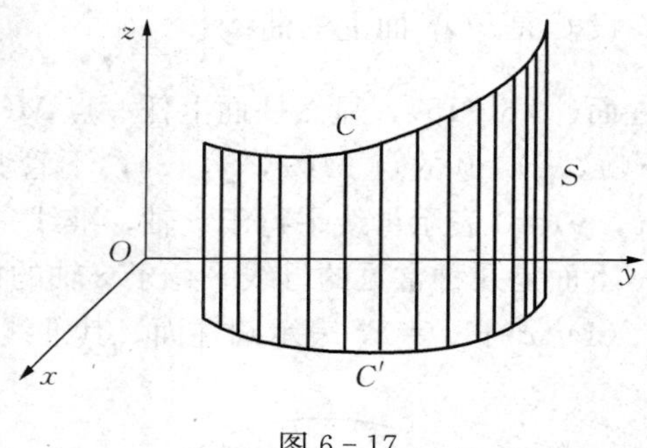

图 6-17

例 3 两球面的方程为 $x^2+y^2+z^2=1$ 和 $x^2+(y-1)^2+(z-1)^2=1$，试求它们的交线在 xOy 面上的投影.

解 将方程组

$$\begin{cases} x^2 + y^2 + z^2 = 1, \\ x^2 + (y-1)^2 + (z-1)^2 = 1, \end{cases}$$

两式相减得 $y+z=1$，再将 $z=1-y$ 代入 $x^2+y^2+z^2=1$，得投影柱面方程为

$$x^2 + 2y^2 - 2y = 0,$$

于是两球面的交线在 xOy 面上的投影方程为

$$\begin{cases} x^2 + 2y^2 - 2y = 0, \\ z = 0. \end{cases}$$

例 4 一立体由旋转抛物面 $z=2-x^2-y^2$ 和上半锥面 $z=\sqrt{x^2+y^2}$ 所围成(图 6-18)，求它在 xOy 面上的投影.

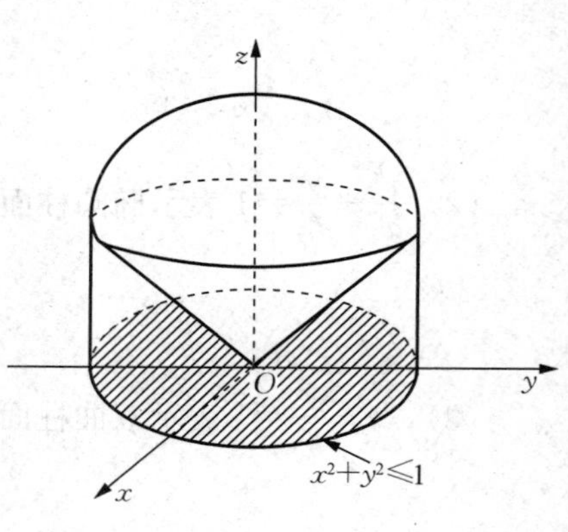

图 6-18

解 旋转抛物面与锥面的交线为

$$\begin{cases} z = 2 - x^2 - y^2, \\ z = \sqrt{x^2 + y^2}, \end{cases}$$

从方程组中消去 z，得投影柱面方程 $x^2+y^2=1$，将其和 $z=0$ 联立得投影曲线方程为

$$\begin{cases} x^2+y^2=1, \\ z=0. \end{cases}$$

可见，投影曲线是 xOy 面上的单位圆．

例 5 试将曲线方程

$$\begin{cases} 2y^2+z^2+4x=4z, & ① \\ y^2+3z^2-8x=12z, & ② \end{cases}$$

换成母线分别平行于 x 轴及 z 轴的柱面的交线方程．

解 ①×2+②，得母线平行于 x 轴的投影柱面 $y^2+z^2-4z=0$.

①×3−②，得母线平行于 z 轴的投影柱面 $y^2+4x=0$.

故柱面的交线方程为 $\begin{cases} y^2+z^2-4z=0, \\ y^2+4x=0. \end{cases}$

习题 6－1

1. 求点 $M(1, -2, 3)$ 到原点及坐标轴、坐标面的距离．
2. 证明以 $A(4, 1, 9)$，$B(10, -1, 6)$，$C(2, 4, 3)$ 为顶点的三角形是等腰三角形．
3. 建立球心在点 $M_0(1, 3, -2)$ 且过坐标原点的球面方程．
4. 求曲线 $\begin{cases} z=x^2+y^2, \\ z=4 \end{cases}$ 在 xOy 面上的投影．
5. 求球面 $x^2+y^2+z^2=9$ 与平面 $x+z=1$ 的交线在 xOy 面上的投影．
6. 画出下列方程所表示的曲线：

(1) $\begin{cases} x^2+y^2+z^2=25, \\ x=3; \end{cases}$　　(2) $\begin{cases} x^2+4y^2+9z^2=36, \\ y=1. \end{cases}$

7. 画出下列曲面围成的立体的图形：

(1) $x=0$，$y=0$，$z=0$，$y=1$，$3x+4y+2z-12=0$；

(2) $x=0$，$y=0$，$z=0$，$z=x^2+y^2$，$x+y=1$.

第二节　多元函数

一、区　　域

一元函数的定义域一般是一个区间(开区间、闭区间或半开半闭区间)．而对于多元函数的讨论，需要把一元函数的邻域和区间等概念加以拓广．

(一)邻域

设 $P_0(x_0, y_0)$ 是 xOy 平面上的一个点，δ 是某一正数，与点 $P_0(x_0, y_0)$ 的距离小于 δ 的点 $P(x, y)$ 的全体，称为点 P_0 的 δ **邻域**，记为 $N(P_0, \delta)$，即

$$N(P_0, \delta)=\{(x, y) \mid \sqrt{(x-x_0)^2+(y-y_0)^2}<\delta\}.$$

在几何上，$N(P_0, \delta)$ 就是 xOy 平面上以 P_0 为**中心**，δ 为**半径**的圆的内部点 $P(x, y)$

的全体．

若在 $N(P_0,\delta)$ 中去掉中心 P_0，则该点集称为点 P_0 的**去心邻域**，记为 $N(\hat{P}_0,\delta)$，即

$$N(\hat{P}_0,\delta)=\{(x,y)\mid 0<\sqrt{(x-x_0)^2+(y-y_0)^2}<\delta\}.$$

(二)区域

设 E 是平面上的一个点集，点 $P\in E$，如果存在 P 的一个邻域 $N(P,\delta)$，使 $N(P,\delta)\subset E$，则称 P 为 E 的**内点**(图 6-19).

如果点 P 的任何一个邻域内既有属于 E 的点又有不属于 E 的点，则称 P 为 E 的边界点. E 的边界点的全体，称为 E 的**边界**(图 6-20).

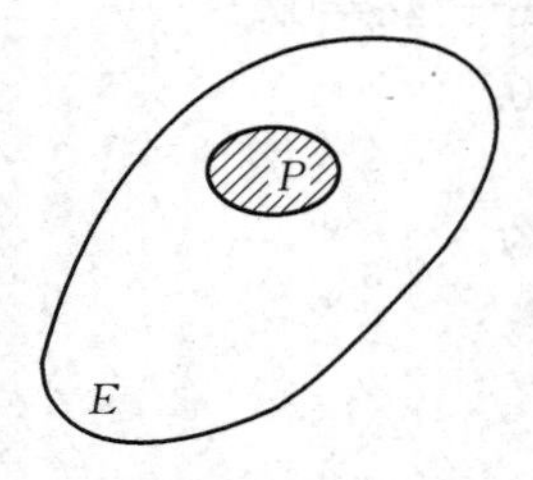

图 6-19

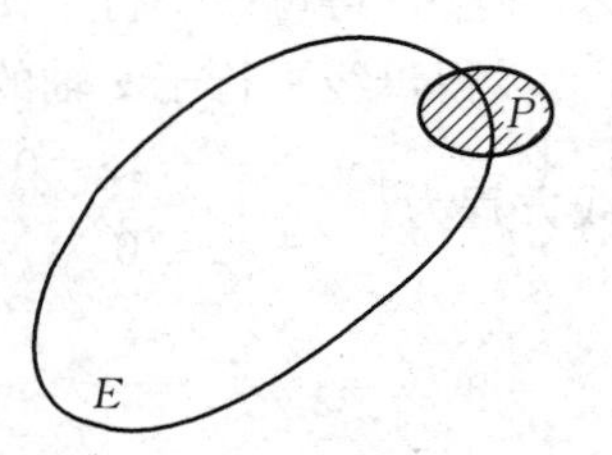

图 6-20

如果点集 E 的每一个点都是内点，则称 E 为**开集**．

设 E 是开集，如果对于 E 内的任意两点，都可以用折线连接起来，且该折线上的点都属于 E，则称 E 是**单连通**的．

连通的开集称为**区域**或**开区域**．开区域连同它的边界一起称为**闭区域**．例如 $\{(x,y)|x^2+y^2<1\}$ 是开区域，而 $\{(x,y)|x^2+y^2\leqslant 1\}$ 是闭区域．

如果存在正数 K，使某区域 E 包含于以原点为中心以 K 为半径的圆内，则称 E 是**有界区域**；否则为**无界区域**．

二、二元函数

(一)定义

设 D 是一平面点集，如果对于 D 中每个点 $P(x,y)$，变量 z 按照一定的法则总有确定的数值和它们对应，则称变量 z 是变量 x，y 的二元函数，记作

$$z=f(x,y),$$

其中，x，y 叫做自变量，z 叫做因变量，x，y 的变化范围 D 称为函数的定义域．设点 $(x_0,y_0)\in D$，则 $f(x_0,y_0)$ 称为 $f(x,y)$ 在点 (x_0,y_0) 处的函数值，函数值的全体称为值域．

二元函数的定义域是指使函数有意义的一切点组成的平面点集．

例 1　求函数 $z=\ln(x+y)$ 的定义域．

解　当 $x+y>0$ 时，函数 z 有意义，所以函数的定义域为

$$D=\{(x,y)\mid x+y>0\}(\text{图 } 6-21).$$

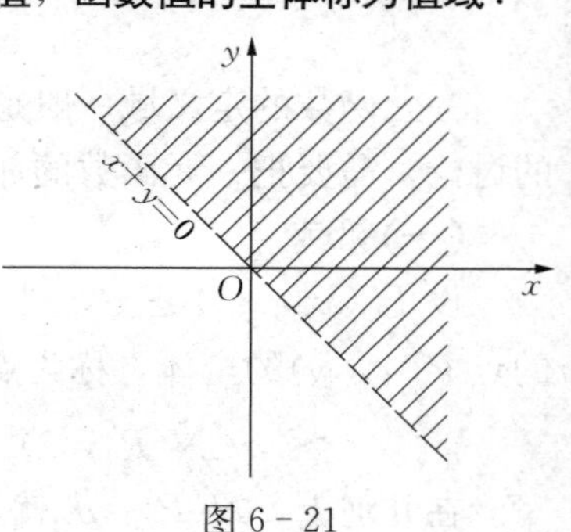

图 6-21

例 2　设 $z=\sqrt{x+3}+f(\sqrt{y}+1)$，当 $x=1$ 时，$z=y^2$，求 $f(u)$ 及 $z=z(x,y)$ 的表达式．

解 令 $x=1$，得 $y^2=2+f(\sqrt{y}+1)$，即 $f(\sqrt{y}+1)=y^2-2$. 令 $\sqrt{y}+1=u$，则 $y=(u-1)^2$，故

$$f(u)=(u-1)^4-2,\ z=\sqrt{x+3}+y^2-2.$$

(二)二元函数的几何图形

设函数 $z=f(x, y)$ 的定义域是 xOy 坐标面上的一个点集 D，对于 D 上每一点 $P(x, y)$，对应的函数值 $z=f(x, y)$. 这样，在空间直角坐标系下，以 x 为横坐标，y 为纵坐标，$z=f(x, y)$ 为竖坐标，在空间就确定了一个点 $M(x, y, z)$. 当点 $P(x, y)$ 在 D 上变动时，点 $M(x, y, z)$ 就相应地在空间变动，一般来说，它的轨迹是一个曲面，这个曲面就称为二元函数 $z=f(x, y)$ 的图形(图6-22).

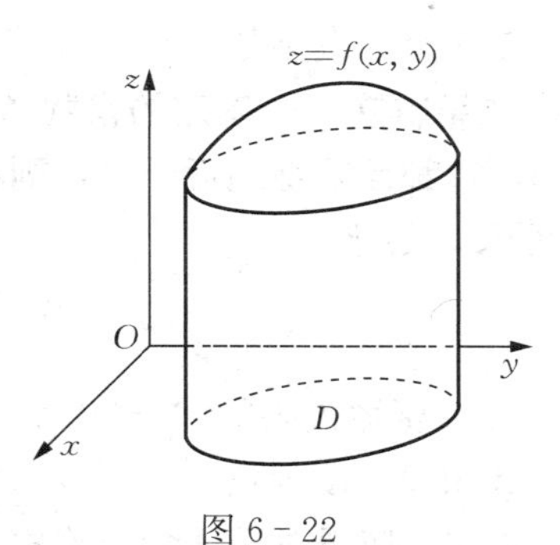

图 6-22

例 3 函数 $z=\sqrt{1-x^2-y^2}$ 的图形是以原点为球心，以 1 为半径的上半球面.

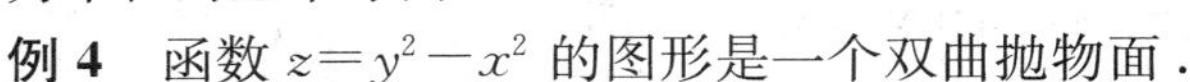

例 4 函数 $z=y^2-x^2$ 的图形是一个双曲抛物面.

(三)多元函数

设有 $n+1$ 个变量 $z, x_1, x_2, \cdots, x_n$，如果对于 $x_1, x_2, \cdots, x_n$ 所能取的一组值 $(x_1, x_2, \cdots, x_n)$，z 按一定的法则，总有确定的值与之对应，则称 z 是 $x_1, x_2, \cdots, x_n$ 的 **n 元函数**，记作

$$z=f(x_1, x_2, \cdots, x_n),$$

称 $x_1, x_2, \cdots, x_n$ 为**自变量**，z 为**因变量**.

我们重点讨论二元函数. 由二元函数所得出的结论都可以推广到多元函数.

习题 6-2

1. 求下列函数的定义域：

(1) $z=\dfrac{1}{x^2+2y^2}$；　　(2) $z=\ln(x-2y+1)$；

(3) $z=\sqrt{1-\dfrac{x^2}{a^2}-\dfrac{y^2}{b^2}}$；　　(4) $z=\dfrac{1}{\sqrt{x+1}}+\dfrac{1}{\sqrt{x-y}}$；

(5) $z=\sqrt{x-\sqrt{y}}$；　　(6) $z=\arcsin\dfrac{y}{x}$.

2. 若 $f(x, y)=\sqrt{x^4+y^4}-2xy$，试证 $f(tx, ty)=t^2f(x, y)$.

3. 已知 $f(x, y)=x^3-2xy+3y^2$，求：

(1) $f(2, 3)$；　　(2) $f\left(\dfrac{1}{x}, \dfrac{2}{y}\right)$；

(3) $f\left(1, \dfrac{y}{x}\right)$；　　(4) $\dfrac{f(x, y+h)-f(x, y)}{h}$.

4. 设 $F(x, y)=\dfrac{1}{x}f(x-y)$，$F(1, y)=y^2-2y$，求 $f(x)$.

第三节　二元函数的极限与连续

一、二元函数的极限

定义 1　设函数 $z=f(x, y)$ 在 $N(\hat{P}_0, \delta)$ 内有定义，$P(x, y)$ 是 $N(\hat{P}_0, \delta)$ 内的任意一点．如果存在一个确定的常数 A，点 $P(x, y)$ 以任何方式趋向于定点 $P_0(x_0, y_0)$ 时，函数 $f(x, y)$ 都无限地趋近于 A，则称常数 A 为函数 $z=f(x, y)$ 当 $P\to P_0$（或 $x\to x_0$，$y\to y_0$）时的极限，记作

$$\lim_{P\to P_0} f(x, y)=A \text{ 或 } \lim_{\substack{x\to x_0\\ y\to y_0}} f(x, y)=A.$$

二元函数极限的"$\varepsilon-\delta$"定义为：

定义 2　设函数 $z=f(x, y)$ 在 $N(\hat{P}_0, \delta)$ 内有定义，如果对于任意给定的正数 ε，总存在正数 δ，使得对于适合不等式

$$0<\sqrt{(x-x_0)^2+(y-y_0)^2}<\delta$$

的一切点 $P(x, y)$ 都有

$$|f(x, y)-A|<\varepsilon,$$

则称常数 A 为二元函数 $z=f(x, y)$ 当 $P\to P_0$（或 $x\to x_0$，$y\to y_0$）时的极限．

需要特别注意的是：

(1)二元函数的极限存在，是指点 $P(x, y)$ 以任何方式趋向于 $P_0(x_0, y_0)$ 时，函数都无限趋近于同一常数 A.

(2) 如果点 $P(x, y)$ 以一种特殊方式，例如沿某一条直线或定曲线趋向于 $P_0(x_0, y_0)$ 时，即使函数无限趋近于某一确定的值，我们也不能断定函数的极限存在．

(3) 如果当点 $P(x, y)$ 以不同方式趋向于 $P_0(x_0, y_0)$ 时，函数趋向于不同的数值，则可断定函数的极限不存在．

例 1　讨论二元函数

$$f(x, y)=\begin{cases}\dfrac{xy}{x^2+y^2}, & x^2+y^2\neq 0,\\ 0, & x^2+y^2=0,\end{cases}$$

当 $P(x, y)\to(0, 0)$ 时的极限是否存在．

解　当 $P(x, y)$ 沿直线 $y=\lambda x$ 趋于原点(0, 0)时，

$$\lim_{\substack{x\to 0\\ y\to 0}} f(x, y)=\lim_{x\to 0}\frac{\lambda x^2}{x^2+(\lambda x)^2}=\frac{\lambda}{1+\lambda^2}.$$

可见，当 $P(x, y)$ 沿直线 $y=\lambda x$ 趋于原点(0, 0)时，函数 $f(x, y)$ 的变化趋势与 λ 有关，它随着 λ 的变化而变化，所以当 $P(x, y)\to(0, 0)$ 时，$f(x, y)$ 的极限不存在．

例 2　计算下列函数的极限：

(1) $\lim\limits_{\substack{x\to 0\\ y\to 1}}\dfrac{1}{x+y}$；　(2) $\lim\limits_{\substack{x\to 0\\ y\to 0}}\dfrac{\sin(x^2y)}{xy}$；　(3) $\lim\limits_{\substack{x\to\infty\\ y\to 2}}\left(1+\dfrac{1}{xy}\right)^{\frac{x^2}{x+y}}$.

解　(1) $\lim\limits_{\substack{x\to 0\\ y\to 1}}\dfrac{1}{x+y}=\dfrac{1}{0+1}=1.$

(2) $\lim\limits_{\substack{x\to 0\\ y\to 0}}\dfrac{\sin(x^2y)}{xy}=\lim\limits_{\substack{x\to 0\\ y\to 0}}\dfrac{\sin(x^2y)}{x^2y}x=\lim\limits_{\substack{x\to 0\\ y\to 0}}\dfrac{\sin(x^2y)}{x^2y}\cdot\lim\limits_{\substack{x\to 0\\ y\to 0}}x=1\cdot 0=0.$

(3) $\lim\limits_{\substack{x\to \infty\\ y\to 2}}\left(1+\dfrac{1}{xy}\right)^{\frac{x^2}{x+y}}=\lim\limits_{\substack{x\to \infty\\ y\to 2}}\left[\left(1+\dfrac{1}{xy}\right)^{xy}\right]^{\frac{x}{y(x+y)}}=\mathrm{e}^{\lim\limits_{\substack{x\to \infty\\ y\to 2}}\left[\frac{x}{y(x+y)}\right]}=\mathrm{e}^{\frac{1}{2}}.$

注：一元函数中两个重要的极限，在二元函数中仍然适用．

二、二元函数的连续性

定义 3　设二元函数 $z=f(x, y)$**在** $N(P_0, \delta)$**内有定义，若**

$$\lim_{\substack{x\to x_0\\ y\to y_0}}f(x, y)=f(x_0, y_0),$$

则称函数 $z=f(x, y)$**在点** $P_0(x_0, y_0)$**连续．**

定义 4　如果函数 $f(x, y)$**在区域** D **上每一点都连续，则称它在区域** D **上连续．**

函数的不连续点称为函数的**间断点**．例如 $f(x, y)=1/(y-x^2)$在抛物线 $y=x^2$ 上无定义，所以抛物线 $y=x^2$ 上的点都是函数 $f(x, y)$的间断点．

例 3　讨论 $f(x, y)=\begin{cases}\dfrac{x^2\sin\dfrac{1}{x^2+y^2}+y^2}{x^2+y^2}, & (x, y)\neq(0, 0),\\ 0, & (x, y)=(0, 0),\end{cases}$ 在点(0，0)的连续性．

解　当 $y=0$，$x\to 0$ 时，即动点(x, y)沿 x 轴趋于(0，0)时，

$$\lim_{\substack{x\to 0\\ y=0}}\frac{x^2\sin\dfrac{1}{x^2+y^2}+y^2}{x^2+y^2}=\lim_{x\to 0}\sin\frac{1}{x^2}$$

不存在，故 $f(x, y)$在点(0，0)不连续．

多元连续函数有着与一元连续函数类似的性质．

最大最小值定理　如果二元函数 $z=f(x, y)$在有界闭区域 D 上连续，则在 D 上一定取得最大值和最小值．

有界性定理　如果二元函数 $z=f(x, y)$在有界闭区域 D 上连续，则在 D 上一定有界．

介值定理　如果二元函数 $z=f(x, y)$在有界闭区域 D 上连续，任给 $P_1(x_1, y_1)$，$P_2(x_2, y_2)\in D$，若存在数 k，使得 $f(P_1)\leqslant k\leqslant f(P_2)$，则存在 $Q(x, y)\in D$，使得 $f(Q)=k$.

习题 6－3

1. 求下列极限：

(1) $\lim\limits_{\substack{x\to 0\\ y\to 1}}\dfrac{1-xy}{x^2+y^2}$；

(2) $\lim\limits_{\substack{x\to 0\\ y\to 0}}(x+y)\sin\dfrac{1}{x^2+y^2}$；

(3) $\lim\limits_{\substack{x\to 0\\ y\to 0}}\dfrac{2-\sqrt{xy+4}}{xy}$；

(4) $\lim\limits_{\substack{x\to \infty\\ y\to \infty}}\dfrac{1+x^2+y^2}{x^2+y^2}$；

(5) $\lim\limits_{\substack{x\to 0\\ y\to 2}}\left[\dfrac{\sin(xy)}{x}+(x+y)^2\right].$

2. 证明下列函数的极限不存在：

(1) $\lim\limits_{\substack{x\to 0\\ y\to 0}}\dfrac{x^2y}{x^4+y^2}$；　　(2) $\lim\limits_{\substack{x\to 0\\ y\to 0}}\dfrac{x+y}{x-y}$.

3. 求下列函数的间断点：

(1) $f(x,\ y)=\dfrac{y^2+2x}{y^2-x}$；　　(2) $f(x,\ y)=\ln(1-x^2-y^2)$.

第四节　偏导数

一、偏导数的概念

定义 1　设函数 $z=f(x,\ y)$ 在 $N(P_0,\ \delta)$ 内有定义，当 y 固定在 y_0，x 在 x_0 处有增量 Δx 时，相应地函数有偏增量

$$\Delta_x z = f(x_0+\Delta x,\ y_0)-f(x_0,\ y_0).$$

如果极限

$$\lim_{\Delta x\to 0}\frac{f(x_0+\Delta x, y_0)-f(x_0, y_0)}{\Delta x}$$

存在，则称此极限值为函数 $z=f(x,\ y)$ 在点 $P_0(x_0,\ y_0)$ 处关于 x 的偏导数，记作

$$z'_x\Big|_{\substack{x=x_0\\ y=y_0}},\ f'_x(x_0,\ y_0),\ \frac{\partial z}{\partial x}\Big|_{\substack{x=x_0\\ y=y_0}},\ \frac{\partial f}{\partial x}\Big|_{\substack{x=x_0\\ y=y_0}},$$

即

$$f'_x(x_0, y_0)=\lim_{\Delta x\to 0}\frac{\Delta_x z}{\Delta x}=\lim_{\Delta x\to 0}\frac{f(x_0+\Delta x,\ y_0)-f(x_0,\ y_0)}{\Delta x}.$$

同理，函数 $z=f(x,\ y)$ 在点 $P_0(x_0,\ y_0)$ 处关于 y 的偏导数定义为

$$f'_y(x_0,\ y_0)=\lim_{\Delta y\to 0}\frac{\Delta_y z}{\Delta y}=\lim_{\Delta y\to 0}\frac{f(x_0,\ y_0+\Delta y)-f(x_0,\ y_0)}{\Delta y},$$

也记作

$$z'_y\Big|_{\substack{x=x_0\\ y=y_0}},\ \frac{\partial z}{\partial y}\Big|_{\substack{x=x_0\\ y=y_0}},\ \frac{\partial f}{\partial y}\Big|_{\substack{x=x_0\\ y=y_0}}.$$

如果函数 $z=f(x,\ y)$ 在平面区域 D 内的每一点 $P(x,\ y)$ 处都存在偏导数 $f'_x(x,\ y)$，$f'_y(x,\ y)$，则这两个偏导数仍是区域 D 上 x，y 的函数，我们称它们为函数 $z=f(x,\ y)$ 的偏导函数(简称偏导数)，记作

$$\frac{\partial z}{\partial x},\ \frac{\partial f}{\partial x},\ z'_x,\ f'_x(x,\ y),\ \text{及}\ \frac{\partial z}{\partial y},\ \frac{\partial f}{\partial y},\ z'_y,\ f'_y(x,\ y).$$

这里

$$\frac{\partial f}{\partial x},\ \frac{\partial z}{\partial x},\ z'_x,\ f'_x(x,\ y)=\lim_{\Delta x\to 0}\frac{f(x+\Delta x,\ y)-f(x,\ y)}{\Delta x},$$

$$\frac{\partial f}{\partial y},\ \frac{\partial z}{\partial y},\ z'_y,\ f'_y(x,\ y)=\lim_{\Delta y\to 0}\frac{f(x,\ y+\Delta y)-f(x,\ y)}{\Delta y}.$$

且

$$f'_x(x_0,\ y_0)=f'_x(x,\ y)\Big|_{\substack{x=x_0\\ y=x_0}},\ f'_y(x_0,\ y_0)=f'_y(x,y)\Big|_{\substack{x=x_0\\ y=x_0}}.$$

二元以上的多元函数的偏导数可类似定义．

由偏导数的定义可知，求多元函数对某个自变量的偏导数时，只需将其余自变量看做常数，用一元函数求导法则求导即可．

例1 求 $f(x, y)=x^2y+y^3$ 在点(1，2)处的偏导数．

解 把 y 看做常数，对 x 求导，得 $f'_x(x, y)=2xy$.

把 x 看做常数，对 y 求导，得 $f'_y(x, y)=x^2+3y^2$. 再把点(1，2)代入，得

$$f'_x(1, 2)=4, f'_y(1, 2)=13.$$

例2 求 $z=x^y$ 的偏导数 $\frac{\partial z}{\partial x}$，$\frac{\partial z}{\partial y}$.

解 把 y 看做常数，对 x 求导，得 $\frac{\partial z}{\partial x}=yx^{y-1}$；

把 x 看做常数，对 y 求导，得 $\frac{\partial z}{\partial y}=x^y\ln x$.

例3 求 $u=\mathrm{e}^{x^2+y^2+z^2}$ 的偏导数 $\frac{\partial u}{\partial x}$，$\frac{\partial u}{\partial y}$，$\frac{\partial u}{\partial z}$.

解 把 y，z 看做常数，对 x 求导，得 $\frac{\partial u}{\partial x}=2x\mathrm{e}^{x^2+y^2+z^2}$；

把 x，z 看做常数，对 y 求导，得 $\frac{\partial u}{\partial y}=2y\mathrm{e}^{x^2+y^2+z^2}$；

把 x，y 看做常数，对 z 求导，得 $\frac{\partial u}{\partial z}=2z\mathrm{e}^{x^2+y^2+z^2}$.

二、二元函数偏导数的几何意义

设 $M_0(x_0, y_0, f(x_0, y_0))$ 为曲面 $z=f(x, y)$ 上的一点，过 M_0 作平面 $y=y_0$ 截此曲面得一曲线

$$\begin{cases} y=y_0, \\ z=f(x, y). \end{cases}$$

此曲线的方程为 $z=f(x, y_0)$. 二元函数 $z=f(x, y)$ 在 M_0 处偏导数 $f'_x(x_0, y_0)$ 就是一元函数 $f(x, y_0)$ 在 x_0 处的导数，它在几何上表示曲线在点 M_0 处的切线 M_0T_x 关于 x 轴的斜率(图 6－23).

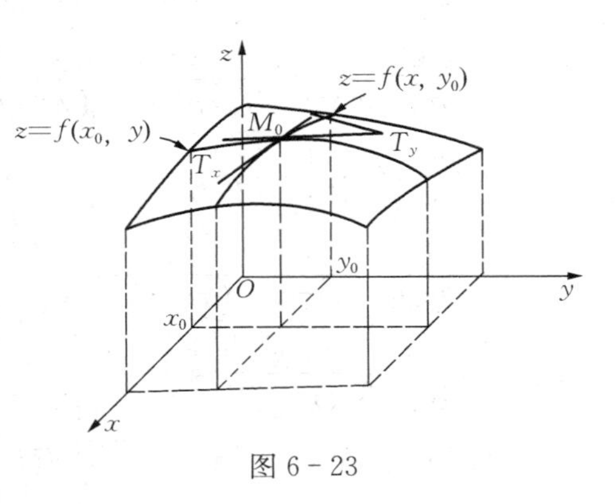

图 6－23

同理，偏导数 $f'_y(x_0, y_0)$ 的几何意义是曲面 $z=f(x, y)$ 被平面 $x=x_0$ 所截得的曲线在 M_0 处的切线 M_0T_y 关于 y 轴的斜率．

我们知道，一元函数在某点可导，则它在该点必连续．**但对于二元函数来说，即使它在某点的偏导数都存在，也不能保证它在该点连续**．如函数

$$f(x, y)=\begin{cases} \dfrac{xy}{x^2+y^2}, & x^2+y^2\neq 0, \\ 0, & x^2+y^2=0, \end{cases}$$

在原点(0，0)处的偏导数为

$$f'_x(0,0)=\lim_{\Delta x\to 0}\frac{f(0+\Delta x,0)-f(0,0)}{\Delta x}=\lim_{\Delta x\to 0}\frac{0-0}{\Delta x}=0,$$

$$f'_y(0,0)=\lim_{\Delta y\to 0}\frac{f(0,0+\Delta y)-f(0,0)}{\Delta y}=\lim_{\Delta y\to 0}\frac{0-0}{\Delta y}=0.$$

即这个函数在点(0，0)的两个偏导数都存在，但由第三节例1知，该函数在点(0，0)的极限不存在．因此，这个函数在点(0，0)不连续．

三、高阶偏导数

设函数 $z=f(x,y)$ 在区域 D 上具有偏导数 $f'_x(x,y)$、$f'_y(x,y)$，一般来说，它们仍是 x，y 的函数．如果这两个偏导数又存在对 x，y 的偏导数，则称这两个偏导数的偏导数为**二阶偏导数**．显然，二元函数的二阶偏导数有如下四种情形：

$$\frac{\partial}{\partial x}\left(\frac{\partial z}{\partial x}\right)=\frac{\partial^2 z}{\partial x^2}=f''_{xx}(x,y),\qquad \frac{\partial}{\partial y}\left(\frac{\partial z}{\partial x}\right)=\frac{\partial^2 z}{\partial x\,\partial y}=f''_{xy}(x,y),$$

$$\frac{\partial}{\partial x}\left(\frac{\partial z}{\partial y}\right)=\frac{\partial^2 z}{\partial y\,\partial x}=f''_{yx}(x,y),\qquad \frac{\partial}{\partial y}\left(\frac{\partial z}{\partial y}\right)=\frac{\partial^2 z}{\partial y^2}=f''_{yy}(x,y).$$

其中 $f''_{xy}(x,y)$，$f''_{yx}(x,y)$ 称为**二阶混合偏导数**．

$f'_x(x,y)$，$f'_y(x,y)$ 称为一阶偏导数，二阶以及二阶以上的偏导数称为**高阶偏导数**．

更高阶的偏导数也可类似定义，如

$$\frac{\partial^3 z}{\partial x^3}=\frac{\partial}{\partial x}\left(\frac{\partial^2 z}{\partial x^2}\right),\ \frac{\partial^3 z}{\partial x\,\partial y^2}=\frac{\partial z}{\partial y^2}\left(\frac{\partial z}{\partial x}\right)，等等．$$

例 4 求 $z=x\ln(x+y)$ 的二阶偏导数．

解 $\frac{\partial z}{\partial x}=\ln(x+y)+\frac{x}{x+y}$，$\frac{\partial z}{\partial y}=\frac{x}{x+y}$，

$$\frac{\partial^2 z}{\partial x^2}=\frac{1}{x+y}+\frac{x+y-x}{(x+y)^2}=\frac{x+2y}{(x+y)^2},$$

$$\frac{\partial^2 z}{\partial y^2}=\frac{x}{(x+y)^2},$$

$$\frac{\partial^2 z}{\partial x\,\partial y}=\frac{1}{x+y}-\frac{x}{(x+y)^2}=\frac{y}{(x+y)^2},$$

$$\frac{\partial^2 z}{\partial y\,\partial x}=\frac{x+y-x}{(x+y)^2}=\frac{y}{(x+y)^2}.$$

例 5 验证函数 $z=\ln\sqrt{x^2+y^2}$ 满足拉普拉斯方程：

$$\frac{\partial^2 z}{\partial x^2}+\frac{\partial^2 z}{\partial y^2}=0.$$

证 因为 $z=\ln\sqrt{x^2+y^2}=\frac{1}{2}\ln(x^2+y^2)$，所以

$$\frac{\partial z}{\partial x}=\frac{x}{x^2+y^2},\qquad \frac{\partial^2 z}{\partial x^2}=\frac{x^2+y^2-x\cdot 2x}{(x^2+y^2)^2}=\frac{y^2-x^2}{(x^2+y^2)^2},$$

$$\frac{\partial z}{\partial y}=\frac{y}{x^2+y^2},\qquad \frac{\partial^2 z}{\partial y^2}=\frac{x^2+y^2-y\cdot 2y}{(x^2+y^2)^2}=\frac{x^2-y^2}{(x^2+y^2)^2},$$

故
$$\frac{\partial^2 z}{\partial x^2}+\frac{\partial^2 z}{\partial y^2}=0.$$

例 4 中的二阶混合偏导数是相等的，但在许多情况下并非如此．

例 6 设 $f(x,y)=\begin{cases} xy\dfrac{x^2-y^2}{x^2+y^2}, & (x,y)\neq(0,0), \\ 0, & (x,y)=(0,0), \end{cases}$ 证明 $f''_{xy}(0,0)\neq f''_{yx}(0,0)$.

证 当 $(x,y)\neq(0,0)$ 时，
$$f'_x(x,y)=\frac{y(x^4-y^4+4x^2y^2)}{(x^2+y^2)^2},\quad f'_y(x,y)=\frac{x(x^4-y^4-4x^2y^2)}{(x^2+y^2)^2}.$$

当 $(x,y)=(0,0)$ 时，按定义求导，得
$$f'_x(0,0)=\lim_{\Delta x\to 0}\frac{f(0+\Delta x,0)-f(0,0)}{\Delta x}=0;$$
$$f'_y(0,0)=\lim_{\Delta y\to 0}\frac{f(0,0+\Delta y)-f(0,0)}{\Delta y}=0.$$

故
$$f'_x(x,y)=\begin{cases}\dfrac{y(x^4-y^4+4x^2y^2)}{(x^2+y^2)^2}, & (x,y)\neq(0,0), \\ 0, & (x,y)=(0,0),\end{cases}$$
$$f'_y(x,y)=\begin{cases}\dfrac{x(x^4-y^4-4x^2y^2)}{(x^2+y^2)^2}, & (x,y)\neq(0,0), \\ 0, & (x,y)=(0,0).\end{cases}$$

$$f''_{xy}(0,0)=\lim_{\Delta y\to 0}\frac{f'_x(0,0+\Delta y)-f'_x(0,0)}{\Delta y}=\lim_{\Delta y\to 0}\frac{f'_x(0,\Delta y)-f'_x(0,0)}{\Delta y}=\lim_{\Delta y\to 0}\frac{-\Delta y}{\Delta y}=-1,$$
$$f''_{yx}(0,0)=\lim_{\Delta x\to 0}\frac{f'_y(0+\Delta x,\Delta y)-f'_y(0,0)}{\Delta x}\lim_{\Delta x\to 0}\frac{f'_y(\Delta x,0)}{\Delta x}=\lim_{\Delta x\to 0}\frac{\Delta x}{\Delta x}=1.$$

显然，$f''_{xy}(0,0)\neq f''_{yx}(0,0)$.

二阶混合偏导数相等应满足如下定理：

定理 1　如果函数 $z=f(x,y)$ 的二阶混合偏导数 $f''_{xy}(x,y)$，$f''_{yx}(x,y)$ 在区域 D 内连续，则在该区域内必有
$$f''_{xy}(x,y)=f''_{yx}(x,y).$$

习题 6－4

1. 求下列函数的一阶偏导数：

(1) $z=\arctan\dfrac{y}{x}$；　　(2) $z=x^3y-y^3x$；

(3) $z=\sin(xy)+\cos^2(xy)$；　　(4) $z=\sin\dfrac{x}{y}+xe^{-xy}$；

(5) $u=\left(\dfrac{x}{y}\right)^z$；　　(6) $u=\dfrac{z}{x^2+y^2}$.

2. 求所给函数在指定点的导数：

(1) $f(x,y)=(1+xy)^y$ 在点 $(1,1)$ 处；

(2) $f(x, y)=\sin\dfrac{x}{y}\cos\dfrac{y}{x}$ 在点$(2, \pi)$处.

3. 求下列函数的高阶偏导数：

(1) $z=\tan\dfrac{x^2}{y}$，求$\dfrac{\partial^2 z}{\partial x^2}$，$\dfrac{\partial^2 z}{\partial y^2}$，$\dfrac{\partial^2 z}{\partial x\,\partial y}$；

(2) $z=\dfrac{x}{\sqrt{x^2+y^2}}$，求$\dfrac{\partial^2 z}{\partial x^2}$，$\dfrac{\partial^2 z}{\partial y^2}$；

(3) $z=\arcsin(xy)$，求$\dfrac{\partial^2 z}{\partial x^2}$，$\dfrac{\partial^2 z}{\partial x\,\partial y}$；

(4) $z=y^{\ln x}$，求$\dfrac{\partial^2 z}{\partial y^2}$，$\dfrac{\partial^2 z}{\partial x\,\partial y}$；

(5) $u=\mathrm{e}^{xyz}$，求$\dfrac{\partial^3 u}{\partial x\,\partial y\,\partial z}$.

4. (1)设 $z=\mathrm{e}^{\frac{x}{y^2}}$，求证 $2x\dfrac{\partial z}{\partial x}+y\dfrac{\partial z}{\partial y}=0$；

(2)设 $z=\mathrm{e}^{-\left(\frac{1}{x}+\frac{1}{y}\right)}$，求证 $x^2\dfrac{\partial z}{\partial x}+y^2\dfrac{\partial z}{\partial y}=2z$.

第五节　全 微 分

一、全微分的定义

对于一元函数 $y=f(x)$，当自变量在点 x 处有增量 Δx 时，若函数的增量 Δy 可表示为 $\Delta y=A\cdot\Delta x+o(\Delta x)$，其中 A 与 Δx 无关而仅与 x 有关，当 $\Delta x\to 0$ 时，$o(\Delta x)$是比 Δx 高阶的无穷小量，则称函数 $y=f(x)$在点 x 可微，并把 Δy 叫做 $y=f(x)$在点 x 的微分，记作 $\mathrm{d}y$，即 $\mathrm{d}y=A\Delta x$. 类似的，我们给出二元函数全微分的定义.

定义 1　如果二元函数 $z=f(x, y)$在 $N(P, \delta)$内有定义，相应于自变量的增量 Δx，Δy，函数 z 的增量为

$$\Delta z = f(x+\Delta x, y+\Delta y)-f(x, y),$$

称 Δz 为函数 $f(x, y)$在点 $P(x, y)$处的全增量. 若全增量 Δz 可表示为

$$\Delta z = A\Delta x + B\Delta y + o(\rho),$$

其中 A，B 仅与 x，y 有关，而与 Δx，Δy 无关；$\rho=\sqrt{(\Delta x)^2+(\Delta y)^2}$，当 $\rho\to 0$ 时，$o(\rho)$是比 ρ 高阶的无穷小量；则称函数 $z=f(x, y)$在点 $P(x, y)$可微，并称 $A\Delta x+B\Delta y$ 为 $f(x, y)$在点 $P(x, y)$的全微分，记作 $\mathrm{d}z$ 或 $\mathrm{d}f(x, y)$，即

$$\mathrm{d}z = A\Delta x + B\Delta y.$$

如果函数在区域 D 内的每点都可微，则称函数在区域 D 内可微.

在第四节，我们指出，多元函数的各个偏导数即使存在，也不能保证函数是连续的. 然而，从全微分的定义知，**如果函数 $z=f(x, y)$在点 $P(x, y)$可微，则函数在该点必定连续.** 事实上，由于此时

$$\lim_{\substack{\Delta x\to 0\\ \Delta y\to 0}}\Delta z = 0,$$

也就是 $\lim\limits_{\substack{\Delta x\to 0\\ \Delta y\to 0}}[f(x+\Delta x,\ y+\Delta y)-f(x,\ y)]=0$，即

$$\lim_{\substack{\Delta x\to 0\\ \Delta y\to 0}} f(x+\Delta x, y+\Delta y)=f(x,y).$$

按照连续的定义，$z=f(x,\ y)$在点 $P(x,\ y)$处连续．

在一元函数中，可导与可微是等价的，那么对二元函数，可微与偏导数之间存在什么关系呢？下面的两个定理回答了这个问题．

定理 1　若函数 $z=f(x,\ y)$在点 $P(x,\ y)$可微，则函数在点 $P(x,\ y)$的两个偏导数 $\dfrac{\partial z}{\partial x}$，$\dfrac{\partial z}{\partial y}$都存在，且

$$\frac{\partial z}{\partial x}=A,\ \frac{\partial z}{\partial y}=B. \tag{1}$$

证　因 $z=f(x,\ y)$在点 $P(x,\ y)$可微，所以对于 $P(x,\ y)$的某一邻域内的任意一点$(x+\Delta x,\ y+\Delta y)$，都有

$$f(x+\Delta x,\ y+\Delta y)-f(x,\ y)=A\Delta x+B\Delta y+o(\rho).$$

特别地，当 $\Delta y=0$ 时，$\rho=|\Delta x|$，且

$$f(x+\Delta x,\ y)-f(x,\ y)=A\Delta x+o(|\Delta x|).$$

两边同除以 Δx，取极限，得

$$\frac{\partial z}{\partial x}=\lim_{\Delta x\to 0}\frac{f(x+\Delta x,\ y)-f(x,\ y)}{\Delta x}=\lim_{\Delta x\to 0}\left[A+\frac{o(|\Delta x|)}{\Delta x}\right]=A.$$

同理$\dfrac{\partial z}{\partial y}=B$，所以

$$\mathrm{d}z=\frac{\partial z}{\partial x}\Delta x+\frac{\partial z}{\partial y}\Delta y.$$

然而，两个偏导数存在是二元函数可微的必要条件，而不是充分条件．例如

$$f(x,\ y)=\begin{cases}\dfrac{xy}{x^2+y^2}, & x^2+y^2\neq 0,\\ 0, & x^2+y^2=0.\end{cases}$$

在原点$(0,\ 0)$处有 $f'_x(0,\ 0)=0$，$f'_y(0,\ 0)=0$. 但由第三节例 1 可知，该函数在原点$(0,\ 0)$是不连续的，因此函数在原点$(0,\ 0)$不可微．

可以证明，如果函数的各个偏导数存在且连续，则该函数必是可微的．

定理 2　如果函数 $z=f(x,\ y)$的两个偏导数 $f'_x(x,\ y)$，$f'_y(x,\ y)$在点 $P(x,\ y)$的某一邻域内存在，且在该点连续，则函数在该点可微．

习惯上，我们将自变量的增量 Δx，Δy 分别记作自变量的微分 $\mathrm{d}x$，$\mathrm{d}y$，从而函数 $z=f(x,\ y)$的全微分可以写成

$$\mathrm{d}z=\mathrm{d}f(x,\ y)=f'_x(x,\ y)\mathrm{d}x+f'_y(x,y)\mathrm{d}y. \tag{2}$$

称式(2)为**全微分公式**．

例 1　求函数 $z=x^2y+y^2$ 的全微分．

解　因为$\dfrac{\partial z}{\partial x}=2xy$，$\dfrac{\partial z}{\partial y}=x^2+2y$，所以 $\mathrm{d}z=2xy\mathrm{d}x+(x^2+2y)\mathrm{d}y$.

例 2　求函数 $f(x,\ y)=x^2y^3$ 在点$(2,\ -1)$处的全微分．

解 因为 $f'_x(x, y)=2xy^3$，$f'_y(x, y)=3x^2y^2$，所以，

$$f'_x(2, -1)=-4, f'_y(2, -1)=12.$$

由于两个偏导数是连续的，故

$$\mathrm{d}f(2, -1)=-4\mathrm{d}x+12\mathrm{d}y.$$

例 3 求函数 $u=x-\cos\dfrac{y}{2}+\arctan\dfrac{z}{y}$ 的全微分．

解 因为 $\dfrac{\partial u}{\partial x}=1$，$\dfrac{\partial u}{\partial y}=\dfrac{1}{2}\sin\dfrac{y}{2}-\dfrac{z}{y^2+z^2}$，$\dfrac{\partial u}{\partial z}=\dfrac{y}{y^2+z^2}$，所以，

$$\mathrm{d}u=\mathrm{d}x+\left(\frac{1}{2}\sin\frac{y}{2}-\frac{z}{y^2+z^2}\right)\mathrm{d}y+\frac{y}{y^2+z^2}\mathrm{d}z.$$

二、全微分在近似计算中的应用

二元函数的全微分也可用来作近似计算．若二元函数 $z=f(x, y)$ 在点 $P_0(x_0, y_0)$ 可微，则有

$$\begin{aligned}\Delta z &= f(x_0+\Delta x, y_0+\Delta y)-f(x_0, y_0)\\ &= f'_x(x_0, y_0)\Delta x+f'_y(x_0, y_0)\Delta y+o(\rho),\end{aligned}$$

其中，$\rho=\sqrt{(\Delta x)^2+(\Delta y)^2}$．故当 $|\Delta x|$，$|\Delta y|$ 充分小时，有

$$\Delta z\approx f'_x(x_0, y_0)\Delta x+f'_y(x_0, y_0)\Delta y=\mathrm{d}z, \tag{3}$$

即
$$f(x_0+\Delta x, y_0+\Delta y)-f(x_0, y_0)\approx f'_x(x_0, y_0)\Delta x+f'_y(x_0, y_0)\Delta y,$$

移项，得

$$f(x_0+\Delta x, y_0+\Delta y)\approx f(x_0, y_0)+f'_x(x_0, y_0)\Delta x+f'_y(x_0, y_0)\Delta y. \tag{4}$$

公式(3)可用来计算函数增量的近似值，公式(4)可用来计算函数的近似值．

例 4 计算 $\sqrt{1.02^3+1.97^3}$ 的近似值．

解 设函数 $f(x, y)=\sqrt{x^3+y^3}$，所计算的值可看做是函数在 $x=1.02$，$y=1.97$ 处的函数值．取 $x_0=1$，$\Delta x=0.02$，$y_0=2$，$\Delta y=-0.03$，则

$$f'_x(x, y)=\frac{3x^2}{2\sqrt{x^3+y^3}}, f'_y(x, y)=\frac{3y^2}{2\sqrt{x^3+y^3}}.$$

而 $f(x_0, y_0)=f(1, 2)=3$，$f'_x(1, 2)=\dfrac{1}{2}$，$f'_y(1, 2)=2$，所以，

$$\sqrt{1.02^3+1.97^3}\approx 3+\frac{1}{2}\times 0.02+2\times(-0.03)=2.95.$$

例 5 有一圆柱体，受压后发生形变，它的半径由 20 cm 增大到 20.05 cm，高度由 100 cm 减少到 99 cm，求此圆柱体体积变化的近似值．

解 设圆柱的半径，高和体积分别为 r，h，V，则 $V=\pi r^2h$. 记 r，h，V 的增量依次为 Δr，Δh，ΔV，且 $r=20$，$h=100$，$\Delta r=0.05$，$\Delta h=-1$，由公式(3)，得

$$\begin{aligned}\Delta V &\approx \frac{\partial V}{\partial r}\Delta r+\frac{\partial V}{\partial h}\Delta h=2\pi rh\Delta r+\pi r^2\Delta h\\ &= 2\pi\times 20\times 100\times 0.05+\pi\times 20^2\times(-1)=-200\pi,\end{aligned}$$

即此圆柱体在受压后体积约减少了 200π cm³.

习题 6-5

1. 求下列函数的全微分：

(1) $z=xy+\frac{x}{y}$；　　(2) $z=\arcsin\frac{x}{y}$；

(3) $z=\ln\sqrt{x^2+y^2}$；　　(4) $u=e^x(x^2+y^2+z^2)$.

2. 设函数 $f(x, y, z)=\sqrt[z]{\frac{x}{y}}$，求 $df(1, 1, 1)$.

3. 计算 $\ln(\sqrt[3]{1.03}+\sqrt[4]{0.98}-1)$的近似值.

4. 计算 $\sin 29°\cdot\tan 46°$的近似值.

5. 圆锥体形变时，底半径 R 由 30 cm 增加到 30.1 cm，高 h 由 60 cm 减少到 59.5 cm，求体积变化的近似值.

第六节　多元复合函数与隐函数的微分法

一、多元复合函数的求导法则

定理 1　若函数 $z=f(u, v)$，而 $u=\varphi(x, y)$，$v=\psi(x, y)$，且满足条件：

(1) **在点 $P(x, y)$存在偏导数$\frac{\partial u}{\partial x}$，$\frac{\partial v}{\partial x}$，$\frac{\partial u}{\partial y}$，$\frac{\partial v}{\partial y}$；**

(2) **$f(u, v)$在点 $P(x, y)$的对应点(u, v)可微，**

则复合函数 $z=f[\varphi(x, y), \psi(x, y)]$在点 $P(x, y)$的两个偏导数$\frac{\partial z}{\partial x}$，$\frac{\partial z}{\partial y}$存在，且

$$\frac{\partial z}{\partial x}=\frac{\partial z}{\partial u}\cdot\frac{\partial u}{\partial x}+\frac{\partial z}{\partial v}\cdot\frac{\partial v}{\partial x},$$
$$\frac{\partial z}{\partial y}=\frac{\partial z}{\partial u}\cdot\frac{\partial u}{\partial y}+\frac{\partial z}{\partial v}\cdot\frac{\partial v}{\partial y}. \tag{1}$$

上述复合函数的求导法则可以推广，例如

设 $z=f(u, v, w)$，而 $u=\varphi(x, y)$，$v=\psi(x, y)$，$w=w(x, y)$，则复合数 $z=f[\varphi(x, y), \psi(x, y), w(x, y)]$对自变量 x，y 的偏导数为

$$\frac{\partial z}{\partial x}=\frac{\partial z}{\partial u}\frac{\partial u}{\partial x}+\frac{\partial z}{\partial v}\frac{\partial v}{\partial x}+\frac{\partial z}{\partial w}\frac{\partial w}{\partial x},$$
$$\frac{\partial z}{\partial y}=\frac{\partial z}{\partial u}\frac{\partial u}{\partial y}+\frac{\partial z}{\partial v}\frac{\partial v}{\partial y}+\frac{\partial z}{\partial w}\frac{\partial w}{\partial y}. \tag{2}$$

特别地，若函数 $z=f(u, v)$，$u=\varphi(x)$，$v=\psi(x)$，则 z 是 x 的一元函数 $z=f[\varphi(x), \psi(x)]$. 此时，称 z 对 x 的导数为全导数，且有

$$\frac{dz}{dx}=\frac{\partial z}{\partial u}\frac{du}{dx}+\frac{\partial z}{\partial v}\frac{dv}{dx}. \tag{3}$$

例 1　$z=u^2\ln v$，而 $u=\frac{x}{y}$，$v=3x-2y$，求$\frac{\partial z}{\partial x}$，$\frac{\partial z}{\partial y}$.

解 由公式(1)，得

$$\frac{\partial z}{\partial x}=\frac{\partial z}{\partial u}\frac{\partial u}{\partial x}+\frac{\partial z}{\partial v}\frac{\partial v}{\partial x}=2u\ln v\cdot\frac{1}{y}+\frac{u^2}{v}\cdot 3$$

$$=\frac{2x}{y^2}\ln(3x-2y)+\frac{3x^2}{y^2(3x-2y)};$$

$$\frac{\partial z}{\partial y}=\frac{\partial z}{\partial u}\frac{\partial u}{\partial y}+\frac{\partial z}{\partial v}\frac{\partial v}{\partial y}=2u\ln v\left(-\frac{x}{y^2}\right)+\frac{u^2}{v}(-2)$$

$$=-\frac{2x^2}{y^3}\ln(2x-3y)-\frac{2x^2}{y^2(3x-2y)}.$$

例 2 设函数 $z=f(x+y, xy)$满足可微条件，求$\frac{\partial^2 z}{\partial x\partial y}$.

解 令 $u=x+y$，$v=xy$，利用复合函数求导法则，得

$$\frac{\partial z}{\partial x}=\frac{\partial f}{\partial u}\frac{\partial u}{\partial x}+\frac{\partial f}{\partial v}\frac{\partial v}{\partial x}=\frac{\partial f}{\partial u}\cdot 1+\frac{\partial f}{\partial v}\cdot y=\frac{\partial f}{\partial u}+y\frac{\partial f}{\partial v};$$

$$\frac{\partial^2 z}{\partial x\partial y}=\frac{\partial}{\partial y}\left(\frac{\partial f}{\partial u}+y\frac{\partial f}{\partial v}\right)=\frac{\partial}{\partial y}\left(\frac{\partial f}{\partial u}\right)+\frac{\partial}{\partial y}\left(y\frac{\partial f}{\partial v}\right)$$

$$=\frac{\partial^2 f}{\partial u^2}\cdot 1+\frac{\partial^2 f}{\partial u\partial v}\cdot x+\frac{\partial f}{\partial v}+y\frac{\partial}{\partial y}\left(\frac{\partial f}{\partial v}\right)$$

$$=\frac{\partial^2 f}{\partial u^2}+x\frac{\partial^2 f}{\partial u\partial v}+\frac{\partial f}{\partial v}+y\left(\frac{\partial^2 f}{\partial v\partial u}\cdot 1+\frac{\partial^2 f}{\partial v^2}\cdot x\right)$$

$$=\frac{\partial^2 f}{\partial u^2}+(x+y)\frac{\partial^2 f}{\partial u\partial v}+xy\frac{\partial^2 f}{\partial v^2}+\frac{\partial f}{\partial v}.$$

例 3 设 $z=x^y$，而 $x=\sin t$，$y=\cos t$，求$\frac{\mathrm{d}z}{\mathrm{d}t}$.

解 $\frac{\mathrm{d}z}{\mathrm{d}t}=\frac{\partial z}{\partial x}\frac{\mathrm{d}x}{\mathrm{d}t}+\frac{\partial z}{\partial y}\frac{\mathrm{d}y}{\mathrm{d}t}=yx^{y-1}\cos t+x^y\ln x(-\sin t)$

$=yx^{y-1}\cos t-x^y\sin t\ln x$

$=(\sin t)^{\cos t-1}\cos^2 t-(\sin t)^{\cos t+1}\ln\sin t.$

例 4 设 $u=f(x, y, z)=\mathrm{e}^{x^2+y^2+z^2}$，而 $z=x^2\sin y$，求$\frac{\partial u}{\partial x}$，$\frac{\partial u}{\partial y}$.

解 $\frac{\partial u}{\partial x}=\frac{\partial f}{\partial x}+\frac{\partial f}{\partial z}\frac{\partial z}{\partial x}=2x\mathrm{e}^{x^2+y^2+z^2}+2z\mathrm{e}^{x^2+y^2+z^2}\cdot 2x\sin y$

$=2x\mathrm{e}^{x^2+y^2+x^4\sin^2 y}+4x^3\mathrm{e}^{x^2+y^2+x^4\sin^2 y}\sin^2 y;$

$\frac{\partial u}{\partial y}=\frac{\partial f}{\partial y}+\frac{\partial f}{\partial z}\frac{\partial z}{\partial y}=2y\mathrm{e}^{x^2+y^2+z^2}+2z\mathrm{e}^{x^2+y^2+z^2}\cdot x^2\cos y$

$=2y\mathrm{e}^{x^2+y^2+x^4\sin^2 y}+2x^4\mathrm{e}^{x^2+y^2+x^4\sin^2 y}\sin y\cos y.$

二、隐函数的求导法则

(一)一元隐函数求导公式

设方程 $F(x, y)=0$ 确定了 y 是 x 的具有连续导数的函数 $y=f(x)$，将 $y=f(x)$代入 $F(x, y)=0$就得到一个关于 x 的恒等式

$$F[x, f(x)] \equiv 0,$$

此方程左端可看做 x 的复合函数．设函数 $F(x, y)$ 具有连续的偏导数，则上式两端对 x 求偏导，有 $\frac{\partial F}{\partial x}+\frac{\partial F}{\partial y}\cdot\frac{\mathrm{d}y}{\mathrm{d}x}=0$. 当 $\frac{\partial F}{\partial y}\neq 0$ 时，得

$$\frac{\mathrm{d}y}{\mathrm{d}x}=-\frac{\partial F}{\partial x}\Big/\frac{\partial F}{\partial y}=-\frac{F'_x}{F'_y}. \tag{4}$$

这就是由方程 $F(x, y)=0$ 所确定的一元函数 $y=f(x)$ 的求导公式．

例 5 求方程 $\frac{x^2}{a^2}+\frac{y^2}{b^2}=1$ 所确定的一元函数 $y=f(x)$ 的导数．

解 令 $F(x, y)=\frac{x^2}{a^2}+\frac{y^2}{b^2}-1$，则 $\frac{\partial F}{\partial x}=\frac{2x}{a^2}$，$\frac{\partial F}{\partial y}=\frac{2y}{b^2}$.

由公式(4)，当 $\frac{\partial F}{\partial y}\neq 0$ 时，

$$\frac{\mathrm{d}y}{\mathrm{d}x}=-\frac{\partial F}{\partial x}\Big/\frac{\partial F}{\partial y}=-\frac{2x}{a^2}\Big/\frac{2y}{b^2}=-\frac{b^2x}{a^2y}.$$

(二)二元隐函数求导公式

如果方程 $F(x, y, z)=0$ 确定了 z 是 x，y 的二元函数 $z=f(x, y)$，将 $z=f(x, y)$ 代入 $F(x, y, z)=0$，得 $F[x, y, f(x, y)]=0$，此方程的左端可看做 x，y 的复合函数．设函数 $F(x, y, z)$ 具有连续偏导数，根据复合函数的求导法则，得

$$\frac{\partial F}{\partial x}+\frac{\partial F}{\partial z}\frac{\partial z}{\partial x}=0,\quad \frac{\partial F}{\partial y}+\frac{\partial F}{\partial z}\frac{\partial z}{\partial y}=0.$$

当 $\frac{\partial F}{\partial z}\neq 0$ 时，有

$$\frac{\partial z}{\partial x}=-\frac{\partial F}{\partial x}\Big/\frac{\partial F}{\partial z},\quad \frac{\partial z}{\partial y}=-\frac{\partial F}{\partial y}\Big/\frac{\partial F}{\partial z}. \tag{5}$$

这就是由方程 $F(x, y, z)=0$ 确定的 z 是 x，y 的二元函数 $z=f(x, y)$ 的求偏导公式．

例 6 求由 $z^3-3xyz=a^3$ 所确定的 $z=z(x, y)$ 的偏导数 $\frac{\partial z}{\partial x}$，$\frac{\partial z}{\partial y}$，$\frac{\partial^2 z}{\partial x\partial y}$.

解 令 $F(x, y, z)=z^3-3xyz-a^3$，因 $F(x, y, z)$ 有连续偏导数，且 $F'_x=-3yz$，$F'_y=-3xz$，$F'_z=3z^2-3xy$. 当 $F'_z=3z^2-3xy\neq 0$ 时，有

$$\frac{\partial z}{\partial x}=-\frac{F'_x}{F'_z}=\frac{yz}{z^2-xy},\quad \frac{\partial z}{\partial y}=-\frac{F'_y}{F'_z}=\frac{xz}{z^2-xy},$$

$$\begin{aligned}\frac{\partial^2 z}{\partial x\partial y}&=\frac{\partial}{\partial y}\left(\frac{\partial z}{\partial x}\right)=\frac{\left(z+y\frac{\partial z}{\partial y}\right)(z^2-xy)-\left(2z\frac{\partial z}{\partial y}-x\right)\cdot yz}{(z^2-xy)^2}\\&=\frac{z^3+(yz^2-xy^2-2yz^2)\frac{\partial z}{\partial y}}{(z^2-xy)^2}\\&=\frac{z^5-x^2y^2z-2xyz^3}{(z^2-xy)^3}.\end{aligned}$$

例 7 设 $u=f(x, z)$，而 $z(x, y)$ 由方程 $z=x+y\varphi(z)$ 所确定，其中 f，φ 都有连续的

导数，求 $\mathrm{d}u$，$\frac{\partial u}{\partial x}$，$\frac{\partial u}{\partial y}$.

解 利用微分形式不变性，对等式 $z=x+y\varphi(z)$ 两边微分，得

$$\mathrm{d}z=\mathrm{d}x+\varphi(z)\mathrm{d}y+y\varphi'(z)\mathrm{d}z,$$

所以

$$\mathrm{d}z=\frac{\mathrm{d}x+\varphi(z)\mathrm{d}y}{1-y\varphi'(z)}.$$

又

$$\mathrm{d}u=f_x'\mathrm{d}x+f_z'\mathrm{d}z=f_x'\mathrm{d}x+f_z'\frac{\mathrm{d}x+\varphi(z)\mathrm{d}y}{1-y\varphi'(z)}$$

$$=\left[f_x'+\frac{f_z'}{1-y\varphi'(z)}\right]\mathrm{d}x+\frac{f_z'\varphi(z)}{1-y\varphi'(z)}\mathrm{d}y,$$

所以

$$\frac{\partial u}{\partial x}=f_x'+\frac{f_z'}{1-y\varphi'(z)},\ \frac{\partial u}{\partial y}=\frac{f_z'\varphi(z)}{1-y\varphi'(z)}.$$

习题 6-6

1. 求下列复合函数的导数：

(1) 设 $z=\arcsin\frac{x}{y}$，$y=\sqrt{x^2+1}$，求 $\frac{\mathrm{d}z}{\mathrm{d}x}$.

(2) 设 $z=x^2y-xy^2$，$x=u\cos v$，$y=u\sin v$，求 $\frac{\partial z}{\partial u}$，$\frac{\partial z}{\partial v}$.

(3) 设 $z=\mathrm{e}^x\sin y$，$x=uv$，$y=u+v$，求 $\frac{\partial z}{\partial u}$，$\frac{\partial z}{\partial v}$.

(4) 设 $z=f(x^2-y^2,\ \mathrm{e}^{xy})$，求 $\frac{\partial z}{\partial x}$，$\frac{\partial z}{\partial y}$，$\frac{\partial^2 z}{\partial x^2}$.

(5) 设 $F(x,\ x+y,\ x+y+z)=0$，求 $\frac{\partial z}{\partial x}$，$\frac{\partial z}{\partial y}$.

2. 设 $z=xy+xF(u)$，$u=\frac{y}{x}$，F 为可微函数，证明 $x\frac{\partial z}{\partial x}+y\frac{\partial z}{\partial y}=z+xy$.

3. 设 $z=x^2f\left(\frac{y}{x^2}\right)$，$f$ 为可微函数，证明 $x\frac{\partial z}{\partial x}+2y\frac{\partial z}{\partial y}=2z$.

4. 设 $\varphi(u,\ v)$ 具有连续偏导数，证明由方程 $\varphi(cx-az,\ cy-bz)=0$ 所确定的函数 $z=f(x,\ y)$ 满足 $a\frac{\partial z}{\partial x}+b\frac{\partial z}{\partial y}=c$.

5. 求下列隐函数的导数：

(1) $\sin y+\mathrm{e}^x-xy^2=0$，求 $\frac{\mathrm{d}y}{\mathrm{d}x}$.

(2) $x+2y+2z-2\sqrt{xyz}=0$，求 $\frac{\partial z}{\partial x}$，$\frac{\partial z}{\partial y}$.

(3) $\mathrm{e}^z-xyz=0$，求 $\frac{\partial^2 z}{\partial x^2}$，$\frac{\partial^2 z}{\partial x\partial y}$.

（4）$x^2+y^2+z^2-4z=0$，求$\dfrac{\partial^2 z}{\partial x\partial y}$.

第七节　多元函数的极值及其应用

一、极值的概念

定义 1　如果函数 $z=f(x, y)$在 $N(\hat{P}_0, \delta)$内的任何点 $P(x, y)$处都有

$$f(x, y)<f(x_0, y_0),$$

则称函数 $z=f(x, y)$在点 $P_0(x_0, y_0)$处有极大值 $f(x_0, y_0)$；若成立

$$f(x, y)>f(x_0, y_0),$$

则称函数 $z=f(x, y)$在点 $P_0(x_0, y_0)$处有极小值 $f(x_0, y_0)$.

函数的极大值和极小值统称为**极值**，使函数取得极值的点称为函数的**极值点**.

例 1　函数 $z=(x-1)^2+(y-1)^2+2$ 在点 $P_0(1, 1)$处有极小值. 因为对点 $P_0(1, 1)$的任一去心邻域内的任何点 $P(x, y)$，都有 $f(P)>f(P_0)=2$. 在这个曲面上，点$(1, 1, 2)$低于周围的点(图 6－24).

例 2　函数 $z=3-\sqrt{x^2+y^2}$在点 $P_0(0, 0)$处有极大值(图 6－25). 因为对点 $P_0(0, 0)$的任一去心邻域内的任何点 $P(x, y)$，都有 $f(P)<f(P_0)=3$.

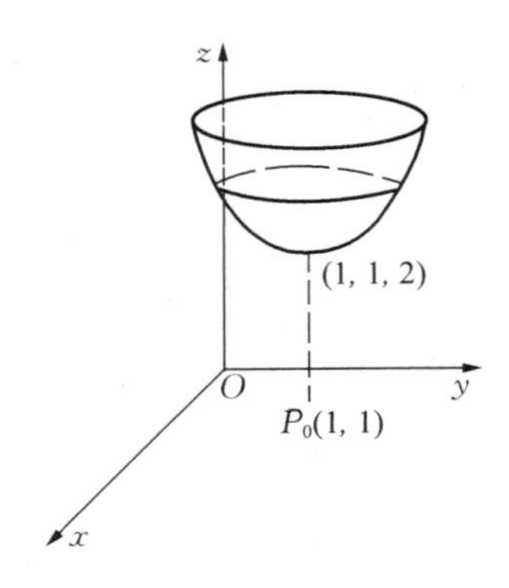

图 6－24

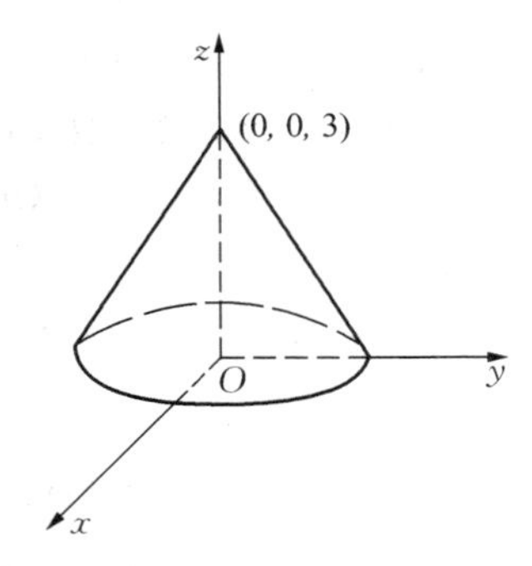

图 6－25

对于简单的函数，利用极值的定义就能判断出函数的极值. 而对于一般的函数，仍需要借助多元函数微分法来求出函数的极值点.

定理 1(极值存在的必要条件)　设函数 $z=f(x, y)$在点 $P_0(x_0, y_0)$处有极值且两个偏导数存在，则

$$f'_x(x_0, y_0)=0, f'_y(x_0, y_0)=0.$$

证　如果取 $y=y_0$，则函数 $f(x, y_0)$是 x 的一元函数. 因为当 $x=x_0$ 时，$f(x_0, y_0)$是一元函数 $f(x, y_0)$的极值，由一元函数极值存在的必要条件，有

$$f'_x(x_0, y_0)=0;$$

同理 $f'_y(x_0, y_0)=0$.

使 $f'_x(x_0, y_0)=0$，$f'_y(x_0, y_0)=0$ 同时成立的点 $P_0(x_0, y_0)$，称为函数 $z=f(x, y)$的**驻点**.

这个定理可以推广到二元以上的函数．例如，如果三元函数 $u=f(x, y, z)$ 在点 $P_0(x_0, y_0, z_0)$ 处的偏导数存在，则它在点 $P_0(x_0, y_0, z_0)$ 处存在极值的必要条件为

$$f'_x(x_0, y_0, z_0)=0, f'_y(x_0, y_0, z_0)=0, f'_z(x_0, y_0, z_0)=0.$$

由定理 1 知，在偏导数存在的条件下，极值点必为驻点，但驻点不一定是极值点．例如，点(0, 0)是 $z=xy$ 的驻点，但不是极值点，因为在点(0, 0)的任何去心邻域内，总有使函数值为正的点，也有使函数值为负的点．那么如何判定一个驻点是否是极值点呢？

定理 2（**极值存在的充分条件**） **设函数 $z=f(x, y)$ 在 $N(P_0, \delta)$ 内具有连续的二阶偏导数，且 $f'_x(x_0, y_0)=0$，$f'_y(x_0, y_0)=0$，即点 $P_0(x_0, y_0)$ 是函数 $z=f(x, y)$ 的驻点．令**

$$A=f''_{xx}(x_0, y_0), B=f''_{xy}=(x_0, y_0), C=f''_{yy}(x_0, y_0),$$

则：(1) 当 $B^2-AC<0$ 时，$f(x, y)$ 在点 $P_0(x_0, y_0)$ 处取得极值，且当 $A<0$ 时取得极大值，当 $A>0$ 时取得极小值；

(2) 当 $B^2-AC>0$ 时，$f(x, y)$ 在点 $P_0(x_0, y_0)$ 无极值；

(3) 当 $B^2-AC=0$ 时，不能断定 $f(x, y)$ 在点 $P_0(x_0, y_0)$ 是否取得极值．

由定理 1 和定理 2，求二元函数 $z=f(x, y)$ 极值的步骤如下：

(1) 解方程组

$$\begin{cases} f'_x(x, y)=0, \\ f'_y(x, y)=0, \end{cases}$$

求出驻点 (x_0, y_0)；

(2) 计算 A，B，C 的值；

(3) 根据 B^2-AC 及 A 的符号确定 $P_0(x_0, y_0)$ 是极大值点还是极小值点；

(4) 求 $z=f(x, y)$ 在极值点的函数值．

例 3 求函数 $f(x, y)=xy(a-x-y)$ 的极值，其中 $a\neq 0$.

解 解方程组

$$\begin{cases} f'_x(x, y)=y(a-x-y)-xy=0, \\ f'_y(x, y)=x(a-x-y)-xy=0, \end{cases}$$

得驻点(0, 0)，(0, a)，(a, 0)，$\left(\frac{a}{3}, \frac{a}{3}\right)$. 因为

$$f''_{xx}(x,y)=-2y, f''_{yy}(x, y)=-2x, f''_{xy}(x,y)=a-2x-2y,$$

所以，在点(0, 0)处，$A=0$，$C=0$，$B=a$，$B^2-AC>0$，无极值；

在点(0, a)处，$A=-2a$，$C=0$，$B=-a$，$B^2-AC>0$，无极值；

在点(a, 0)处，$A=0$，$C=-2a$，$B=-a$，$B^2-AC>0$，无极值；

在 $\left(\frac{a}{3}, \frac{a}{3}\right)$ 点处，$A=-\frac{2a}{3}$，$C=-\frac{2a}{3}$，$B=-\frac{a}{3}$，$B^2-AC<0$，故在该点取得极值 $f\left(\frac{a}{3}, \frac{a}{3}\right)=\frac{a^3}{27}$，且当 $a>0$ 时，$A<0$，$f\left(\frac{a}{3}, \frac{a}{3}\right)$ 是极大值；当 $a<0$ 时，$A>0$，$f\left(\frac{a}{3}, \frac{a}{3}\right)$ 是极小值．

根据定理 1，极值点可能在驻点取得，然而，偏导数不存在的点，也可能是极值点．例如函数 $z=-\sqrt{2x^2+2y^2}$，它在点(0, 0)的偏导数不存在，但在该点取得极大值．因此，在讨论函数的极值时，如果函数还有偏导数不存在的点，这些点也应当加以讨论．

同一元函数一样，$P_0(x_0, y_0)$是函数$z=f(x, y)$在区域D上最大(小)值点，是指对于D上的一切点$P(x, y)$都满足

$$f(x, y) \leqslant f(x_0, y_0) \quad (f(x, y) \geqslant f(x_0, y_0)).$$

如果函数$z=f(x, y)$在闭区域D上连续，则在D上一定能够取得最大值和最小值．使函数取得最大值和最小值的点可能在D的内部，也可能在D的边界上．求$z=f(x, y)$的最大值、最小值的方法与一元函数相同，不再赘述．

例4 造一个容积为V的长方体盒子，如何设计才能使所用材料最少？

解 设盒子的长为x，宽为y，则高为$\frac{V}{xy}$. 故长方体盒子的表面积为

$$S=2\left(xy+\frac{V}{x}+\frac{V}{y}\right).$$

这是关于x，y的二元函数，定义域为$D=\{(x, y) \mid x>0, y>0\}$.

由$\frac{\partial S}{\partial x}=2\left(y-\frac{V}{x^2}\right)$，$\frac{\partial S}{\partial y}=2\left(x-\frac{V}{y^2}\right)$，得驻点$(\sqrt[3]{V}, \sqrt[3]{V})$. 根据问题的实际意义，盒子所用材料的最小值一定存在，又函数有惟一的驻点，所以该驻点就是S取得最小值的点．即当$x=y=z=\sqrt[3]{V}$时，函数S取得最小值$6V^{\frac{2}{3}}$，也即当盒子的长、宽、高相等时，所用材料最少．

二、条件极值(拉格朗日乘数法)

在上述极值问题中，除了给出函数的定义域外，对函数本身并无其他的限制，这一类极值问题称为**无条件极值**．然而在许多实际问题中，除了给出函数的定义域外，往往还需要对函数附加其他的限制条件，这一类极值问题则称为**条件极值**．

例5 某工厂生产两种型号的精密机床，其产量分别为x，y台，总成本函数为$C(x, y)=x^2+2y^2-xy$(单位：万元). 根据市场调查，这两种机床的需求量共8台，问应如何安排生产，才能使总成本最小？

分析 因为总成本函数中的自变量(即两种机床的生产量x，y)受到市场需求的限制，$x+y=8$，故该问题在数学上可描述为：在约束条件$x+y=8$的限制下求函数$C(x, y)=x^2+2y^2-xy$的极小值，即求函数$C(x, y)$在条件$x+y=8$约束下的条件极值．

在本例中，由条件$x+y=8$解出$y=8-x$，代入$C(x, y)$，则条件极值问题可化为关于一元函数

$$C(x,y)=x^2+2(8-x)^2-x(8-x)=4x^2-40x+128$$

的无条件极值．

但在很多情形下，将条件极值化为无条件极值是很困难的．下面介绍一种求条件极值的常用方法——**拉格朗日乘数法**．

用拉格朗日乘数法求函数$z=f(x, y)$在约束条件$\varphi(x, y)=0$下极值的步骤为：

(1) 构造函数

$$F(x, y)=f(x, y)+\lambda\varphi(x, y),$$

其中，λ称为拉格朗日乘数．

(2) 求出方程组

$$\begin{cases} F'_x = f'_x(x, y) + \lambda\varphi'_x(x, y) = 0, \\ F'_y = f'_y(x, y) + \lambda\varphi'_y(x, y) = 0, \\ \varphi(x, y) = 0 \end{cases}$$

的解(x_0, y_0, λ_0)，则(x_0, y_0)即为可能的极值点．

例 6 用拉格朗日乘数法求解例 5，即求函数 $C(x, y)=x^2+2y^2-xy$ 在条件 $x+y=8$ 下的极值．

解 构造函数 $F(x, y)=x^2+2y^2-xy+\lambda(x+y-8)$. 解方程组

$$\begin{cases} F'_x = 2x - y + \lambda = 0, \\ F'_y = 4y - x + \lambda = 0, \\ x + y - 8 = 0, \end{cases}$$

得 $\lambda=-7$，$x=5$，$y=3$，故点(5，3)是函数 $C(x, y)$的可能极值点．

因为只有惟一的一个驻点，且问题的最小值是存在的，所以此驻点(5，3)也是函数 $C(x, y)$的最小值点，最小值为

$$C = (5, 3) = 5^2 + 2\times3^2 - 5\times3 = 28(\text{万元}).$$

例 7 某厂生产甲乙两种产品，产量分别为 x，y(千只)，其利润函数为 $z=-x^2-4y^2+8x+24y-15$. 如果现有原料 15 000 kg(不要求用完)，生产两种产品每千只都要消耗原料2 000 kg. 求：

(1) 使利润最大时的产量 x，y 和最大利润；

(2) 如果原料降至 12 000 kg，求利润最大时的产量和最大利润．

解 (1) 首先考虑无条件极值问题．解方程组

$$\begin{cases} z'_x = -2x + 8 = 0, \\ z'_y = -8y + 24 = 0, \end{cases}$$

得驻点(4，3)，此时 $4\times2000+3\times2000=14000<15000$，即原料在使用限额内．又 $z''_{xx}=-2<0$，$z''_{yy}=-8$，$z''_{xy}=0$，$(z''_{xy})^2-z''_{xx}z''_{yy}<0$，所以(4，3)为极大值点，也是最大值点．故甲乙两种产品分别为 4 千只和 3 千只时利润最大，最大利润为 $z(4, 3)=37$ 单位．

(2) 当原料为 12 000 kg 时，若按(1)的方式生产，原料已不足，故应考虑在约束 $2x+2y=12$ 下，求 $z(x, y)$的最大值．应用拉格朗日乘数法，设

$$F = -x^2 - 4y^2 + 8x + 24y - 15 + \lambda(6 - x - y),$$

解方程组

$$\begin{cases} F'_x = -2x + 8 - \lambda = 0, \\ F'_y = -8y + 24 - \lambda = 0, \\ 6 - x - y = 0, \end{cases}$$

得驻点(3.2，2.8). 此时

$$z(3.2, 2.8)=36.2, \quad z(6, 0)=-3, \quad z(0, 6)=-15.$$

所以，在原料为 12 000 kg 时，甲乙两种产品分别生产 3.2 和 2.8 千只时利润最大，且最大利润为 36.2 单位．

三、经济应用问题

(一)边际产量(边际生产率)

设生产函数 $Q=f(K, L)$，式中 K 为资本，L 为劳动，Q 为总产量．如果资本 K 投入保持不变，总产量 Q 随投入劳动 L 的变化而变化，则偏导数 $\frac{\partial Q}{\partial L}=Q_L$ 就是**劳动 L 的边际产量**；若劳动 L 投入保持不变，总产量 Q 随投入资本 K 的变化而变化，则偏导数 $\frac{\partial Q}{\partial K}=Q_K$ 就是**资本 K 的边际产量**．

例 8 设某产品的生产函数为

$$Q=4K^{\frac{3}{4}}L^{\frac{1}{4}},$$

则资本 K 的边际产量为 $Q_K=3K^{-\frac{1}{4}}L^{\frac{1}{4}}$，而劳动 L 的边际产量为 $Q_L=K^{\frac{3}{4}}L^{-\frac{3}{4}}$．

(二)商业中的多产品理论

1. 多产品成本

设某厂商生产两种产品Ⅰ和Ⅱ，这两种产品的联合成本 $C=C(x, y)$，式中 x，y 表示两种产品的产量，C 表示两种产品的**联合成本(总成本)**．两个偏导数 $\frac{\partial C}{\partial x}=C_x(x, y)$ 与 $\frac{\partial C}{\partial y}=C_y(x, y)$ 是关于两种产品的**边际成本**．

边际成本 $C_x(100, 50)=500$(元)，$C_y(100, 50)=200$(元)的经济意义是：前一式是指，当产品Ⅱ的产量保持在 50 个单位不变时，产品Ⅰ的产量由 100 个单位再多生产 1 个单位产品的成本为 500 元；后一式是指，当产品Ⅰ的产量保持在 100 个单位时，产品Ⅱ的产量由 50 个单位再多生产 1 个单位产品的成本为 200 元．

2. 多产品收益

若某公司将两种产品的价格分别定为 p_1 与 p_2，并假定公司卖完了所有产品，则公司的总收益为

$$R(x, y)=p_1x+p_2y,$$

式中，x，y 为两种产品的产量．两个偏导数 $\frac{\partial R}{\partial x}=R_x(x, y)$ 与 $\frac{\partial R}{\partial y}=R_y(x, y)$ 是关于两种产品的**边际收益**．

边际收益 $R_x(x, y)=p_1$，$R_y(x, y)=p_2$ 的经济意义是：边际收益恰好是公司给两种产品所定的价格．

3. 多产品利润

若公司生产产品Ⅰ与产品Ⅱ的产量分别为 x，y，则公司所创造的利润为

$$L(x, y)=R(x, y)-C(x,y)=p_1x+p_2y-C(x, y),$$

式中，p_1，p_2 为产品Ⅰ与产品Ⅱ的价格．两个偏导数 $\frac{\partial L}{\partial x}=L_x(x, y)$ 与 $\frac{\partial L}{\partial y}=L_y(x, y)$ 是关于两种产品的**边际利润**．

边际利润的经济意义是：$L_x(x, y)\approx$ 每多卖 1 个单位的产品Ⅰ所得利润；$L_y(x, y)\approx$ 每多卖 1 个单位的产品Ⅱ所得利润．

例 9 假设某厂商生产 R 型和 S 型两种型号的电视机的周成本函数为

$$C(r, s) = 20r^2 + 10rs + 10s^2 + 300000,$$

式中，C 以元计，r 为每周生产 R 型电视机的数目，s 为每周生产 S 型电视机的数目．已知厂商定价为：R 型电视机的价格 $p_1=5000$ 元/台，S 型电视机的价格 $p_2=8000$ 元/台．每周生产 R 型电视机 50 台，S 型电视机 70 台．试求：(1)周成本与边际成本；(2)周收益与边际收益；(3)周利润与边际利润．

解 (1) 周成本与边际成本：每周生产 R 型电视机 50 台，S 型 70 台的成本为

$$\begin{aligned} C(50, 70) &= 20\times50^2+10\times50\times70+10\times70^2+300000 \\ &= 434000(\text{元}). \end{aligned}$$

边际成本为

$$C_r(r, s) = 40r + 10s,$$
$$C_s(r, s) = 10r + 20s.$$

当 $r=50$，$s=70$ 时，边际成本为

$$C_r(50, 70) = 40\times50+10\times70 = 2700(\text{元}),$$
$$C_s(50, 70) = 10\times50+20\times70 = 1900(\text{元}).$$

这就是说，在 S 型电视机保持 70 台不变的情况下，厂商生产下一台 R 型电视机的成本是 2 700 元；在 R 型保持 50 台不变时，厂商生产下一台 S 型电视机的成本是 1 900 元．

(2) 周收益与边际收益：

厂商的周收益为

$$R(r, s) = 5000r + 8000s,$$

而

$$R(80, 70)=5000\times50+8000\times70=810000(\text{元}).$$

边际收益为

$$R_r(r, s) = 5000(\text{元}),$$
$$R_s(r, s) = 8000(\text{元}).$$

这两值恰好是 R 型与 S 型电视机的价格．

(3) 周利润与边际利润：厂商的周利润为

$$\begin{aligned} L(r, s) &= R(r, s) - C(r, s) \\ &= 5000r + 8000s - (20r^2 + 10rs + 10s^2 + 300000). \end{aligned}$$

当 $r=50$，$s=70$ 时，周利润为

$$L(50, 70)=R(50, 70)-C(50, 70)=810000-434000=376000(\text{元}).$$

边际利润为

$$L_r(r, s) = 5000 - 40r - 10s,$$
$$L_s(r, s) = 8000 - 10r - 20s.$$

当 $r=50$，$s=70$ 时，边际利润为

$$L_r(50, 70) = 5000-40\times50-10\times70 = 2300(\text{元}),$$
$$L_s(50, 70) = 8000-10\times50-20\times70 = 6100(\text{元}).$$

这就表明：在 S 型保持 70 台不变时，厂商在销售 50 台 R 型的基础上再多卖一台 R 型所得利润为 2 300 元；同样地，在 R 型保持 50 台不变时，厂商在销售 70 台 S 型基础上再多卖一台 S 型所得利润为 6 100 元．

例 10 D_1，D_2 分别为商品Ⅰ，Ⅱ的需求量，Ⅰ，Ⅱ的需求函数分别为

$$D_1=8-p_1+2p_2,\ D_2=10+2p_1-5p_2,$$

总成本函数 $C_T=3D_1+2D_2$. 若 p_1，p_2 分别为商品Ⅰ，Ⅱ的价格，试问价格 p_1，p_2 取何值时可使总利润最大?

解 根据经济理论，总利润=总收入-总成本，由题意，总收入函数

$$R_T=p_1D_1+p_2D_2=p_1(8-p_1+2p_2)+p_2(10+2p_1-5p_2),$$

总利润函数

$$L_T=R_T-C_T=(p_1-3)(8-p_1+2p_2)+(p_2-2)(10+2p_1-5p_2).$$

解方程组

$$\begin{cases}\dfrac{\partial L_T}{\partial p_1}=8-p_1+2p_2+(-1)(p_1-3)+2(p_2-2)=7-2p_1+4p_2=0,\\ \dfrac{\partial L_T}{\partial p_2}=2(p_1-3)+(10+2p_1-5p_2)+(-5)(p_2-2)=14+4p_1-10p_2=0,\end{cases}$$

得驻点$(p_1,\ p_2)=\left(\dfrac{63}{2},\ 14\right)$. 又因为

$$A=\frac{\partial^2 L_T}{\partial p_1^2}=-2,\ B=\frac{\partial^2 L_T}{\partial p_1\,\partial p_2}=4,\ C=\frac{\partial^2 L_T}{\partial p_2^2}=-10,$$

故 $B^2-AC=-4<0$，且 $A=-2<0$. 所以该问题惟一的驻点$(p_1,\ p_2)=\left(\dfrac{63}{2},\ 14\right)$是极大值点，同时也是最大值点.

最大利润为

$$L_T=\left(\frac{63}{2}-3\right)\left(8-\frac{63}{2}+2\times14\right)+(14-2)\left(10+2\times\frac{63}{2}-5\times14\right)=164.25.$$

习题 6-7

1. 求下列函数的极值：

(1) $f(x,\ y)=4(x-y)-x^2-y^2$；

(2) $f(x,\ y)=xy+\dfrac{a}{x}+\dfrac{a}{y}(a>0)$.

2. 求函数 $z=x^2+y^2$ 在条件$\dfrac{x}{a}+\dfrac{y}{b}=1$下的极值.

3. 求内接于半径为 a 的球且有最大体积的长方体.

4. 求由原点到曲面$(x-y)^2-z^2=1$上的点的最短距离.

5. 某工厂生产产品 A 需用两种原料，其单位价格分别为 2 万元和 1 万元. 当这两种原料的投入量分别为 x(kg)和 y(kg)时，可生产 A 产品 Z(kg)，且 $Z=20-x^2+10x-2y^2+5y$. 若 A 产品单位价格为 5 万元/kg，试确定投入量，使利润最大.

6. 工厂为促销某产品需作两项广告宣传. 当两项广告费分别为 x，y 时，产品销售量 $q=\dfrac{200x}{x+5}+\dfrac{100y}{y+10}$. 若销售产品所得利润 $L=\dfrac{1}{5}q-(x+y)$，且两种手段的广告费共 25(千

元)，问应如何分配两项广告费用才能使利润最大?

7. 某厂生产两种产品，需求函数分别为 $x=20-5p_x+3p_y$，$y=10+3p_x-2p_y$，p_x，p_y 分别是两种产品的价格，其成本函数为 $C=2x^2-2xy+y^2+37.5$. 求利润最大时的产出水平以及最大利润.

第六章 自测题

一、判断题(将“√”或“×”填入相应的括号内)(每题2分，共20分).

1. 以(1，0，0)，(0，1，0)，(0，0，1)为顶点的三角形是等边三角形.　(　　)

2. 方程 $x^2+y^2+z^2-2x+4y=0$ 代表一个空间球面.　(　　)

3. 方程 $3x-4y+9=0$ 代表一个空间柱面.　(　　)

4. 方程 $2x^2+2y^2-z^2=1$ 代表一个旋转曲面.　(　　)

5. 极限 $\lim\limits_{\substack{x\to 0\\ y\to 0}}\dfrac{xy}{x+y}$ 存在.　(　　)

6. 若函数 $z=f(x, y)$ 在点 $P_0(x_0, y_0)$ 处连续，则在该点处有极限.　(　　)

7. 若函数 $z=f(x, y)$ 在点 $P_0(x_0, y_0)$ 处的两个偏导数存在，则函数必在该点连续.　(　　)

8. 若函数 $z=f(x, y)$ 在点 $P_0(x_0, y_0)$ 处的两个偏导数存在且连续，则函数在该点可微.　(　　)

9. $z=f(x, y)$ 的两个混合偏导数 $\dfrac{\partial^2 z}{\partial x\partial y}$，$\dfrac{\partial^2 z}{\partial y\partial x}$ 未必相等.　(　　)

10. 二元可微函数 $z=f(x, y)$ 的极值点只能是使 $\dfrac{\partial z}{\partial x}=\dfrac{\partial z}{\partial y}=0$ 的点.　(　　)

二、单项选择题(每题2分，共20分).

1. 平面 $y=2$(　　).

(A) 垂直于 xOz 面；　　(B) 平行于 xOy 面；

(C) 平行于 xOz 面；　　(D) 平行于 Oy 轴.

2. 方程 $\dfrac{x^2}{a^2}+\dfrac{y^2}{b^2}+\dfrac{z^2}{c^2}=1$ 所表示的曲面是(　　).

(A) 椭圆抛物面；　(B) 双叶双曲面；　(C) 单叶双曲面；　(D) 椭球面.

3. 下列各组函数中，定义域相同的是(　　)：

(A) $z=\ln\dfrac{1-x^2}{1-y^2}$ 与 $z=\sqrt{\dfrac{1-x^2}{1-y^2}}$；

(B) $z=\sqrt{1-x^2}+\sqrt{1-y^2}$ 与 $z=\arcsin x+\arcsin y$；

(C) $z=\dfrac{1}{\sqrt{1-x^2}}+\dfrac{1}{\sqrt{1-y^2}}$ 与 $z=\sqrt{(1-x^2)^2}+\sqrt{(1-y^2)^2}$；

(D) $z=|x+y-3|$ 与 $z=\sqrt{x^2+y^2-9}$.

4. 二元函数 $z=\frac{\sqrt{4x-y^2}}{\ln(1-x^2-y^2)}$ 的定义域是 xOy 平面上的区域(　　).

(A) $x^2+y^2\leqslant 1$，$y^2\leqslant 4x$；　　(B) $x^2+y^2<1$，$y^2\leqslant 4x$，$x^2+y^2\neq 0$；

(C) $x^2+y^2<1$，$y^2<4x$；　　(D) $x^2+y^2\leqslant 1$，$y^2<4x$，$x^2+y^2\neq 0$.

5. 空间曲线 Γ：$\begin{cases}x^2+y^2+z^2=2,\\ z=x^2+y^2\end{cases}$ 在 xOy 面上的投影为(　　).

(A) $x^2+y^2=2$；　　(B) $x^2+y^2=1$；

(C) $\begin{cases}x^2+y^2=2,\\ z=0;\end{cases}$　　(D) $\begin{cases}x^2+y^2=1,\\ z=0.\end{cases}$

6. 函数 $f(x, y)$在点(x_0, y_0)处的两个偏导数 $f'_x(x_0, y_0)$，$f'_y(x_0, y_0)$存在是该点连续的(　　).

(A) 充分条件而非必要条件；　　(B) 必要条件而非充分条件；

(C) 充分必要条件；　　(D) 既非充分条件又非必要条件.

7. 若 $z=f(x, y)$在点 $P_0(x_0, y_0)$处两个偏导数存在，则在该点(　　).

(A) 有极限；　(B) 连续；　(C) 可微；　(D) 有切线.

8. 已知$\frac{(x+ay)\mathrm{d}x+y\mathrm{d}y}{(x+y)^2}$为某函数的全微分，则 a 等于(　　).

(A) -1；　(B) 0；　(C) 1；　(D) 2.

9. 函数 $z=1-\sqrt{x^2+y^2}$ 的极值点是(　　).

(A) 驻点；　　(B) 不可微点；

(C) 间断点；　　(D) 可微但全微分不为零的点.

10. 可使$\frac{\partial^2 u}{\partial x\partial y}=2x-y$ 成立的函数是(　　).

(A) $u=x^2y+\frac{1}{2}xy^2$；　　(B) $u=x^2y-\frac{1}{2}xy^2+\mathrm{e}^x+\mathrm{e}^y-5$；

(C) $u=x^2y-\frac{1}{2}xy^2+x^2y^2$；　　(D) $u=4xy+x^3y-xy^2$.

三、填空题(每题 4 分，共 20 分).

1. 过点 $A(1, 0, 0)$，$B(0, 2, 0)$，$C(0, 0, 3)$的平面方程为________.

2. 锥面 $x^2+y^2-2z^2=0$ 和平面 $y=2$ 的交线是________.

3. $\lim\limits_{\substack{x\to 0\\ y\to 0}}\frac{\sqrt{xy+1}-1}{x+y}=$________.

4. 方程 $x^y=y^z$ 确定了函数 $z=z(x, y)$，则$\frac{\partial z}{\partial x}\cdot\frac{\partial z}{\partial y}=$________.

5. 设 $f(x, y, z)=\mathrm{e}^x yz^2$，其中 $z=z(x, y)$是由 $x+y+z+xyz=0$ 确定的隐函数，则$f'_x(0, 1, -1)=$________.

四、计算题(每题 10 分，共 30 分).

1. 设 $u=\left(\frac{x-y+z}{x+y-z}\right)^n$，求$\frac{\partial u}{\partial x}$，$\frac{\partial u}{\partial z}$，$\mathrm{d}u$.

2. 求函数 $z=xy$ 在区域 $x^2+y^2\leqslant 1$ 上的最值.

3. 某地两个工厂共同生产同种产品供应市场，各厂产量分别为 x，y 单位时，成本函数分别为 $C_1=2x^2+16x+18$，$C_2=y^2+32y+70$. 已知该产品的需求函数为 $Q=30-\frac{1}{4}p$，式中 p 为售价且需求量即为两厂的总产量．求使该产品取得最大利润时的总产量、各工厂产量、产品售价及最大利润．

五、证明题(10 分).

设方程 $F(x, y)=0$ 确定隐函数 $y=f(x)$，且 $F(x, y)$存在二阶连续偏导数，证明

$$\frac{d^2y}{dx^2}=\frac{-F''_{xx}(F'_y)^2+2F''_{xy}F'_xF'_y-F''_{yy}(F'_x)^2}{(F'_y)^3}.$$

第七章

二 重 积 分

一元函数的定积分是某种和式的极限，它在实际问题中有着广泛的应用．但由于其积分范围是数轴上的区间，因而只能用来计算一元函数及其相应区间的有关量．但在实际问题中，往往需要计算定义在平面区域(或空间区域)上的多元函数的有关问题，这就需要将定积分的概念加以推广．定积分的概念推广到二元函数就是二重积分．

本章将给出二重积分的定义和性质，并着重研究二重积分的计算和应用．

第一节　二重积分的概念与性质

一、二重积分的定义

例 1　曲顶柱体的体积

所谓**曲顶柱体**(图 7－1)，是指在空间直角坐标系中以曲面 $z=f(x, y)(f(x, y)\geqslant 0)$为顶，以 xOy 平面上的有界闭区域 D 为底面，以区域 D 的边界曲线为准线而母线平行于 z 轴的柱面为侧面的立体．下面求曲顶柱体的体积．

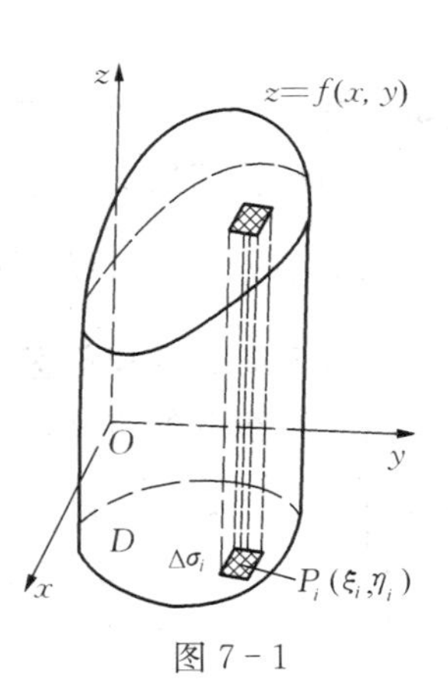

图 7－1

我们知道，对于一个平顶柱体，其体积等于底面积与高的乘积．而曲顶柱体的顶面 $f(x, y)$是 x，y 的函数，即高度不是常数，所以不能用计算平顶柱体体积的公式来计算．

不妨设 $f(x, y)$是连续函数，则在 D 中的一个小的区域内，$f(x, y)$的变化不大，于是可仿照定积分中求曲边梯形面积的办法，先求出曲顶柱体体积的近似值，再用求极限的方式得到曲顶柱体的体积．具体过程如下：

(1) 用任一组曲线网把区域 D 分割为 n 个小区域 $\Delta\sigma_i(i=1, 2, \cdots, n)$，并且 $\Delta\sigma_i$ 也表示该小区域的面积．每个小区域对应着一个小曲顶柱体．小区域 $\Delta\sigma_i$ 上任意两点间距离的最大值，称为该小区域的直径，记为 $d_i(i=1, 2, \cdots, n)$.

(2) 在 $\Delta\sigma_i(i=1, 2, \cdots, n)$上任取一点 $P_i(\xi_i, \eta_i)$，显然 $f(\xi_i, \eta_i)\Delta\sigma_i$ 表示以 $\Delta\sigma_i$ 为底，$f(\xi_i, \eta_i)$为高的平顶柱体的体积．当 $\Delta\sigma_i$ 的直径不大时，$f(x, y)$在 $\Delta\sigma_i$ 上的变化也不大，因此，$f(\xi_i, \eta_i)\Delta\sigma_i$ 是以 $\Delta\sigma_i$ 为底，$z=f(x, y)$为顶的小曲顶柱体体积的近似值．所以，和式 $\sum\limits_{i=1}^{n} f(\xi_i, \eta_i)\Delta\sigma_i$ 是所求曲顶柱体的体积 V 的近似值，即

$$V \approx \sum_{i=1}^{n} f(\xi_i, \eta_i)\Delta\sigma_i.$$

(3) 令 $\lambda=\max\limits_{1\leqslant i\leqslant n}\{d_i\}$. 显然，如果这些小区域的最大直径 λ 趋于零，即曲线网充分细密，极限 $\lim\limits_{\lambda\to 0}\sum\limits_{i=1}^{n} f(\xi_i, \eta_i)\Delta\sigma_i$ 就给出了体积 V 的精确值，即

$$V=\lim_{\lambda\to 0}\sum_{i=1}^{n} f(\xi_i, \eta_i)\Delta\sigma_i.$$

还有很多实际问题，如非均匀平面薄片的质量等都可归结为上述类型的和式极限．我们抛开这些问题的实际背景，抓住它们共同的数学特征，加以抽象，概括后就得到如下二重积分的定义．

定义 1　设函数 $z=f(x, y)$ 在平面有界闭区域 D 上有定义．将区域 D 任意分成 n 个小区域 $\Delta\sigma_i(i=1, 2, \cdots, n)$，其中，$\Delta\sigma_i$ 表示第 i 个小区域，也表示它的面积．在 $\Delta\sigma_i$ 上任取一点 $P_i(\xi_i, \eta_i)$，作和

$$\sum_{i=1}^{n} f(\xi_i, \eta_i)\Delta\sigma_i. \tag{1}$$

记 $\lambda=\max\limits_{1\leqslant i\leqslant n}\{d_i \mid d_i$ 为 $\Delta\sigma_i$ 的直径$\}$，若无论区域 D 的分法如何，也无论点 $P_i(\xi_i, \eta_i)$ 如何选取，当 $\lambda\to 0$ 时，和式(1)总有确定的极限 I，则称此极限为函数 $f(x, y)$ 在区域 D 上的二重积分，记为 $\iint\limits_D f(x, y)\mathrm{d}\sigma$，即

$$\iint_D f(x, y)\mathrm{d}\sigma=\lim_{\lambda\to 0}\sum_{i=1}^{n} f(\xi_i, \eta_i)\Delta\sigma_i, \tag{2}$$

式中，称 $f(x, y)$ 为被积函数，$f(x, y)\mathrm{d}\sigma$ 为被积表达式，$\mathrm{d}\sigma$ 为面积元素，x，y 为积分变量，D 为积分区域．

如果 $f(x, y)$ 在区域 D 上的积分 $\iint\limits_D f(x, y)\mathrm{d}\sigma$ 存在，我们就说 $f(x, y)$ 在区域 D 上可积．

可以证明，**有界闭区域上的连续函数在该区域上可积**．

由二重积分的定义，例 1 中的曲顶柱体的体积 V 就是曲顶 $f(x, y)$ 在底面 D 上的二重积分 $\iint\limits_D f(x, y)\mathrm{d}\sigma$. 显然，当 $f(x, y)>0$ 时，二重积分 $\iint\limits_D f(x, y)\mathrm{d}\sigma$ 正是例 1 所示的曲顶柱体的体积；当 $f(x, y)<0$ 时，二重积分 $\iint\limits_D f(x, y)\mathrm{d}\sigma$ 等于相应的曲顶柱体的体积的负值；若 $f(x, y)$ 在区域 D 的若干部分区域上是正的，而在其他部分区域上是负的，我们可以把 xOy 平面上方的柱体体积取成正，xOy 平面下方的柱体体积取成负，则二重积分 $\iint\limits_D f(x, y)\mathrm{d}\sigma$ 等于这些部分区域上曲顶柱体体积的代数和．这就是**二重积分的几何意义**．

二、二重积分的基本性质

二重积分与定积分有着类似的性质，列举如下：

设 $f(x, y)$，$g(x, y)$ 在闭区域 D 上的二重积分存在，则

性质 1 $\iint\limits_D kf(x, y)\mathrm{d}\sigma = k\iint\limits_D f(x, y)\mathrm{d}\sigma$，**式中 k 为常数**.

性质 2 $\iint\limits_D [f(x, y) \pm g(x, y)]\mathrm{d}\sigma = \iint\limits_D f(x, y)\mathrm{d}\sigma \pm \iint\limits_D g(x, y)\mathrm{d}\sigma$.

性质 3（区域可加性） **如果** $D = D_1 \cup D_2$，$D_1 \cap D_2 = \varnothing$，**则**

$$\iint\limits_D f(x, y)\mathrm{d}\sigma = \iint\limits_{D_1} f(x, y)\mathrm{d}\sigma + \iint\limits_{D_2} f(x, y)\mathrm{d}\sigma.$$

性质 4 **若 σ 为区域 D 的面积，则**

$$\sigma = \iint\limits_D \mathrm{d}\sigma.$$

这表明，高为 1 的平顶柱体的体积在数值上等于其底面积.

性质 5 **若在 D 上恒有 $f(x, y) \leqslant g(x, y)$，则**

$$\iint\limits_D f(x, y)\mathrm{d}\sigma \leqslant \iint\limits_D g(x, y)\mathrm{d}\sigma.$$

性质 6 **设 $f(x, y)$ 在 D 上有最大值 M，最小值 m，σ 是 D 的面积，则**

$$m\sigma \leqslant \iint\limits_D f(x, y)\mathrm{d}\sigma \leqslant M\sigma.$$

性质 7（中值定理） **设 $f(x, y)$ 在有界闭区域 D 上连续，σ 是区域 D 的面积，则在 D 上至少有一点 $P(\xi, \eta)$，使得**

$$\iint\limits_D f(x, y)\mathrm{d}\sigma = f(\xi, \eta) \cdot \sigma.$$

证 因 $f(x, y)$ 在有界闭区域 D 上连续，故在 D 上取得最大值 M 和最小值 m. 显然 $\sigma \neq 0$，由性质 6，

$$m \leqslant \frac{1}{\sigma}\iint\limits_D f(x, y)\mathrm{d}\sigma \leqslant M,$$

即 $\frac{1}{\sigma}\iint\limits_D f(x, y)\mathrm{d}\sigma$ 是介于 $f(x, y)$ 的最大值 M 和最小值 m 之间的一个值. 根据闭区域上连续函数的介值定理，在 D 上至少存在一点 $P(\xi, \eta)$，使得

$$\frac{1}{\sigma}\iint\limits_D f(x, y)\mathrm{d}\sigma = f(\xi, \eta).$$

上式两端乘以 σ，即得性质 7.

这个性质的几何意义是：对任何一个曲顶柱体总可以找到一个与其底相同的平顶柱体，使两者的体积正好相等. 称 $f(\xi, \eta) = \frac{1}{\sigma}\iint\limits_D f(x, y)\mathrm{d}\sigma$ 为函数 $f(x, y)$ 在 D 上的**平均值**.

例 2 利用二重积分的性质，比较 $\iint\limits_D (x+y)^2\mathrm{d}x\mathrm{d}y$ 与 $\iint\limits_D (x+y)^3\mathrm{d}x\mathrm{d}y$ 的大小，其中，D 是由圆 $(x-2)^2+(y-1)^2=2$ 所围成的区域.

解 作出区域 $D=\{(x, y) \mid (x-2)^2+(y-1)^2 \leqslant 2\}$ 的图形(图 7-2). 区域 D 的边界与 x 轴的交点是 $(1, 0)$ 与 $(3, 0)$.

再作直线 $x+y=1$，显然，区域 D 上所有点的坐标均满足不等式 $x+y \geqslant 1$，故 $(x+y)^2 \leqslant$

$(x+y)^3$，因此

$$\iint_D (x+y)^2 \mathrm{d}\sigma \leqslant \iint_D (x+y)^3 \mathrm{d}\sigma.$$

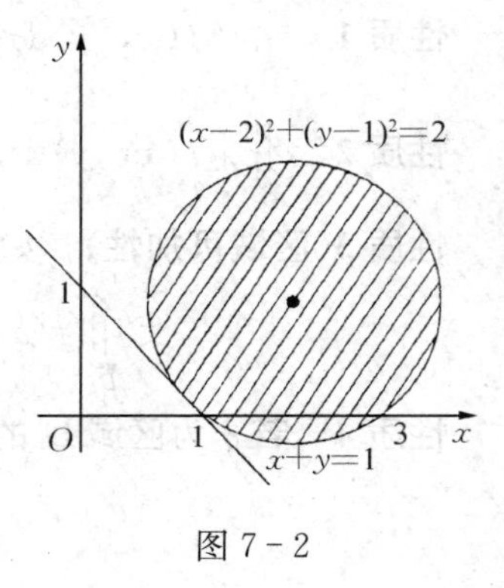

图 7-2

例 3 估计二重积分 $\iint_D (x^2-y^2)\mathrm{d}\sigma$ 的值，式中 D 是由曲线 $x^2+y^2-2x=0$ 所围成的区域.

解 根据性质 6，只要求出被积函数 $f(x, y)=x^2-y^2$ 在 D 上的最大值 M、最小值 m 以及 D 的面积 σ 就行了. D 的面积 $\sigma=\pi\cdot 1^2=\pi$. 再求 $f(x, y)=x^2-y^2$ 在 D 上的最大、最小值.

在 D 内：$(x-1)^2+y^2<1$，由

$$\begin{cases} \dfrac{\partial f}{\partial x}=2x=0, \\ \dfrac{\partial f}{\partial y}=-2y=0, \end{cases}$$

得驻点 $(0, 0)$，$f(0, 0)=0$.

在 D 的边界上：$x^2+y^2-2x=0$. 问题归结为一个条件极值问题——求函数 $f(x, y)=x^2-y^2$ 在边界 $x^2+y^2-2x=0$ 上的最值.

构造拉格朗日函数 $F(x, y)=x^2-y^2+\lambda(x^2+y^2-2x)$，由

$$\begin{cases} F'_x=2x+2\lambda x-2\lambda=0, \\ F'_y=-2y+2\lambda y=0, \\ \varphi(x,y)=x^2+y^2-2x=0, \end{cases}$$

解得可能极值点 $(0, 0)$，$(2, 0)$，$\left(\dfrac{1}{2}, \pm\dfrac{\sqrt{3}}{2}\right)$. 计算得 $f(0, 0)=0$，$f(2, 0)=4$，$f\left(\dfrac{1}{2}, \pm\dfrac{\sqrt{3}}{2}\right)=-\dfrac{1}{2}$，故

$$-\frac{\pi}{2} \leqslant \iint_D f(x, y)\mathrm{d}\sigma \leqslant 4\pi.$$

习题 7-1

1. 设一平面薄片(不计其厚度)占有 xOy 面上的闭区域 D，它在 (x, y) 点的面密度为 $\rho(x, y)(\rho(x, y)>0)$ 且在 D 上连续. 试用二重积分表示该薄片的质量 M.

2. 利用二重积分定义证明：

(1) $\iint_D \mathrm{d}\sigma=\sigma$(式中 σ 是 D 的面积)；

(2) $\iint_D kf(x, y)\mathrm{d}\sigma=k\iint_D f(x, y)\mathrm{d}\sigma$(式中 k 为常数).

3. 根据二重积分的性质，比较积分的大小：

(1) $\iint_D (x+y)\mathrm{d}\sigma$ 与 $\iint_D (x+y)^2\mathrm{d}\sigma$，式中 D 是由 x 轴，y 轴及直线 $x+y=1$ 所围成的

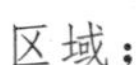

区域；

(2) $\iint\limits_D \ln(x+y)\mathrm{d}\sigma$ 与 $\iint\limits_D [\ln(x+y)]^2\mathrm{d}\sigma$，式中 D 是三角形区域，三个顶点分别为(1，0)，(1，1)，(2，0).

4. 利用二重积分的性质估计下列积分的值：

(1) $I=\iint\limits_D x(x+y+1)\mathrm{d}\sigma$，式中 D 是矩形闭区域：$0\leqslant x\leqslant 1$，$0\leqslant y\leqslant 1$；

(2) $I=\iint\limits_D (2x^2+y^2+1)\mathrm{d}\sigma$，式中 D 是圆形闭区域：$x^2+y^2\leqslant 1$.

第二节　直角坐标系下二重积分的计算

除了一些特殊情形，利用定义来计算二重积分是非常困难的．通常的方法是将二重积分化为两次定积分，即累次积分来计算．

由二重积分的定义可知，若 $f(x, y)$ 在区域 D 上的二重积分存在，则和式的极限(即二重积分的值)与区域 D 的分法无关．因此，在直角坐标系中可以用平行于坐标轴的直线网把区域 D 分成若干个矩形小区域(图 7－3)．设矩形小区域 $\Delta\sigma_i$ 的边长为 Δx_i 和 Δy_j，则 $\Delta\sigma_i=\Delta x_v\cdot\Delta y_j$．所以在直角坐标系中，常把面积元素 $\mathrm{d}\sigma$ 记作 $\mathrm{d}x\mathrm{d}y$，于是二重积分可表示为

$$\iint\limits_D f(x, y)\mathrm{d}\sigma=\iint\limits_D f(x, y)\mathrm{d}x\mathrm{d}y. \tag{1}$$

下面根据二重积分的几何意义，给出二重积分的计算方法．

设 $f(x, y)\geqslant 0$，积分区域为

$$D=\{(x, y)\mid a\leqslant x\leqslant b,\ \varphi_1(x)\leqslant y\leqslant\varphi_2(x)\}(图 7－4).$$

在 $[a, b]$ 上任取一点 x，作平行于 yOz 面的平面(图 7－5)，此平面与曲顶柱体相交，截面是一个以区间 $[\varphi_1(x), \varphi_2(x)]$ 为底，曲线 $z=f(x, y)$ 为曲边的曲边梯形(图 7－5 中阴影部分)．根据定积分中"计算平行截面面积为已知的立体的体积"的方法，设该曲边梯形的面积为 $A(x)$，由于 x 的变化范围是 $a\leqslant x\leqslant b$，则所求的曲顶柱体体积为

$$V=\int_a^b A(x)\mathrm{d}x.$$

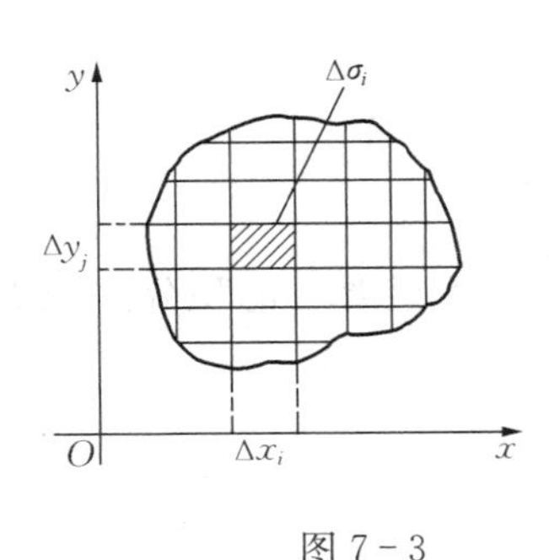

图 7－3

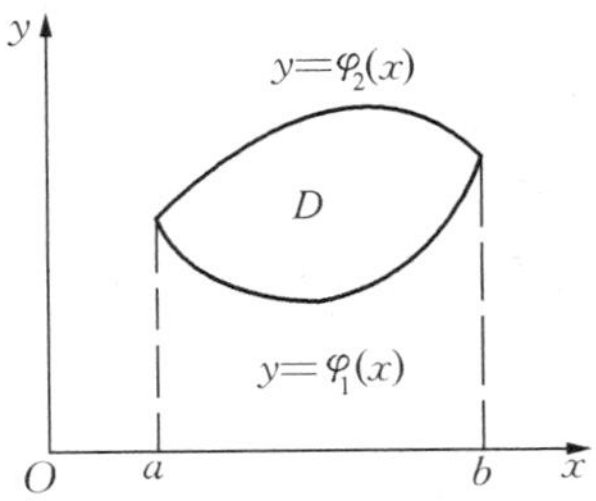

图 7－4

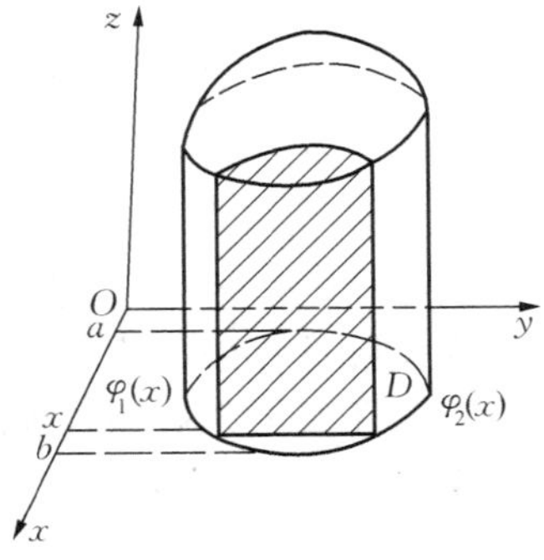

图 7－5

由定积分的意义

$$A(x)=\int_{\varphi_1(x)}^{\varphi_2(x)}f(x,\ y)\mathrm{d}y,$$

于是

$$V=\int_a^b A(x)\mathrm{d}x=\int_a^b\left[\int_{\varphi_1(x)}^{\varphi_2(x)}f(x,\ y)\mathrm{d}y\right]\mathrm{d}x,$$

即

$$\iint_D f(x,\ y)\mathrm{d}\sigma=\int_a^b\left[\int_{\varphi_1(x)}^{\varphi_2(x)}f(x,\ y)\mathrm{d}y\right]\mathrm{d}x. \tag{2}$$

这就是直角坐标系下二重积分的计算公式，它把二重积分化为累次积分．在该类积分区域下，它是一个**先对 y 后对 x 的累次积分**．公式(2)也可记为

$$\iint_D f(x,\ y)\mathrm{d}\sigma=\int_a^b\mathrm{d}x\int_{\varphi_1(x)}^{\varphi_2(x)}f(x,\ y)\mathrm{d}y.$$

在上述讨论中，我们假定 $f(x,\ y)\geqslant 0$，可以证明，公式(2)的成立并不受此限制．

若积分区域为

$D=\{(x,\ y)\mid c\leqslant y\leqslant d,\ \psi_1(y)\leqslant x\leqslant\psi_2(y)\}$(图 7－6)，类似地，可得公式

$$\iint_D f(x,\ y)\mathrm{d}\sigma=\int_c^d\left[\int_{\psi_1(y)}^{\psi_2(y)}f(x,\ y)\mathrm{d}x\right]\mathrm{d}y=\int_c^d\mathrm{d}y\int_{\psi_1(y)}^{\psi_2(y)}f(x,\ y)\mathrm{d}x. \tag{3}$$

这是一个先对 x 后对 y 的累次积分．

称图 7－4 所示的积分区域为 **X－型区域**，称图 7－6 所示的积分区域为 **Y－型区域**．

若积分区域 D 既是 X－型区域又是 Y－型区域，显然，

$$\iint_D f(x,\ y)\mathrm{d}\sigma=\int_a^b\mathrm{d}x\int_{\varphi_1(x)}^{\varphi_2(x)}f(x,\ y)\mathrm{d}y=\int_c^d\mathrm{d}y\int_{\psi_1(y)}^{\psi_2(y)}f(x,\ y)\mathrm{d}x.$$

若积分区域 D 既非 X－型区域又非 Y－型区域(图 7－7)，此时，需用平行于 x 轴或 y 轴的直线将区域 D 划分成 X－型区域或是 Y－型区域．图中，D 分割成了 D_1，D_2，D_3 三个 X－型区域．由二重积分的性质

$$\iint_D f(x,\ y)\mathrm{d}\sigma=\iint_{D_1}f(x,\ y)\mathrm{d}\sigma+\iint_{D_2}f(x,\ y)\mathrm{d}\sigma+\iint_{D_3}f(x,\ y)\mathrm{d}\sigma.$$

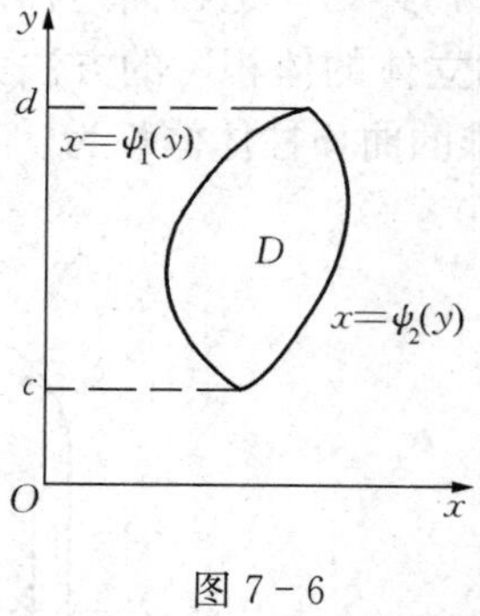

图 7－6

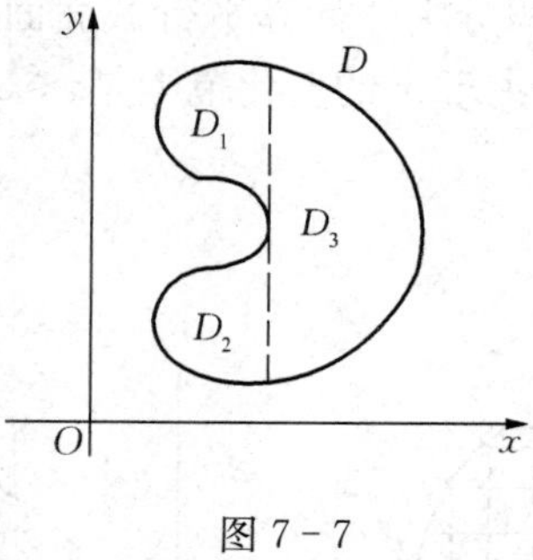

图 7－7

在实际计算中，化二重积分为累次积分，选用何种积分次序，不但要考虑积分区域 D 的类型，还要考虑被积函数的特点．

例 1　计算二重积分

$$\iint_D(x+y+3)\mathrm{d}x\mathrm{d}y,\ D=\{(x,\ y)\mid -1\leqslant x\leqslant 1,\ 0\leqslant y\leqslant 1\}.$$

解 积分区域 D 是矩形域，既是 X-型区域又是 Y-型区域．若按 X-型区域积分，则将二重积分化为先对 y 后对 x 的累次积分

$$\iint\limits_D (x+y+3)\mathrm{d}x\mathrm{d}y=\int_{-1}^{1}\mathrm{d}x\int_{0}^{1}(x+y+3)\mathrm{d}y=\int_{-1}^{1}\left[xy+\frac{y^2}{2}+3y\right]_0^1\mathrm{d}x$$
$$=\int_{-1}^{1}\left(x+\frac{7}{2}\right)\mathrm{d}x=7.$$

若按 Y-型区域积分，则二重积分化为先对 x 后对 y 的累次积分：

$$\iint\limits_D (x+y+3)\mathrm{d}x\mathrm{d}y=\int_{0}^{1}\mathrm{d}y\int_{-1}^{1}(x+y+3)\mathrm{d}x=\int_{0}^{1}\left[\frac{x^2}{2}+xy+3x\right]_{-1}^1\mathrm{d}y$$
$$=2\int_{0}^{1}(y+3)\mathrm{d}y=7.$$

积分的结果是相同的．

例 2 计算 $\iint\limits_D (x^2+y^2-y)\mathrm{d}x\mathrm{d}y$，$D$ 是由 $y=x$，$y=\dfrac{1}{2}x$，$y=2$ 所围成的区域(图 7-8).

解 若先对 y 积分，则 D 需分成两个区域．这里先对 x 积分，则

$$\iint\limits_D (x^2+y^2-y)\mathrm{d}x\mathrm{d}y=\int_{0}^{2}\mathrm{d}y\int_{y}^{2y}(x^2+y^2-y)\mathrm{d}x=\int_{0}^{2}\left[\frac{1}{3}x^3+xy^2-yx\right]_{y}^{2y}\mathrm{d}y$$
$$=\int_{0}^{2}\left(\frac{10}{3}y^3-y^2\right)\mathrm{d}y=\frac{32}{3}.$$

例 3 计算二重积分 $\iint\limits_D \mathrm{e}^{-y^2}\mathrm{d}x\mathrm{d}y$，$D$ 是由直线 $y=x$，$y=1$，$x=0$ 所围成的区域(图 7-9).

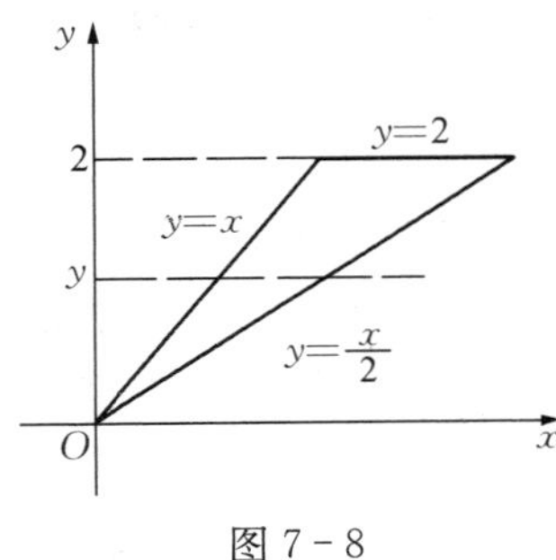

图 7-8

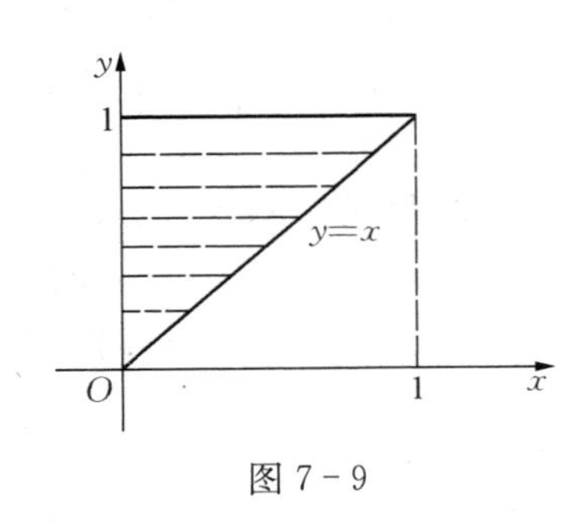

图 7-9

解 若先对 y 积分，则积分化为

$$\iint\limits_D \mathrm{e}^{-y^2}\mathrm{d}x\mathrm{d}y=\int_{0}^{1}\mathrm{d}x\int_{x}^{1}\mathrm{e}^{-y^2}\mathrm{d}y.$$

由于 e^{-y^2} 的原函数不能用初等函数表示，故上述积分难以求出．

现改变积分次序，则

$$\iint\limits_D \mathrm{e}^{-y^2}\mathrm{d}x\mathrm{d}y=\int_{0}^{1}\mathrm{d}y\int_{0}^{y}\mathrm{e}^{-y^2}\mathrm{d}x=\int_{0}^{1}\mathrm{e}^{-y^2}[x]_0^y\mathrm{d}y$$
$$=\int_{0}^{1}y\mathrm{e}^{-y^2}\mathrm{d}y=\frac{1}{2}\left(1-\frac{1}{\mathrm{e}}\right).$$

注意：一般被积函数为下述 y 的函数：$\mathrm{e}^{\pm y^2}$，$\sin y^2$，$\dfrac{\cos y}{y}$，$\dfrac{\sin y}{y}$，$\cos y^2$，$\mathrm{e}^{\frac{x}{y}}$，

$\frac{1}{\ln y}$等，或仅为 y 的函数应先对 x 积分，使被积分函数得到“改善”，再对 y 积分．

例 4 如果函数 $f(x, y)$在直线 $y=x$，$x=a$，$x=b$，$y=b(a<b)$所围成的区域 D 上可积，证明

$$\int_a^b \mathrm{d}y\int_a^y f(x, y)\mathrm{d}x=\int_a^b \mathrm{d}x\int_x^b f(x, y)\mathrm{d}y.$$

解 上式左端是一个先 x 后 y 的积分，积分区域为

$$\{(x, y) \mid a\leqslant x\leqslant y, a\leqslant y\leqslant b\},$$

该区域又可表示为

$$D=\{(x, y) \mid a\leqslant x\leqslant b, x\leqslant y\leqslant b\}.$$

将式子左端的二重积分改变积分次序，先对 y 后对 x 积分便得到公式右端．

利用积分区域对称性和被积函数的奇偶性可以简化二重积分的计算，现就 $I=\iint\limits_D f(x, y)\mathrm{d}\sigma$ 的计算分四种情况进行讨论．

第一种情形：若 D 关于 y 轴对称，对任意$(x, y)\in D$，则

(1) 当 $f(-x, y)=-f(x, y)$时，表明 $f(x, y)$是关于 x 的奇函数，$I=0$；

(2) 当 $f(-x, y)=f(x, y)$时，表明 $f(x, y)$是关于 x 的偶函数，

$$I=2\iint\limits_{D_1} f(x, y)\mathrm{d}\sigma,\text{式中 } D_1=\{(x, y)\in D \mid x\geqslant 0\}.$$

第二种情形：若 D 关于 x 轴对称，对任意$(x, y)\in D$，则

(1) 当 $f(x, -y)=-f(x, y)$时，表明 $f(x, y)$是关于 y 的奇函数，$I=0$；

(2) 当 $f(-x, y)=f(x, y)$时，表明 $f(x, y)$是关于 y 的偶函数，

$$I=2\iint\limits_{D_2} f(x, y)\mathrm{d}\sigma,\text{式中 } D_2=\{(x, y)\in D \mid y\geqslant 0\}.$$

第三种情形：若 D 关于原点对称，对任意$(x, y)\in D$，则

(1) 当 $f(-x, -y)=-f(x, y)$时，表明 $f(x, y)$是关于 x，y 的奇函数，$I=0$；

(2) 当 $f(-x, -y)=f(x, y)$时，表明 $f(x, y)$是关于 x，y 的偶函数，

$$I=2\iint\limits_{D_1} f(x, y)\mathrm{d}\sigma=2\iint\limits_{D_2} f(x, y)\mathrm{d}\sigma.$$

第四种情形：若 D 关于直线 $y=x$ 对称，则 $\iint\limits_D f(x, y)\mathrm{d}\sigma=\iint\limits_D f(y, x)\mathrm{d}\sigma$.

例 5 计算 $\iint\limits_D x[1+yf(x^2+y^2)]\mathrm{d}x\mathrm{d}y$，式中 D 是由 $y=x^3$，$y=1$，$x=-1$ 所围成的区域，f 为连续函数．

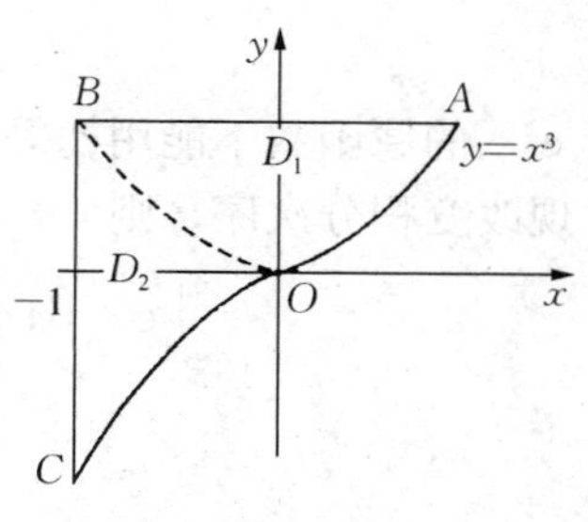

图 7 - 10

解 积分区域 D 是由 $y=x^3$，$y=1$，$x=-1$ 所围(图 7 - 10)，区域 D 关于两个坐标轴都不对称，记 $A(1, 1)$，$B(-1, 1)$，$C(-1, -1)$．在第二象限内作 $y=x^3$关于 y 轴对称的曲线将 OB 联结起来，这样 $D=D_1\cup D_2$(其中 D_1 由 $AOBA$ 围成，D_2 由 $BOCB$ 围成)，且 D_1 关于 y 轴对称，D_2 关于 x 轴对称．由于 $x[1+yf(x^2+y^2)]=x+xyf(x^2+y^2)$，而

$x[1+yf(x^2+y^2)]$是关于 x 的奇函数，故

$$\iint\limits_{D_1} x[1+yf(x^2+y^2)]\mathrm{d}x\mathrm{d}y=0.$$

又由于 $xyf(x^2+y^2)$是关于 y 的奇函数，故

$$\iint\limits_{D_2} xyf(x^2+y^2)\mathrm{d}x\mathrm{d}y=0.$$

因此 $\iint\limits_{D} x[1+yf(x^2+y^2)]\mathrm{d}x\mathrm{d}y$

$$=\iint\limits_{D_1} x[1+yf(x^2+y^2)]\mathrm{d}x\mathrm{d}y+\iint\limits_{D_2} x\mathrm{d}x\mathrm{d}y+\iint\limits_{D_2} xyf(x^2+y^2)\mathrm{d}x\mathrm{d}y$$

$$=0+\iint\limits_{D_2} x\mathrm{d}x\mathrm{d}y+\iint\limits_{D_2} xyf(x^2+y^2)\mathrm{d}x\mathrm{d}y$$

$$=\iint\limits_{D_2} x\mathrm{d}x\mathrm{d}y=\int_{-1}^{0}\mathrm{d}x\int_{x^3}^{-x^3} x\mathrm{d}y=\int_{-1}^{0} xy\Big|_{x^3}^{-x^3}\mathrm{d}x=\int_{-1}^{0}-2x^4\mathrm{d}x=-\frac{2}{5}x^5\Big|_{-1}^{0}=-\frac{2}{5}.$$

习题 7-2

1. 求 $\iint\limits_{D} x\mathrm{e}^{xy}\mathrm{d}x\mathrm{d}y$ 的值，式中 D 为 $0\leqslant x\leqslant 1$，$-1\leqslant y\leqslant 0$.

2. 求 $\iint\limits_{D} \dfrac{\mathrm{d}x\mathrm{d}y}{(x-y)^2}$ 的值，式中 D 为 $1\leqslant x\leqslant 2$，$3\leqslant y\leqslant 4$.

3. 求 $\iint\limits_{D} \mathrm{e}^{x+y}\mathrm{d}x\mathrm{d}y$ 的值，式中 D 为 $0\leqslant x\leqslant 1$，$0\leqslant y\leqslant 1$.

4. 求 $\iint\limits_{D} x^2y\cos(xy^2)\mathrm{d}x\mathrm{d}y$ 的值，式中 D 为 $0\leqslant x\leqslant \dfrac{\pi}{2}$，$0\leqslant y\leqslant 2$.

5. 按照下列指定的区域 D 将二重积分 $\iint\limits_{D} f(x,\ y)\mathrm{d}x\mathrm{d}y$ 化为累次积分：

(1) D：$x+y=1$，$x-y=1$，$x=0$ 所围成的区域；

(2) D：$y=x$，$y=3x$，$x=3$ 所围成的区域；

(3) D：$y-2x=0$，$2y-x=0$，$xy=2$ 在第一象限中所围成的区域；

(4) D：$x=3$，$x=5$，$3x-2y+4=0$，$3x-2y+1=0$ 所围成的区域；

(5) D：$(x-2)^2+(y-3)^2=4$ 所围成的区域.

6. 改变下列累次积分的积分次序：

(1) $\int_0^1\mathrm{d}y\int_y^{\sqrt{y}} f(x,\ y)\mathrm{d}x$；　(2) $\int_1^{\mathrm{e}}\mathrm{d}x\int_0^{\ln x} f(x,\ y)\mathrm{d}y$；

(3) $\int_{-1}^1\mathrm{d}x\int_0^{\sqrt{1-x^2}} f(x,\ y)\mathrm{d}y$；　(4) $\int_0^1\mathrm{d}x\int_0^{x^2} f(x,\ y)\mathrm{d}y+\int_1^3\mathrm{d}x\int_0^{\frac{1}{2}(3-x)} f(x,\ y)\mathrm{d}y$；

(5) $\int_{-1}^1\mathrm{d}x\int_{-\sqrt{1-x^2}}^{1-x^2} f(x,\ y)\mathrm{d}y$；　(6) $\int_0^{2a}\mathrm{d}x\int_{\sqrt{2ax-x^2}}^{\sqrt{2ax}} f(x,\ y)\mathrm{d}y$.

7. 计算下列二重积分：

(1) $\iint\limits_{D}(x+6y)\mathrm{d}x\mathrm{d}y$，$D$：$y=x$，$y=5x$，$x=1$ 所围成的区域；

(2) $\iint\limits_{D}\frac{y}{x}\mathrm{d}x\mathrm{d}y$，$D$：$y=2x$，$y=x$，$x=4$，$x=2$ 所围成的区域；

(3) $\iint\limits_{D}\frac{x^2}{y^2}\mathrm{d}x\mathrm{d}y$，$D$：$y=2$，$y=x$，$xy=1$ 所围成的区域；

(4) $\iint\limits_{D}(x^2+y^2)\mathrm{d}x\mathrm{d}y$，$D$：$y=x$，$y=x+a$，$y=a$，$y=3a(a>0)$所围成的区域．

8. 证明：

(1) $\int_0^1\mathrm{d}y\int_0^{\sqrt{y}}\mathrm{e}^y f(x)\mathrm{d}x=\int_0^1(\mathrm{e}-\mathrm{e}^{x^2})f(x)\mathrm{d}x$；

(2) $\iint\limits_{D}f\left(\frac{x}{a}\right)f\left(\frac{y}{b}\right)\mathrm{d}x\mathrm{d}y=ab\left[\int_{-1}^{1}f(x)\mathrm{d}x\right]^2$，式中 D：$|x|\leqslant a$，$|y|\leqslant b$.

第三节　二重积分的换元法

在某些情况下，利用直角坐标计算二重积分很不方便，而利用其他坐标，如极坐标等可能会很容易求得结果，这就需要对直角坐标系下的二重积分进行变量代换．关于二重积分的变量代换，有如下定理：

定理 1　设 $f(x, y)$在 D 上连续，$x=x(u, v)$，$y=y(u, v)$在平面 uOv 上的某区域 D^* 上具有连续的一阶偏导数且雅可比(Jacobi，C. G. J.)**行列式**

$$J=\begin{vmatrix} x'_u & x'_v \\ y'_u & y'_v \end{vmatrix}\neq 0,$$

D^* 对应于 xOy 平面上的区域 D，则

$$\iint\limits_{D}f(x, y)\mathrm{d}x\mathrm{d}y=\iint\limits_{D^*}f[x(u, v), y(u, v)]|J|\mathrm{d}u\mathrm{d}v. \tag{1}$$

公式(1)称为**二重积分的换元公式**．

极坐标与直角坐标的关系为

$$\begin{cases} x=r\cos\theta, \\ y=r\sin\theta, \end{cases} \tag{2}$$

式中，r 是极径，θ 是极角．

由极坐标的特殊性，以坐标原点 O 向外发散的区域 D，如圆、圆环、扇形等，用极坐标表示是比较方便的，而且如果二重积分的被积函数也能够用极坐标表示(比如被积函数为 $f(x^2+y^2)$等)，则利用极坐标，计算更方便．

利用公式(1)可给出极坐标下二重积分的计算公式．由公式(2)

$$J=\begin{vmatrix} x'_r & x'_\theta \\ y'_r & y'_\theta \end{vmatrix}=\begin{vmatrix} \cos\theta & -r\sin\theta \\ \sin\theta & r\cos\theta \end{vmatrix}=r(\cos^2\theta+\sin^2\theta)=r,$$

即 $|J|=|r|=r$，从而极坐标系下二重积分的计算公式为

$$\iint\limits_{D}f(x, y)\mathrm{d}x\mathrm{d}y=\iint\limits_{D^*}f(r\cos\theta, r\sin\theta)r\mathrm{d}r\mathrm{d}\theta. \tag{3}$$

例 1 计算积分 $\iint\limits_{D} \mathrm{e}^{-x^2-y^2}\mathrm{d}x\mathrm{d}y$，$D$ 是圆心在原点，半径为 R 的闭圆．

解 这里 $D=\{(x, y) \mid x^2+y^2\leqslant R^2\}$，在极坐标系下，

$$D^* =\{(r, \theta) \mid 0\leqslant r\leqslant R, 0\leqslant \theta\leqslant 2\pi\},$$

且 $x^2+y^2=r^2$，于是 $\iint\limits_{D} \mathrm{e}^{-x^2-y^2}\mathrm{d}x\mathrm{d}y$ 化为

$$\iint\limits_{D^*} \mathrm{e}^{-r^2} r\mathrm{d}r\mathrm{d}\theta = \int_0^{2\pi}\mathrm{d}\theta\int_0^R r\mathrm{e}^{-r^2}\mathrm{d}r = 2\pi\left[-\frac{1}{2}\mathrm{e}^{-r^2}\right]_0^R = \pi(1-\mathrm{e}^{-R^2}).$$

例 2 计算二重积分 $\iint\limits_{D} x^2\mathrm{d}x\mathrm{d}y$，$D$ 是由圆 $x^2+y^2=1$ 及 $x^2+y^2=4$ 所围成的环形区域．

解 环形区域 D 在极坐标系中可表示为

$$D^* =\{(r, \theta) \mid 1\leqslant r\leqslant 2, 0\leqslant \theta\leqslant 2\pi\},$$

所以

$$\iint\limits_{D} x^2\mathrm{d}x\mathrm{d}y = \iint\limits_{D^*} r^2\cos^2\theta r\mathrm{d}r\mathrm{d}\theta = \int_0^{2\pi}\cos^2\theta\mathrm{d}\theta\int_1^2 r^3\mathrm{d}r = \frac{15}{4}\pi.$$

例 3 计算 $\iint\limits_{D} \sqrt{4a^2-x^2-y^2}\,\mathrm{d}x\mathrm{d}y$，$D$ 是半圆周 $y=\sqrt{2ax-x^2}$ 及 x 轴所围成的闭区域（图7－11）．

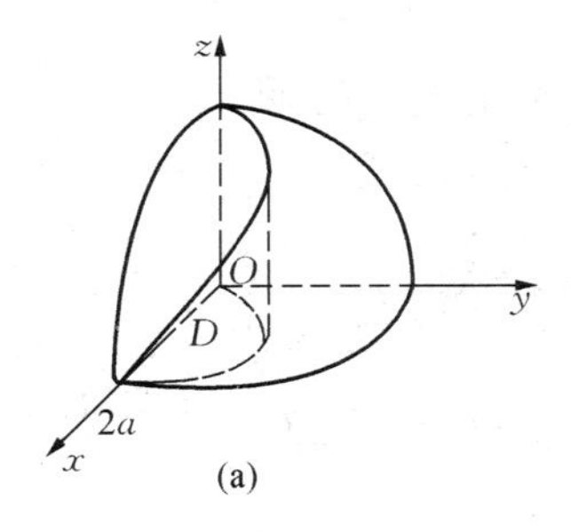

(a)

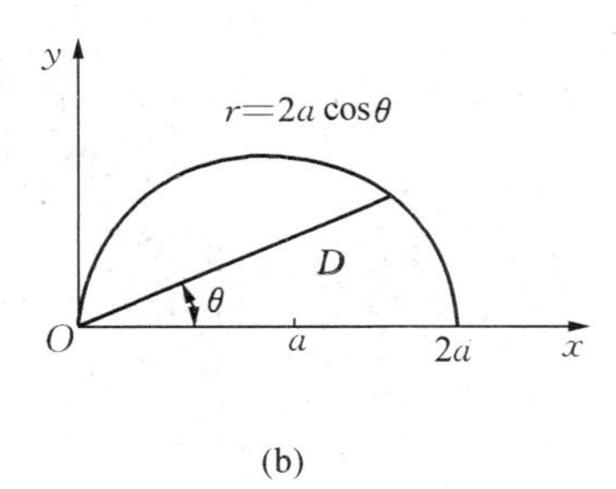

(b)

图 7－11

解 在极坐标系中，区域 D 可表示为

$$D^* =\{(r, \theta) \mid 0\leqslant r\leqslant 2a\cos\theta, 0\leqslant \theta\leqslant \pi/2\},$$

于是

$$\begin{aligned}\iint\limits_{D} \sqrt{4a^2-x^2-y^2}\,\mathrm{d}x\mathrm{d}y &= \iint\limits_{D^*} \sqrt{4a^2-r^2}\,r\mathrm{d}r\mathrm{d}\theta \\ &= \int_0^{\frac{\pi}{2}}\mathrm{d}\theta\int_0^{2a\cos}\sqrt{4a^2-r^2}\,r\mathrm{d}r \\ &= \frac{8}{3}a^3\int_0^{\frac{\pi}{2}}(1-\sin^3\theta)\mathrm{d}\theta = \frac{8}{3}a^3\left(\frac{\pi}{2}-\frac{2}{3}\right).\end{aligned}$$

例 4 计算 $\iint\limits_{D} xy\mathrm{d}x\mathrm{d}y$，其中 $D=\{(x, y) \mid y>0, 1\leqslant x^2+y^2\leqslant 2x\}$．

解 区域 D 见图 7－12（阴影部分），在极坐标下

$$D^* = \left\{(r,\ \theta) \mid 1 \leqslant r \leqslant 2\cos\theta,\ 0 \leqslant \theta \leqslant \frac{\pi}{3}\right\},$$

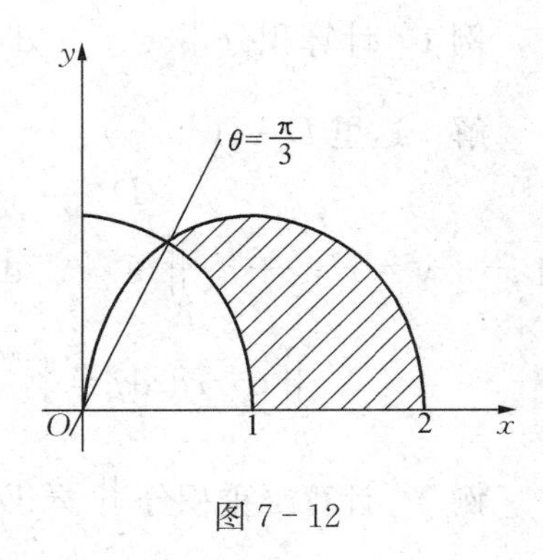

图 7－12

于是

$$\begin{aligned}\iint\limits_D xy\,\mathrm{d}x\mathrm{d}y &= \iint\limits_{D^*} r\cos\theta \cdot r\sin\theta \cdot r\mathrm{d}r\mathrm{d}\theta \\ &= \int_0^{\frac{\pi}{3}}\mathrm{d}\theta\int_1^{2\cos\theta} r^3\cos\theta\sin\theta\mathrm{d}r \\ &= \int_0^{\frac{\pi}{3}}\cos\theta\sin\theta\left[\frac{1}{4}r^4\right]_1^{2\cos\theta}\mathrm{d}\theta \\ &= \int_0^{\frac{\pi}{3}}\cos\theta\sin\theta\left(4\cos^4\theta-\frac{1}{4}\right)\mathrm{d}\theta \\ &= -\int_0^{\frac{\pi}{3}}\left(4\cos^5\theta-\frac{1}{4}\cos\theta\right)\mathrm{d}\cos\theta \\ &= \left[\frac{1}{8}\cos^2\theta-\frac{4}{6}\cos^6\theta\right]_0^{\frac{\pi}{3}} = \frac{9}{16}.\end{aligned}$$

例 5 计算$\iint\limits_D \mathrm{d}x\mathrm{d}y$，其中 D 为椭圆$\frac{x^2}{a^2}+\frac{y^2}{b^2}=1$ 所围成的闭区域.

解 作广义极坐标变换

$$\begin{cases} x = ar\cos\theta, \\ y = br\sin\theta, \end{cases}$$

式中，$a>0$，$b>0$，$r\geqslant 0$，$0\leqslant\theta\leqslant 2\pi$. 在此代换下，与 D 相应的区域

$$D^* = \{(r,\ \theta) \mid 0 \leqslant r \leqslant 1,\ 0 \leqslant \theta \leqslant 2\pi\},$$

雅可比行列式 $J=\begin{vmatrix} x'_r & x'_\theta \\ y'_r & y'_\theta \end{vmatrix}=\begin{vmatrix} a\cos\theta & -ar\sin\theta \\ b\sin\theta & br\cos\theta \end{vmatrix}=abr$，从而

$$\iint\limits_D \mathrm{d}x\mathrm{d}y = \iint\limits_{D^*} \mid J \mid \mathrm{d}r\mathrm{d}\theta = \int_0^{2\pi}\mathrm{d}\theta\int_0^1 abr\,\mathrm{d}r = \pi ab.$$

由二重积分的几何意义，πab 即为椭圆$\frac{x^2}{a^2}+\frac{y^2}{b^2}=1$ 所围成的面积.

例 6 计算$\iint\limits_D x^2y^2\mathrm{d}x\mathrm{d}y$，其中 D 是由曲线 $xy=1$，$xy=2$ 和直线 $y=x$，$y=4x$ 所围成的第一象限的区域(图 7－13).

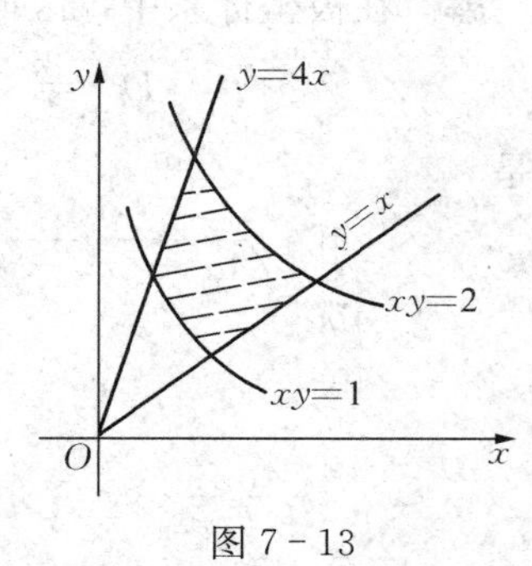

图 7－13

解 该积分利用直角坐标或极坐标比较麻烦，根据积分区域，作变换

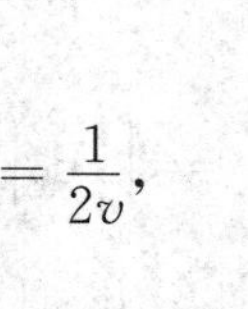

$$\begin{cases} xy = u, \\ \dfrac{y}{x} = v, \end{cases} \quad 即\begin{cases} y = \sqrt{uv}, \\ x = \sqrt{u/v}, \end{cases} \quad 可得\ J = \frac{1}{2v},$$

于是

$$\iint\limits_D x^2y^2\mathrm{d}x\mathrm{d}y = \iint\limits_{D^*} u^2\frac{1}{2v}\mathrm{d}u\mathrm{d}v = \frac{1}{2}\int_1^2 u^2\mathrm{d}u\int_1^4\frac{1}{v}\mathrm{d}v = \frac{1}{2}\left[\frac{1}{3}u^3\right]_1^2[\ln v]_1^4 = \frac{7}{3}\ln 2.$$

前面我们讨论的都是有界区域 D 上有界函数的二重积分. 若将积分区域推广到无界区域，或

者被积函数有无穷型间断点，则有广义二重积分．其定义与一元函数的广义积分类似．

定义 1　设函数 $z=f(x, y)$ 在 xOy 平面上的无界区域 D 连续，在 D 上任取一有界区域 D_1，则 $z=f(x, y)$ 在 D_1 上的二重积分存在．若此积分当 $D_1\to D$ 时的极限存在，则称该极限为无界区域 D 上的广义二重积分，即

$$\iint_D f(x, y)\mathrm{d}\sigma=\lim_{D_1\to D}\iint_{D_1} f(x, y)\mathrm{d}\sigma.$$

可以证明，若 $z=f(x, y)$ 在 D 上不变号，则广义二重积分的值与 $D_1\to D$ 的方式无关．

例 7　证明概率积分 $\int_{-\infty}^{+\infty}\mathrm{e}^{-x^2}\mathrm{d}x=\sqrt{\pi}$.

证明　考虑广义二重积分 $\iint_D \mathrm{e}^{-x^2-y^2}\mathrm{d}\sigma$，式中 D 是 xOy 平面．

取 D_1 为圆心在原点，半径为 R 圆，当 $D_1\to D$ 时，$R\to+\infty$. 根据例 1 求得的结果，

$$\iint_D \mathrm{e}^{-x^2-y^2}\mathrm{d}\sigma=\lim_{D_1\to D}\iint_{D_1}\mathrm{e}^{-x^2-y^2}\mathrm{d}x\mathrm{d}y=\lim_{R\to\infty}\pi(1-\mathrm{e}^{-k^2})=\pi.$$

另一方面，令 $D_2=\{(x, y)\,\|\,x\,|\leqslant R,\ |\,y\,|\leqslant R\}$（图7－14），则当 $D_2\to D$ 时，$R\to+\infty$.

$$\begin{aligned}\pi&=\iint_D \mathrm{e}^{-x^2-y^2}\mathrm{d}x\mathrm{d}y=\lim_{D_2\to D}\iint_{D_2}\mathrm{e}^{-x^2-y^2}\mathrm{d}x\mathrm{d}y\\&=\lim_{R\to+\infty}\left[\int_{-R}^{R}\mathrm{e}^{-x^2}\mathrm{d}x\int_{-R}^{R}\mathrm{e}^{-y^2}\mathrm{d}y\right]\\&=\lim_{R\to+\infty}\left[\int_{-R}^{R}\mathrm{e}^{-x^2}\mathrm{d}x\right]^2=\left[\int_{-\infty}^{+\infty}\mathrm{e}^{-x^2}\mathrm{d}x\right]^2,\end{aligned}$$

于是
$$\int_{-\infty}^{+\infty}\mathrm{e}^{-x^2}\mathrm{d}x=\sqrt{\pi}.$$

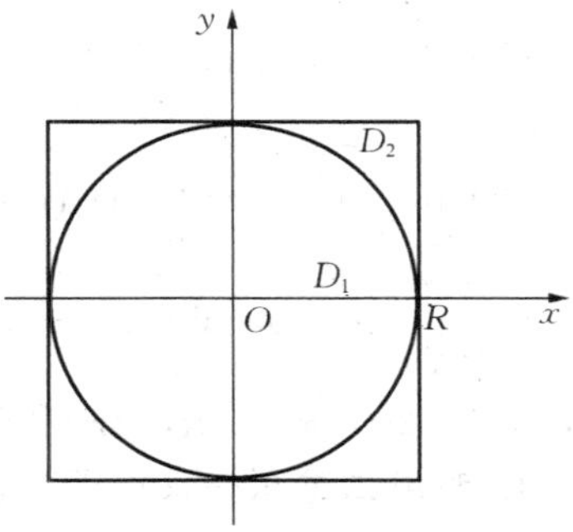

图 7－14

若函数 $z=f(x, y)$ 在 xOy 平面上的有界区域 D 上有无穷间断点，或在 D 内的某一条曲线上有无穷间断点，此时，可取 $D_1\subset D$，而 $f(x, y)$ 在 D_1 上连续，定义广义二重积分

$$\iint_D f(x, y)\mathrm{d}\sigma=\lim_{D_1\to D}\iint_{D_1} f(x, y)\mathrm{d}\sigma.$$

例 8　计算广义积分 $\iint_D \frac{\mathrm{d}\sigma}{\sqrt{x^2+y^2}}$，其中，$D=\{(x, y)\mid x^2+y^2\leqslant R^2\}$.

解　对于被积函数来说，点 $(0, 0)$ 为其无穷间断点．设 $0<a<R$，则在环型区域 $D_1=\{(x, y)\mid a^2\leqslant x^2+y^2\leqslant R^2\}$ 上，被积函数连续，且当 $D_1\to D$ 时，$a\to 0$，于是

$$\iint_D \frac{\mathrm{d}\sigma}{\sqrt{x^2+y^2}}=\lim_{D_1\to D}\iint_{D_1}\frac{\mathrm{d}\sigma}{\sqrt{x^2+y^2}}=\lim_{a\to 0}\int_0^{2\pi}\mathrm{d}\theta\int_a^R\frac{1}{\sqrt{r^2}}r\mathrm{d}r=\lim_{a\to 0}2\pi(R-a)=2\pi R.$$

习题 7－3

1. 把下列直线坐标形式的累次积分变换为极坐标形式的累次积分：

(1) $\int_0^{2R}\mathrm{d}y\int_0^{\sqrt{2Ry-y^2}} f(x, y)\mathrm{d}x$；

(2) $\int_0^R \mathrm{d}x \int_0^{\sqrt{R^2-x^2}} f(x^2+y^2)\mathrm{d}y$;

(3) $\int_0^{\frac{R}{\sqrt{1+R^2}}} \mathrm{d}x \int_0^{Rx} f\left(\frac{y}{x}\right)\mathrm{d}y + \int_{\frac{R}{\sqrt{1+R^2}}}^{R} \mathrm{d}x \int_0^{\sqrt{R^2-x^2}} f\left(\frac{y}{x}\right)\mathrm{d}y$.

2. 将下列二重积分变成极坐标形式，并计算其值：

(1) $\iint\limits_D \ln(1+x^2+y^2)\mathrm{d}x\mathrm{d}y$，$D$ 为圆 $x^2+y^2=1$ 所围成的第一象限的区域；

(2) $\iint\limits_D \sqrt{R^2-x^2-y^2}\,\mathrm{d}x\mathrm{d}y$，$D$ 为圆 $x^2+y^2=Rx$ 所围成的区域；

(3) $\iint\limits_D \arctan\frac{y}{x}\mathrm{d}x\mathrm{d}y$，$D$ 为圆 $x^2+y^2=4$，$x^2+y^2=1$ 及直线 $y=x$，$y=0$ 所围成的在第一象限中的区域；

(4) $\iint\limits_D \sin\sqrt{x^2+y^2}\,\mathrm{d}x\mathrm{d}y$，$D$：$\pi^2\leqslant x^2+y^2\leqslant 4\pi^2$.

3. 作适当的变换，计算下列二重积分.

(1) $\iint\limits_D \mathrm{e}^{\frac{y-x}{y+x}}\mathrm{d}x\mathrm{d}y$，式中 D 是由 x 轴，y 轴和直线 $x+y=2$ 所围成的闭区域；

(2) $\iint\limits_D \sqrt{1-\frac{x^2}{a^2}-\frac{y^2}{b^2}}\,\mathrm{d}x\mathrm{d}y$，式中 D 为椭圆 $\frac{x^2}{a^2}+\frac{y^2}{b^2}=1$ 所围成的闭区域；

(3) $\iint\limits_D (x-y)^2\sin^2(x+y)\,\mathrm{d}x\mathrm{d}y$，式中 D 是平行四边形闭区域，它的四个顶点是 $(\pi, 0)$，$(2\pi, \pi)$，$(\pi, 2\pi)$ 和 $(0, \pi)$.

4. 利用二重积分求由下列曲线所围成的闭区域的面积：

(1) $x=y^2-4$，$x+3y=0$；

(2) $y^2=\frac{9}{4}x$，$y=\frac{3}{2}x$；

(3) $x+y=1$，$x+y=2$，$y=3x$，$y=4x$.

5. 证明下列等式：

(1) $\iint\limits_D f(x+y)\mathrm{d}x\mathrm{d}y=\int_{-1}^{1} f(u)\mathrm{d}u$，$D=\{(x, y)\,\|\,x\,|+|\,y\,|\leqslant 1\}$；

(2) $\iint\limits_D f(xy)\mathrm{d}x\mathrm{d}y=\ln 2\int_{-1}^{1} f(u)\mathrm{d}u$，$D$ 是由 $xy=1$，$xy=2$，$y=x$ 及 $y=4x$ 所围成的第一象限内的区域.

6. 计算下列广义积分：

(1) $\iint\limits_D \mathrm{e}^{-x-y}\mathrm{d}x\mathrm{d}y$，$D$ 为 xOy 面上的第一象限；

(2) $\iint\limits_D \ln\frac{1}{\sqrt{x^2+y^2}}\mathrm{d}x\mathrm{d}y$，$D$：$x^2+y^2\leqslant 1$.

7. 求下列极限：

(1) $\lim\limits_{\varepsilon\to 0}\iint\limits_{\varepsilon^2\leqslant x^2+y^2\leqslant 1} \ln(x^2+y^2)\mathrm{d}x\mathrm{d}y$；

（2）$\lim\limits_{\varepsilon\to 0}\dfrac{1}{\pi\varepsilon^2}\iint\limits_{x^2+y^2\leqslant\varepsilon^2} f(x, y)\mathrm{d}x\mathrm{d}y$.

第四节　二重积分的应用

二重积分在几何、物理等许多学科中有着广泛的应用，这里重点介绍它在几何方面的应用.

一、体　　积

根据二重积分的几何意义，$\iint\limits_D f(x, y)\mathrm{d}\sigma$ 表示以 $f(x, y)$ 为曲顶，以 $f(x, y)$ 在 xOy 坐标平面的投影区域 D 为底的曲顶柱体的体积．因此，利用二重积分可以计算空间曲面所围立体的体积．

例 1　求椭球面 $\dfrac{x^2}{a^2}+\dfrac{y^2}{b^2}+\dfrac{z^2}{c^2}=1$ 所围椭球的体积．

解　由于椭球体在空间直角坐标系八个卦限上的体积是相等的，令 D 表示椭球面在 xOy 坐标面第一象限的投影区域，则

$$D=\left\{(x, y)\left|\frac{x^2}{a^2}+\frac{y^2}{b^2}\leqslant 1, x\geqslant 0, y\geqslant 0\right.\right\},$$

体积 $V=8\iint\limits_D z(x, y)\mathrm{d}x\mathrm{d}y$. 作广义极坐标变换 $x=ar\cos\theta$，$y=br\sin\theta$，则此变换的雅可比行列式 $J=abr$，与 D 相对应的积分区域

$$D^*=\{(r, \theta)\mid 0\leqslant r\leqslant 1, 0\leqslant\theta\leqslant\pi/2\},$$

此时 $z=z(x, y)=c\sqrt{1-r^2}$，从而

$$\begin{aligned}V&=8\iint\limits_{D^*} z(ar\cos\theta, br\sin\theta)\mid J\mid \mathrm{d}r\mathrm{d}\theta=8\int_0^{\frac{\pi}{2}}\mathrm{d}\theta\int_0^1 c\sqrt{1-r^2}\,abr\,\mathrm{d}r\\&=8abc\cdot\frac{\pi}{2}\int_0^1 r\sqrt{1-r^2}\,\mathrm{d}r=\frac{4}{3}\pi abc.\end{aligned}$$

例 2　求球面 $x^2+y^2+z^2=4a^2$ 与圆柱面 $x^2+y^2=2ax(a>0)$ 所围立体的体积．

解　由对称性(图 7－11a 给出的是第一卦限部分)

$$V=4\iint\limits_D\sqrt{4a^2-x^2-y^2}\,\mathrm{d}x\mathrm{d}y,$$

式中，D 为半圆周 $y=\sqrt{2ax-x^2}$ 及 x 轴所围成的闭区域(图 7－11b)．在极坐标系中，与闭区域 D 相应的区域 $D^*=\{(r, \theta)\mid 0\leqslant r\leqslant 2a\cos\theta, 0\leqslant\theta\leqslant\pi/2\}$，于是

$$\begin{aligned}V&=4\iint\limits_{D^*}\sqrt{4a^2-r^2}\,r\mathrm{d}r\mathrm{d}\theta=4\int_0^{\frac{\pi}{2}}\mathrm{d}\theta\int_0^{2a\cos\theta}\sqrt{4a^2-r^2}\,r\mathrm{d}r\\&=\frac{32}{3}a^3\int_0^{\frac{\pi}{2}}(1-\sin^3\theta)\mathrm{d}\theta=\frac{32}{3}a^3\left(\frac{\pi}{2}-\frac{2}{3}\right).\end{aligned}$$

二、曲面的面积

设曲面 S 的方程为 $z=f(x,\ y)$，它在 xOy 面上的投影区域为 D_{xy}，求曲面 S 的面积 A.

若函数 $z=f(x,\ y)$ 在区域 D_{xy} 上有一阶连续偏导数，可以证明，曲面 S 的面积

$$A=\iint_{D_{xy}}\sqrt{1+f_x'^2(x,\ y)+f_y'^2(x,\ y)}\,\mathrm{d}x\mathrm{d}y. \tag{1}$$

例 3 计算抛物面 $z=x^2+y^2$ 在平面 $z=1$ 下方的面积.

解 $z=1$ 下方的抛物面在 xOy 面的投影区域

$$D_{xy}=\{(x,\ y)\mid x^2+y^2\leqslant 1\}.$$

又 $z_x'=2x$，$z_y'=2y$，$\sqrt{1+z_x'^2+z_y'^2}=\sqrt{1+4x^2+4y^2}$，代入上式(1)并用极坐标计算，可得抛物面的面积

$$\begin{aligned}A&=\iint_{D_{xy}}\sqrt{1+4x^2+4y^2}\,\mathrm{d}x\mathrm{d}y=\iint_{D_{xy}}\sqrt{1+4r^2}\,r\mathrm{d}r\mathrm{d}\theta\\&=\int_0^{2\pi}\mathrm{d}\theta\int_0^1(1+4r^2)^{\frac{1}{2}}r\mathrm{d}r=\frac{\pi}{6}(5\sqrt{5}-1).\end{aligned}$$

如果曲面方程为 $x=g(y,\ z)$ 或 $y=h(x,\ z)$，则可以把曲面投影到 yOz 或 xOz 平面上，其投影区域记为 D_{yz} 或 D_{xz}，类似地有

$$A=\iint_{D_{yz}}\sqrt{1+g_y'^2(y,\ z)+g_z'^2(y,\ z)}\,\mathrm{d}y\mathrm{d}z. \tag{2}$$

或

$$A=\iint_{D_{xz}}\sqrt{1+h_x'^2(z,\ x)+h_z'^2(z,\ x)}\,\mathrm{d}x\mathrm{d}z. \tag{3}$$

三、其　　他

例 4　平均利润　某公司销售Ⅰ商品 x 个单位，销售Ⅱ商品 y 个单位的利润

$$L(x,\ y)=-(x-200)^2-(y-100)^2+5000.$$

现已知一周内Ⅰ商品的销售数量在 150～200 个单位之间变化，一周内Ⅱ商品的销售数量在 80～100 个单位之间变化，求销售这两种商品一周的平均利润.

解 由于 x，y 的变化范围 $D=\{(x,\ y)\mid 150\leqslant x\leqslant 200,\ 80\leqslant y\leqslant 100\}$，所以 D 的面积 $\sigma=50\times 20=1000$. 由二重积分的中值定理，该公司销售这两种商品一周的平均利润为

$$\begin{aligned}\frac{1}{\sigma}\iint_D L(x,y)\mathrm{d}\sigma&=\frac{1}{1000}\iint_D[-(x-200)^2-(y-100)^2+5000]\mathrm{d}\sigma\\&=\frac{1}{1000}\int_{150}^{200}\mathrm{d}x\int_{80}^{100}[-(x-200)^2-(y-100)^2+5000]\mathrm{d}y\\&=\frac{1}{1000}\int_{150}^{200}\left[-(x-200)^2y-\frac{(y-100)^3}{3}+5000y\right]_{80}^{100}\mathrm{d}x\\&=\frac{1}{3000}\int_{150}^{200}\left[-20(x-200)^2+\frac{292000}{3}x\right]_{150}^{200}\mathrm{d}x\\&=\frac{12100000}{3000}\approx 4033(\text{元}).\end{aligned}$$

习题 7-4

1. 求曲面 $z=1-4x^2-y^2$ 与坐标平面 $z=0$ 所围成的立体的体积.

2. 求曲面 $z=x^2+2y^2$ 与 $z=4-x^2-2y^2$ 所围成的体积.

3. 某曲顶柱体的曲顶为 $z=xy$，底面为曲线 $xy=1$，$xy=2$，$y=x$，$y=4x$ 所围区域 D，求该曲顶柱体的体积.

4. 求锥面 $z=\sqrt{x^2+y^2}$ 被柱面 $z^2=2x$ 所截部分的曲面面积.

5. 求球面 $x^2+y^2+z^2=a^2$ 被平面 $z=\dfrac{a}{4}$，$z=\dfrac{a}{2}$ 所夹部分的曲面的面积.

6. 某公司销售两种商品，其需求函数为 $x_1=500-3p_1$，$x_2=750-2.4p_2$，因此总收益为 $R=x_1p_1+x_2p_2$. 试求价格 p_1 在 50～75 元之间，价格 p_2 在 100～150 元之间时的平均收益.

7. 某企业的生产函数为 $Q(x, y)=35x^{0.75}y^{0.25}$，其中 x 表示劳动力投入量，y 表示资本投入量. 设 $16\leqslant x\leqslant 18$，$0.5\leqslant y\leqslant 1$，试求平均产量.

第七章 自测题

一、判断题(将"√"或"×"填入相应的括号内)(每题 2 分，共 20 分).

1. 二元函数 $z=f(x, y)$在平面区域 D 上的积分为二重积分. （ ）

2. 若函数 $z=f(x, y)$在闭区域 D 上存在二重积分，则和式$\lim\limits_{\lambda\to 0}\sum\limits_{i=1}^{n} f(\xi_i, \eta_i)\Delta\sigma_i$ 的极限与区域 D 的分法无关. （ ）

3. 二重积分 $\iint\limits_D f(x, y)\mathrm{d}\sigma$ 在几何上表示以 $z=f(x, y)$为顶，D 为底，以 D 的边界曲线为准线，母线平行于 z 轴的柱面为侧面的曲柱体的体积. （ ）

4. 积分区域 D 由 x 轴，y 轴及直线 $x+y=1$ 围成，则

$$\iint\limits_D (x+y)^2\mathrm{d}\sigma\leqslant\iint\limits_D (x+y)^3\mathrm{d}\sigma.$$ （ ）

5. 设 m，M 分别为闭区域 D 上的连续函数 $z=f(x, y)$的最小值和最大值，则二重积分的最小值为 $m\sigma$，最大值为 $M\sigma$. 其中 σ 是 D 的面积. （ ）

6. 若函数 $z=f(x, y)$在区域 D 上的两个偏导数$\dfrac{\partial z}{\partial x}$，$\dfrac{\partial z}{\partial y}$存在，则函数在该区域上的二重积分存在. （ ）

7. 若 $f(x, y)=f_1(x)\cdot f_2(y)$且在矩形区域 D 上的二重积分存在，则必有

$$\iint\limits_D f(x, y)\mathrm{d}x\mathrm{d}y=\int_a^b f_1(x)\mathrm{d}x\cdot\int_c^d f_2(y)\mathrm{d}y,$$

式中，$D=\{(x, y)\mid a\leqslant x\leqslant b, c\leqslant y\leqslant d\}$. （ ）

8. 设 $z=f(x, y)$满足 $f(x, -y)=-f(x, y)$，而其积分区域 D 关于 x 轴对称，则

$$\iint_D f(x, y)\mathrm{d}x\mathrm{d}y = 0.$$ （　）

9. 对于二重积分 $I=\iint_D 6x^2 y\mathrm{d}x\mathrm{d}y$，其中 D 由 $y=x+1$，$y=-x+1$ 和 $y=0$ 围成，而 D_1 是 D 内第一象限的区域，从而 $I=2\iint_{D_1} 6x^2 y\mathrm{d}x\mathrm{d}y$. （　）

10. 若 D 是由曲线 $x^2+y^2\leqslant 2ax$ 所围的平面区域，则在极坐标下 $D=\{(r, \theta) \mid 0\leqslant r\leqslant 2a\cos\theta, -\pi/2\leqslant\theta\leqslant\pi/2\}$. （　）

二、填空题(每题 2 分，共 20 分).

1. 从二重积分的几何意义知 $\iint_D \sqrt{a^2-x^2-y^2}\,\mathrm{d}x\mathrm{d}y=$__________，式中，

$$D=\{(x, y) \mid x^2+y^2\leqslant a^2, x\geqslant 0, y\geqslant 0\}.$$

2. 若积分区域 D 由 $y=x$，$y=1$，$x=0$ 围成，则 $\iint_D x^2 \mathrm{e}^{-y^2}\mathrm{d}x\mathrm{d}y=$__________.

3. $\iint_D \mathrm{e}^{x+y}\mathrm{d}\sigma=$__________，式中 $D=\{(x, y) \mid 0\leqslant x\leqslant 1, 0\leqslant y\leqslant 3\}$.

4. $f(u)$可导，$f(0)=0$，则 $\lim\limits_{t\to 0}\dfrac{1}{\pi t^2}\iint\limits_{x^2+y^2\leqslant t^2} f(\sqrt{x^2+y^2})\mathrm{d}x\mathrm{d}y=$__________.

5. 若 $f(x, y)$在矩形域 D：$0\leqslant x\leqslant 1$，$0\leqslant y\leqslant 1$ 上连续，且 $x\left(\iint_D f(x, y)\mathrm{d}x\mathrm{d}y\right)^2=f(x, y)-\dfrac{1}{2}$，则 $f(x, y)=$__________.

6. $\iint_D f(x, y)\mathrm{d}x\mathrm{d}y$ 的极坐标形式为__________，式中 $D=\{(x, y) \mid 0\leqslant x\leqslant 1, 0\leqslant y\leqslant 1-x\}$.

7. 交换积分次序，则 $\int_{-\sqrt{2}}^{\sqrt{2}}\mathrm{d}x\int_{x^2}^{4-x^2} f(x, y)\mathrm{d}y=$__________.

8. $\iint_D x\sin\dfrac{y}{x}\mathrm{d}x\mathrm{d}y=$__________，$D$ 由 $y=x$，$y=0$，$x=1$ 围成.

9. $I=\iint_D (x^2+y^2)\mathrm{d}x\mathrm{d}y$，$D$ 由 $x^2+y^2=a^2$ 围成，则 $I=$__________.

10. $\int_0^{+\infty} \mathrm{e}^{-x^2}\mathrm{d}x=$__________.

三、单项选择题(每题 2 分，共 20 分).

1. 设 D 由 $x=0$，$y=0$，$x+y=1/2$，$x+y=1$ 围成，则 I_1，I_2，I_3 的大小顺序为(　　)，其中

$$I_1=\iint_D [\ln(x+y)]^7\mathrm{d}x\mathrm{d}y,\ I_2=\iint_D (x+y)^7\mathrm{d}x\mathrm{d}y,\ I_3=\iint_D \sin^7(x+y)\mathrm{d}x\mathrm{d}y.$$

(A) $I_1<I_2<I_3$；　　(B) $I_3<I_2<I_1$；

(C) $I_1<I_3<I_2$；　　(D) $I_3<I_1<I_2$.

2. $\iint\limits_{x^2+y^2\leqslant 4} \mathrm{e}^{x^2+y^2}\mathrm{d}\sigma$ 的值为(　　).

(A) $\frac{\pi}{2}(e^4-1)$； (B) $2\pi(e^4-1)$；

(C) $\pi(e^4-1)$； (D) πe^4.

3. $\int_0^a dx\int_0^{2\sqrt{ax}} xdy=($ $)$.

(A) $\frac{8}{5}\sqrt{2}a^3$； (B) $\frac{8}{5}a^3$； (C) $8a^3$； (D) $\frac{4}{5}a^3$.

4. $\int_a^b dx\int_a^x f(y)dy=($ $)$.

(A) $\int_a^b dy\int_a^x f(y)dx$； (B) $\int_a^b dx\int_a^b f(y)dy$；

(C) $\int_a^b dx\int_b^x f(y)dy$； (D) $\int_a^b (b-y)f(y)dy$.

5. 设 D 是由不等式 $|x|+|y|\leqslant 1$ 所确定的区域，则 $\iint\limits_D (|x|+y)dxdy=($ $)$.

(A) 0； (B) $\frac{1}{3}$； (C) $\frac{2}{3}$； (D) 1.

6. 旋转抛物面 $z=x^2+y^2$ 与平面 $z=2x$ 所围成部分的体积为( ).

(A) π； (B) $\frac{\pi}{2}$； (C) $\frac{\pi}{3}$； (D) 0.

7. 设 $I=\iint\limits_D |xy|dxdy$，其中 D 是以原点为中心，以 a 为半径的圆，则 I 的值为( ).

(A) $a^4/4$； (B) $a^4/3$； (C) $a^4/2$； (D) a^4.

8. $\iint\limits_{x^2+y^2\leqslant 1} f(x,y)dxdy=4\int_0^1 dx\int_0^{\sqrt{1-x^2}} f(x,y)dy$ 在( )情况下成立.

(A) $f(-x,y)=-f(x,y)$；

(B) $f(-x,-y)=-f(x,y)$；

(C) $f(-x,y)=f(x,y)$ 且 $f(x,-y)=f(x,y)$；

(D) $f(x,-y)=-f(x,y)$.

9. 函数 $z=f(x,y)$ 在有界区域 D 上可积且 $D_2\subset D_1\subset D$，当 $f(x,y)\geqslant 0$ 时，$\iint\limits_{D_1} f(x,y)dxdy-\iint\limits_{D_2} f(x,y)dxdy($ $)$.

(A) 大于零； (B) 小于零；

(C) 大于或等于零； (D) 小于或等于零.

10. 若区域 D 内由 $|x|+|y|\leqslant 1$ 与 $|x|+|y|\geqslant\frac{1}{2}$ 所围成，则积分 $\iint\limits_D \ln(x^2+y^2)dx$ 的值( ).

(A) 大于零； (B) 小于零； (C) 等于零； (D) 不存在.

四、计算题(每题 10 分，共 30 分).

1. 求积分 $I=\int_0^1 x^3 f(x)dx$，其中 $f(x)=\int_1^{x^2}\frac{\sin y}{y}dy$.

2. 求锥面 $z=\sqrt{x^2+y^2}$ 被柱面 $z^2=2x$ 截下部分的面积.

3. 求 $\iint\limits_D \sqrt{|y-x^2|}\,\mathrm{d}x\mathrm{d}y$，其中 D 为 $|x|\leqslant 1$，$0\leqslant y\leqslant 2$.

五、证明题(每题 5 分，共 10 分).

1. 设 $f(x)$在$[0, a]$上连续，证明：

$$2\int_0^a f(x)\mathrm{d}x\int_x^a f(y)\mathrm{d}y=\left(\int_0^a f(x)\mathrm{d}x\right)^2.$$

2. 利用二重积分证明：

$$\left[\int_a^b f(x)\mathrm{d}x\right]^2\leqslant(b-a)\int_a^b f^2(x)\mathrm{d}x.$$

[第八章]

无穷级数

无穷级数是表示函数、研究函数以及进行数值计算的一种工具．本章首先介绍无穷级数的概念及其基本性质；然后讨论数项级数的敛散性及判别法；最后介绍幂级数的一些基本结论和初等函数的泰勒展开式．

第一节　数项级数

给定数列 u_1，u_2，…，u_n，…把它们各项依次相加得到

$$u_1+u_2+\cdots+u_n+\cdots,$$

称为由这个数列产生的**无穷级数**（**简称级数**），记为 $\sum\limits_{n=1}^{\infty}u_n$，即

$$\sum_{n=1}^{\infty}u_n=u_1+u_2+\cdots+u_n+\cdots,$$

u_n 称为级数的一般项．

一、级数的敛散性

设 s_n 是级数 $\sum\limits_{n=1}^{\infty}u_n$ 的前 n 项和，即

$$s_n=u_1+u_2+\cdots+u_n,$$

称 s_n 为级数 $\sum\limits_{n=1}^{\infty}u_n$ 的部分和．

部分和

$$s_1=u_1,\ s_2=u_1+u_2,\ s_3=u_1+u_2+u_3,\ \cdots,\ s_n=u_1+u_2+\cdots+u_n,\ \cdots$$

构成一个数列 $\{s_n\}$，称为级数 $\sum\limits_{n=1}^{\infty}u_n$ 的**部分和数列**．

若 $n\to+\infty$ 时，部分和数列 $\{s_n\}$ 有极限，即 $\lim\limits_{n\to+\infty}s_n=s$（$s$ 为常数），则称**级数 $\sum\limits_{n=1}^{\infty}u_n$ 收敛**，其极限值 s 称为该级数的和，记为

$$s=\sum_{n=1}^{\infty}u_n.$$

若 $\{s_n\}$ 没有极限，则称该**级数发散**（**不收敛**）．

当级数 $\sum_{n=1}^{\infty} u_n$ 收敛于 s 时，其和 s 与部分和 s_n 的差

$$R_n = s - s_n = u_{n+1} + u_{n+2} + \cdots$$

称为该级数的**余项**.

用 s_n 作为 s 的近似值所产生的误差，就是余项的绝对值 $|R_n|$.

例 1 $\frac{1}{3}=0.\dot{3}$，等式右端是一个以 3 为循环节的无限循环小数，写成级数就是

$$0.\dot{3} = 0.333\cdots = \frac{3}{10} + \frac{3}{10^2} + \frac{3}{10^3} + \cdots = \sum_{n=1}^{\infty} \frac{3}{10^n}.$$

例 2 判断等比级数(几何级数) $\sum_{n=0}^{\infty} aq^n = a + aq + aq^2 + \cdots + aq^n + \cdots (a \neq 0)$ 的敛散性.

解 若 $|q| \neq 1$，则部分和为 $s_n = a + aq + aq^2 + \cdots + aq^{n-1} = \frac{a(1-q^n)}{1-q}$.

(1) 当 $|q|<1$ 时，$\lim_{n\to+\infty} s_n = \frac{a}{1-q}$；

(2) 当 $|q|>1$ 时，$\lim_{n\to+\infty} s_n = \infty$；

(3) 当 $q=1$ 时，$s_n = na$，$\lim_{n\to+\infty} s_n = \infty$；

(4) 当 $q=-1$ 时，$\sum_{n=0}^{\infty} aq^n = a - a + a - a + \cdots$，

其部分和

$$s_n = \begin{cases} 0, & n \text{ 为偶数时}, \\ a, & n \text{ 为奇数时}. \end{cases}$$

此时，$\lim_{n\to+\infty} s_n$ 不存在.

因此，当 $|q|<1$ 时，等比级数 $\sum_{n=0}^{\infty} aq^n$ 收敛于 $\frac{a}{1-q}$；当 $|q| \geqslant 1$ 时，等比级数 $\sum_{n=0}^{\infty} aq^n$ 发散.

二、收敛级数的基本性质

由级数收敛的定义可知，级数的收敛问题，实质上就是其部分和数列有无极限的问题，因此我们可以用数列极限的相关结论来推证级数的一些重要性质.

性质 1 **若级数 $\sum_{n=1}^{\infty} u^n$ 收敛，c 为任一非零常数，则级数 $\sum_{n=1}^{\infty} cu_n$ 也收敛，且有**

$$\sum_{n=1}^{\infty} cu_n = c\sum_{n=1}^{\infty} u_n.$$

性质 2 **若级数 $\sum_{n=1}^{\infty} u_n$ 和 $\sum_{n=1}^{\infty} v_n$ 分别收敛于 q 和 p，则级数 $\sum_{n=1}^{\infty} (u_n \pm v_n)$ 也收敛，且有**

$$\sum_{n=1}^{\infty} (u_n \pm v_n) = \sum_{n=1}^{\infty} u_n \pm \sum_{n=1}^{\infty} v_n = q \pm p.$$

推论 **若级数 $\sum_{n=1}^{\infty} u_n$ 和 $\sum_{n=1}^{\infty} v_n$ 均收敛，则对任何非零常数 c_1，c_2，级数 $\sum_{n=1}^{\infty} (c_1 u_n \pm c_2 v_n)$ 也收**

敛，且有

$$\sum_{n=1}^{\infty}(c_1u_n \pm c_2v_n) = c_1\sum_{n=1}^{\infty}u_n \pm c_2\sum_{n=1}^{\infty}v_n.$$

性质 3　在级数的前面添上或去掉有限项，级数的敛散性不变．

性质 4　若级数 $\sum_{n=1}^{\infty} u_n$ 收敛，则对级数的项任意加括号后，所得的级数仍收敛且其和不变．

性质 4 反过来未必成立，即若加括号后级数收敛，则原级数却不一定收敛．例如，级数

$$1-1+1+\cdots+(-1)^{n-1}+\cdots,$$

加括号后

$$(1-1)+(1-1)+(1-1)+\cdots+(1-1)+\cdots$$

收敛于零．但级数

$$1-1+1+\cdots+(-1)^{n-1}+\cdots$$

发散．

性质 5(级数收敛的必要条件)　若级数 $\sum_{n=1}^{\infty} u_n$ 收敛，则 $\lim\limits_{n\to+\infty} u_n=0$.

证　设该级数部分和为 s_n，于是 $u_n=s_n-s_{n-1}$. 由于 $\sum_{n=1}^{\infty} u_n$ 收敛于 s，所以有

$$\lim_{n\to+\infty} u_n = \lim_{n\to+\infty}(s_n - s_{n-1}) = s - s = 0.$$

这就是说，若 $\sum_{n=1}^{\infty} u_n$ 收敛，则 $\lim\limits_{n\to+\infty} u_n=0$.

若 $\lim\limits_{n\to+\infty} u_n\neq 0$ 或不存在，则级数一定发散．例如，级数

$$\frac{1}{2}-\frac{2}{3}+\frac{3}{4}+\cdots+(-1)^{n-1}\frac{n}{n+1}+\cdots,$$

其一般项 $u_n=(-1)^{n-1}\frac{n}{n+1}$，当 $n\to+\infty$时不趋于零，所以级数是发散的．

应该强调的是：$\lim\limits_{n\to+\infty} u_n=0$ 并不是 $\sum_{n=1}^{\infty} u_n$ 收敛的充分条件．例如调和级数 $\sum_{n=1}^{\infty}\frac{1}{n}$，虽然 $\lim\limits_{n\to+\infty}\frac{1}{n}=0$，但它是发散级数(见下节例 1)

例 3　证明 $\sum_{n=1}^{\infty}(-1)^{n-1}$是发散级数．

解　因为 $\lim\limits_{n\to+\infty} u_n=\lim\limits_{n\to+\infty}(-1)^{n-1}$不存在，所以级数 $\sum_{n=1}^{\infty}(-1)^{n-1}$发散．

例 4　判别级数 $\sum_{n=1}^{\infty}\frac{n-1}{n}$的敛散性．

解　因为 $\lim\limits_{n\to+\infty}\frac{n-1}{n}=1\neq 0$，所以原级数是发散的．

习题 8－1

1. 写出下列级数的一般项：

(1) $1+\frac{1}{3}+\frac{1}{5}+\frac{1}{7}+\cdots$；

(2) $\frac{\sqrt{x}}{2}+\frac{x}{2\cdot 4}+\frac{\sqrt{x^3}}{2\cdot 4\cdot 6}+\frac{x^2}{2\cdot 4\cdot 6\cdot 8}+\cdots$；

(3) $-\frac{3}{1}+\frac{4}{4}-\frac{5}{9}+\frac{6}{16}-\frac{7}{25}+\frac{8}{36}-\cdots$；

(4) $\frac{1}{2}-\frac{3}{4}+\frac{5}{6}-\frac{7}{8}+\cdots$.

2. 用定义判断下列级数的敛散性：

(1) $\frac{1}{1\cdot 2}+\frac{1}{2\cdot 3}+\cdots+\frac{1}{n(n+1)}+\cdots$；

(2) $\sum\limits_{n=1}^{\infty}\frac{1}{\sqrt{n+1}+\sqrt{n}}$；

(3) $\sum\limits_{n=1}^{\infty}\ln\left(\frac{n+1}{n}\right)$；

(4) $\frac{1}{1\cdot 3}+\frac{1}{3\cdot 5}+\frac{1}{5\cdot 7}+\cdots$.

3. 判断下列级数的敛散性：

(1) $\sin\frac{\pi}{6}+\sin\frac{2\pi}{6}+\sin\frac{3\pi}{6}+\cdots$；

(2) $\frac{1}{3}+\frac{1}{\sqrt{3}}+\frac{1}{\sqrt[3]{3}}+\cdots+\frac{1}{\sqrt[n]{3}}+\cdots$；

(3) $\left(\frac{1}{2}+\frac{1}{3}\right)+\left(\frac{1}{2^2}+\frac{1}{3^2}\right)+\left(\frac{1}{2^3}+\frac{1}{3^3}\right)+\cdots$；

(4) $1-\frac{5}{3}+\frac{25}{9}-\frac{125}{27}+\cdots$.

第二节　数项级数的敛散性判别法

一、正项级数及其敛散性判别法

若数项级数 $\sum\limits_{n=1}^{\infty}u_n$ 的各项 u_n 均非负，则称该级数为正项级数．由于 $u_n\geqslant 0$，$n=1$，2，3，…，因此，

$$s_{n+1}=s_n+u_{n+1}\geqslant s_n,$$

所以正项级数的部分和数列$\{s_n\}$是单调增加数列，即

$$s_1\leqslant s_2\leqslant\cdots\leqslant s_n\leqslant\cdots.$$

若$\{s_n\}$有上界，则由“单调有界数列必有极限”知，该正项级数必收敛；反之，若正项级数收敛于 s，即 $\lim\limits_{n\to+\infty}s_n=s$，则数列$\{s_n\}$必有上界，从而得到如下重要结论：

定理 1　正项级数 $\sum\limits_{n=1}^{\infty}u_n$ 收敛的充要条件是其部分和数列$\{s_n\}$有上界．

根据定理 1 可建立几个检验正项级数敛散性的判别法．

定理 2（比较判别法）　设 $\sum\limits_{n=1}^{\infty}u_n$ 和 $\sum\limits_{n=1}^{\infty}v_n$ 都是正项级数，且 $u_n\leqslant v_n(n=1, 2, \cdots)$.

(1) 若级数 $\sum\limits_{n=1}^{\infty}v_n$ 收敛，则级数 $\sum\limits_{n=1}^{\infty}u_n$ 也收敛；

(2) 若级数 $\sum\limits_{n=1}^{\infty}u_n$ 发散，则级数 $\sum\limits_{n=1}^{\infty}v_n$ 也发散．

证　(1) 若级数 $\sum\limits_{n=1}^{\infty}v_n$ 收敛，其部分和数列有上界，于是有 $M>0$，使 $0\leqslant\sum\limits_{n=1}^{\infty}v_n\leqslant M$. 又 $u_n\leqslant v_n$，故 $0\leqslant\sum\limits_{n=1}^{\infty}u_n\leqslant\sum\limits_{n=1}^{\infty}v_n\leqslant M$，即 $\sum\limits_{n=1}^{\infty}u_n$ 的部分和数列有上界．根据定理 1 知，级数 $\sum\limits_{n=1}^{\infty}u_n$ 收敛．

(2) 因为若级数 $\sum_{n=1}^{\infty} v_n$ 收敛，由(1)知，级数 $\sum_{n=1}^{\infty} u_n$ 也收敛，与假设矛盾，故级数发散.

由于级数每项乘以非零数，以及去掉级数的有限项，所得级数的敛散性与原级数相同，故可得如下推论：

推论　设 $\sum_{n=1}^{\infty} u_n$，$\sum_{n=1}^{\infty} v_n$ 均为正项级数，且从级数的某项起恒有 $u_n \leqslant k v_n (k>0)$，则

(1) **若 $\sum_{n=1}^{\infty} v_n$ 收敛，则 $\sum_{n=1}^{\infty} u_n$ 也收敛；**

(2) **若 $\sum_{n=1}^{\infty} u_n$ 发散，则 $\sum_{n=1}^{\infty} v_n$ 也发散.**

例 1　试证调和级数

$$1+\frac{1}{2}+\frac{1}{3}+\cdots+\frac{1}{n}+\cdots=\sum_{n=1}^{\infty}\frac{1}{n}$$

发散.

证　显然，$\ln x$ 在$[n, n+1]$上满足拉格朗日中值定理条件，所以至少存在一个实数 $\xi(0<\xi<1)$，使得

$$\ln(n+1)-\ln n=[(n+1)-n]\frac{1}{n+\xi}<\frac{1}{n},$$

于是，级数 $\sum_{n=1}^{\infty}(\ln(n+1)-\ln n)$ 与级数 $\sum_{n=1}^{\infty}\frac{1}{n}$ 的所有对应项都满足：

$$0<\ln(n+1)-\ln n<\frac{1}{n}.$$

由于 $s_n=(\ln 2-\ln 1)+(\ln 3-\ln 2)+(\ln 4-\ln 3)+\cdots+[\ln(n+1)-\ln n]=\ln(n+1)$，所以 $\lim\limits_{n\to+\infty}\ln(n+1)=\infty$. 因此，级数 $\sum_{n=1}^{\infty}(\ln(n+1)-\ln n)$ 发散. 由正项级数比较判别法可知，调和级数是发散的.

例 2　讨论 p-级数 $1+\frac{1}{2^p}+\frac{1}{3^p}+\frac{1}{4^p}+\cdots+\frac{1}{n^p}+\cdots$ 的敛散性.

解　当 $p\leqslant 1$ 时，有 $\frac{1}{n^p}\geqslant\frac{1}{n}$. 由于调和级数发散，所以由比较判别法可知，当 $p\leqslant 1$ 时，p-级数 $\sum_{n=1}^{\infty}\frac{1}{n^p}$ 也是发散的.

当 $p>1$ 时，

$$\begin{aligned}
\sum_{n=1}^{\infty}\frac{1}{n^p}&=1+\left(\frac{1}{2^p}+\frac{1}{3^p}\right)+\left(\frac{1}{4^p}+\frac{1}{5^p}+\frac{1}{6^p}+\frac{1}{7^p}\right)+\left(\frac{1}{8^p}+\cdots+\frac{1}{15^p}\right)+\cdots\\
&\leqslant 1+\left(\frac{1}{2^p}+\frac{1}{2^p}\right)+\left(\frac{1}{4^p}+\frac{1}{4^p}+\frac{1}{4^p}+\frac{1}{4^p}\right)+\left(\frac{1}{8^p}+\cdots+\frac{1}{8^p}\right)+\cdots\\
&=1+\frac{1}{2^{p-1}}+\left(\frac{1}{2^{p-1}}\right)^2+\left(\frac{1}{2^{p-1}}\right)^3+\cdots\\
&=\sum_{n=1}^{\infty}\left(\frac{1}{2^{p-1}}\right)^n.
\end{aligned}$$

又级数 $\sum_{n=1}^{\infty}\left(\frac{1}{2^{p-1}}\right)^n$ 是等比级数，其公比 $q=\frac{1}{2^{p-1}}<1$，故收敛，于是当 $p>1$ 时，根据比

较判别法的推论可知，级数 $\sum_{n=1}^{\infty}\frac{1}{n^p}$也收敛．

综上所述，当 $p>1$ 时，p-级数收敛；当 $p\leqslant 1$ 时，p-级数发散．

应用比较判别法的关键，是把新给的级数与一个敛散性已知的正项级数作比较，常用作比较的正项级数有调和级数、等比级数与 p-级数．

例 3 判别级数 $\sum_{n=1}^{\infty}\frac{1}{n(n+1)}$的敛散性．

解 因为 $0<\frac{1}{n(n+1)}<\frac{1}{n^2}$，又 $p=2$ 时的 p-级数是收敛的，所以，原级数收敛．

例 4 证明级数

$$1+\frac{1}{2!}+\frac{1}{3!}+\cdots+\frac{1}{n!}+\cdots$$

收敛．

证 $u_n=\frac{1}{n!}=\frac{1}{1\cdot 2\cdot 3\cdot\cdots\cdot n}$满足 $0<\frac{1}{n!}<\frac{1}{2^{n-1}}$，而 $\sum_{n=1}^{\infty}\left(\frac{1}{2}\right)^{n-1}$是收敛的等比级数 $\left(q=\frac{1}{2}<1\right)$，由比较判别法可知，级数 $\sum_{n=1}^{\infty}\frac{1}{n!}$收敛．

例 5 判定级数 $\sum_{n=1}^{\infty}\frac{1}{n^n}=1+\frac{1}{2^2}+\frac{1}{3^3}+\cdots+\frac{1}{n^n}+\cdots$的敛散性．

解 因$\frac{1}{n^n}\leqslant\frac{1}{2^{n-1}}$，而级数 $\sum_{n=1}^{\infty}\frac{1}{2^{n-1}}$收敛，所以级数 $\sum_{n=1}^{\infty}\frac{1}{n^n}$收敛．

为使用方便，下面给出比较判别法的极限形式：

定理 3 设级数 $\sum_{n=1}^{\infty}u_n$ 和 $\sum_{n=1}^{\infty}v_n$ 都是正项级数，且 $\lim\limits_{n\to+\infty}\frac{u_n}{v_n}=a(0<a<+\infty)$，则它们有相同的敛散性．

证 取 $\varepsilon>0$，使 ε 满足 $0<\varepsilon<a$. 依极限定义，存在正整数 N，当 $n>N$ 时，有

$$\left|\frac{u_n}{v_n}-a\right|<\varepsilon,$$

即 $a-\varepsilon<\frac{u_n}{v_n}<a+\varepsilon$，得$(a-\varepsilon)v_n<u_n<(a+\varepsilon)v_n$.

由比较判别法可知级数 $\sum_{n=1}^{\infty}u_n$，$\sum_{n=1}^{\infty}v_n$ 具有相同的敛散性．

例 6 判断级数 $\sum_{n=1}^{\infty}\tan\frac{1}{3n}$的敛散性．

解 一般项 $u_n=\tan\frac{1}{3n}>0$，且 $\lim\limits_{n\to+\infty}\frac{\tan\frac{1}{3n}}{\frac{1}{3n}}=1$，而级数 $\sum_{n=1}^{\infty}\frac{1}{3n}=\frac{1}{3}\sum_{n=1}^{\infty}\frac{1}{n}$发散，故级数 $\sum_{n=1}^{\infty}\tan\frac{1}{3n}$也发散．

由比较判别法可推出另一个常用的判别法．

定理 4(比值判别法)　设 $\sum_{n=1}^{\infty}u_n$ 是正项级数，若 $\lim\limits_{n\to+\infty}\frac{u_{n+1}}{u_n}=l$，则

(1) **当 $l<1$ 时，级数收敛；**

(2) **当 $l>1$(或 $\lim\limits_{n\to+\infty}\frac{u_{n+1}}{u_n}=+\infty$)时，级数发散；**

(3) **当 $l=1$ 时，级数可能收敛也可能发散．**

例 7 判断级数 $\sum\limits_{n=1}^{\infty}\frac{1}{(2n+1)!}$的敛散性．

解 因为 $\lim\limits_{n\to+\infty}\frac{u_{n+1}}{u_n}=\lim\limits_{n\to+\infty}\frac{\frac{1}{(2n+3)!}}{\frac{1}{(2n+1)!}}=\lim\limits_{n\to+\infty}\frac{1}{(2n+3)(2n+2)}=0$，所以该级数收敛．

例 8 判断正项级数 $\sum\limits_{n=1}^{\infty}n\sin\frac{1}{3^n}$的敛散性．

解 因为
$$\lim_{n\to+\infty}\frac{u_{n+1}}{u_n}=\lim_{n\to+\infty}\frac{(n+1)\sin\frac{1}{3^{n+1}}}{n\sin\frac{1}{3^n}}=\lim_{n\to+\infty}\left(\frac{n+1}{n}\cdot\frac{\frac{1}{3^{n+1}}}{\frac{1}{3^n}}\right)$$
$$=\frac{1}{3}\lim_{n\to+\infty}\frac{n+1}{n}=\frac{1}{3}<1,$$
所以该级数收敛．

例 9 判别级数 $\sum\limits_{n=1}^{\infty}\frac{n!}{10^n}$的敛散性．

解 因为 $\lim\limits_{n\to+\infty}\frac{u_{n+1}}{u_n}=\lim\limits_{n\to+\infty}\frac{\frac{(n+1)!}{10^{n+1}}}{\frac{n!}{10^n}}=\lim\limits_{n\to+\infty}\frac{n+1}{10}=+\infty$，所以该级数发散．

注 当 $\lim\limits_{n\to+\infty}\frac{u_{n+1}}{u_n}=1$ 时，无法判别级数的敛散性．例如级数 $\sum\limits_{n=1}^{\infty}\frac{1}{n}$有
$$\lim_{n\to+\infty}\frac{u_{n+1}}{u_n}=\lim_{n\to+\infty}\frac{n}{n+1}=1,$$
它是发散的，但级数 $\sum\limits_{n=1}^{\infty}\frac{1}{n^2}$ 也有
$$\lim_{n\to+\infty}\frac{u_{n+1}}{u_n}=\lim_{n\to+\infty}\frac{n^2}{(n+1)^2}=1,$$
却是收敛的．

定理 5(根值判别法) 对于正项级数的一般项 u_n，若 $\lim\limits_{n\to+\infty}\sqrt[n]{u_n}=l$，则

(1) **当 $l<1$ 时，级数收敛；**

(2) **当 $l>1$ 时，级数发散；**

(3) **当 $l=1$ 时，级数可能收敛也可能发散．**

例 10 判断级数 $\sum\limits_{n=1}^{\infty}\frac{1}{2^n+1}$的敛散性．

解 因为 $0<\frac{1}{2^n+1}<\frac{1}{2^n}$，而 $\lim\limits_{n\to+\infty}\sqrt[n]{\frac{1}{2^n}}=\frac{1}{2}<1$，所以 $\sum\limits_{n=1}^{\infty}\frac{1}{2^n}$收敛．再根据比较判别法，原级数 $\sum\limits_{n=1}^{\infty}\frac{1}{2^n+1}$ 收敛．

例 11 设 $a_n>0$，且 $\lim\limits_{n\to+\infty}a_n=a$，试判断级数 $\sum\limits_{n=1}^{\infty}\left(\dfrac{x}{a_n}\right)^n(x>0)$ 的敛散性．

解 因为 $\left(\dfrac{x}{a_n}\right)^n>0$，$\sqrt[n]{\left(\dfrac{x}{a_n}\right)^n}=\dfrac{x}{a_n}$，而 $\lim\limits_{n\to+\infty}\dfrac{x}{a_n}=\dfrac{x}{a}$，所以，根据根值判别法有

(1) 当 $x<a$ 时，级数收敛；

(2) 当 $x>a$ 时，级数发散；

(3) 当 $x=a$ 时，级数可能收敛也可能发散．

二、交错级数及其敛散性判别法

称级数 $u_1-u_2+u_3-u_4+\cdots=\sum\limits_{n=1}^{\infty}(-1)^{n-1}u_n$ 为交错级数，式中 $u_n(n=1,2,\cdots)$ 皆为非负数．

定理 6（莱布尼茨判别法） 若交错级数 $\sum\limits_{n=1}^{\infty}(-1)^{n-1}u_n$ 满足：

(1) $u_n\geqslant u_{n+1}(n=1,2,\cdots)$；

(2) $\lim\limits_{n\to+\infty}u_n=0$，

则交错级数收敛，且其和 $s\leqslant u_1$，其余项的绝对值 $|R_n|\leqslant u_{n+1}$．

交错级数是一类特殊的级数，定理 6 表明，若交错级数收敛，其和 $s\leqslant u_1$，即不超过首项；若用部分和 s_n 作为 s 的近似值，所产生的误差 $|R_n|\leqslant u_{n+1}$，即不超过第 $n+1$ 项．

例 12 交错级数 $1-\dfrac{1}{2}+\dfrac{1}{3}-\dfrac{1}{4}+\cdots+(-1)^{n-1}\dfrac{1}{n}+\cdots$ 满足条件：

(1) $u_n=\dfrac{1}{n}>\dfrac{1}{n+1}=u_{n+1}(n=1,2,\cdots)$；

(2) $\lim\limits_{n\to+\infty}u_n=\lim\limits_{n\to+\infty}\dfrac{1}{n}=0.$

所以它是收敛的，且其和 $s<1$. 如果取前 n 项的和 $s_n=1-\dfrac{1}{2}+\dfrac{1}{3}+\cdots+(-1)^{n-1}\dfrac{1}{n}$ 作为 s 的近似值，则产生的误差 $|R_n|\leqslant\dfrac{1}{n+1}=u_{n+1}$.

例 13 判断级数 $1-\dfrac{1}{2!}+\dfrac{1}{3!}-\cdots+(-1)^{n-1}\dfrac{1}{n!}+\cdots$ 的敛散性，并估计用 s_6 代替其和 s 时所产生的误差．

解 因为(1) $u_n=\dfrac{1}{n!}>\dfrac{1}{(n+1)!}=u_{n+1}(n=1,2,\cdots)$；(2) $\lim\limits_{n\to+\infty}u_n=\lim\limits_{n\to+\infty}\dfrac{1}{n!}=0$，所以它是收敛的．

又因为 $|R_n|\leqslant u_{n+1}$，所以 $|R_6|\leqslant u_7=\dfrac{1}{7!}\approx0.0002$. 也就是说，用 s_6 代替 s 可使误差小于 10^{-3}.

对于一般项级数 $u_1+u_2+\cdots+u_n+\cdots$ 其各项为任意实数，若级数 $\sum\limits_{n=1}^{\infty}u_n$ 各项的绝对值构成的正项级数 $\sum\limits_{n=1}^{\infty}|u_n|$ 收敛，则称级数 $\sum\limits_{n=1}^{\infty}u_n$ **绝对收敛**；若级数 $\sum\limits_{n=1}^{\infty}u_n$ 收敛，而级数

$\sum_{n=1}^{\infty} |u_n|$发散，则称级数 $\sum_{n=1}^{\infty} u_n$ **条件收敛**．易知 $\sum_{n=1}^{\infty} (-1)^{n-1}\frac{1}{n^2}$是绝对收敛级数，而 $\sum_{n=1}^{\infty} (-1)^{n-1}\frac{1}{n}$是条件收敛级数．

定理 7　若 $\sum_{n=1}^{\infty} |u_n|$收敛，则 $\sum_{n=1}^{\infty} u_n$ 必收敛．

例 14　判断级数 $\sum_{n=1}^{\infty} \frac{\sin nx}{n^2}$的敛散性．

解　因为$\left|\frac{\sin nx}{n^2}\right| \leqslant \frac{1}{n^2}$，而级数 $\sum_{n=1}^{\infty} \frac{1}{n^2}$收敛，由比较判别法知，级数 $\sum_{n=1}^{\infty} \left|\frac{\sin nx}{n^2}\right|$ 收敛，所以级数$\sum_{n=1}^{\infty} \frac{\sin nx}{n^2}$绝对收敛．

例 15　证明：级数

$$\sum_{n=1}^{\infty}(-1)^{n-1}\frac{2n-1}{2^{n-1}} = 1-\frac{3}{2}+\frac{5}{4}-\frac{7}{8}+\cdots+(-1)^{n-1}\frac{2n-1}{2^{n-1}}+\cdots$$

绝对收敛．

证　因为 $\lim\limits_{n\to+\infty}\left|\frac{u_{n+1}}{u_n}\right| = \lim\limits_{n\to+\infty}\frac{\frac{2n+1}{2^n}}{\frac{2n-1}{2^{n-1}}} = \frac{1}{2} < 1$，根据比值判别法，级数 $\sum_{n=1}^{\infty} |u_n| = \sum_{n=1}^{\infty} \frac{2n-1}{2^{n-1}}$ 收敛，从而，此交错级数绝对收敛．

例 16　为了治病需要，医生希望某药物在人体内的长期效用水平达 200 mg，同时还知道每天人体排放 25%的药物．试问医生确定每天的用药量是多少？

解　因为是连续等量服药，留存体内的药物水平是前一天药物量的 75%（$q=1-25\%$）加上当日的服用量 a(mg)，可见第 n 天人体内该药物含量 $a+aq+aq^2+\cdots+aq^{n-1}=a(1+q+q^2+\cdots+q^{n-1})=a\frac{1-q^n}{1-q}$．由于是长期服药，也考虑到会产生抗药性等复杂情况，为简化计算，服药期间可视为趋于无穷大．因此体内该药物最终存留量 200(mg)不妨理解为等比级数 $\sum_{n=1}^{\infty}(0.75^{n-1}a)=a\sum_{n=1}^{\infty}0.75^{n-1}$的和$\frac{a}{1-0.75}$，即$\frac{a}{1-0.75}=200$.

由此，有 $a=200\times0.25=50$(mg)．所以，为使该药物在体内的长期效用水平达到 200 mg，在此条件下，医生确定的每天用药量应为 50 mg.

习题 8 - 2

1. 用比较判别法判定下列级数的敛散性：

(1) $\sum_{n=1}^{\infty} \frac{(\sin n)^2}{4^n}$；　(2) $\sum_{n=1}^{\infty} 2^n \sin\frac{1}{5^n}$；　(3) $\sum_{n=1}^{\infty} \frac{1+n}{1-n^2}$；

(4) $\sum_{n=1}^{\infty} \frac{1}{1+a^n}(a>0)$；　(5) $\frac{1}{2\cdot5}+\frac{1}{3\cdot6}+\cdots+\frac{1}{(n+1)(n+4)}+\cdots$.

2. 用比值判别法判定下列级数的收敛性：

(1) $\sum\limits_{n=1}^{\infty}\dfrac{(n!)^2}{(2n)!}$；　　(2) $\sum\limits_{n=1}^{\infty}n\sin\dfrac{1}{2^n}$；

(3) $\sum\limits_{n=1}^{\infty}\dfrac{n^2}{3^n}$；　　(4) $\dfrac{3}{1\cdot 2}+\dfrac{3^2}{2\cdot 2^2}+\dfrac{3^3}{3\cdot 2^3}+\cdots+\dfrac{3^n}{n\cdot 2^n}+\cdots$.

3. 用根值判别法判定下列级数的收敛性：

(1) $\sum\limits_{n=1}^{\infty}\left(\dfrac{n}{3n-1}\right)^{2n-1}$；　　(2) $\sum\limits_{n=1}^{\infty}\dfrac{5^n}{1+\mathrm{e}^n}$；

(3) $\sum\limits_{n=1}^{\infty}\dfrac{\mathrm{e}^n}{n\cdot 3^n}$；　　(4) $\sum\limits_{n=1}^{\infty}\left(\dfrac{b}{a_n}\right)^n$，其中 $\lim\limits_{n\to+\infty}a_n=a$，且 a_n，b，a 均为正数．

4. 判别下列级数的收敛性：

(1) $\sum\limits_{n=1}^{\infty}n\left(\dfrac{3}{4}\right)^n$；　　(2) $\sum\limits_{n=1}^{\infty}\sqrt{\dfrac{n+1}{n}}$；　　(3) $\sum\limits_{n=1}^{\infty}\dfrac{n-1}{n(n+3)}$；

(4) $\dfrac{1}{a+b}+\dfrac{1}{2a+b}+\cdots+\dfrac{1}{na+b}+\cdots(a>0,\ b>0)$.

5. 判别下列级数是否收敛？若收敛，是条件收敛还是绝对收敛？

(1) $1-\dfrac{1}{\sqrt{2}}+\dfrac{1}{\sqrt{3}}-\dfrac{1}{\sqrt{4}}+\cdots$；　　(2) $\sum\limits_{n=2}^{\infty}(-1)^n\dfrac{1}{\ln n}$；

(3) $\sum\limits_{n=1}^{\infty}\left[(-1)^n\dfrac{n+2}{n+1}\cdot\dfrac{1}{\sqrt{n}}\right]$；　　(4) $\dfrac{1}{3}\cdot\dfrac{1}{2}-\dfrac{1}{3}\cdot\dfrac{1}{2^2}+\dfrac{1}{3}\cdot\dfrac{1}{2^3}-\dfrac{1}{3}\cdot\dfrac{1}{2^4}+\cdots$.

6. 从点 $A_1(1,\ 0)$作 x 轴的垂线，交抛物线 $y=x^2$ 于点 $B_1(1,\ 1)$；在从 B_1 作这条抛物线的切线交 x 轴于A_2，过A_2 作 x 轴的垂线，交抛物线于 B_2；如此重复得到一系列的 A_1，B_1，A_2，…，A_n，B_n. 试求级数$\overline{A_1B_1}+\overline{A_2B_2}+\cdots+\overline{A_nB_n}+\cdots$的和．

第三节　幂级数

定义 1　形如

$$a_0+a_1x+a_2x^2+\cdots+a_nx^n+\cdots=\sum_{n=0}^{\infty}a_nx^n$$

的级数，称为关于 x 的幂级数，式中 a_0，a_1，a_2，…，a_n，…都是常数，称为幂级数的系数.

形如

$$a_0+a_1(x-x_0)+a_2(x-x_0)^2+\cdots+a_n(x-x_0)^n+\cdots$$

的级数，称为关于 $x-x_0$ 的幂级数．

将 $x-x_0$ 换成 x，这个级数就变为 $\sum\limits_{n=0}^{\infty}a_nx^n$.

下面将主要研究形如 $\sum\limits_{n=0}^{\infty}a_nx^n$ 的幂级数．

幂级数 $\sum\limits_{n=0}^{\infty}a_nx^n$ 当 x 取某个数值 x_0 后，就变成一个相应的常数项级数，故可利用常数

项级数敛散性的判别法来判断其是否收敛．若 $\sum_{n=0}^{\infty} a_n x^n$ 在点 x_0 处收敛，称点 x_0 为它的一个**收敛点**；若 $\sum_{n=0}^{\infty} a_n x^n$ 在点 x_0 处发散，称点 x_0 为它的一个**发散点**；$\sum_{n=0}^{\infty} a_n x^n$ 的全体收敛点的集合，称为它的**收敛域**；全体发散点的集合称为它的**发散域**．

例 1　判断幂级数 $1+x+x^2+\cdots+x^n+\cdots$ 的敛散性．

解　由本章第一节例 2 可知，当 $|x|<1$ 时，该级数收敛于和 $\frac{1}{1-x}$；当 $|x|\geqslant 1$ 时，该级数发散．因此，其收敛域是开区间 $(-1, 1)$，发散域是 $(-\infty, -1]$ 及 $[1, +\infty)$．

一、幂级数的收敛性

定理 1(阿贝尔定理)　若幂级数 $\sum_{n=0}^{\infty} a_n x^n$ 当 $x=x_0(x_0\neq 0)$ 时收敛，则对 $|x|<|x_0|$ 的 x，幂级数 $\sum_{n=0}^{\infty} a_n x^n$ 绝对收敛；若幂级数 $\sum_{n=0}^{\infty} a_n x^n$ 当 $x=x_0(x_0\neq 0)$ 时发散，则对一切适合不等式 $|x|>|x_0|$ 的 x，幂级数 $\sum_{n=0}^{\infty} a_n x^n$ 都发散．

证　若 $\sum_{n=0}^{\infty} a_n x^n$ 在 $x=x_0$ 处收敛，则

$$\lim_{n\to+\infty} a_n x_0^n = 0,$$

于是，$a_n x_0^n$ 是有界变量．故存在 $M>0$，使对一切的 n 都有

$$0\leqslant |a_n x_0^n| \leqslant M$$

成立，从而有

$$|a_n x^n| = |a_n x_0^n|\cdot\left|\frac{x^n}{x_0^n}\right| = |a_n x_0^n|\cdot\left|\frac{x}{x_0}\right|^n \leqslant M\left|\frac{x}{x_0}\right|^n.$$

当 $|x|<|x_0|$ 时，$\left|\frac{x}{x_0}\right|<1$，故等比级数 $\sum_{n=0}^{\infty}\left|\frac{x}{x_0}\right|^n$ 收敛．由正项级数的比较判别法知，级数 $\sum_{n=0}^{\infty} |a_n x^n|$ 收敛，即级数 $\sum_{n=0}^{\infty} a_n x^n$ 绝对收敛．

用反证法证明后半部分结论．若存在点 x，使得 $|x|>|x_0|$ 时，$\sum_{n=0}^{\infty} a_n x^n$ 收敛．由前半部分证明的结论知，$\sum_{n=0}^{\infty} a_n x^n$ 在 x_0 处绝对收敛，这与已知矛盾，故对一切适合 $|x|>|x_0|$ 的 x，幂级数 $\sum_{n=0}^{\infty} a_n x^n$ 发散．

推论　若幂级数 $\sum_{n=0}^{\infty} a_n x^n$ 不是仅在 $x=0$ 处收敛，也不是在整个数轴上都收敛，则必有一个确定的正数 R 存在，使得

当 $|x|<R$ 时，幂级数绝对收敛；

当 $|x|>R$ 时，幂级数发散；

当 $x=R$ 与 $x=-R$ 时，幂级数可能收敛也可能发散．

R 称为幂级数 $\sum_{n=0}^{\infty} a_n x^n$ 的**收敛半径**．再由 $x=\pm R$ 处的收敛性，便可确定该幂级数的收敛区间．若只在 $x=0$ 处收敛，我们规定它的收敛半径 $R=0$；若对任何实数 x，幂级数 $\sum_{n=0}^{\infty} a_n x^n$ 皆收敛，则规定其收敛半径 $R=+\infty$，这时收敛区间是$(-\infty, +\infty)$．关于幂级数的收敛半径有如下定理：

定理 2　设幂级数 $\sum_{n=0}^{\infty} a_n x^n$，若 $\lim_{n\to+\infty}\left|\frac{a_{n+1}}{a_n}\right|=\rho$，则幂级数的收敛半径为

$$R=\begin{cases}1/\rho, & \rho\neq 0,\\ +\infty, & \rho=0,\\ 0, & \rho=+\infty.\end{cases}$$

例 2　试求下列幂级数的收敛区间：

(1) $1+\frac{x}{2}+\frac{x^2}{4}+\cdots+\frac{x^n}{2^n}+\cdots$；

(2) $-x+\frac{x^2}{2}-\frac{x^3}{3}+\frac{x^4}{4}+\cdots+(-1)^n\frac{x^n}{n}+\cdots$；

(3) $\sum_{n=1}^{\infty}(-1)^n\frac{x^n}{\sqrt{n}}$；

(4) $\sum_{n=1}^{\infty}\frac{(x-1)^n}{n\cdot 2^n}$.

解　(1) 因为 $\rho=\lim_{n\to+\infty}\left|\frac{\frac{1}{2^{n+1}}}{\frac{1}{2^n}}\right|=\frac{1}{2}$，所以收敛半径 $R=2$. 当 $x=-2$ 时，$\sum_{n=1}^{\infty}\frac{(-2)^n}{2^n}=1-1+1-1+\cdots$发散；当 $x=2$ 时，$\sum_{n=1}^{\infty}\frac{2^n}{2^n}=\sum_{n=1}^{\infty}1$ 发散．因此，其收敛区间是$(-2, 2)$.

(2) 因为 $\rho=\lim_{n\to+\infty}\left|\frac{a_{n+1}}{a_n}\right|=\lim_{n\to+\infty}\left|\frac{(-1)^{n+1}\frac{1}{n+1}}{(-1)^n\frac{1}{n}}\right|=\lim_{n\to+\infty}\frac{n}{n+1}=1$，所以收敛半径 $R=1$. 当$x=-1$时，$\sum_{n=1}^{\infty}\frac{(-1)^{2n}}{n}=\sum_{n=1}^{\infty}\frac{1}{n}$发散；当 $x=1$ 时，由莱布尼茨判别法知，该级数条件收敛．因此其收敛区间为$(-1, 1]$.

(3) 因为 $\rho=\lim_{n\to+\infty}\left|\frac{a_{n+1}}{a_n}\right|=\lim_{n\to+\infty}\left|\frac{(-1)^{n+1}\frac{1}{\sqrt{n+1}}}{(-1)^n\frac{1}{\sqrt{n}}}\right|=\lim_{n\to+\infty}\sqrt{\frac{n}{n+1}}=1$，所以收敛半径 $R=1$. 当 $x=-1$时，$\sum_{n=1}^{\infty}\frac{(-1)^{2n}}{\sqrt{n}}=\sum_{n=1}^{\infty}\frac{1}{\sqrt{n}}$ $(p<1)$发散；当 $x=1$ 时，$\sum_{n=1}^{\infty}\frac{(-1)^n}{\sqrt{n}}$ 条件收敛．因此其收敛区间为$(-1, 1]$.

(4) 因为 $\rho=\lim_{n\to+\infty}\left|\frac{a_{n+1}}{a_n}\right|=\lim_{n\to+\infty}\frac{\frac{1}{(n+1)\cdot 2^{n+1}}}{\frac{1}{n\cdot 2^n}}=\frac{1}{2}\lim_{n\to+\infty}\frac{n}{n+1}=\frac{1}{2}$，所以收敛半径 $R=2$.

当$x-1=-2$时，$\sum\limits_{n=1}^{\infty}\frac{(-1)^n}{n}$收敛；当$x-1=2$时，$\sum\limits_{n=1}^{\infty}\frac{1}{n}$发散．因此收敛区间为$[-1, 3)$.

二、幂级数的运算

设有两个幂级数

$$\sum_{n=0}^{\infty}a_nx^n=a_0+a_1x+a_2x^2+\cdots+a_nx^n+\cdots$$

与

$$\sum_{n=0}^{\infty}b_nx^n=b_0+b_1x+b_2x^2+\cdots+b_nx^n+\cdots$$

分别在区间$(-R_1, R_1)$及$(-R_2, R_2)$内收敛，且其和函数分别为$s_1(x)$与$s_2(x)$，$R=\min\{R_1, R_2\}$，则在$(-R, R)$内有如下运算法则：

1. 加法

$$\sum_{n=0}^{\infty}a_nx^n\pm\sum_{n=0}^{\infty}b_nx^n=\sum_{n=0}^{\infty}(a_n\pm b_n)x^n=s_1(x)\pm s_2(x).$$

2. 数乘幂级数

设$\sum\limits_{n=0}^{\infty}a_nx^n$在区间$(-R, R)$内收敛于$s(x)$，则对非零常数$k$，有

$$k\sum_{n=0}^{\infty}a_nx^n=\sum_{n=0}^{\infty}(ka_n)x^n=ks(x).$$

3. 乘法运算

$$\begin{aligned}\sum_{n=0}^{\infty}a_nx^n\cdot\sum_{n=0}^{\infty}b_nx^n&=(a_0+a_1x+\cdots+a_nx^n+\cdots)\cdot(b_0+b_1x+\cdots+b_nx^n+\cdots)\\&=a_0b_0+(a_0b_1+a_1b_0)x+(a_0b_2+a_1b_1+a_2b_0)x^2+\cdots+\left(\sum_{k=0}^{\infty}a_kb_{n-k}\right)x^n+\cdots\\&=s_1(x)\cdot s_2(x).\end{aligned}$$

4. 逐项微分

设$\sum\limits_{n=0}^{\infty}a_nx^n=s(x)$，收敛半径为$R$，则对一切$x\in(-R, R)$，都有

$$s'(x)=\left(\sum_{n=0}^{\infty}a_nx^n\right)'=\sum_{n=1}^{\infty}na_nx^{n-1}.$$

5. 逐项积分

设$\sum\limits_{n=0}^{\infty}a_nx^n=s(x)$，收敛半径为$R$，则对一切$x\in(-R, R)$，都有

$$\int_0^x s(t)\mathrm{d}t=\int_0^x\left(\sum_{n=0}^{\infty}a_nt^n\right)\mathrm{d}t=\sum_{n=0}^{\infty}\int_0^x a_nt^n\mathrm{d}t=\sum_{n=0}^{\infty}\frac{a_n}{n+1}x^{n+1}.$$

性质4，5表明：**收敛的幂级数逐项求导或逐项积分得到的新幂级数，其收敛半径不变**.

例3 求$\sum\limits_{n=0}^{\infty}\left(\frac{x^n}{2+3^n}-\frac{x^n}{2}\right)$的收敛区间.

解 因为$\lim\limits_{n\to+\infty}\left|\frac{a_{n+1}}{a_n}\right|=\lim\limits_{n\to+\infty}\frac{\frac{1}{2+3^{n+1}}}{\frac{1}{2+3^n}}=\lim\limits_{n\to+\infty}\frac{2+3^n}{2+3^{n+1}}=\frac{1}{3}$，所以，幂级数$\sum\limits_{n=0}^{\infty}\frac{x^n}{2+3^n}$的

收敛半径$R_1=3$. 类似地，可求得幂级数$\sum\limits_{n=0}^{\infty}\frac{x^n}{2}$的收敛半径为$R_2=1$. 又$\sum\limits_{n=0}^{\infty}\frac{x^n}{2}=\frac{1}{2}\sum\limits_{n=0}^{\infty}x^n$在$x=\pm1$处都发散，因此$\sum\limits_{n=0}^{\infty}\left(\frac{x^n}{2+3^n}-\frac{x^n}{2}\right)$的收敛区间为$(-1,1)$.

例 4 求幂级数$\sum\limits_{n=0}^{\infty}\frac{x^{n+1}}{n+2}$在区间$(-1,1)$内的和函数.

解 设和函数为$s(x)$，则$s(x)=\sum\limits_{n=0}^{\infty}\frac{x^{n+1}}{n+2}$，显然$s(0)=0$. 于是

$$xs(x)=\sum_{n=0}^{\infty}\frac{x^{n+2}}{n+2}.$$

逐项求导，得

$$[xs(x)]'=\sum_{n=0}^{\infty}x^{n+1}=x\sum_{n=0}^{\infty}x^n=\frac{x}{1-x},\quad 0<|x|<1,$$

对上式从 0 到x积分，得

$$xs(x)=\int_0^x\frac{t}{1-t}\mathrm{d}t=-\ln(1-x)-x,$$

于是，有

$$s(x)=-\frac{\ln(1-x)}{x}-1,$$

从而

$$s(x)=\begin{cases}-\frac{1}{x}\ln(1-x)-1, & 0<|x|<1,\\ 0, & x=0.\end{cases}$$

习题 8-3

1. 求下列幂级数的收敛半径和收敛域：

(1) $\sum\limits_{n=1}^{\infty}\frac{x^n}{n^p}(p>0)$；　(2) $\sum\limits_{n=0}^{\infty}(-1)^{n-1}\frac{x^n}{\sqrt{n}}$；

(3) $\sum\limits_{n=0}^{\infty}2^nx^{2n}$；　(4) $\sum\limits_{n=0}^{\infty}\frac{x^n}{n!}$.

2. 求下列幂级数的收敛区间及和函数：

(1) $\sum\limits_{n=1}^{\infty}nx^{n-1}$；　(2) $\sum\limits_{n=1}^{\infty}(-1)^{n-1}x^{2n}$；

(3) $\sum\limits_{n=1}^{\infty}(-1)^{n+1}\frac{x^{n+1}}{n(n+1)}$；　(4) $\sum\limits_{n=1}^{\infty}nx^n$.

3. 求幂级数$\sum\limits_{n=0}^{\infty}\frac{1}{2n+1}x^{2n+1}$的收敛域与和函数，并求级数$\sum\limits_{n=0}^{\infty}\frac{1}{2n+1}\left(\frac{1}{3}\right)^{2n+1}$的值.

第四节　泰勒级数

一、泰勒(Taylor)级数

前面讨论了幂级数在其收敛域内收敛于和函数，但实际应用中，我们常遇到许多相反的

问题，即对已知函数 $f(x)$，是否能确定一个幂级数，在其收敛域内以 $f(x)$ 为和函数．

我们知道，幂级数被其系数惟一确定，现在问题是 $f(x)$ 在什么范围内、满足什么条件，其展开式的系数能惟一确定，并收敛于 $f(x)$．

定理 1 **设函数 $f(x)$ 在区间 $(-a, a)$ 内具有任意阶导数，且可展成幂级数 $f(x)=\sum_{n=0}^{\infty} a_n x^n$，则幂级数的系数**

$$a_n=\frac{1}{n!}f^{(n)}(0),\ n=0,\ 1,\ 2,\ \cdots,$$

式中约定

$$0!=1,\ f^{(0)}(0)=f(0).$$

定义 1 **设 $f(x)$ 在 x_0 的某邻域内具有任意阶导数，则以 $a_n=\frac{1}{n!}f^{(n)}(x_0)$ 为系数的幂级数**

$$\sum_{n=0}^{\infty}\frac{1}{n!}f^{(n)}(x_0)(x-x_0)^n$$

$$=f(x_0)+f'(x_0)(x-x_0)+\frac{1}{2!}f''(x_0)(x-x_0)^2+\cdots+\frac{1}{n!}f^{(n)}(x_0)(x-x_0)^n+\cdots$$

称为 $f(x)$ 在点 x_0 处的泰勒级数．当 $x_0=0$ 时，幂级数

$$\sum_{n=0}^{\infty}\frac{1}{n!}f^{(n)}(0)x^n=f(0)+f'(0)x+\frac{1}{2!}f''(0)x^2+\cdots+\frac{1}{n!}f^{(n)}(0)x^n+\cdots$$

称为 $f(x)$ 在点 $x_0=0$ 处的麦克劳林级数．

定理 2（泰勒中值定理） **设 $f(x)$ 在含有点 x_0 的区间 (a, b) 内，有直到 $n+1$ 阶的连续导数，则当 x 取区间 (a, b) 内的任何值时，$f(x)$ 可以按 $x-x_0$ 的方幂展开为**

$$f(x)=f(x_0)+f'(x_0)(x-x_0)+\frac{1}{2!}f''(x_0)(x-x_0)^2+\cdots+\frac{1}{n!}f^{(n)}(x_0)(x-x_0)^n+R_n(x),$$

式中

$$R_n(x)=\frac{f^{(n+1)}(\xi)}{(n+1)!}(x-x_0)^{n+1}\quad(\xi\text{ 在 }x_0\text{ 与 }x\text{ 之间}).$$

该公式称为函数 $f(x)$ 的**泰勒公式**，余项 $R_n(x)$ 称为**拉格朗日型余项**．

特别地，当 $x_0=0$ 时，泰勒公式为

$$f(x)=f(0)+f'(0)x+\frac{1}{2!}f''(0)x^2+\cdots+\frac{1}{n!}f^{(n)}(0)x^n+R_n(x),$$

式中，$R_n(x)=\frac{f^{(n+1)}(\xi)}{(n+1)!}x^{n+1}$（$\xi$ 在 0 与 x 之间）．若令 $\xi=\theta x$，$0<\theta<1$，则

$$R_n(x)=\frac{f^{(n+1)}(\theta x)}{(n+1)!}x^{n+1}.$$

该公式称为函数 $f(x)$ 的**麦克劳林公式**．

二、函数的泰勒展开式

这里主要介绍如何把已知函数 $f(x)$ 展成它的泰勒级数，并求其收敛区间．

（一）直接展开法

所谓直接展开法是指利用定理，证明 $\lim_{n\to+\infty} R_n(x)=0$，进而写出展开式并求出其收敛域.

例 1 试在 $x=0$ 处展开 $f(x)=\mathrm{e}^x$ 为泰勒级数.

解 $f(x)=\mathrm{e}^x$ 显然有各阶连续导数，且 $f^{(n)}(x)=\mathrm{e}^x$. 于是 $f^{(n)}(0)=\mathrm{e}^0=1$,

$$\mathrm{e}^x=1+x+\frac{1}{2!}x^2+\cdots+\frac{1}{n!}x^n+\frac{\mathrm{e}^{\xi}}{(n+1)!}x^{n-1},$$

其中 ξ 在 0 与 x 之间.

$$0\leqslant\lim_{n\to+\infty}|R_n(x)|=\lim_{n\to+\infty}\left|\frac{\mathrm{e}^{\xi}}{(n+1)!}x^{n+1}\right|=\lim_{n\to+\infty}\mathrm{e}^{\xi}\left|\frac{x^{n+1}}{(n+1)!}\right|\leqslant\lim_{n\to+\infty}\frac{\mathrm{e}^{\xi}|x|^{n+1}}{(n+1)!},$$

由于对指定的 x 来说，$|\xi|<|x|$，e^{ξ} 是非零有界变量，用正项级数比值判别法可知，对任意的 $x\in R$，级数 $\sum\limits_{n=0}^{\infty}\frac{|x|^{n+1}}{(n+1)!}$ 都收敛，因而 $\lim\limits_{n\to+\infty}\frac{|x|^{n+1}}{(n+1)!}=0$. 由两边夹定理有 $\lim\limits_{n\to+\infty}|R_n(x)|=0$.

于是，对任何实数 x，都有 $\mathrm{e}^x=\sum\limits_{n=0}^{\infty}\frac{x^n}{n!}$.

例 2 把 $f(x)=\cos x$ 展开成麦克劳林级数.

解 $f^{(n)}(0)=\cos\left(0+\frac{n\pi}{2}\right)=\cos\frac{n\pi}{2}$,

$$0\leqslant|R_{2n}(x)|=\frac{\left|\cos\left(\xi+\frac{2n+1}{2}\pi\right)\right|}{(2n+1)!}|x|^{2n+1}\leqslant\frac{|x|^{2n+1}}{(2n+1)!}\to0(n\to\infty),$$

于是
$$\cos x=1-\frac{x^2}{2!}+\frac{x^4}{4!}-\frac{x^6}{6!}+\cdots+(-1)^n\frac{x^{2n}}{(2n)!}+R_{2n}(x),$$

式中，ξ 在 0 与 x 之间.

(二)间接展开法

所谓间接展开法是指用已知函数的泰勒级数展开式，通过适当的运算，将给定函数简捷灵便地展开.

例 3 试展开 $\frac{1}{2+x^2}$ 为麦克劳林级数.

解 注意到 $\frac{1}{1+t}=\frac{1}{1-(-t)}=\sum\limits_{n=0}^{\infty}(-t)^n$，$-1<t<1$，则有

$$\frac{1}{2+x^2}=\frac{1}{2}\cdot\frac{1}{1+\frac{1}{2}x^2}=\frac{1}{2}\cdot\frac{1}{1-\left(\frac{1}{\sqrt{2}}x\right)^2}$$

$$=\frac{1}{2}\sum_{n=0}^{\infty}(-1)^n\left(\frac{1}{\sqrt{2}}x\right)^{2n}=\sum_{n=0}^{\infty}\frac{(-1)^n}{2^{n+1}}x^{2n}\quad(-\sqrt{2}<x<\sqrt{2}).$$

例 4 把 $\arctan x$ 在 $x=0$ 处展开成泰勒级数.

解 因为 $(\arctan x)'=\frac{1}{1+x^2}=\frac{1}{1-(-x^2)}=\sum\limits_{n=0}^{\infty}(-1)^n x^{2n}\quad(-1<x<1)$,

于是，逐项积分，得

$$\arctan x=\sum_{n=0}^{\infty}(-1)^n\int_0^x t^{2n}\mathrm{d}t=\sum_{n=0}^{\infty}(-1)^n\frac{x^{2n+1}}{2n+1}\quad(-1<x<1).$$

例 5 将 $\ln(3+x)$ 在 $x=0$ 处展开成泰勒级数.

解 因为 $[\ln(3+x)]'=\frac{1}{3+x}=\frac{1}{3}\cdot\frac{1}{1+\frac{x}{3}}=\frac{1}{3}\sum\limits_{n=0}^{\infty}(-1)^n\left(\frac{x}{3}\right)^n(-3<x<3)$,

于是，逐项积分，得

$$\ln(3+x)=\frac{1}{3}\sum_{n=0}^{\infty}(-1)^n\int_0^x\left(\frac{t}{3}\right)^n\mathrm{d}t=\sum_{n=0}^{\infty}(-1)^n\frac{x^{n+1}}{3^{n+1}(n+1)}(-3<x<3).$$

例 6 展开$(1+x)\mathrm{e}^x$为x的幂级数.

解 因为$\mathrm{e}^x=\sum\limits_{n=0}^{\infty}\frac{1}{n!}x^n$，$-\infty<x<+\infty$，所以

$$\begin{aligned}(1+x)\mathrm{e}^x&=\mathrm{e}^x+x\mathrm{e}^x=\sum_{n=0}^{\infty}\frac{1}{n!}x^n+\sum_{n=0}^{\infty}\frac{1}{n!}x^{n+1}=1+\sum_{n=1}^{\infty}\left[\frac{1}{n!}+\frac{1}{(n-1)!}\right]x^n\\&=1+\sum_{n=1}^{\infty}\frac{n+1}{n!}x^n\quad(-\infty<x<+\infty).\end{aligned}$$

例 7 求$a^x(a>0,a\neq1)$在$x=0$处的泰勒展开式.

解 $a^x=\mathrm{e}^{\ln a^x}=\mathrm{e}^{x\ln a}=\sum\limits_{n=0}^{\infty}\frac{(\ln a)^n}{n!}x^n(-\infty<x<+\infty)$.

例 8 把$\frac{1}{x^2+3x-4}$展开成$(x+5)$的幂级数.

解 因为

$$\begin{aligned}\frac{1}{x^2+3x-4}&=\frac{1}{(x-1)(x+4)}=\frac{1}{5}\left(\frac{1}{x-1}-\frac{1}{x+4}\right)\\&=\frac{1}{5}\left(\frac{1}{-4-x}-\frac{1}{1-x}\right)=\frac{1}{5}\left[\frac{1}{1-(x+5)}-\frac{1}{6-(x+5)}\right]\\&=\frac{1}{5}\left[\frac{1}{1-(x+5)}-\frac{1}{6}\cdot\frac{1}{1-\left(\frac{x+5}{6}\right)}\right],\end{aligned}$$

注意到$\frac{1}{1-t}=\sum\limits_{n=0}^{\infty}t^n(-1<t<1)$，于是

$$\begin{aligned}\frac{1}{x^2+3x-4}&=\frac{1}{5}\sum_{n=0}^{\infty}(x+5)^n-\frac{1}{30}\sum_{n=0}^{\infty}\frac{(x+5)^n}{6^n}\\&=\sum_{n=0}^{\infty}\left(\frac{1}{5}-\frac{1}{30\cdot6^n}\right)(x+5)^n\quad(-6<x<-4).\end{aligned}$$

习题 8-4

1. 求下列幂级数的收敛区间：

(1) $\sum\limits_{n=0}^{\infty}n!x^n$；　(2) $\sum\limits_{n=1}^{\infty}\frac{2n-1}{2n}x^{2n-2}$；　(3) $\sum\limits_{n=1}^{\infty}\frac{(x-3)^n}{n\cdot3^n}$；

(4) $\sum\limits_{n=1}^{\infty}\frac{1}{n-\ln n}x^n$；　(5) $\sum\limits_{n=1}^{\infty}\frac{(x-5)^n}{\sqrt{n}}$；　(6) $\sum\limits_{n=1}^{\infty}\frac{\ln(n+1)}{n+1}x^{n+1}$；

(7) $\sum\limits_{n=1}^{\infty}\left(1+\frac{1}{2}+\cdots+\frac{1}{n}\right)x^n$.

2. 将$f(x)=\frac{3x}{x^2+x-2}$展成关于x和$x+2$的幂级数.

3. 将下列函数在$x=0$处展成幂级数：

(1) $\frac{e^x+e^{-x}}{2}$；　(2) $x\cos^2 x$；　(3) $\sqrt{1+x^2}$；

(4) $(2-3x)^{-m}$；　(5) $\ln(1-x+x^2)$；　(6) $\frac{x}{\sqrt{1+x^2}}$；

(7) $x^2 e^{x^2}$；　(8) $(x+1)\ln(x+1)$.

4. 将$\frac{1}{x}$展成$(x-3)$的幂级数．

5. 将$\frac{x}{1+x+x^2}$展成$x=0$处的泰勒级数．

第八章 自测题

一、判断题(每题 2 分，共 10 分).

1. 若$\sum\limits_{n=0}^{\infty}u_n$收敛，$\sum\limits_{n=0}^{\infty}v_n$发散，则$\sum\limits_{n=0}^{\infty}(u_n+v_n)$收敛．　(　　)

2. 因$\frac{1}{n^2}\cos\frac{n\pi}{3}\leqslant\frac{1}{n^2}$，故$\frac{1}{n^2}\cos\frac{n\pi}{3}$收敛．　(　　)

3. 若$u_n>0$，且$\sum\limits_{n=0}^{\infty}u_n$收敛，则$\lim\limits_{n\to+\infty}\frac{u_{n+1}}{u_n}=l<1$.　(　　)

4. 级数$\sum\limits_{n=0}^{\infty}u_n$与$\sum\limits_{n=0}^{\infty}v_n$满足$u_n\leqslant v_n$，则$\sum\limits_{n=0}^{\infty}u_n$发散时，$\sum\limits_{n=0}^{\infty}v_n$未必发散．　(　　)

5. 如果$\lim\limits_{n\to\infty}u_n=0$，则$\sum\limits_{n=0}^{\infty}u_n$收敛．　(　　)

二、选择题(每题 2 分，共 10 分).

1. 若级数$\sum\limits_{n=0}^{\infty}u_n$收敛，那么下列级数收敛的有(　　).

(A) $\sum\limits_{n=0}^{\infty}100u_n$；　(B) $\sum\limits_{n=0}^{\infty}(u_n+100)$；　(C) $\sum\limits_{n=0}^{\infty}u_n+100$；　(D) $\sum\limits_{n=0}^{\infty}\frac{100}{u_n}$.

2. 级数$\sum\limits_{n=1}^{\infty}\frac{(-1)^{n-1}}{3^n}$是(　　).

(A) 交错级数；　(B) 等比级数；

(C) 条件收敛；　(D) 绝对收敛．

3. 若级数$\sum\limits_{n=0}^{\infty}u_n$收敛，则(　　).

(A) 数列$\{u_n\}$收敛；　(B) 数列$\{u_n\}$发散；

(C) 部分和数列$\{s_n\}$发散；　(D) 以上都不正确．

4. 设a为常数，则级数$\sum\limits_{n=1}^{\infty}(-1)^{n-1}\left(\frac{\sin n\alpha}{n^2}-\frac{1}{\sqrt{n}}\right)$(　　).

(A) 绝对收敛；　(B) 条件收敛；

(C) 发散；　(D) 收敛．

5. 已知幂级数 $\sum\limits_{n=0}^{\infty} a_n x^n$ 的收敛半径为 $R_1>0$，幂级数 $\sum\limits_{n=0}^{\infty}\int_0^x a_n t^n \mathrm{d}t$ 的收敛半径为 R_2，则(　　).

(A) $R_1=R_2$；　　(B) $R_1>R_2$；

(C) $R_1<R_2$；　　(D) R_1，R_2 无法比较大小.

三、填空题(每空 3 分，共 45 分).

1. 正项级数 $\sum\limits_{n=0}^{\infty} u_n$ 收敛的充分必要条件是：它的部分和数列 $\{s_n\}$ ________.

2. 当________时，几何级数 $\sum\limits_{n=0}^{\infty} aq^n$ 收敛，其中 $a\neq 0$.

3. 级数 $\sum\limits_{n=1}^{\infty}\dfrac{(-1)^{n-1}}{n^{2p}}$ 的敛散性为：当 $p>\dfrac{1}{2}$ 时，级数________；当 $0<p\leqslant\dfrac{1}{2}$ 时，级数________，当 $p<0$ 时，级数________.

4. 幂级数 $\sum\limits_{n=0}^{\infty}\dfrac{2n-1}{2^n}x^{3n}$ 的收敛半径 $R=$________，收敛区间为________.

5. 若 $f(x)=\sum\limits_{n=0}^{\infty}\dfrac{(-1)^n}{2n+1}x^{2n+1}$，则 $f(0)=$________，$f^{(2n)}(0)=$________，$f^{(2n+1)}(0)=$________，$n=1，2，\cdots$.

6. 级数 $\sum\limits_{n=0}^{\infty}\left(1+\dfrac{1}{n}\right)^n$ 是收敛还是发散________.

7. $\sum\limits_{n=0}^{\infty} a_n$ 条件收敛是指________.

8. 已知 $\dfrac{1}{1-x}=1+x+x^2+\cdots(-1<x<1)$，则 $\dfrac{1}{1+x^2}$ 的幂级数展开式为________.

9. $x-\dfrac{x^2}{2}+\dfrac{x^3}{3}-\cdots+(-1)^{n-1}\dfrac{x^n}{n}+\cdots=$________.

10. $\sum\limits_{n=0}^{\infty}\dfrac{(-1)^n x^{2n}}{n!}$ 在 $(-\infty，+\infty)$ 内的和函数 $f(x)=$________.

四、判定下列级数的敛散性(每题 5 分，共 10 分)：

1. $1-\dfrac{2}{1!}x+\dfrac{2^2}{2!}x^2-\dfrac{2^3}{3!}x^3+\cdots$；　　2. $\sum\limits_{n=1}^{\infty}\dfrac{(n!)^2}{(2n)!}$.

五、设 $p>0$，讨论级数 $\sum\limits_{n=1}^{\infty}\dfrac{(-1)^n}{np^{n+1}}$ 的敛散性(8 分).

六、求下列级数的收敛区间和收敛半径(每题 5 分，共 10 分)：

1. $\sum\limits_{n=0}^{\infty}\dfrac{(-1)^n}{2^n(n+1)}x^n$；　　2. $\sum\limits_{n=1}^{\infty}\dfrac{(x+1)^n}{3^n}$.

七、求幂级数 $\sum\limits_{n=1}^{\infty}\dfrac{x^n}{n}$ 的收敛半径和收敛区间，并求其和函数 $s(x)$(7 分).

[第九章]

微分方程与差分方程

函数反映了客观世界运动过程中量与量之间变化规律的一种关系式．但是，在许多实际问题中，往往不能直接找出所需的函数关系，有时要通过它的导数所满足的某种关系式来求出．这种关系式就称为**微分方程**，微分方程是微积分学的进一步发展．本章主要介绍常微分方程和差分方程的一些基本概念，讨论几种简单常用的微分方程及差分方程的解法．

第一节　微分方程的基本概念

下面通过几何和物理中的两个例子来阐明微分方程的一些基本概念．

例 1　一曲线通过点(1，2)，且在该曲线上任一点 $M(x, y)$处切线的斜率为 $2x$，求该曲线方程．

解　设所求曲线的方程为 $y=y(x)$，根据题意和导数的几何意义，该曲线应满足下面关系：

$$\frac{\mathrm{d}y}{\mathrm{d}x}=2x \tag{1}$$

和已知条件

$$y\Big|_{x=1}=2. \tag{2}$$

将式(1)两边积分，得

$$y=\int 2x\mathrm{d}x=x^2+C, \tag{3}$$

式中，C 为任意常数．

将条件 $y\Big|_{x=1}=2$ 代入式(3)，得 $C=1$. 故所求的曲线方程为 $y=x^2+1$.

例 2　质量为 m 的物体，只受重力影响自由下落．设自由落体的初始位置和初速度均为零，试求该物体下落的距离 s 和时间 t 的关系．

解　设物体自由下落的距离 s 和时间 t 的关系为 $s=s(t)$，根据牛顿定律，所求未知函数 $s=s(t)$应满足方程

$$\frac{\mathrm{d}^2 s}{\mathrm{d}t^2}=g, \tag{4}$$

式中，g 为重力加速度，而且满足条件

$$s\Big|_{t=0}=0;\ v=\frac{\mathrm{d}s}{\mathrm{d}t}\Big|_{t=0}=0. \tag{5}$$

我们的问题是：求满足方程(4)且满足条件(5)的未知函数 $s=s(t)$. 为此，对式(4)两边积分两次，得

$$\frac{\mathrm{d}s}{\mathrm{d}t}=\int\frac{\mathrm{d}^2s}{\mathrm{d}t^2}\mathrm{d}t=\int g\mathrm{d}t=gt+C_1, \tag{6}$$

$$s=\int\frac{\mathrm{d}s}{\mathrm{d}t}\mathrm{d}t=\int(gt+C_1)\mathrm{d}t=\frac{1}{2}gt^2+C_1t+C_2, \tag{7}$$

式中，C_1，C_2 都是任意常数．

由条件(5)，得$\frac{\mathrm{d}s}{\mathrm{d}t}\Big|_{t=0}=(gt+C_1)\Big|_{t=0}=0$，即 $C_1=0$.

再由条件(5)，得 $s\Big|_{t=0}=\left(\frac{1}{2}gt^2+C_1t+C_2\right)\Big|_{t=0}=0$，即 $C_2=0$.

将 C_1，C_2 的值代入式(7)，得

$$s=\frac{1}{2}gt^2.$$

上面两例中的式(1)和式(4)，都是含未知函数及其导数的关系式，称它们为微分方程．

定义 1　含有未知函数导数(或微分)的方程称为微分方程．微分方程中未知函数的导数(或微分)的最高阶数称为微分方程的阶．

例 1 中的方程(1)是一阶微分方程，例 2 中的方程(4)是二阶微分方程．再如

$$\frac{\mathrm{d}^3y}{\mathrm{d}x^3}=a^3y,\ (y^{(4)})^6=y''+y'\sin x+y^5-\tan x$$

分别为三阶和四阶微分方程．一阶和二阶微分方程的一般形式为

$$F(x,\ y,\ y')=0,\ F(x,\ y,\ y',\ y'')=0.$$

一般地，n 阶微分方程的形式为

$$F(x,\ y,\ y',\ \cdots,\ y^{(n)})=0,$$

式中，x 是自变量，y 是 x 的函数，y'，y''，…，$y^{(n)}$ 依次是函数 $y=y(x)$ 对 x 的一阶，二阶，…n 阶导数．

当微分方程中的未知函数为一元函数时，此微分方程称为**常微分方程**；当未知函数为多元函数，微分方程中含有未知函数的偏导数时，此微分方程称为**偏微分方程**．本章只讨论常微分方程(简称微分方程).

定义 2　如果一个函数代入微分方程后，能使方程成为恒等式，则这个函数称为该微分方程的解；如果微分方程的解中所含独立任意常数的个数等于微分方程的阶数，则称此解为微分方程的通解；确定了通解中的任意常数后，所得到的微分方程的解称为微分方程的特解．

例 1 中，$y=x^2+C$ 为一阶微分方程$\frac{\mathrm{d}y}{\mathrm{d}x}=2x$ 的通解，而 $y=x^2+1$ 是其特解；例 2 中 $s=\frac{1}{2}gt^2+C_1t+C_2$ 为二阶微分方程$\frac{\mathrm{d}^2s}{\mathrm{d}t^2}=g$ 的通解，而 $s=\frac{1}{2}gt^2$ 是其特解．

例 1 和例 2 中，用于确定通解中的任意常数而得到特解的条件(2)，(5)称为**初始条件**．

设微分方程中的未知函数为 $y=y(x)$，如果微分方程是一阶的，通常用来确定任意常数的初始条件是 $y\Big|_{x=x_0}=y_0$，式中 x_0，y_0 都是给定的值．

如果微分方程是二阶的，通常用来确定任意常数的初始条件是

$$y\Big|_{x=x_0}=y_0,\ y'\Big|_{x=x_0}=y_1,$$

式中，x_0，y_0 和 y_1 都是给定的值.

求微分方程满足初始条件的解的问题称为**初值问题**. 由此可知，一阶微分方程的初值问题为

$$\begin{cases}F(x,\ y,\ y')=0,\\ y\Big|_{x=x_0}=y_0,\end{cases}$$

二阶微分方程的初值问题为

$$\begin{cases}F(x,\ y,\ y',\ y'')=0,\\ y\Big|_{x=x_0}=y_0,\ y'\Big|_{x=x_0}=y_1.\end{cases}$$

习题 9-1

1. 指出下列微分方程的阶：

(1) $\sqrt{\dfrac{\mathrm{d}y}{\mathrm{d}t}}=y\tan t+3t^3\sin t+1$；　(2) $\dfrac{\mathrm{d}^4y}{\mathrm{d}x^4}+4\left(y\dfrac{\mathrm{d}y}{\mathrm{d}x}\right)^3=0$；

(3) $\dfrac{\mathrm{d}^2y}{\mathrm{d}x^2}+4\left(y\dfrac{\mathrm{d}y}{\mathrm{d}x}\right)^5=x+2y\cot x,\ y\Big|_{x=0}=0,\ y'\Big|_{x=0}=1$；

(4) $(y^2+3)\mathrm{d}x+xy\mathrm{d}y=5\mathrm{d}y$.

2. 验证下列已知函数是所给微分方程的解：

(1) $\dfrac{\mathrm{d}^2y}{\mathrm{d}x^2}+\omega^2y=0$，$\omega>0$，$y=C_1\cos\omega x+C_2\sin\omega x$，式中 C_1，C_2 为任意常数；

(2) $(xy-x)y''+x(y')^2+yy'-2y'=0$，$y=\ln(xy)$.

3. 确定下列各函数关系式中所含参数，使其满足所给的初始条件：

(1) $x^2-y^2=C,\ y\Big|_{x=0}=5$；

(2) $y=(C_1+C_2x)\mathrm{e}^{2x},\ y\Big|_{x=0}=y'\Big|_{x=0}=1$；

(3) $y=C_1\sin(x-C_2),\ y\Big|_{x=\pi}=1,\ y'\Big|_{x=\pi}=0$.

4. 能否适当地选取常数 λ，使函数 $y=\mathrm{e}^{\lambda x}$ 成为方程 $y''-9y=0$ 的解.

5. 写出由下列条件确定的曲线所满足的微分方程：

(1) 曲线在点 $M(x,\ y)$ 处的切线的斜率等于该点横坐标的平方；

(2) 曲线在点 $P(x,\ y)$ 处的法线与 x 轴的交点为 Q，且线段 PQ 被 y 轴平分.

6. 细菌在时刻 t 的种群增长率为该时刻种群大小 $y(t)$ 的 $\dfrac{1}{5}$，试用微分方程描述该细菌的增长过程.

第二节　一阶微分方程

形如 $F(x,\ y,\ y')=0$ 或 $P(x,\ y)\mathrm{d}x+Q(x,\ y)\mathrm{d}y=0$ 的微分方程称为**一阶微分方程**.

这里主要研究某些特殊类型的一阶微分方程的解法.

一、可分离变量的微分方程

若一阶微分方程可化为

$$g(y)\mathrm{d}y = f(x)\mathrm{d}x \tag{1}$$

的形式，则称它为**可分离变量的微分方程**. 其特点是：一端是只含有 y 的函数和 $\mathrm{d}y$，另一端是只含有 x 的函数和 $\mathrm{d}x$.

将方程(1)两端积分，得

$$\int g(y)\mathrm{d}y = \int f(x)\mathrm{d}x.$$

设 $G(y)$，$F(x)$分别为 $g(y)$和 $f(x)$的原函数，则原方程的通解为

$$G(y) = F(x) + C.$$

例 1 求微分方程$\frac{\mathrm{d}y}{\mathrm{d}x}=2xy$ 的通解.

解 分离变量，得

$$\frac{\mathrm{d}y}{y}=2x\mathrm{d}x,$$

两边积分，得

$$\int\frac{\mathrm{d}y}{y}=\int 2x\mathrm{d}x,$$

即

$$\ln|y| = x^2 + \ln|C|,$$

于是，原方程的通解为

$$y=C\mathrm{e}^{x^2}.$$

例 2 求微分方程$(1+x^2)\mathrm{d}y+xy\mathrm{d}x=0$ 的通解.

解 分离变量，得

$$\frac{\mathrm{d}y}{y}=-\frac{x}{1+x^2}\mathrm{d}x,$$

两端积分，得

$$\int\frac{\mathrm{d}y}{y}=-\int\frac{x}{1+x^2}\mathrm{d}x,$$

于是，有

$$\ln|y| = -\frac{1}{2}\ln(1+x^2)+\ln|C|,$$

所以，原方程的通解为

$$y=\frac{C}{\sqrt{1+x^2}}.$$

例 3 求方程$\frac{\mathrm{d}y}{\mathrm{d}x}=y^2\sin x$ 满足初始条件 $y\Big|_{x=0}=-1$ 的特解.

解 分离变量，得

$$\frac{1}{y^2}\mathrm{d}y=\sin x\mathrm{d}x,$$

两边积分，得

$$\int \frac{1}{y^2}\mathrm{d}y=\int \sin x\mathrm{d}x,$$

$$-\frac{1}{y}=-\cos x+C,$$

即

$$y=\frac{1}{\cos x-C}.$$

由初始条件 $y\Big|_{x=0}=-1$ 可定出常数 $C=2$，从而所求的特解为

$$y=\frac{1}{\cos x-2}.$$

例 4 求满足下列条件的可微函数 $y=f(x)$.

(1) $\int_1^x (4t+5)f(t)\mathrm{d}t=3(x+2)\int_1^x f(t)\mathrm{d}t$;

(2) $f(0)=1$.

解 (1) 两边对 x 求导，得

$$(4x+5)f(x)=3\int_1^x f(t)\mathrm{d}t+3(x+2)f(x),$$

再求导，得

$$f'(x)=\frac{2}{x-1}f(x),$$

分离变量，得

$$\frac{1}{f(x)}\mathrm{d}f(x)=\frac{2}{x-1}\mathrm{d}x,$$

两边积分，得

$$\ln|f(x)|=\ln(x-1)^2+\ln|C|,$$

即

$$f(x)=C(x-1)^2.$$

由(2)可定出 $C=1$. 故所求可微函数为 $f(x)=(x-1)^2$.

例 5(Malthus 人口模型) 英国经济学家和人口统计学家 Malthus TR(1766－1834)根据100多年的人口统计资料，于1798年提出了著名的人口指数增长模型．此模型有两个基本的假设前提：其一，人口数量总是离散变化的，不可能是连续变化的．不过，当人口数量很庞大时，实际上增加一个人所引起的变化与庞大的人口数量相比是微不足道的．因此，为了能用微积分作工具，可以假设人口数量 $N(t)$ 是随时间 t 连续变化的，甚至认为是可微的．其二，人口数量的增长速度与现有人口数量成正比．设开始时($t=0$)的人口数量为 N_0，即 $N(0)=N_0$.

在此基础上，Malthus 提出了如下的人口模型：

$$\frac{\mathrm{d}N}{\mathrm{d}t}=rN,\quad N(0)=N_0,$$

式中，$r>0$ 为常量．

解 这是可分离变量的微分方程，分离变量，得

$$\frac{1}{N}\mathrm{d}N=r\mathrm{d}t,$$

两边积分，得

$$\ln N=rt+C,$$

由初始条件 $N\Big|_{t=0}=N_0$，得

$$C=\ln N_0,$$

故

$$N=N_0 e^{rt}.$$

随着人口的增长，人类生存空间及可利用资源等环境影响对人口的增长起着阻滞作用．因此，必须修改 Malthus 人口模型．修改后便得阻滞增长模型(Logistic 模型).

例 6 设人类生存空间及可利用资源等环境因素所能容纳的最大人口容量为 K. 人口数量 $N(t)$的增长速率不仅与现有人口数量成正比，而且还与人口尚未实现的部分所占比例 $\frac{K-N}{K}$成正比，比例系数为固有增长率 r. 于是，修改后的模型为

$$\frac{dN}{dt}=rN\left(\frac{K-N}{K}\right),\ N(0)=N_0.$$

解 分离变量，得

$$\frac{KdN}{N(K-N)}=rdt,$$

两边积分，得

$$\int\left(\frac{1}{N}+\frac{1}{K-N}\right)dN=\int rdt,$$

$$\ln N-\ln(K-N)=rt+\ln C_1,$$

即

$$\frac{N}{K-N}=C_1 e^{rt}，从而\frac{K-N}{N}=Ce^{-rt},$$

即

$$\frac{K}{N}=1+Ce^{-rt}，故\ N(t)=\frac{K}{1+Ce^{-rt}}.$$

由初始条件 $N(0)=N_0$，得 $C=\frac{K}{N_0}-1$. 所以满足初始条件的特解为

$$N(t)=\frac{KN_0}{N_0+(K-N_0)e^{-rt}}.$$

该方程称为 Logistic 曲线方程，在生物、经济等领域中常用到这种模型．

例 7(供给与需求模型) 供给 S 与需求都是价格 p 的函数．如果 p 是某商品在时间 t 的价格，那么价格又是时间 t 的函数．这样一来，在任一时刻生产者供给的单位数量 S 与消费者所需求的单位数量 Q 就是时间 t 的函数．事实上，供给量与需求量不仅仅取决于时间 t 的价格，价格的变化率也在指导着供、需的变化．最简单的假设它是线性关系，一般表达为

$$S(t)=a_1+b_1 p(t)+c_1\frac{dp}{dt},$$

$$Q(t)=a_2+b_2 p(t)+c_2\frac{dp}{dt}.$$

假定市场上的价格由供给和需求确定，那么在市场均衡价格处有 $S(t)=Q(t)$.

设某商品百个单位供给和需求函数由下列公式给出：

$$S(t)=30+p+5\frac{dp}{dt},$$

$$Q(t)=51-2p+4\frac{dp}{dt},$$

式中，$p(t)$表示时间 t 时的价格，$\frac{dp}{dt}$表示价格关于时间 t 的变化率．如果 $t=0$ 时，价格是 12，试将市场均衡价格表示为时间的函数．

解 在市场均衡价格处有 $S(t)=Q(t)$，即

$$30+p+5\frac{dp}{dt}=51-2p+4\frac{dp}{dt},$$

整理，得

$$\frac{dp}{dt}+3p=21,$$

解得

$$p(t)=7+Ce^{-3t}.$$

将 $p(0)=12$ 代入，得 $C=5$，因此，

$$p(t)=7+5e^{-3t},$$

这就是均衡价格关于时间的函数．

注意到此例中 $\lim\limits_{t\to+\infty}p(t)=7$，这意味着这个市场对于这种商品的价格稳定，且我们可以认为此商品的价格趋向于 7. 如果 $\lim\limits_{t\to+\infty}p(t)=\infty$，那么价格随时间的推移而无限增大，此时认为价格不稳定(膨胀)，需从经济学因素改变供给和需求的方程模型．

二、齐次方程

若一阶微分方程 $\frac{dy}{dx}=f(x,y)$ 中的函数 $f(x,y)$ 可写成 $\frac{y}{x}$ 的函数，即 $f(x,y)=g\left(\frac{y}{x}\right)$，则称它为**齐次方程**．齐次方程可以通过变量替换化为可分离变量微分方程．事实上，在齐次方程

$$\frac{dy}{dx}=g\left(\frac{y}{x}\right) \tag{2}$$

中，令 $u=\frac{y}{x}$，则

$$y=ux,\ \frac{dy}{dx}=u+x\frac{du}{dx},$$

代入方程(2)，得

$$u+x\frac{du}{dx}=g(u),$$

即

$$x\frac{du}{dx}=g(u)-u,$$

分离变量，得

$$\frac{1}{g(u)-u}du=\frac{1}{x}dx,$$

两边积分，得

$$\int\frac{1}{g(u)-u}du=\int\frac{1}{x}dx.$$

计算出积分后，u 用$\frac{y}{x}$代替，即可得到原方程通解．

例 8 求方程$\frac{\mathrm{d}y}{\mathrm{d}x}=\frac{y}{x}+\frac{x}{y}$的通解．

解 设 $u=\frac{y}{x}$，则 $y=ux$. 于是$\frac{\mathrm{d}y}{\mathrm{d}x}=u+x\frac{\mathrm{d}u}{\mathrm{d}x}$，原方程可化为

$$x\frac{\mathrm{d}u}{\mathrm{d}x}=\frac{1}{u},$$

分离变量，得

$$u\mathrm{d}u=\frac{1}{x}\mathrm{d}x,$$

两边积分，得

$$\frac{1}{2}u^2=\ln|x|+C_1,$$

即

$$u^2=\ln x^2+C(C=2C_1).$$

将 $u=\frac{y}{x}$代入上式即得原方程的通解

$$y^2=x^2(\ln x^2+C).$$

例 9 求微分方程 $xy'=y+\sqrt{x^2+y^2}$ 的通解．

解 原方程可化为$\frac{\mathrm{d}y}{\mathrm{d}x}=\frac{y}{x}+\sqrt{1+\left(\frac{y}{x}\right)^2}$．令 $u=\frac{y}{x}$，则 $y'=xu'+u$，代入上面方程，得

$$xu'+u=u+\sqrt{1+u^2},$$

分离变量，得

$$\frac{1}{\sqrt{1+u^2}}\mathrm{d}u=\frac{1}{x}\mathrm{d}x,$$

两边积分，得

$$\ln(u+\sqrt{1+u^2})=\ln x+\ln C,$$

即

$$u+\sqrt{1+u^2}=Cx.$$

将 $u=\frac{y}{x}$代入上式即得原方程的通解

$$y+\sqrt{x^2+y^2}=Cx^2.$$

例 10 求方程 $y^2+x^2\frac{\mathrm{d}y}{\mathrm{d}x}=xy\frac{\mathrm{d}y}{\mathrm{d}x}$满足初始条件 $y\Big|_{x=1}=1$ 的特解．

解 原方程可化为

$$\frac{\mathrm{d}y}{\mathrm{d}x}=\frac{\left(\frac{y}{x}\right)^2}{\frac{y}{x}-1}.$$

令 $u=\frac{y}{x}$，则 $y=ux$. 于是

$$\frac{\mathrm{d}y}{\mathrm{d}x}=u+x\frac{\mathrm{d}u}{\mathrm{d}x},$$

代入上面方程，得

$$x\frac{\mathrm{d}u}{\mathrm{d}x}=\frac{u}{u-1},$$

分离变量，得

$$\frac{u-1}{u}\mathrm{d}u=\frac{1}{x}\mathrm{d}x,$$

两边积分，得

$$u-\ln|u|=\ln|x|-\ln|C|.$$

将 $u=\frac{y}{x}$ 代入上式即得原方程的通解

$$\ln|y|=\frac{y}{x}+\ln|C|,$$

即

$$y=Ce^{\frac{y}{x}}.$$

由 $y=\Big|_{x=1}=1$ 可定出 $C=e^{-1}$，于是所求的特解为 $y=e^{\frac{y}{x}-1}$.

三、一阶线性微分方程

形如

$$\frac{\mathrm{d}y}{\mathrm{d}x}+p(x)y=q(x) \tag{3}$$

的方程，称为**一阶线性微分方程**，式中 $p(x)$，$q(x)$是 x 的已知函数.

如果 $q(x)=0$，则方程(3)变为

$$\frac{\mathrm{d}y}{\mathrm{d}x}+p(x)y=0, \tag{4}$$

称为**一阶齐次线性微分方程**；如果 $q(x)\neq 0$，则称方程(3)为**一阶非齐次线性微分方程**.

齐次线性微分方程(4)是可分离变量的方程. 分离变量，得

$$\frac{1}{y}\mathrm{d}y=-p(x)\mathrm{d}x,$$

两边积分，得

$$\ln|y|=-\int p(x)\,\mathrm{d}x+\ln|C|,$$

于是得齐次线性微分方程(4)的通解为

$$y=Ce^{-\int p(x)\mathrm{d}x}.$$

对于一阶非齐次线性微分方程(3)，我们用**"常数变易法"**来求它的通解.

所谓"常数变易法"，就是在非齐次线性微分方程(3)所对应的齐次线性方程(4)的通解

$$y=Ce^{-\int p(x)\mathrm{d}x}$$

中，将任意常数 C 换成 x 的函数 $C(x)$（$C(x)$是待定函数），即设非齐次线性方程(3)的解有

如下形式：

$$y=C(x)\mathrm{e}^{-\int p(x)\mathrm{d}x}, \tag{5}$$

于是
$$\frac{\mathrm{d}y}{\mathrm{d}x}=\frac{\mathrm{d}C(x)}{\mathrm{d}x}\mathrm{e}^{-\int p(x)\mathrm{d}x}-C(x)p(x)\mathrm{e}^{-\int p(x)\mathrm{d}x}. \tag{6}$$

将式(5)和式(6)代入方程(3)，得

$$\frac{\mathrm{d}C(x)}{\mathrm{d}x}\mathrm{e}^{-\int p(x)\mathrm{d}x}=q(x),$$

即
$$\frac{\mathrm{d}C(x)}{\mathrm{d}x}=q(x)\mathrm{e}^{\int p(x)\mathrm{d}x},$$

两边积分，得

$$C(x)=\int q(x)\mathrm{e}^{\int p(x)\mathrm{d}x}\mathrm{d}x+C,$$

式中，C 为任意常数．把上式代入式(5)，就可得到非齐次线性微分方程(3)的通解

$$y=\mathrm{e}^{-\int p(x)\mathrm{d}x}\left(\int q(x)\mathrm{e}^{\int p(x)\mathrm{d}x}\mathrm{d}x+C\right). \tag{7}$$

将式(7)改写成两式之和

$$y=C\mathrm{e}^{-\int p(x)\mathrm{d}x}+\mathrm{e}^{-\int p(x)\mathrm{d}x}\int q(x)\mathrm{e}^{\int p(x)\mathrm{d}x}\mathrm{d}x,$$

上式右端第一项是对应的齐次线性方程(4)的通解，第二项是非齐次线性方程(3)的一个特解(在式(7)中取 $C=0$ 便得到这个特解)．由此可知，一阶非齐次线性方程的通解等于对应的齐次线性方程的一个通解与非齐次线性方程的一个特解之和．

例 11 求方程$\frac{\mathrm{d}y}{\mathrm{d}x}-\frac{2y}{x+1}=(x+1)^{\frac{5}{2}}$的通解．

解 这是一个非齐次线性方程．先求对应的齐次方程

$$\frac{\mathrm{d}y}{\mathrm{d}x}-\frac{2y}{x+1}=0$$

的通解．

分离变量，得

$$\frac{\mathrm{d}y}{y}=\frac{2\mathrm{d}x}{x+1},$$

两边积分，得

$$\ln y=2\ln(x+1)+\ln C,$$

即通解为
$$y=C(x+1)^2.$$

用**常数变易法**，把 C 换成 $C(x)$，令 $y=C(x)(x+1)^2$，则

$$\frac{\mathrm{d}y}{\mathrm{d}x}=(x+1)^2\frac{\mathrm{d}C(x)}{\mathrm{d}x}+2C(x)(x+1),$$

代入原方程，得

$$\frac{\mathrm{d}C(x)}{\mathrm{d}x}=(x+1)^{\frac{1}{2}},$$

两边积分，得

$$C(x)=\frac{2}{3}(x+1)^{\frac{3}{2}}+C,$$

故原方程的通解为

$$y=(x+1)^2\left[\frac{2}{3}(x+1)^{\frac{3}{2}}+C\right].$$

例 12 解微分方程 $\frac{\mathrm{d}y}{\mathrm{d}x}\cos^2 x+y=\tan x$.

解 原方程式可化为

$$\frac{\mathrm{d}y}{\mathrm{d}x}+\frac{1}{\cos^2 x}y=\frac{\tan x}{\cos^2 x},$$

式中，$p(x)=\frac{1}{\cos^2 x}$，$q(x)=\frac{\tan x}{\cos^2 x}$.

首先求对应的齐次线性方程

$$\frac{\mathrm{d}y}{\mathrm{d}x}+\frac{1}{\cos^2 x}y=0$$

的通解.

分离变量，得

$$\frac{\mathrm{d}y}{y}=-\frac{\mathrm{d}x}{\cos^2 x},$$

两边积分，得

$$\ln y=-\tan x+\ln C,$$

即通解

$$y=C\mathrm{e}^{-\tan x}.$$

用常数变易法，把 C 换成 $C(x)$，令 $y=C(x)\mathrm{e}^{-\tan x}$，则

$$\frac{\mathrm{d}y}{\mathrm{d}x}=\mathrm{e}^{-\tan x}\frac{\mathrm{d}C(x)}{\mathrm{d}x}-C(x)\mathrm{e}^{-\tan x}\sec^2 x,$$

代入原方程，得

$$\frac{\mathrm{d}C(x)}{\mathrm{d}x}=\mathrm{e}^{\tan x}\frac{\tan x}{\cos^2 x},$$

两边积分，得

$$C(x)=\int \mathrm{e}^{\tan x}\tan x\sec^2 x\mathrm{d}x=\int \mathrm{e}^{\tan x}\tan x\mathrm{d}(\tan x)$$
$$=\mathrm{e}^{\tan x}(\tan x-1)+C,$$

于是，原方程的通解为

$$y=[\mathrm{e}^{\tan x}(\tan x-1)+C]\mathrm{e}^{-\tan x}=C\mathrm{e}^{-\tan x}+\tan x-1.$$

例 13 求方程 $x^2\mathrm{d}y+(2xy-x+1)\mathrm{d}x=0$ 在初始条件 $y\Big|_{x=1}=0$ 下的特解.

解 原方程可化为

$$\frac{\mathrm{d}y}{\mathrm{d}x}+\frac{2}{x}y=\frac{x-1}{x^2},$$

式中，$p(x)=\frac{2}{x}$，$q(x)=\frac{x-1}{x^2}$.

将 $p(x)$，$q(x)$代入公式(7)，得

$$\begin{aligned}y&=\mathrm{e}^{-\int\frac{2}{x}\mathrm{d}x}\left(\int\frac{x-1}{x^2}\mathrm{e}^{\int\frac{2}{x}\mathrm{d}x}\mathrm{d}x+C\right)\\&=\mathrm{e}^{-2\ln x}\left(\int\frac{x-1}{x^2}\mathrm{e}^{2\ln x}\mathrm{d}x+C\right)\\&=\frac{1}{x^2}\left(\int(x-1)\mathrm{d}x+C\right)\\&=\frac{1}{x^2}\left(\frac{x^2}{2}-x+C\right)=\frac{1}{2}-\frac{1}{x}+\frac{C}{x^2}.\end{aligned}$$

由初始条件 $y\Big|_{x=1}=0$，得 $C=\frac{1}{2}$. 于是，所求的特解为

$$y=\frac{1}{2}-\frac{1}{x}+\frac{1}{2x^2}.$$

例 14 求$(y^2-6x)y'+2y=0$ 的通解．

解 原方程可化为

$$\frac{\mathrm{d}y}{\mathrm{d}x}=\frac{2y}{6x-y^2},\ \frac{\mathrm{d}x}{\mathrm{d}y}=\frac{6x-y^2}{2y},$$

即

$$\frac{\mathrm{d}x}{\mathrm{d}y}-\frac{3}{y}x=-\frac{1}{2}y.$$

这是将 x 作为函数的一阶线性微分方程，从而由常数变易法，通解为

$$x=y^3\left(\frac{1}{2y}+C\right)=\frac{1}{2}y^2+Cy^3.$$

例 15 在空气中自由落下初始质量为 m_0 的雨点均匀地蒸发着，设每秒蒸发 m，空气阻力和雨点速度成正比，如果开始雨点速度为零，试求雨点运动速度和时间的关系．

解 这是一个动力学问题．设时刻 t 雨点的运动速度为 $v(t)$，这时雨点的质量为(m_0-mt)，于是由牛顿第二定律知

$$(m_0-mt)\frac{\mathrm{d}v}{\mathrm{d}t}=(m_0-mt)g-kv,\quad v(0)=0.$$

这是一个一阶线性方程，其通解为

$$\begin{aligned}v&=\mathrm{e}^{-\int\frac{k}{m_0-mt}\mathrm{d}t}\left(C+\int g\mathrm{e}^{\int\frac{k}{m_0-mt}\mathrm{d}t}\mathrm{d}t\right)\\&=-\frac{g}{m-k}(m_0-mt)+C(m_0-mt)^{k/m}.\end{aligned}$$

由 $v(0)=0$，得 $C=\frac{g}{m-k}m_0^{\frac{m-k}{m}}$，故

$$v=-\frac{g}{m-k}(m_0-mt)+\frac{g}{m-k}m_0^{\frac{m-k}{m}}(m_0-mt)^{k/m}.$$

例 16 静脉输入葡萄糖是一种重要的医疗技术，为了研究这一过程，设 $G(t)$是 t 时刻血液中的葡萄糖含量，且设葡萄糖以每分钟 k 克的固定速率输入到血液中，与此同时，血液中的葡萄糖还会转化为其他物质或转移到其他地方，其转化速率与血液中的葡萄糖含量成正比．

（1）列出描述这一情况的微分方程，并求此方程的解；

（2）确定血液中葡萄糖的平衡含量．

解 (1) 根据题意，设 a 为比例常数，则

$$\frac{\mathrm{d}G}{\mathrm{d}t}=k-aG,$$

解此方程，得

$$G(t)=\frac{k}{a}+C\mathrm{e}^{-at}.$$

$G(0)$表示最初血液中葡萄糖的含量，所以 $G(0)=\frac{k}{a}+C$，即

$$C=G(0)-\frac{k}{a}.$$

这样便得到

$$G(t)=\frac{k}{a}+\left(G(0)-\frac{k}{a}\right)\mathrm{e}^{-at}.$$

(2) 当 $t\to+\infty$时，$\mathrm{e}^{-at}\to0$，所以 $G(t)\to\frac{k}{a}$. 故血液中葡萄糖的平衡含量为$\frac{k}{a}$.

习题 9 - 2

1. 求下列微分方程的通解：

(1) $xy'-y\ln y=0$；

(2) $y'-xy'=k(y^2+y')$；

(3) $\cos x\sin y\mathrm{d}x+\sin x\cos y\mathrm{d}y=0$；

(4) $\frac{\mathrm{d}y}{\mathrm{d}x}=10^{x+y}$；

(5) $\sec^2 x\tan y\mathrm{d}x+\sec^2 y\tan x\mathrm{d}y=0$；

(6) $\frac{\mathrm{d}y}{\mathrm{d}x}=\sqrt{\frac{1-y^2}{1-x^2}}$；

(7) $(\mathrm{e}^{x+y}-\mathrm{e}^x)\mathrm{d}x+(\mathrm{e}^{x+y}+\mathrm{e}^x)\mathrm{d}y=0$；

(8) $(y+1)^2\frac{\mathrm{d}y}{\mathrm{d}x}+x^3=0$.

2. 求下列微分方程满足初始条件的特解：

(1) $y'=\mathrm{e}^{2x-y}$，$y\big|_{x=2}=0$；

(2) $y'\sin x=y\ln y$，$y\big|_{x=\frac{\pi}{2}}=\mathrm{e}$；

(3) $x\mathrm{d}y+2y\mathrm{d}x=0$，$y\big|_{x=2}=1$；

(4) $\cos y\mathrm{d}x+(1+\mathrm{e}^{-x})\sin y\mathrm{d}y=0$，$y\big|_{x=0}=\frac{\pi}{4}$.

3. 求下列齐次方程的通解或特解：

(1) $(x^2+y^2)\mathrm{d}x-xy\mathrm{d}y=0$；

(2) $y'=\frac{y}{x}+\tan\frac{y}{x}$；

(3) $xy'-y-\sqrt{y^2-x^2}=0$；

(4) $x\frac{\mathrm{d}y}{\mathrm{d}x}=y\ln\frac{y}{x}$；

(5) $x^2\frac{\mathrm{d}y}{\mathrm{d}x}=xy-y^2$，$y\big|_{x=1}=1$；

(6) $(y^2-3x^2)\mathrm{d}y+2xy\mathrm{d}x=0$，$y\big|_{x=0}=1$.

4. 求下列微分方程的通解：

(1) $\frac{dy}{dx}+y=e^{-x}$；　　(2) $y'+y\tan x=\sin 2x$；

(3) $\frac{dy}{dx}+2xy=4x$；　　(4) $y'+2xy-xe^{-x^2}=0$；

(5) $\frac{dx}{dt}-2tx=e^{t^2}$；　　(6) $(1+x^2)\frac{dy}{dx}-xy=x(1+x^2)$；

(7) $(x+y^3)dy-ydx=0$；　　(8) $y'\csc x+y=\sin^2 x$.

5. 求下列微分方程满足初始条件的特解：

(1) $y'-2xy=x-x^3$，$y\Big|_{x=0}=1$；　　(2) $x\frac{dy}{dx}+2y=1+x$，$y\Big|_{x=1}=1$；

(3) $y'-y\tan x=\sec x$，$y\Big|_{x=0}=1$；　　(4) $\frac{dx}{dt}+3x=e^{-2t}$　$x\Big|_{t=0}=0$；

(5) $\frac{dy}{dx}+\frac{y}{x}=\frac{\sin x}{x}$，$y\Big|_{x=\pi}=1$；　　(6) $\frac{dy}{dx}+\frac{2-3x^2}{x^3}y=1$，$y\Big|_{x=1}=0$.

6. 曲线经过原点，并且它在点 $M(x, y)$处的切线斜率等于 $2x+y$，求其方程．

7. 设 $y=f(x)$为可导函数，满足方程 $\int_0^x f(t)dt=x^2+f(x)$，求 $f(x)$.

8. 一个质量为 m 的物体在离地面不太高的地方由静止开始落下，它受到两个力的作用，一个是向下的力 mg，一个是与物体速度成正比的阻力，所以

$$F=ma=m\frac{dv}{dt}=mg-av,$$

其中 a 是比例常数．

(1) 求 t 的函数 $v(t)$；

(2) 证明物体的下落速度不会无限增加，而趋于一个平衡值$\frac{mg}{a}$.

9. 设物体冷却速度与该物质和周围介质的温差成正比(设比例系数为 m，$m>0$)，具有温度为 T_0 的物体放在保持常温为 a 的室内，求该物体温度 T 与时间 t 的关系．

10. 某养殖场在一池塘内养鱼，设该池塘最多能养鱼 5 000 条，t 时刻的鱼数为 $y=y(t)$. 实践表明，池塘内鱼数变化率与当时鱼数和池内还能容纳的鱼数$(5000-y)$的乘积成正比(比例系数为 k，$k>0$). 若开始放养鱼数为 400 条，试求鱼数 $y(t)$的表达式．

11. 设某商品的供给函数 $S(t)=60+p+4\frac{dp}{dt}$，需求函数 $Q(t)=100-p+3\frac{dp}{dt}$；其中 $p(t)$表示时间 t 时的价格，且 $p(0)=8$. 试求均衡价格关于时间的函数，并说明实际意义．

第三节　可降阶的高阶微分方程

一、$y^{(n)}=f(x)$型的微分方程

微分方程

$$y^{(n)}=f(x)\tag{1}$$

的右端是仅含有自变量 x 的函数，此类方程可通过逐次积分求得通解．

积分一次，得

$$y^{(n-1)}=\int f(x)\mathrm{d}x+C_1,$$

再积分一次，得

$$y^{(n-2)}=\int\left[\int f(x)\mathrm{d}x+C_1\right]\mathrm{d}x+C_2,$$

如此继续下去，积分 n 次后就得方程(1)的通解．

例 1 求微分方程 $y'''=\mathrm{e}^{ax}+\sin x(a\neq 0)$ 的通解．

解 对所给方程接连积分三次，得

$$y''=\frac{1}{a}\mathrm{e}^{ax}-\cos x+C_1,$$

$$y'=\frac{1}{a^2}\mathrm{e}^{ax}-\sin x+C_1x+C_2,$$

$$y=\frac{1}{a^3}\mathrm{e}^{ax}+\cos x+\frac{1}{2}C_1x^2+C_2x+C_3.$$

这就是所求的通解．

二、$y''=f(x, y')$ 型的微分方程

方程

$$y''=f(x, y') \tag{2}$$

的特点是不含未知函数 y. 作变量替换 $y'=p(x)$，则 $y''=p'(x)$. 于是，方程(2)可化为

$$p'(x)=f(x, p).$$

这是一个关于变量 x，p 的一阶微分方程．设其通解为 $p=\varphi(x, C_1)$，而 $p=\dfrac{\mathrm{d}y}{\mathrm{d}x}$，因此又有一阶微分方程

$$\frac{\mathrm{d}y}{\mathrm{d}x}=\varphi(x, C_1).$$

对它进行积分，就得到方程 $y''=f(x, y')$ 的通解

$$y=\int\varphi(x, C_1)\mathrm{d}x+C_2.$$

例 2 求微分方程 $(x^2+1)y''=2xy'$ 的通解．

解 设 $y'=p(x)$，则 $y''=p'(x)=\dfrac{\mathrm{d}p}{\mathrm{d}x}$. 将其代入原方程，得

$$(x^2+1)\frac{\mathrm{d}p}{\mathrm{d}x}=2xp,$$

分离变量，得

$$\frac{\mathrm{d}p}{p}=\frac{2x}{x^2+1}\mathrm{d}x,$$

两边积分，得

$$\ln p=\ln(1+x^2)+\ln C_1,$$

或

$$p=C_1(x^2+1),$$

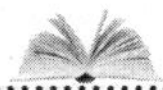

即
$$y'=C_1(x^2+1).$$
再积分便得原方程的通解
$$y=\int C_1(x^2+1)\mathrm{d}x=\left(\frac{1}{3}x^3+x\right)C_1+C_2.$$

例 3 求方程 $x^3\dfrac{\mathrm{d}^2y}{\mathrm{d}x^2}-\left(\dfrac{\mathrm{d}y}{\mathrm{d}x}\right)^2=0$ 满足初始条件 $y\Big|_{x=1}=2$，$y'\Big|_{x=1}=1$ 的特解.

解 令 $\dfrac{\mathrm{d}y}{\mathrm{d}x}=p(x)$，则 $\dfrac{\mathrm{d}^2y}{\mathrm{d}x^2}=\dfrac{\mathrm{d}p}{\mathrm{d}x}$.

原方程可化为
$$x^3\frac{\mathrm{d}p}{\mathrm{d}x}-p^2=0,$$
分离变量，得
$$\frac{\mathrm{d}p}{p^2}=\frac{\mathrm{d}x}{x^3},$$
两边积分，得
$$\frac{1}{p}=\frac{1}{2x^2}+C_1,$$
由初始条件 $y'\Big|_{x=1}=p\Big|_{x=1}=1$，代入上式，得 $C_1=\dfrac{1}{2}$，因而
$$\frac{\mathrm{d}x}{\mathrm{d}y}=\frac{1+x^2}{2x^2}，\text{即 } \mathrm{d}y=\frac{2x^2}{1+x^2}\mathrm{d}x.$$
两边积分，得
$$y=\int\left(2-\frac{2}{1+x^2}\right)\mathrm{d}x=2x-2\arctan x+C_2.$$
由初始条件 $y\Big|_{x=1}=2$，代入上式，得 $C_2=\dfrac{\pi}{2}$. 从而所求的特解为
$$y=2x-2\arctan x+\frac{\pi}{2}.$$

三、$y''=f(y, y')$ 型的微分方程

微分方程
$$y''=f(y, y') \tag{3}$$
的特点是不含自变量 x. 为了求出它的解，令 $y'=p(y)$，利用复合函数的求导法则把 y'' 化为对 y 的导数，即
$$y''=\frac{\mathrm{d}p}{\mathrm{d}x}=\frac{\mathrm{d}p}{\mathrm{d}y}\cdot\frac{\mathrm{d}y}{\mathrm{d}x}=p\frac{\mathrm{d}p}{\mathrm{d}y},$$
则方程(3)化为
$$p\frac{\mathrm{d}p}{\mathrm{d}y}=f(y, p).$$

这是一个关于变量 y，p 的一阶微分方程. 设它的通解 $p=\varphi(y, C_1)$，即
$$\frac{\mathrm{d}y}{\mathrm{d}x}=\varphi(y, C_1).$$

分离变量并积分，就可得到方程(3)的通解为

$$\int \frac{\mathrm{d}y}{\varphi(y,\ C_1)} = x + C_2.$$

例 4 求微分方程 $2yy''=(y')^2+1$ 的通解.

解 设 $y'=p(y)$，则 $y''=p\dfrac{\mathrm{d}p}{\mathrm{d}y}$，代入原方程，得

$$2yp\frac{\mathrm{d}p}{\mathrm{d}y} = p^2+1,$$

分离变量，得

$$\frac{2p}{p^2+1}\mathrm{d}p=\frac{1}{y}\mathrm{d}y,$$

两边积分，得

$$\ln(p^2+1)=\ln y+\ln C_1,$$

即

$$p^2+1=C_1y.$$

将 $p=\dfrac{\mathrm{d}y}{\mathrm{d}x}$代入上式，得

$$\left(\frac{\mathrm{d}y}{\mathrm{d}x}\right)^2+1=C_1y,$$

分离变量，得

$$\frac{\mathrm{d}y}{\pm\ \sqrt{C_1y-1}}=\mathrm{d}x,$$

两边积分，得

$$y=\frac{C_1}{4}(x+C_2)^2+\frac{1}{C_1}.$$

例 5 求微分方程 $yy''-(y')^2=0$ 的通解.

解 设 $y'=p(y)$，则 $y''=p\dfrac{\mathrm{d}p}{\mathrm{d}y}$，代入原方程，得

$$yp\frac{\mathrm{d}p}{\mathrm{d}y}-p^2=0.$$

在 $y\neq0$，$p\neq0$ 时，约去 p 并分离变量，得

$$\frac{\mathrm{d}p}{p}=\frac{\mathrm{d}y}{y},$$

两边积分，得

$$\ln|p|=\ln|y|+\ln|C_1|,$$

即

$$p=C_1y,$$

也就是

$$y'=C_1y.$$

再分离变量并两边积分，便得原方程的通解为

$$\ln|y|=C_1x+\ln|C_2|,$$

即

$$y=C_2\mathrm{e}^{C_1x}.$$

习题 9－3

1. 求下列微分方程的通解：

(1) $y''=\frac{1}{1+x^2}$；　(2) $y''=x+\sin x$；

(3) $y''=2x\ln x$；　(4) $y''=y'+x$；

(5) $xy''+y'=0$；　(6) $xy''=y'+x^2$；

(7) $y''=(y')^3+y'$；　(8) $yy''+(1-y)(y')^2=0$.

2. 求下列微分方程的特解：

(1) $y''=xe^x$，$y\big|_{x=0}=0$，$y'\big|_{x=0}=0$；

(2) $y''(x^2+1)=2xy'$，$y\big|_{x=0}=1$，$y'\big|_{x=0}=3$；

(3) $y''+(y')^2=1$，$y\big|_{x=0}=1$，$y'\big|_{x=0}=0$；

(4) $3y'y''-2y=0$，$y\big|_{x=0}=1$，$y'\big|_{x=0}=1$.

第四节　二阶常系数线性微分方程

二阶常系数线性微分方程的一般形式是

$$y''+py'+qy=f(x), \tag{1}$$

式中，p，q 是常数，$f(x)$是 x 的已知函数．如果 $f(x)=0$，则方程(1)变为

$$y''+py'+qy=0. \tag{2}$$

称(2)为二阶常系数齐次线性微分方程．如果 $f(x)\neq 0$，则称方程(1)为二阶常系数非齐次线性微分方程．

下面对(1)，(2)的解法分别进行讨论．

一、二阶常系数齐次线性微分方程

定义 1　设 $y_1(x)$，$y_2(x)$是两个函数，如果$\frac{y_1(x)}{y_2(x)}\neq k$($k$ 为常数)，则称函数 $y_1(x)$与 $y_2(x)$线性无关．

定理 1(齐次线性微分方程解的结构定理)　**如果 $y_1(x)$，$y_2(x)$是二阶齐次线性方程(2)的两个线性无关的特解，则**

$$y=C_1y_1+C_2y_2 \tag{3}$$

是方程(2)的通解，式中 C_1，C_2 是任意常数．

证　首先证明 $y=C_1y_1+C_2y_2$ 满足方程(2)．由于 y_1，y_2 都是方程(2)的解，所以

$$y_1''+py_1'+qy_1=0,\ y_2''+py_2'+qy_2=0.$$

将 $y=C_1y_1+C_2y_2$ 代入方程(2)的左端，得

$$y''+py'+qy=(C_1y_1+C_2y_2)''+p(C_1y_1+C_2y_2)'+q(C_1y_1+C_2y_2)=0.$$

这说明式(3)是方程(2)的解．

下面证明它是方程(2)的通解．因为

$$C_1y_1+C_2y_2=\left(C_1\frac{y_1}{y_2}+C_2\right)y_2,$$

由于 y_1，y_2 线性无关，所以 C_1，C_2 不能合并成为一个任意常数．这说明 $y=C_1y_1+C_2y_2$ 含有两个独立的任意常数，所以它是方程(2)的通解．

在方程(2)中，p 和 q 都是常数，因此对于某一函数 $y=f(x)$，若它与其一阶导数 y'，二阶导数 y''之间仅相差一常数因子，则它有可能是该方程的解，什么样的函数具有这样的特点呢？我们自然会想到函数 $e^{\lambda x}$．

令 $y=e^{\lambda x}$，则

$$y'=\lambda e^{\lambda x},\ y''=\lambda^2e^{\lambda x},$$

将它们代入方程(2)，便得到

$$e^{\lambda x}(\lambda^2+p\lambda+q)=0.$$

由于 $e^{\lambda x}\neq 0$，故

$$(\lambda^2+p\lambda+q)=0. \tag{4}$$

这是关于 λ 的二次代数方程．显然，如果 λ 满足方程(4)，则 $y=e^{\lambda x}$ 就是齐次方程(2)的解；反之，若 $y=e^{\lambda x}$ 是方程(2)的解，则 λ 一定是(4)的根．称方程(4)为方程(2)的**特征方程**，它的根称为**特征根**．于是，方程(2)的求解问题，就转化为求代数方程(4)的根的问题．

(1) 当 $p^2-4q>0$ 时，特征方程有两个不相等的实根 λ_1，λ_2．这时，$y_1=e^{\lambda_1x}$，$y_2=e^{\lambda_2x}$ 是微分方程(2)的两个特解，且$\dfrac{y_2}{y_1}=e^{(\lambda_2-\lambda_1)x}\neq$常数．所以微分方程(2)的通解为

$$y=C_1e^{\lambda_1x}+C_2e^{\lambda_2x}.$$

(2) 当 $p^2-4q=0$ 时，特征方程有两个相等的实根 $\lambda_1=\lambda_2$．这时，$y_1=e^{\lambda_1x}$是微分方程(2)的一个特解．为了得到通解，还必须找出一个与 y_1 线性无关的特解 y_2．可以证明，$y_2=xe^{\lambda_1x}$也是微分方程(2)的一个解，且与 $y_1=e^{\lambda_1x}$线性无关，因此微分方程(2)的通解为

$$y=C_1e^{\lambda_1x}+C_2xe^{\lambda_1x}=(C_1+C_2x)e^{\lambda_1x}.$$

(3) 当 $p^2-4q<0$ 时，$\lambda_1=\alpha+i\beta$，$\lambda_2=\alpha-i\beta$ 是一对共轭复数根，$y_1=e^{(\alpha+i\beta)x}$，$y_2=e^{(\alpha-i\beta)x}$是方程(2)的两个解．为得出实数解，利用欧拉公式 $e^{i\theta}=\cos\theta+i\sin\theta$ 可知：

$$y_1=e^{(\alpha+i\beta)x}=e^{\alpha x}\cdot e^{i\beta x}=e^{\alpha x}(\cos\beta x+i\sin\beta x);$$

$$y_2=e^{(\alpha-i\beta)x}=e^{\alpha x}\cdot e^{-i\beta x}=e^{\alpha x}(\cos\beta x-i\sin\beta x).$$

由定理1知，y_1，y_2 是(2)的解，它们分别乘上常数后相加所得的和仍是(2)的解，所以

$$\bar{y}_1=\frac{1}{2}(y_1+y_2)=e^{\alpha x}\cos\beta x,$$

$$\bar{y}_2=\frac{1}{2i}(y_1-y_2)=e^{\alpha x}\sin\beta x,$$

也是方程(2)的解，且$\dfrac{\bar{y}_2}{\bar{y}_1}\neq$常数．因此，方程(2)的通解为

$$y=e^{\alpha x}(C_1\cos\beta x+C_2\sin\beta x).$$

例1 求微分方程 $y''+2y'-8y=0$ 的通解．

解 所给微分方程的特征方程为 $\lambda^2+2\lambda-8=0$，

即
$$(\lambda+4)(\lambda-2)=0,$$
其特征根为
$$\lambda_1=-4,\ \lambda_2=2,$$
因此所求微分方程的通解为
$$y=C_1\mathrm{e}^{-4x}+C_2\mathrm{e}^{2x}.$$

例 2 求微分方程 $y''-6y'+9y=0$ 的通解.

解 所给微分方程的特征方程为 $\lambda^2-6\lambda+9=0$，它有相等的实根 $\lambda_1=\lambda_2=3$，因此所求微分方程的通解为
$$y=(C_1+C_2x)\mathrm{e}^{3x}.$$

例 3 求方程 $y''-6y'+13y=0$ 的通解.

解 所给微分方程的特征方程为 $\lambda^2-6\lambda+13=0$，它有一对共轭复根
$$\lambda_1=3+2\mathrm{i},\ \lambda_2=3-2\mathrm{i},$$
因此所求微分方程的通解为
$$y=\mathrm{e}^{3x}(C_1\cos 2x+C_2\sin 2x).$$

例 4 求方程 $\frac{\mathrm{d}^2s}{\mathrm{d}t^2}+2\frac{\mathrm{d}s}{\mathrm{d}t}+s=0$ 满足初始条件 $s\big|_{t=0}=4$，$s'\big|_{t=0}=-2$ 的特解.

解 特征方程为 $\lambda^2+2\lambda+1=0$，特征根为 $\lambda_1=\lambda_2=-1$. 于是方程的通解为
$$s=(C_1+C_2t)\mathrm{e}^{-t}.$$
因为
$$s'=(C_2-C_2t-C_1)\mathrm{e}^{-t},$$
故将初始条件代入以上两式，得
$$4=C_1,\ -2=C_2-C_1,$$
从而 $C_1=4$，$C_2=2$，于是原方程的特解为
$$s=(4+2t)\mathrm{e}^{-t}.$$

二、二阶常系数非齐次线性微分方程

现在讨论二阶常系数非齐次线性微分方程 $y''+py'+qy=f(x)$ 的通解.

定理 2(非齐次线性微分方程通解的结构定理)　设 y^* 是非齐次线性方程(1)的一个特解，而 Y 是对应齐次方程
$$y''+py'+qy=0$$
的通解，则 $y=Y+y^*$ 是非齐次方程(1)的通解.

证 由已知条件知
$$(y^*)''+p(y^*)'+qy^*=f(x),\ Y''+pY'+qY=0.$$
下面证明 $y=Y+y^*$ 是方程(1)的解. 事实上
$$\begin{aligned}&(Y+y^*)''+p(Y+y^*)'+q(Y+y^*)\\ =&\ Y''+(y^*)''+pY'+p(y^*)'+qY+qy^*\\ =&\ (Y''+pY'+qY)+[(y^*)''+p(y^*)'+qy^*]\\ =&\ 0+f(x)=f(x).\end{aligned}$$
这表明 $y=Y+y^*$ 是方程(1)的解.

又因为对应齐次方程(2)的通解 $Y=C_1y_1+C_2y_2$ 中含有两个任意常数，所以 $y=Y+y^*$

中也含有两个任意常数，因而它是二阶非齐次方程的通解．

由定理 2 可知，求二阶非齐次方程的通解问题就转化为求非齐次方程(1)的一个特解和对应齐次方程的通解问题．由于求齐次方程的通解问题已解决，故求非齐次方程(1)的通解的关键是求其一个特解．一般说来，求方程(1)的特解是很困难的，但若 $f(x)$是以下两种特殊类型的函数时，可采用待定系数法来求．

定理 3　若方程(1)中 $f(x)=P_m(x)e^{\alpha x}$，式中 $P_m(x)$是 x 的 m 次多项式，则方程(1)的一特解 y^* 具有如下形式

$$y^*=x^kQ_m(x)e^{\alpha x},$$

式中，$Q_m(x)$是系数待定的 x 的 m 次多项式，k 由下列情形决定：

(1) **当 α 是方程(1)对应的齐次方程的特征方程的单根时，取 $k=1$；**

(2) **当 α 是方程(1)对应的齐次方程的特征方程的重根时，取 $k=2$；**

(3) **当 α 不是方程(1)对应的齐次方程的特征根时，取 $k=0$.**

例 5　求方程 $y''+4y'+3y=x-2$ 的一个特解并求其通解．

解　对应的齐次方程的特征方程为

$$\lambda^2+4\lambda+3=0,$$

特征根为 $\lambda_1=-3$，$\lambda_2=-1$. 方程右端可看成$(x-2)e^{0x}$，即 $\alpha=0$. 由于 0 不是特征根，故设特解为

$$y^*=ax+b,$$

将 y^* 代入原方程，得

$$4a+3(ax+b)=x-2,$$

比较两边系数，得

$$3a=1,\ 4a+3b=-2,$$

即
$$a=\frac{1}{3},\ b=-\frac{10}{9},$$

故
$$y^*=\frac{1}{3}x-\frac{10}{9},$$

于是方程的通解为

$$y=C_1e^{-3x}+C_2e^{-x}+\frac{1}{3}x-\frac{10}{9}.$$

例 6　求方程 $y''-5y'+6y=xe^{2x}$的通解．

解　对应的齐次方程的特征方程为 $\lambda^2-5\lambda+6=0$，特征根为 $\lambda_1=2$，$\lambda_2=3$，从而对应的齐次方程的通解为

$$y=C_1e^{2x}+C_2e^{3x}.$$

因为 $\alpha=2$ 是特征方程的单根，故设其特解为

$$y^*=x(ax+b)e^{2x},$$

于是
$$(y^*)'=[2ax^2+2(a+b)x+b]e^{2x},$$
$$(y^*)''=[4ax^2+4(2a+b)x+2(a+2b)]e^{2x},$$

代入方程，得

$$-2ax+2a-b=x,$$

比较系数，得

$$-2a=1,\ 2a-b=0,$$

即
$$a=-\frac{1}{2},\ b=-1,$$

因此
$$y^*=x\left(-\frac{1}{2}x-1\right)e^{2x},$$

于是原方程的通解为

$$y=C_1e^{2x}+C_2e^{3x}+x\left(-\frac{x}{2}-1\right)e^{2x}.$$

例 7 求方程 $y''-2y'+y=(x+1)e^x$ 的通解．

解 对应的齐次方程的特征方程为

$$\lambda^2-2\lambda+1=0,$$

特征根为 $\lambda_1=\lambda_2=1$，于是，对应的齐次方程的通解为

$$y=(C_1+C_2x)e^x.$$

因为 $\alpha=1$ 是二重特征根，故令原方程特解为

$$y^*=x^2(ax+b)e^x,$$

代入方程化简后，得

$$6ax+2b=x+1,$$

比较系数，得
$$a=\frac{1}{6},\ b=\frac{1}{2},$$

所以
$$y^*=\frac{1}{6}x^2(x+3)e^x,$$

于是方程的通解为

$$y=(C_1+C_2x)e^x+\frac{1}{6}x^2(x+3)e^x.$$

定理 4　若方程(1)中的 $f(x)=e^{\alpha x}P_m(x)\cos\beta x$ 或 $f(x)=e^{\alpha x}P_m(x)\sin\beta x$（$P_m(x)$ 是 x 的 m 次多项式），则方程(1)的一个特解 y^* 具有如下形式：

$$y^*=x^k(A_m(x)\cos\beta x+B_m(x)\sin\beta x)e^{\alpha x},$$

式中，$A_m(x)$，$B_m(x)$ 为系数待定的 x 的 m 次多项式，k 由下列情形决定：

(1) 当 $\alpha+i\beta$ 是对应齐次方程特征根时，取 $k=1$；

(2) 当 $\alpha+i\beta$ 不是对应齐次方程特征根时，取 $k=0$.

例 8 求方程 $y''-y'=e^x\sin x$ 的一个特解．

解 对应的齐次方程的特征方程为 $\lambda^2-\lambda=0$，特征根为 $\lambda_1=0$，$\lambda_2=1$. 由于 $f(x)=e^x\sin x$，而 $1\pm i$ 不是特征根，于是，可设原方程的特解为

$$y^*=e^x(A\cos x+B\sin x).$$

由于
$$(y^*)'=e^x(A\cos x+B\sin x)+e^x(-A\sin x+B\cos x),$$

$$(y^*)''=e^x(A\cos x+B\sin x)-2e^x(A\sin x-B\cos x)-e^x(A\cos x+B\sin x),$$

代入原方程，得

$$e^x[(B-A)\cos x-(A+B)\sin x]=e^x\sin x,$$

约去 e^x，并比较两边系数，得

$$\begin{cases}A+B=-1,\\B-A=0,\end{cases}$$

由此解得

$$A=-\frac{1}{2},\ B=-\frac{1}{2},$$

因此方程一特解为

$$y^{*}=\mathrm{e}^{x}\left(-\frac{1}{2}\cos x-\frac{1}{2}\sin x\right).$$

例 9 求微分方程 $y''-4y'+5y=\mathrm{e}^{2x}(\sin x+2\cos x)$ 的通解．

解 对应的齐次方程的特征方程 $\lambda^2-4\lambda+5=0$，特征根为 $\lambda_1=2+\mathrm{i}$，$\lambda_2=2-\mathrm{i}$.

由于 $f(x)=\mathrm{e}^{2x}(\sin x+2\cos x)$，而 $2\pm\mathrm{i}$ 是特征方程的根，所以，可设特解形式为

$$y^{*}=x\mathrm{e}^{2x}(A\cos x+B\sin x),$$

求出 $(y^{*})'$ 和 $(y^{*})''$，代入原方程，然后比较系数，得

$$A=-\frac{1}{2},\ B=1,$$

所以特解为

$$y^{*}=x\mathrm{e}^{2x}\left(-\frac{1}{2}\cos x+\sin x\right),$$

故原方程的通解为

$$y=\mathrm{e}^{2x}(C_1\cos x+C_2\sin x)+x\mathrm{e}^{2x}\left(-\frac{1}{2}\cos x+\sin x\right).$$

例 10 求方程 $y''-y=4\cos x$ 的通解．

解 注意到方程中不含有 y' 项，利用余弦函数的二阶导数仍是余弦函数的性质，可设特解

$$y^{*}=A\cos x,$$

代入原方程，得

$$(-A-A)\cos x=4\cos x,$$

因此

$$A=-2,$$

于是

$$y^{*}=-2\cos x.$$

由于原方程对应的特征方程为

$$\lambda^2-1=0,$$

特征根为 $\lambda=\pm1$，于是原方程的通解为

$$y=C_1\mathrm{e}^{x}+C_2\mathrm{e}^{-x}-2\cos x.$$

习题 9-4

1. 求下列微分方程的通解：

(1) $y''-3y'+2y=0$；　　(2) $y''+2y'+y=0$；

(3) $y''-2y'-3y=0$；　　(4) $5y''+3y'=0$；

(5) $y''+2y'+5y=0$；　　(6) $y''-4y'+5y=0$；

(7) $2y''+y'-y=2\mathrm{e}^{x}$；　　(8) $y''+5y'+4y=3-2x$；

(9) $y''-6y'+9y=2x^2-x+3$；　　(10) $2y''+5y'=5x^2-2x-1$；

(11) $y''+9y=\cos 3x$;　　(12) $y''+2y'+y=2e^x\sin x$.

2. 求下列方程满足初始条件的特解：

(1) $y''-4y'+3y=0$，$y\big|_{x=0}=6$，$y'\big|_{x=0}=10$；

(2) $y''+2y'+y=0$，$y\big|_{x=0}=4$，$y'\big|_{x=0}=2$；

(3) $y''+5y=0$，$y\big|_{x=0}=2$，$y'\big|_{x=0}=5$；

(4) $y''-4y'+13y=0$，$y\big|_{x=0}=0$，$y'\big|_{x=0}=3$；

(5) $y''-3y'=6$，$y\big|_{x=0}=1$，$y'\big|_{x=0}=1$；

3. 方程 $y''+9y=0$ 的一条积分曲线通过点 $M(\pi,-1)$ 且在该点和直线 $y+1=x-\pi$ 相切，求这条曲线．

4. 一质点在一直线上由静止状态开始运动，其加速度为 $a=-4s+3\sin t$，求运动方程 $s=s(t)$，并求其离起点可能有的最大距离．

5. 一质量为 m 的物体自空中落下，设空气阻力的大小与落体的速度成正比(比例系数 $k>0$)，试求落体的运动规律 $s(t)$.

第五节　差分方程基础

一、差分的概念

在科学技术和经济问题中，有许多量是离散变化的．例如，在经济上进行动态分析，要判断某一经济计划完成的情况时，就依据计划期限末指标的数值进行．因此，常取在规定的时间区间上的差商$\dfrac{\Delta y}{\Delta t}$来刻画变化速度．如果选择 Δt 为 1，那么 $\Delta y=y(t+1)-y(t)$ 可近似地代表变量的变化速度．

定义 1　设函数 $y_n=f(n)(n=0,1,2,\cdots)$，称差 $y_{n+1}-y_n$ 为函数 $y_n=f(n)$ 的一阶差分(简称差分)，记为 Δy_n，即

$$\Delta y_n = y_{n+1} - y_n = f(n+1) - f(n).$$

可见，在 n 处，当自变量的改变量 $\Delta n=1$ 时，函数 $y_n=f(n)$ 相应的改变量就是函数在该处的差分 Δy_n，差分描述了变量的一种变化．

不难证明，差分作为一种运算，具有如下性质：

(1) $\Delta(k)=0$，k 为常数；

(2) $\Delta(ky_n)=k\Delta y_n$，k 为常数；

(3) $\Delta(y_{n1}\pm y_{n2})=\Delta y_{n1}\pm\Delta y_{n2}$.

函数 y_n 的一阶差分的差分称为 y_n 的**二阶差分**，记作 $\Delta^2 y_n$.

$$\begin{aligned}\Delta^2 y_n &= \Delta(\Delta y_n) = \Delta(y_{n+1}-y_n) = \Delta y_{n+1} - \Delta y_n \\ &= (y_{n+2}-y_{n+1}) - (y_{n+1}-y_n) = y_{n+2} - 2y_{n+1} + y_n \\ &= f(n+2) - 2f(n+1) + f(n).\end{aligned}$$

类似地，函数 y_n 的 $m-1$ 阶差分的差分称为 y_n 的 m 阶差分，记为 $\Delta^m y_n$. 二阶及二阶以上的差分统称为**高阶差分**.

例 1 设 $y_n=n^2+4n-7$，求 Δy_n，$\Delta^2 y_n$.

解 一阶差分 $\Delta y_n=f(n+1)-f(n)$

$$=[(n+1)^2+4(n+1)-7]-(n^2+4n-7)=2n+5,$$

于是
$$\Delta^2 y_n=\Delta(\Delta y_n)=\Delta(2n+5)=2\Delta n+\Delta 5=2.$$

例 2 设 $y_n=a^n(a>0,\ a\neq 1)$，求 $\Delta^2 y_n$.

解 一阶差分 $\Delta y_n=a^{n+1}-a^n=(a-1)a^n$，于是

$$\Delta^2 y_n=\Delta(\Delta y_n)=(a-1)^2a^n.$$

二、差分方程

定义 2 含有未知函数差分的方程称为差分方程.

例如，$y_{n+2}-4y_{n+1}+4y_n=0$，$\Delta^3 y_n-3\Delta^2 y_n+\Delta y_n=y_n$，$y_{n+1}=6y_n(1-y_n)$等都是差分方程.

定义 3 差分方程中未知函数差分的最高阶数(或差分方程中未知函数下标号的最大值与最小值之差)称为差分方程的阶.

例如，$\Delta^2 y_n-3y_n=\ln(n)$是二阶差分方程；$y_{n+3}+y_{n+2}=5$ 是一阶差分方程.

差分方程的不同形式可以相互转化.

例如，二阶差分方程 $3y_{n+2}-y_{n+1}-3y_n=\mathrm{e}^n$ 可转化为

$$3(y_{n+2}-2y_{n+1}+y_n)+6y_{n+1}-3y_n-y_{n+1}-3y_n=\mathrm{e}^n,$$

$$3(y_{n+2}-2y_{n+1}+y_n)+5(y_{n+1}-y_n)-y_n=\mathrm{e}^n,$$

即
$$3\Delta^2 y_n+5\Delta y_n-y_n=\mathrm{e}^n.$$

上式反推过去也成立.

定义 4 若一个函数代入差分方程后，能使方程两边恒等，则称此函数为该差分方程的解.

如果差分方程的解中含有相互独立的任意常数的个数等于方程的阶数，则称这样的解为差分方程的**通解**. 往往要根据动态系统在初始时刻所处的状态，对差分方程附加一定的条件，这种附加条件称为**初始条件**. 由初始条件确定了任意常数的解称为**特解**.

习题 9-5

1. 设 Y_n，Z_n，U_n 分别是差分方程

$$y_{n+1}+ay_n=f_1(n),\quad y_{n+1}+ay_n=f_2(n),\quad y_{n+1}+ay_n=f_3(n)$$

的解，求证 $y_{n+1}=Y_n+Z_n+U_n$ 是差分方程 $y_{n+1}+ay_n=f_1(n)+f_2(n)+f_3(n)$的解.

2. 求下列函数的差分：

(1) $y_n=C$(C 为常数)；　　(2) $y_n=n^2$；

(3) $y_n=a^n$；　　(4) $y_n=\sin an$.

3. 证明下列等式：

(1) $\Delta(U_nV_n)=U_{n+1}\Delta V_n+V_n\Delta U_n$；　　(2) $\Delta\left(\dfrac{U_n}{V_n}\right)=\dfrac{V_n\Delta U_n-U_n\Delta V_n}{V_nV_{n+1}}$.

4. 确定下列方程的阶：

(1) $y_{n+3}-n^2y_{n+1}+3y_n=2$；　　(2) $y_{n-2}-y_{n-4}=y_{n+2}$.

第六节　一阶常系数线性差分方程

形如

$$y_{n+1}-ay_n=f(n)\quad (a\neq 0,\ a\ 为常数) \tag{1}$$

的方程称为**一阶常系数线性差分方程**，式中 $f(n)$为已知函数，y_n 是未知函数．当 $f(n)\equiv 0$ 时，

$$y_{n+1}-ay_n=0 \tag{2}$$

称为**一阶常系数齐次线性差分方程**；当 $f(n)\neq 0$ 时，称方程(1)为**一阶常系数非齐次线性差分方程**．

一、差分方程解的结构

(1) 若 y_{1n}^*，y_{2n}^*为方程(1)的两个解，则 $y_{1n}^*-y_{2n}^*$是(2)的解．

(2) 若 y_n 是方程(2)的解，对于任意常数 C，Cy_n 也是(2)的解．

(3) 若 y_n^* 是非齐次方程(1)的特解，y_n 是对应齐次方程(2)的解，则 $y_n^*+Cy_n$ 是(1)的通解．

(4) 若 y_{1n}^*，y_{2n}^*分别是方程 $y_{n+1}-ay_n=f_1(n)$，$y_{n+1}-ay_n=f_2(n)$的特解，则 $y_{1n}^*+y_{2n}^*$是方程 $y_{n+1}-ay_n=f_1(n)+f_2(n)$的解．

二、一阶常系数齐次线性差分方程

下面介绍两种解法：

(一)迭代法

对于 $y_{n+1}-ay_n=0(a\neq 0)$，设 y_0 已知，将 $n=0$，1，2，…依次代入式(2)，得

$$y_1=ay_0,\ y_2=ay_1=a^2y_0,\ y_3=ay_2=a^3y_0,\ \cdots,$$

于是有 $y_n=a^ny_0$. 容易验证 $y_n=a^ny_0$ 是方程(2)满足初始条件 $y_n\Big|_{n=0}=y_0$ 的特解，从而 $y_n=Ca^ny_0$ 是(2)的通解，式中 C 为任意常数．

(二)一般解法

设(2)有 $y_n=\lambda^n$ 类型的解，代入式(2)，得

$$\lambda^{n+1}-a\lambda^n=(\lambda-a)\lambda^n=0.$$

因为 $\lambda^n\neq 0$，所以 $\lambda-a=0$. 称 $\lambda-a=0$ 为(2)的**特征方程**．解得 $\lambda=a$，于是 $y_n=a^n$ 是(2)的一个特解，故 $y_n=Ca^n$ 为(2)的通解．

若 $y_n\Big|_{n=0}=y_0$，则 $C=y_0$. 故方程(2)满足初始条件 $y_n\Big|_{n=0}=y_0$ 的特解为 $\hat{y}_n=y_0a^n$.

例 1　求差分方程 $y_{n+1}+3y_n=0$ 的解．

解　由其特征方程 $\lambda+3=0$，得 $\lambda=-3$ 是特征值，故所求通解为

$$y_n=C(-3)^n(n=0,\ 1,\ 2,\ \cdots),\ C\ 为任意常数．$$

三、一阶常系数非齐次线性差分方程

由解的结构知，差分方程(1)的一个特解 y_n^* 加上对应的齐次方程(2)的通解，便得到非齐次差分方程(1)的通解．所以现在问题归结为求(1)的一个特解．

若 $f(n)=b^nP_m(n)$，$b\neq0$，式中 $P_m(n)$是已知 m 次多项式，可以证明，(1)的特解形式是

$$y_n^*=\begin{cases}b^nQ_m(n), & b\text{ 不是特征根},\\ nb^nQ_m(n), & b\text{ 是特征根},\end{cases}$$

式中，$Q_m(n)$为 n 的 m 次多项式．将 y_n^* 代入(1)，用比较系数法待定出 $m+1$ 个系数，便得到 y_n^*．

例 2 求差分方程 $y_{n+1}-2y_n=3n^2$ 的通解．

解 特征方程为 $\lambda-2=0$，特征根为 $\lambda=2$. 而 $f(n)=b^np_2(n)=1^n\cdot3n^2$，可见 $b=1\neq\lambda$，$P_2(n)=3n^2$ 是二次多项式，所以该差分方程有特解

$$y_n^*=b^nQ_2(n)=1^n\cdot(A_0+A_1n+A_2n^2),$$

将之代入原方程，得

$$[A_0+A_1(n+1)+A_2(n+1)^2]-2(A_0+A_1n+A_2n^2)=3n^2,$$

比较系数有

$$\begin{cases}-A_0+A_1+A_2=0,\\ -A_1+2A_2=0,\\ -A_2=3,\end{cases}\quad\text{解得}\begin{cases}A_0=-9,\\ A_1=-6,\\ A_2=-3,\end{cases}$$

即原方程有特解 $y_n^*=-9-6n-3n^2$，

故通解为

$$y_n=C\cdot2^n+(-9-6n-3n^2),$$

式中 C 为任意常数．

例 3 求差分方程 $y_{n+1}-5y_n=n5^n$ 在初始条件 $y\Big|_{n=0}=2$ 下的特解．

解 特征方程为 $\lambda-5=0$，特征根为 $\lambda=5=b$，所以原方程有特解

$$y_n^*=nb^nQ(n)=n5^n\cdot(A_0+A_1n)=5^n\cdot(A_0n+A_1n^2),$$

代入原方程，得

$$5^{n+1}\cdot[A_0(n+1)+A_1(n+1)^2]-5^{n+1}\cdot(A_0n+A_1n^2)=5^n\cdot n,$$

即 $$5\cdot[A_0(n+1)+A_1(n+1)^2]-5\cdot(A_0n+A_1n^2)=0+1\cdot n+0\cdot n^2,$$

比较系数，得

$$\begin{cases}5A_0+5A_1=0,\\ 5A_0+10A_1-5A_0=1,\\ 5A_1-5A_1=0,\end{cases}$$

解得

$$\begin{cases}A_0=-\dfrac{1}{10},\\ A_1=\dfrac{1}{10},\end{cases}$$

即原方程有特解

$$y_n^*=5^n\left(-\frac{1}{10}n+\frac{1}{10}n^2\right),$$

从而其通解为

$$y_n=C\cdot5^n+5^n\left(-\frac{1}{10}n+\frac{1}{10}n^2\right).$$

代入初始条件 $y\Big|_{n=0}=2$，得 $C=2$，故

$$y_n = 2 \cdot 5^n + \left(-\frac{1}{10}n + \frac{1}{10}n^2\right)$$

为所求．

例 4 设某养鱼池一开始有某种鱼 A_0 条，鱼的平均净繁殖率为 R，每年捕捞 x 条，要使 n 年后鱼池仍有鱼可捞，应满足什么条件?

解 设第 t 年鱼池中有鱼 A_t 条，则池内鱼数按年的变化规律为

$$A_{t+1} = A_t(1+R) - x，即 A_{t+1} - (1+R)A_t = -x.$$

这是一阶非齐次常系数线性差分方程，其相应的齐次方程的通解为$\widetilde{A_t}=C(1+R)^t$．由于齐次方程的特征根为 $1+R\neq1$，所以可设非齐次差分方程的特解为 $A_t^*=A$，把它代入非齐次差分方程得$A-(1+R)A=-x$，即 $A=\frac{x}{R}$．因此原非齐次差分方程的通解为 $A_t=C(1+R)^t+\frac{x}{R}$．由初始条件 $t=0$ 时鱼的条数为 A_0，得 $C=A_0-\frac{x}{R}$，故有

$$A_t = \left(A_0 - \frac{x}{R}\right)(1+R)^t + \frac{x}{R}.$$

要使 n 年后鱼池仍有鱼可捞，应满足 $A_n>0$，即

$$\left(A_0 - \frac{x}{R}\right)(1+R)^n + \frac{x}{R} > 0.$$

四、二阶常系数线性差分方程

形如

$$y_{n+2} + by_{n+1} + cy_n = \varphi(n) \tag{3}$$

的方程称为**二阶常系数线性差分方程**，式中 $\varphi(n)$为已知函数，y_n 为未知函数，b，c 为常数，且 $c\neq0$.

式(3)中，若 $\varphi(n)\neq0$，则称为**二阶常系数非齐次线性差分方程**．若 $\varphi(n)=0$，即

$$y_{n+2} + by_{n+1} + cy_n = 0, \tag{4}$$

则称式(4)为式(3)相应的**二阶常系数齐次线性差分方程**．

先讨论方程(4)的解法．与一阶的情况类似，设 $y_n^*=r^n(r\neq0)$为(4)的一个解，代入(4)并化简，得特征方程

$$r^2 + br + c = 0, \tag{5}$$

$$r = \frac{-b \pm \sqrt{b^2-4c}}{2}.$$

若 $\Delta=b^2-4c>0$，则(5)有两相异特征根 r_1，r_2．方程(4)的通解为

$$y_n = C_1r_1^n + C_2r_2^n \quad (C_1，C_2 \text{ 为任意常数}).$$

若 $\Delta=b^2-4c=0$，则(5)有两相同实特征根 $r_1=r_2=-\frac{b}{2}$．方程(4)的通解为

$$y_n = (C_1 + C_2n)\left(-\frac{b}{2}\right)^n \quad (C_1,C_2 \text{ 为任意常数}).$$

若 $\Delta=b^2-4c<0$，则(5)有两共轭复特征根 $r_{1,2}=-\frac{b}{2}\pm\frac{\sqrt{4c-b^2}}{2}\mathrm{i}$.

它们的三角表达式为

$$r_1=r(\cos\theta+\mathrm{i}\sin\theta),$$
$$r_2=r(\cos\theta-\mathrm{i}\sin\theta),$$

式中，$r=\sqrt{\frac{b^2}{4}+\frac{4c-b^2}{4}}=\sqrt{c}$.

当 $b\neq0$ 时，$\tan\theta=-\frac{\sqrt{4c-b^2}}{b}$，$\theta\in(0,\ \pi)$；

当 $b=0$ 时，$\theta=\frac{\pi}{2}$.

与常微分方程类似，式(4)的通解可写成

$$y_n=r^n(C_1\cos\theta n+C_2\sin\theta n)(C_1,\ C_2 \text{ 为任意常数}).$$

例 5 求下列差分方程的通解：

(1) $y_{n+2}-y_{n+1}-2y_n=0$；

(2) $4y_{n+2}-4y_{n+1}+y_n=0$；

(3) $y_{n+2}+y_{n+1}+y_n=0$.

解 (1) 由特征方程 $r^2-r-2=0$，解得特征根 $r_1=-1$，$r_2=2$，故原方程的通解为

$$y_n=C_1(-1)^n+C_2\cdot2^n.$$

(2) 由特征方程 $4r^2-4r+1=0$，解得特征根 $r_1=r_2=\frac{1}{2}$，故原方程的通解为

$$y_n=(C_1+C_2n)\left(\frac{1}{2}\right)^n.$$

(3) 由特征方程 $r^2+r+1=0$，解得特征根 $r_{1,2}=\frac{-1\pm\sqrt{3}\mathrm{i}}{2}$.

$$r=\sqrt{c}=1,\ \tan\theta=-\frac{\sqrt{4\times1-1^2}}{1}=-\sqrt{3},\ \theta=\frac{2}{3}\pi,$$

故原方程的通解为

$$y_n=\left(C_1\cos\frac{2}{3}\pi n+C_2\sin\frac{2}{3}\pi n\right)\cdot1^n,$$

即

$$y_n=C_1\cos\frac{2}{3}\pi n+C_2\sin\frac{2}{3}\pi n.$$

下面讨论方程(3)的解法，关键是求出(3)的一个特解．

设 $\varphi(n)=a^nP_m(n)(a\neq0)$，其中 $P_m(n)$ 为已知 m 次多项式．可以证明(3)的特解形式为

$$y_n^*=\begin{cases}a^nQ_m(n), & a\text{ 不是特征根},\\ na^nQ_m(n), & a\text{ 是特征方程单根},\\ n^2a^nQ_m(n), & a\text{ 是特征方程重根}.\end{cases}$$

例 6 求差分方程 $y_{n+2}-4y_{n+1}+4y_n=3\cdot2^n$ 的通解．

解 由特征方程 $r^2-4r+4=0$，解得特征根 $r_1=r_2=2$，所以相应齐次方程的通解为

$$y_n=(C_1+C_2n)\cdot2^n.$$

又 $\varphi(n)=3\cdot 2^n$，$a=2$ 是特征方程重根，故非齐次方程解的形式为

$$y_n^*=A_0n^2\cdot 2^n,$$

代入原方程，得

$$A_0(n+2)^2\cdot 2^{n+2}-4A_0(n+1)^2\cdot 2^{n+1}+4A_0n^2\cdot 2^n=3\cdot 2^n,$$

比较系数，得 $A_0=\frac{3}{8}$，故原方程的通解为

$$y_n=(C_1+C_2n)\cdot 2^n+\frac{3}{8}n^2\cdot 2^n.$$

习题 9-6

1. 解下列差分方程：

(1) $x_{n+2}=x_n$；

(2) $x_{n+2}+5x_{n+1}-6x_n=0$；

(3) $y_{n+2}-3y_{n+1}+4y_n=0$；

(4) $y_{n+2}-5y_{n+1}+\frac{25}{4}y_n=0$.

2. 求下列差分方程的解：

(1) $4x_{t+2}+5x_{t+1}+x_t=2^{2t}$；

(2) $y_{n+2}-4y_{n+1}+3y_n=-2$；

(3) $x_{n+2}+3x_{n+1}-\frac{7}{4}x_n=9$，$x_0=6$，$x_1=3$；

(4) $z_{n+2}-3z_{n+1}+4z_n=9$，$z_0=3$，$z_1=2$.

3. 求方程 $x_{n+2}+2x_{n+1}-3x_n=2^n+1$ 的通解.

第九章 自测题

一、判断题(每题 2 分，共 10 分).

1. $(y')^2+y\tan x=-2x+\sin x$ 是二阶微分方程.　(　　)

2. 若 $y'=2x$，则 $y=x^2$ 就是它的通解.　(　　)

3. $(x^2-y^2)\mathrm{d}x+(x^2+y^2)\mathrm{d}y=0$ 不是一阶微分方程.　(　　)

4. 设 y_1，y_2 是 $ay''+by'+cy=0$ 的两个特解，则其通解为

$$y=C_1y_1+C_2y_2.$$　(　　)

5. 设 $\bar{y}$ 是二阶常系数非齐次线性微分方程的通解，y^* 为一特解，则 $y=\bar{y}+y^*$ 为对应齐次方程的通解.　(　　)

二、填空题(每题 3 分，共 15 分).

1. 微分方程 $(y'')^5+ay'\cos x=x+1$ 的阶数为________.

2. 微分方程 $\frac{\mathrm{d}^2y}{\mathrm{d}x^2}+y=0$ 的通解为________.

3. 差分方程 $y_n-3y_{n-1}+4y_{n-2}=0$ 的通解为________.

4. 已知函数 $y=5x^2$ 是方程 $xy'=2y$ 的解，则方程的通解为________.

5. $y''-4y=0$ 的特征方程为________.

三、选择题(每题 3 分，共 15 分).

1. 方程 $x^3\mathrm{d}x-y\mathrm{d}y=0$ 的通解为(　　).

(A) $\frac{x^4}{4}-\frac{y^2}{2}=C$；　　(B) $\frac{y^4}{4}-\frac{x^2}{2}=C$；

(C) $x^3-y+C=0$；　　(D) $y=x$.

2. 有解的微分方程，其解的个数为(　　).

(A) 一个；　　(B) 两个；

(C) 与阶数相同；　　(D) 前三者都不对.

3. 方程 $y''-2y'=0$ 的通解为(　　).

(A) $y=C\mathrm{e}^{2x}$；　　(B) $y=(C_1+C_2x)\mathrm{e}^{2x}$；

(C) $y=C_1+C_2\mathrm{e}^{2x}$；　　(D) $y=C_1\sin x+C_2\cos x$.

4. 方程 $y'+\frac{x}{1+x^2}y=\frac{1}{2x(1+x^2)}$ 属于(　　).

(A) 线性方程；　　(B) 齐次方程；

(C) 线性齐次方程；　　(D) 线性非齐次方程.

5. 函数 $y_n=C\cdot 2^n+8$ 是差分方程(　　)的通解.

(A) $y_{n+2}-3y_{n+1}+2y_n=0$；　　(B) $y_n-3y_{n-1}+2y_{n-2}=0$；

(C) $y_{n+1}-2y_n=-8$；　　(D) $y_{n+1}-2y_n=8$.

四、求下列微分方程的通解(每题 5 分，共 30 分)：

1. $(1+\mathrm{e}^x)\sin y\frac{\mathrm{d}y}{\mathrm{d}x}+\mathrm{e}^x\cos y=0$；　　2. $xy^2\mathrm{d}y=(x^3+y^3)\mathrm{d}x$；

3. $y'-2xy=x-x^3$；　　4. $\frac{\mathrm{d}^2y}{\mathrm{d}x^2}+4\frac{\mathrm{d}y}{\mathrm{d}x}+4y=0$；

5. $y\ln y\mathrm{d}x+(x-\ln y)\mathrm{d}y=0$；　　6. $y''=1+(y')^2$.

五、求下列微分方程的特解(每题 5 分，共 10 分)：

1. $y'-y\cot x=5\mathrm{e}^{\cos x}$，$y\Big|_{x=\frac{\pi}{2}}=-4$；

2. $y''+y+\sin 2x=0$，$y\Big|_{x=\pi}=1$，$y'\Big|_{x=\pi}=1$.

六、求下列差分方程的通解及特解(每题 5 分，共 10 分)：

(1) $y_{n+1}+y_n=2^n$，$y_0=2$；

(2) $y_{n+2}-4y_{n+1}+16y_n=0$，$y_0=0$，$y_1=1$.

七、(10 分)设 $y=f(x)$ 是可微的，且满足 $x\int_0^x f(t)\mathrm{d}t=(x+1)\int_0^x tf(t)\mathrm{d}t$，求 $f(x)$.

【参考答案】

第 一 章

习题 1-1

1. (1) $x\in[-1, 2]$； (2) $x\in\left[-\frac{3}{2}, \frac{1}{2}\right]$；

(3) $\{x \mid x\neq k\pi, k=0, \pm1, \cdots\}$； (4) $x\in(2, 4)$.

2. (1) 不同； (2) 不同； (3) 相同； (4) 不同 .

3. (1) $f(0)=0$，$f(-1)=-\frac{\pi}{2}$，$f\left(\frac{\sqrt{3}}{2}\right)=\frac{\pi}{3}$，$f\left(-\frac{\sqrt{2}}{2}\right)=-\frac{\pi}{4}$；

(2) $\varphi\left(\frac{\pi}{4}\right)=\frac{\sqrt{2}}{2}$，$\varphi\left(-\frac{\pi}{6}\right)=\frac{1}{2}$，$\varphi(-3)=0$.

4. (1) $(-1, 0)\cup(0, 1)$；

(2) $\left(2k\pi, \left(2k+\frac{1}{2}\right)\pi\right)\cup\left(\left(2k+\frac{1}{2}\right)\pi, (2k+1)\pi\right)$，$k=0, \pm1, \pm2, \cdots$，

(3) $(1, +\infty)$.

5. (1) x^4+2x^2+2，$\frac{x^4+2x^2+2}{x^4+2x^2+1}$； (2) $\frac{1+\sqrt{1+x^2}}{x}(x>0)$；

(3) x^2+4x+4； (4) $\varphi(x)=\begin{cases}(x-1)^3, & 1\leqslant x\leqslant 2,\\ 3(x-1), & 2<x\leqslant 3.\end{cases}$

6. $\sin e^{1-x^2}$.

7. $\varphi[\varphi(x)]=\begin{cases}0, & x\leqslant 0,\\ x, & x>0;\end{cases}$ $\psi[\varphi(x)]=\begin{cases}0, & x\leqslant 0,\\ -x^2, & x>0.\end{cases}$

8. (1) $y=u^2$，$u=4x+3$.

(2) $y=e^u$，$u=\tan v$，$v=1+\omega$，$\omega=\sin x$.

(3) $y=3^u$，$u=v^2$，$v=\cos\omega$，$\omega=2x+1$.

(4) $y=\ln u$，$u=\frac{1+v}{1-v}$，$v=\sqrt{x}$.

(5) $y=u^2$，$u=\arcsin v$，$v=\sqrt{\omega}$，$\omega=1-x^2$.

9. a $\left(提示:\frac{f(x+\Delta x)-f(x)}{\Delta x}=\frac{a(x+\Delta x)-ax}{\Delta x}=a\right)$.

习题 1－2

1.（1）单调增加但不收敛；

（2）有界且收敛于 0；

（3）单调增加，有界且收敛于 1；

（4）有界但不收敛；

（5）非单调、无界，不收敛．

2．略．

3．$\frac{1+\sqrt{13}}{2}$.

4．略．

5．略．

习题 1－3

1．略．

2．$\delta=0.0002$.

3．$x\geqslant\sqrt{397}$.

4．$f(0-0)=-1$，$f(0+0)=1$，所以极限不存在．

5．$f(1-0)=2$，$f(1+0)=-1$.

6．略．

习题 1－4

1.（1）不正确，因为实数中除了 0 都不是无穷小量；

（2）不正确，因为无穷大量不是数；

（3）不正确，因为 $\alpha=0$ 时不成立；

（4）正确．

2．略．

3．$0<|x|<\frac{1}{10^4+2}$.

习题 1－5

1.（1）7；（2）∞；（3）-9；（4）2；（5）0；（6）∞；

（7）$\frac{2}{3}$；（8）$2x$；（9）$\frac{1}{2}$；（10）0；（11）∞；（12）2；

（13）$-\frac{1}{4}$；（14）$\frac{1}{5}$.

2.（1）2；（2）$\frac{1}{2}$；（3）$\frac{1}{2}$.

3.（1）-2；（2）2；（3）$-\frac{1}{56}$；（4）2；（5）$\frac{2}{3}$；（6）2；

（7）1；（8）0.

4.（1）0；（2）0；（3）0；（4）0.

5.（1）$a=-7$，$b=6$；（2）$a=-4$，$b=-4$.

习题 1-6

1.（1）3；（2）$\frac{7}{3}$；（3）1；（4）2；（5）$\cos\alpha$；（6）5.

2.（1）e^2；（2）e；（3）1；（4）e^{-1}；（5）e^3；（6）e.

习题 1-7

1. $x^2-x^3=o(2x-x^2)$.

2. 同阶但不等价.

3. 略.

4.（1）$\frac{3}{2}$；（2）$\begin{cases}0, & n>m,\\ 1, & n=m,\\ \infty, & n<m;\end{cases}$（3）0；（4）0；（5）$\frac{1}{2}$；（6）1.

5. 略.

习题 1-8

1. 略.

2.（1）$x=1$ 为可去间断点，补充 $f(1)=-2$，$x=2$ 为无穷间断点；

（2）$x=0$ 为跳跃间断点；

（3）$x=0$ 为可去间断点，补充 $f(0)=0$；

（4）$x=0$ 为可去间断点，补充 $f(0)=0$，$x=1$ 为无穷间断点；

（5）$x=1$ 为跳跃间断点；

（6）$x=0$ 为跳跃间断点.

3. $a=1$.

4. $a=2$，$b=2$.

习题 1-9

1.（1）[4，6]；（2）[-1，5].

2.（1）0；（2）$\frac{\pi}{4}$；（3）1.

3. 略.

4. 略.

5. 略.

6. 略.

第一章　自 测 题

一、选择题.

1. (B)；2. (A)；3. (A)；4. (C)；5. (C)；6. (C)；7. (D)；8. (B)；9. (B).

二、填空题.

1. 6；　2. x；　3. x^6+1；　4. $16x+7$；　5. x^2+1；

6. $\frac{1}{1-x}$；　7. $\frac{1}{2}$；　8. $\frac{1}{2}$；　9. 3；　10. -4，-4；　11. -3.

三、计算题.

1. $f(0)=\frac{2}{3}$.

2. $x=0$ 点为可去间断点，$x=1$ 点为可去间断点，$x=-1$ 点为无穷间断点.

3. $f(b)>0$，提示：用反证法.

4. $\lim\limits_{x\to 0}\dfrac{\frac{\sqrt{1+x}-1}{2}}{\sqrt{4+x}-2}=\frac{1}{2}\lim\limits_{x\to 0}\dfrac{\sqrt{4+x}+2}{\sqrt{1+x}+1}=1$，故 $\frac{\sqrt{1+x}-1}{2}\sim\sqrt{4+x}-2\quad(x\to 0)$.

5. 提示：令 $f(x)=e^x-x-2$，则 $f(x)$在$[0,2]$上连续，且 $f(0)=-1<0$，$f(2)=e^2-4>0$，故在$(0,2)$内，至少有一点 x_0，使 $f(x_0)=0$，即 $e^{x_0}-2=x_0$.

第　二　章

习题 2-1

1. -20.　　2. a.

3. $f'(x)=-\frac{1}{x^2}$，$f'(1)=-1$，$f'(-2)=-\frac{1}{4}$.

4. 略.

5. (1) $4x^3$；　(2) $\frac{2}{3}x^{-\frac{1}{3}}$；　(3) $-\frac{1}{2}x^{-\frac{3}{2}}$；　(4) $-3x^{-4}$；　(5) $\frac{7}{3}x^{\frac{4}{3}}$；　(6) $\frac{9}{4}x^{\frac{5}{4}}$.

6. 切线方程：$12x-y-16=0$；法线方程：$x+12y-98=0$.

7. 切线方程：$\frac{\sqrt{3}}{2}x+y-\frac{1}{2}\left(1+\frac{\sqrt{3}}{3}\pi\right)=0$；

　法线方程：$\frac{2\sqrt{3}}{3}x-y+\frac{1}{2}\left(1-\frac{4\sqrt{3}}{9}\pi\right)=0$.

8. $(2,4)$.

9. (1) $-f'(x_0)$；　(2) $2f'(x_0)$；　(3) $f'(0)$.

10. (1) 在 $x=0$ 处连续但不可导；　(2) 在 $x=0$ 处不连续且不可导；
　(3) 在 $x=0$ 处连续但不可导；　(4) $\alpha>1$ 时，在 $x=0$ 处连续且可导.

11. $f'_+(0)=0$，$f'_-(0)=-1$，则 $f'(0)$不存在.

12. 提示：设 $P_0(x_0,y_0)$点为双曲线 $xy=a^2$ 上任意一点，则过 P_0 点的切线方程：$y=-\frac{a^2}{x^2}x+\left(y_0+\frac{a^2}{x_0}\right)$，其切线与 x、y 轴交点分别为$\left(\frac{x_0(x_0y_0+a^2)}{a^2},0\right)$和$\left(0,\frac{x_0y_0+a^2}{x_0}\right)$，则 $S=\frac{1}{2}\left|\frac{x_0(x_0y_0+a^2)}{a^2}\right|\cdot\left|\frac{x_0y_0+a^2}{x_0}\right|=a^2$. 因点$(x_0,y_0)$为任意一点，故命题成立.

13. (1) $\bar{v}=7+3\Delta t$；　(2) $v\Big|_{t=2}=7$；　(3) $\bar{v}=6t-5+3\Delta t$；　(4) $v=6t-5$.

14. 略.

15. 物体的比热：$c=\lim\limits_{\Delta T\to 0}\dfrac{Q(T+\Delta T)-Q(T)}{\Delta T}$.

习题 2-2

1. (1) $y'=-\dfrac{1}{x^2}-\dfrac{1}{\sqrt{x}}+\dfrac{3}{2}\sqrt{x}$；

(2) $y'=\dfrac{1}{2\sqrt{x}}(\cot x+1)-\sqrt{x}\csc^2 x$；

(3) $y'=\dfrac{7}{2}x^{\frac{5}{2}}+\dfrac{3}{2}x^{\frac{1}{2}}-\dfrac{1}{2}x^{-\frac{3}{2}}$；

(4) $y'=\dfrac{2}{(1-x)^2}$；　(5) $y'=\dfrac{1}{1+\sin 2x}$；　(6) $y'=\dfrac{-2\sin x}{(1-\cos x)^2}$；

(7) $y'=\dfrac{1}{1+\cos x}$；　(8) $y'=\tan x+x\cdot\sec^2 x+\sec x\tan x$；

(9) $y'=-\dfrac{2\csc x[(1+x^2)\cot x+2x]}{(1+x^2)^2}$；

(10) $y'=\sin x\ln x+x\cos x\ln x+\sin x$；　(11) $y'=-3\csc^2 x+\dfrac{1}{x\ln^2 x}$.

2. (1) $y'\Big|_{x=0}=3$，$y'\Big|_{x=\frac{\pi}{2}}=\dfrac{5}{16}\pi^4$；(2) $f'(4)=-\dfrac{1}{18}$；(3) $y'\Big|_{x=0}=\dfrac{3}{25}$；$y'\Big|_{x=2}=\dfrac{17}{15}$.

3. (1) $y'=3\sin(4-3x)$；　(2) $y'=2\arcsin x\cdot\dfrac{1}{\sqrt{1-x^2}}$；

(3) $y'=\dfrac{2x}{1+x^2}$；　(4) $y'=\dfrac{1}{x\sqrt{1-x^2}}$；　(5) $y'=\dfrac{e^x}{1+e^{2x}}$；

(6) $y'=\dfrac{1}{2\sqrt{x}(1+x)}e^{\arctan\sqrt{x}}$；(7) $y'=\dfrac{-1}{x^2+1}$；

(8) $y'=\dfrac{1}{(x-1)\ln(x-1)}$；(9) $y'=\dfrac{3}{2\sqrt{3t-9t^2}}$；

(10) $y'=\dfrac{1}{6}\cot\dfrac{x+3}{2}\cdot\left(\ln\sin\dfrac{x+3}{2}\right)^{-\frac{2}{3}}$；

(11) $y'=n\sin^{n-1}x\cos(n+1)x$；

(12) $y'=\sec^2\dfrac{x}{2}\tan\dfrac{x}{2}+\csc^2\dfrac{x}{2}\cot\dfrac{x}{2}$；　(13) $y'=\dfrac{2\ln(x+e^{3+2x})(1+2e^{3+2x})}{x+e^{3+2x}}$；

(14) $y'=-\dfrac{1}{x^2}e^{\tan\frac{1}{x}}\left(\cos\dfrac{1}{x}+\sin\dfrac{1}{x}\cdot\sec^2\dfrac{1}{x}\right)$；　(15) $y'=-\dfrac{1}{\cos x}$；

(16) $y'=-\dfrac{2}{3}\cot\dfrac{x+1}{3}\csc^2\dfrac{x+1}{3}-\dfrac{x}{2}\csc^2\dfrac{x^2+1}{4}$；　(17) $y'=\arcsin\dfrac{x}{2}$；

(18) $y'=\dfrac{(x^2-1)\sec^2\left(x+\dfrac{1}{x}\right)}{2x^2\sqrt{1+\tan\left(x+\dfrac{1}{x}\right)}}$；　(19) $y'=\dfrac{x^{\frac{1}{x}}(1-\ln x)}{x^2}$；

(20) $y'=(\ln x)^x\left(\ln(\ln x)+\dfrac{1}{\ln x}\right)$.

4. $y'=\dfrac{f(x)\cdot f'(x)+g(x)\cdot g'(x)}{\sqrt{f^2(x)+g^2(x)}}$.

5. (1) $\dfrac{dy}{dx}=2e^{2x}f'(e^{2x})$;

(2) $\dfrac{dy}{dx}=\sin 2x[f'(\sin^2 x)-f'(\cos^2 x)]$;

(3) $\dfrac{dy}{dx}=2f'[\ln^2(x+a)]\cdot\dfrac{\ln(x+a)}{x+a}$;

(4) $\dfrac{dy}{dx}=\dfrac{2x}{x^2+a}f'[\ln(x^2+a)]$.

6. 切线方程：$2x-y=0$；

法线方程：$x+2y=0$.

7. 切线方程：$2x+y-2=0$ 及 $2x-y+2=0$.

8. (1) $v(t)=v_0-gt$；　　(2) $t=\dfrac{v_0}{g}$.

习题 2-3

1. (1) $y''=4-\dfrac{1}{x^2}$；　　(2) $y''=4e^{2x-1}$；

(3) $y''=-\dfrac{2(1+x^2)}{(1-x^2)^2}$；　　(4) $y''=\dfrac{e^x(x^2-2x+2)}{x^3}$；

(5) $y''=-\dfrac{x}{(1+x^2)^{\frac{3}{2}}}$；　　(6) $y''=2\arctan x+\dfrac{2x}{1+x^2}$；

(7) $y''=e^{-t}\cdot\cot t+2e^{-t}\cdot\csc^2 t\cdot(1+\cot t)$；　　(8) $y''=-\dfrac{1}{2}\csc^2\dfrac{x}{2}\cot\dfrac{x}{2}$.

2. 提示：$y''=(y')'=(-C_1\sin x+C_2\cos x)'=-C_1\cos x-C_2\sin x=-y$.

3. (1) $\dfrac{d^2y}{dx^2}=2f'(x^2)+4x^2f''(x^2)$；　　(2) $\dfrac{d^2y}{dx^2}=\dfrac{f''(\ln x)-f'(\ln x)}{x^2}$.

4. $s'\Big|_{t=3}=\dfrac{8}{9}$；$s''\Big|_{t=3}=\dfrac{2}{27}$.

5. (1) $e^x(x+n)$；(2) $(-1)^n e^{-x}$；(3) $(-1)^n\dfrac{2\cdot n!}{(1+x)^{n+1}}$；

(4) $2^{n-1}\sin\left[2x+(n-1)\dfrac{\pi}{2}\right]$；(5) $\dfrac{n}{5}(-1)^n\left[\dfrac{1}{(x-4)^{n+1}}-\dfrac{1}{(x+1)^{n+1}}\right]$；

(6) $\begin{cases}(-1)^n\dfrac{(n-2)!}{x^{n-1}}, & n\geqslant 2,\\ \ln x+1, & n=1.\end{cases}$

习题 2-4

1. (1) $\dfrac{dy}{dx}=\dfrac{ay-x^2}{y^2-ax}$；　　(2) $\dfrac{dy}{dx}=\dfrac{e^{x+y}-y}{x-e^{x+y}}$；　　(3) $\dfrac{dy}{dx}=-\dfrac{1+y\sin(xy)}{1+x\sin(xy)}$；

(4) $\frac{dy}{dx}=-\frac{xye^{xy}+2x\sin 2x+y}{x^2e^{xy}+x\ln x}$；　(5) $\frac{dy}{dx}=-\frac{e^y}{1+xe^y}$；　(6) $\frac{dy}{dx}=\frac{y^2}{y-xy-1}$.

2. (1) $\frac{d^2y}{dx^2}=\frac{e^{2y}(3-y)}{(2-y)^3}$；　(2) $\frac{d^2y}{dx^2}=-2\csc^2(x+y)\cdot\cot^3(x+y)$；

(3) $\frac{d^2y}{dx^2}=-\frac{1}{y^3}$；　(4) $\frac{d^2y}{dx^2}=\frac{\sin(x+y)}{[\cos(x+y)-1]^3}$.

3. (1) $\frac{dy}{dx}=(\ln x)^x\left(\ln\ln x+\frac{1}{\ln x}\right)$；　(2) $\frac{dy}{dx}=\left(\frac{x}{1+x}\right)^x\left(\ln\frac{x}{1+x}+\frac{1}{1+x}\right)$；

(3) $\frac{dy}{dx}=\frac{xy\ln y-y^2}{xy\ln x-x^2}$；

(4) $\frac{dy}{dx}=(\sin x)^{1+\cos x}(\cot^2x-\ln\sin x)-(\cos x)^{1+\sin x}(\tan^2x-\ln\cos x)$；

(5) $\frac{dy}{dx}=\frac{\sqrt{x+2}(3-x)^4}{(x+1)^5}\left[\frac{1}{2(x+2)}-\frac{4}{3-x}-\frac{5}{x+1}\right]$；

(6) $\frac{dy}{dx}=\frac{1}{5}\sqrt[5]{\frac{x-5}{\sqrt[5]{x^2+2}}}\left[\frac{1}{x-5}-\frac{2x}{5(x^2+2)}\right]$；

(7) $\frac{dy}{dx}=(x-c_1)^{l_1}(x-c_2)^{l_2}\cdots(x-c_n)^{l_n}\left[\frac{l_1}{x-c_1}+\frac{l_2}{x-c_2}+\cdots+\frac{l_n}{x-c_n}\right]$.

4. 切线方程：$3x-y+3=0$；

法线方程：$x+3y-9=0$.

5. (1) $\frac{dy}{dx}=\frac{2t-1}{2t}$；　(2) $\frac{dy}{dx}=-\tan t$；　(3) $\left.\frac{dy}{dx}\right|_{t=\frac{\pi}{4}}=0$.

6. (1) $\frac{d^2y}{dx^2}=-\frac{b}{a^2\sin^3t}$；　(2) $\frac{d^2y}{dx^2}=\frac{4}{9}e^{3t}$；　(3) $\frac{d^2y}{dx^2}=\frac{1}{f''(t)}$.

7. (1) 切线方程：$8x+y-24=0$；

法线方程：$x-8y+127=0$.

(2) 切线方程：$4x+3y-12a=0$；

法线方程：$3x-4y+6a=0$.

习题 2－5

1. $\Delta x=1$ 时，$\Delta y=18$，$dy=11$；

$\Delta x=0.1$ 时，$\Delta y=1.161$，$dy=1.1$；

$\Delta x=0.01$ 时，$\Delta y=0.110\,60$，$dy=0.11$.

2. (1) $dy=\left(-\frac{1}{x^2}+\frac{1}{\sqrt{x}}\right)dx$；　(2) $dy=\frac{1}{2\sqrt{x(1-x)}}dx$；

(3) $dy=\frac{2\ln(x+\sqrt{1+x^2})}{\sqrt{1+x^2}}dx$；　(4) $dy=e^{-x}[\sin(3-x)-\cos(3-x)]dx$；

(5) $dy=8x\tan(1+2x^2)\sec^2(1+2x^2)dx$；

(6) $dy=\frac{1}{x^2+1}dx$；　(7) $dy=-\frac{p\ln q}{q^x}dx$；　(8) $dy=\frac{1}{\cos x}dx$；

(9) $dy=\frac{e^y}{1-xe^y}dx$； (10) $dy=-\frac{1+y\sin(xy)}{1+x\sin(xy)}dx$.

3. (1) $\frac{dy}{dx}=-\tan t$； (2) $\frac{dy}{dx}=-\sqrt{\frac{1+t}{1-t}}$.

4. (1) $d^2y=-(2\sin x+x\cos x)dx^2$； (2) $d^2f(0)=4dx^2$；

(3) $d^ny=\frac{(-1)^{n-1}\cdot(n-1)!}{(1+x)^n}\cdot dx^n$.

5. (1) $2x+c$； (2) $\frac{3}{2}x^2+c$； (3) $\sin t+c$； (4) $\frac{1}{\omega}\sin\bar{\omega}t+c$； (5) $\ln(1+x)+c$；

(6) $-\frac{1}{2}e^{-2x}+c$； (7) $2\sqrt{x}+c$； (8) $e^{x^2}+c$； (9) $2\sin x$； (10) $\frac{1}{2x+3}$.

6. 大约减少 43.63 cm^2，大约增加 104.72 cm^2(提示：$S=\frac{1}{2}\alpha\cdot R$，$S'(\alpha)=\frac{1}{2}R$，$S'(R)=\frac{1}{2}\alpha$，$\alpha=60°=\frac{\pi}{3}$，$\Delta S\approx ds$).

7. $v\approx251\ cm^3$.

8. (1) 0.507 6； (2) 2.744 5； (3) −0.020 0；

(4) 0.965 1； (5) 9.986 7； (6) 0.521 6≈29°53′.

9. 略.

第二章 自测题

一、选择题.

1.(C)； 2.(B)； 3.(B)，(A)； 4.(B)； 5.(D)； 6.(D)； 7.(A)；
8.(D)； 9.(C)； 10.(D)； 11.(C)； 12.(A)； 13.(C)； 14.(B)； 15.(C).

二、填空题.

1. $(n+m)f'(a)$； 2. $\frac{1}{\sin^2(\sin1)}$； 3. m^n； 4. $\cos x^2$； 5. $\frac{e^{x+y}-y}{x-e^{x+y}}$；

6. $x^{\sin x}\left(\cos x\ln x+\frac{\sin x}{x}\right)$； 7. $\frac{1}{2\sqrt{x}}\left(1-\frac{1}{x}\right)$； 8. $\frac{a}{1+ax}$，$-\frac{a^2}{(1+ax)^2}$；

9. −1； 10. $-\frac{1}{K^2e^{2x}}$.

三、计算题.

1. $y=\frac{1}{2}[4x-\ln(e^{4x}+1)]$，$y'=\left(4-\frac{4e^{4x}}{e^{4x}+1}\right)\Big|_{x=0}=1$.

2. $$\frac{dy}{dx}\Big|_{\substack{x=0\\y=\frac{\pi}{4}}}=\frac{2e^{2x}-\frac{\ln y}{\sqrt{1-x^2}}}{\frac{\arcsin x}{y}+\frac{1}{\cos^2 y}}\Bigg|_{\substack{x=0\\y=\frac{\pi}{4}}}=1-\frac{1}{2}\ln\frac{\pi}{4}.$$

3. $$\frac{dy}{dx}\Big|_{t=0}=\frac{2^t\ln2+\frac{2t}{\sqrt{1-t^2}}}{-\sin t+\frac{1}{2}\frac{1}{\cos^2 t}}\Bigg|_{t=0}=\frac{\ln2}{\frac{1}{2}}=2\ln2.$$

4. $f(t)=\lim\limits_{x\to\infty}t\left[\left(1+\dfrac{1}{x}\right)^{x}\right]^{2t}=te^{2t}$，$f'(t)=e^{2t}+2te^{2t}=(1+2t)e^{2t}$.

5. $\dfrac{dy}{dx}=\dfrac{y'_t}{x'_t}=\dfrac{e^t}{e^{-t}-te^{-t}}=\dfrac{e^{2t}}{1-t}$，$\dfrac{d^2y}{d^2x}=\dfrac{2e^{2t}(1-t)+e^{2t}}{(1-t)^2}\cdot\dfrac{1}{(1-t)e^{-t}}=\dfrac{(3-2t)e^{3t}}{(1-t)^3}$.

6. $a=2$，$b=1$.

四、$dy=\dfrac{x}{2x-y}dx$.

五、$f'(x)$在 $x=0$ 处是连续的.

第 三 章

习题 3-1

1. 略.
2. $\xi=2$.
3. $\xi=\dfrac{5-\sqrt{43}}{3}$.
4. $\xi=\dfrac{14}{9}$.
5. $(-2,-1)$，$(-1,0)$，$(0,1)$，$(1,2)$.
6. 略.
7. 略.
8. 略.
9. 提示：(1) $f(x)=\sin x$；(2) $f(x)=e^x$，$[1,x]$；(3) $f(x)=\arctan x$，$[a,b]$；
(4) $f(x)=\ln(1+x)$，$(0,x)$；(5) $f(x)=x^n$，$[a,b]$.

习题 3-2

1. 略.
2. 不对，反例：$\lim\limits_{x\to\infty}\dfrac{x+\sin x}{x}$.
3. 略.
4. (1) $\dfrac{a}{b}$； (2) $a^a(\ln a-1)$； (3) 3； (4) $-\dfrac{1}{6}$； (5) 0； (6) 1； (7) 1；
(8) 0； (9) $-\dfrac{1}{2}$； (10) e； (11) 1； (12) 1； (13) 1； (14) $e^{-\frac{2}{\pi}}$.

习题 3-3

1. 略.
2. $(x-4)^4+11(x-4)^3+37(x-4)^2+21(x-4)-56$.
3. $\sqrt{x}=2+\dfrac{1}{4}(x-4)-\dfrac{1}{64}(x-4)^2+\dfrac{1}{512}(x-4)^3-\dfrac{15(x-4)^4}{2^4\times4!\,[4+\theta(x-4)]^{\frac{7}{2}}}$，$0<\theta<1$.
4. $\tan x=x+\dfrac{1+2\sin^2(\theta x)}{3\cos^4(\theta x)}x^3$，$0<\theta<1$.

5. $f(x)=1-6(x-1)+(x-1)^2$，0.820 9.

习题 3-4

1. (1) ×； (2) √； (3) √； (4) √.
2. (1) 增区间$(-\infty, 1]$，$[3, +\infty)$，减区间$[-1, 3]$；
   (2) 增区间$[2, +\infty)$，减区间$(0, 2]$；
   (3) 增区间$(-\infty, 0]$，减区间$(0, +\infty)$；
   (4) 增区间$[-1, 1]$，减区间$(-\infty, -1]$，$[1+\infty)$；
   (5) 增区间$\left[\frac{\pi}{3}, \frac{5\pi}{3}\right]$，减区间$\left[0, \frac{5}{3}\pi\right]$，$\left[\frac{5}{3}\pi, 2\pi\right]$；
   (6) 增区间$[1, e^2]$，减区间$(0, 1]$，$[e^2, +\infty)$；
   (7) 增区间$\left[\frac{1}{2}, +\infty\right]$，减区间$\left(0, \frac{1}{2}\right]$；
   (8) 增区间$\left[\frac{a}{2}, \frac{2}{3}a\right]$，$[a, +\infty)$，减区间$\left[\frac{2}{3}a, a\right]$.
3. 略.
4. 提示：$f(x)=\sin x-x$.
5. 提示：$F'(x)=\dfrac{xf'(x)-f(x)}{x^2}$；$g(x)=xf'(x)-f(x)$.

习题 3-5

1. (1) ×； (2) ×； (3) ×.
2. (1) 极大值 $f(0)=0$，极小值 $f(1)=-1$；
   (2) 极大值 $f(\pm 1)=1$，极小值 $f(0)=0$；
   (3) 极小值 $f(0)=0$； (4) 极小值 $f(e)=e$； (5) 极大值 $f\left(\frac{3}{4}\right)=\frac{5}{4}$；
   (6) 极大值 $f(0)=4$，极小值 $f(-2)=\frac{8}{3}$；
   (7) 极大值 $f\left(\frac{\pi}{4}+2k\pi\right)=\frac{\sqrt{2}}{2}e^{\frac{\pi}{4}+2k\pi}$，
   极小值 $f\left(\frac{5\pi}{4}+2k\pi\right)=-\frac{\sqrt{2}}{2}e^{\frac{5\pi}{4}+2k\pi}$ $(k=0, \pm 1, \pm 2, \cdots)$；
   (8) 极小值 $f\left(-\frac{1}{2}\ln 2\right)=2\sqrt{2}$； (9) 极大值 $f(e)=e^{e^{-1}}$；
   (10) 极大值 $f(1)=2$； (11) 无极值；
   (12) 极大值 $f\left(\frac{\pi}{2}\right)=1$，$f\left(\frac{5\pi}{4}\right)=-\frac{\sqrt{2}}{2}$；
   极小值 $f\left(\frac{3\pi}{2}\right)=-1$，$f\left(\frac{\pi}{4}\right)=\frac{\sqrt{2}}{2}$，$f(\pi)=-1$.
3. $a=-\frac{2}{3}$，$b=-\frac{1}{6}$.

4. 略.

5. $a=2$.

习题 3-6

1. (1) 最大值 $f(0)=5$，最小值 $f(-2)=-\frac{17}{3}$；

(2) 最大值 $f(4)=8$，最小值 $f(0)=0$；

(3) 最小值 $f(0)=0$；

(4) 最大值 $f(2)=\ln 5$，最小值 $f(0)=0$；

(5) 最小值 $f(e^{-2})=-2e^{-1}$；

(6) 最大值 $f(1)=f\left(-\frac{1}{2}\right)=\frac{1}{2}$，最小值 $f(0)=0$；

(7) 最大值 $f(4)=\frac{3}{5}$，最小值 $f(0)=-1$；

(8) 最大值 $f(\pm 1)=e^{-1}$，最小值 $f(0)=0$.

2. $\frac{a}{6}$.　　3. $\varphi=\frac{2}{3}\sqrt{6}$ (rad).　　4. 长为 18 m，宽为 12 m.

5. $\sqrt{2}a$，$\sqrt{2}b$.　　6. $h=\frac{2\sqrt{3}}{3}R$.　　7. $t=5$(h).

8. $x=\frac{x_1+x_2+\cdots+x_n}{n}$.

9. 50 000 个单位，最大利润 30 000 元.

习题 3-7

1. (1) 凸区间$\left(\frac{1}{3}, +\infty\right)$，凹区间$\left(-\infty, \frac{1}{3}\right)$，拐点$\left(\frac{1}{3}, \frac{2}{27}\right)$；

(2) 凸区间 $\left(-\infty, -\frac{\sqrt{2}}{2}\right)\cup\left(0, \frac{\sqrt{2}}{2}\right)$，凹区间 $\left(-\frac{\sqrt{2}}{2}, 0\right)\cup\left(\frac{\sqrt{2}}{2}, +\infty\right)$，拐点 $\left(-\frac{\sqrt{2}}{2}, \frac{7\sqrt{2}}{8}\right)$，$\left(\frac{\sqrt{2}}{2}, -\frac{7\sqrt{2}}{8}\right)$，$(0, 0)$.

(3) 凹区间，无拐点；

(4) 凸区间$(-1, 0)\cup(\sqrt[3]{2}, +\infty)$，凹区间$(0, \sqrt[3]{2})$，拐点$(0, 0)$，$(\sqrt[3]{2}, \ln 3)$；

(5) 凸区间$\left(\frac{1}{2}, +\infty\right)$，凹区间$\left(-\infty, \frac{1}{2}\right)$，拐点$\left(\frac{1}{2}, e^{\arctan\frac{1}{2}}\right)$；

(6) 凸区间$(0, +\infty)$，凹区间$(-\infty, 0)$，拐点$(0, 0)$.

2. 略.　　3. $a=-\frac{3}{2}$，$b=\frac{9}{2}$.　　4. $k=\pm\frac{\sqrt{2}}{8}$.

5. (1) 垂直渐近线 $x=0$；

(2) 垂直渐近线 $x=0$，水平渐近线 $y=2$；

(3) 垂直渐近线 $x=1$，斜渐近线 $y=x+2$；

(4) 垂直渐近线 $x=0$，水平渐近线 $y=1$.

习题 3－8

1. (1) $C(900)=1\,775$，$\dfrac{C(900)}{900}=1.97$；

(2) $\dfrac{C(1\,000)-C(900)}{100}=1.58$；

(3) $C'(900)=1.5$，$C'(100)=1.67$.

2. (1) 12 000，120，95；　　(2) 8 800，88，65.

3. $4x$，　α.

4. $\eta=\dfrac{1}{4}p$，　$\eta(3)=\dfrac{3}{4}$，$\eta(4)=1$，　$\eta(5)=\dfrac{5}{4}$.

第三章　自测题

一、选择题．

1. (C)；　2. (B)；　3. (C)；　4. (B)；　5. (B)；　6. (B)；　7. (D)；
8. (D)；　9. (B)；　10. (D)；　11. (C)；　12. (D)，(C)；　13. (B)；
14. (C)，(D)；　15. (B).

二、填空题．

1. $f'(x)\equiv 0$.　2. 3 个，$(-3,\ -2)$，$(-2,\ -1)$，$(-1,\ 0)$.　3. 充分．　4. 大于．　5. 0.
6. $(-\infty,\ 0)$，$(0,\ +\infty)$.　7. $x=-1, 2$.　8. 0，小，C.　9. e，$y=\mathrm{e}$.　10. $8\dfrac{8}{9}$，0.

三、求下列各题．

1. $F'(1)=1$.　2. $f'(0)=(-1)^n n!$．　3. 1.
4. $a=0$，$b=-3$，$x=1$ 时有极小值，此时 $f(1)=-2$，$x=-1$ 时有极大值，此时 $f(-1)=2$.
5. $A=20$.

四、$P\left(\pm\dfrac{1}{\sqrt{3}},\ \dfrac{2}{3}\right)$.

第　四　章

习题 4－1

1. (1) $-\dfrac{2}{\sqrt{x}}-\ln|x|+\mathrm{e}^x+C$；　(2) $\dfrac{4^x}{\ln 4}+\dfrac{2\times 6^x}{\ln 6}+\dfrac{9^x}{\ln 9}+C$；

(3) $\dfrac{4(x^2+7)}{7\sqrt[4]{x}}+C$；　(4) $\arctan x-\dfrac{1}{x}+C$；

(5) $\sin x-\cos x+C$；　(6) $\dfrac{1}{2}x-\dfrac{1}{2}\sin x+C$；

(7) $\dfrac{x^3}{3}-x+\arctan x+C$；　(8) $\dfrac{-2}{\ln 5}\left(\dfrac{1}{5}\right)^x+\dfrac{1}{5\ln 2}\left(\dfrac{1}{2}\right)^x+C$；

(9) $\dfrac{6}{13}x^{\frac{13}{6}}-\dfrac{6}{7}x^{\frac{7}{6}}+C$；　(10) $\mathrm{e}^x-2\sqrt{x}+C$.

2. $y=\ln|x|+1$.

习题 4－2

1. (1) $\frac{1}{7}$； (2) $\frac{1}{12}$； (3) $-\frac{1}{2}$； (4) $\frac{1}{3}$；

(5) $\frac{\sin(\omega t+\varphi)}{\omega}$； (6) $\frac{1}{k}e^{kx}$； (7) $\sqrt{x^2+a^2}$； (8) $\frac{1}{2}\sin^2 x$.

2. (1) $-\frac{1}{7}(1-x)^7+C$； (2) $\frac{2}{9}(2+3x)^{\frac{3}{2}}+C$；

(3) $\frac{1}{12}(1+2x^2)^3+C$； (4) $\frac{1}{a}\ln|ax+b|+C$；

(5) $\ln(1+e^x)+C$； (6) $e^{e^x}+C$；

(7) $-\frac{1}{3}\cos(3x+2)+C$； (8) $-2\cos\sqrt{t}+C$；

(9) $-\frac{4}{3}(1-\sqrt{x})^{\frac{3}{2}}+C$； (10) $\ln|\ln\ln x|+C$；

(11) $-\ln|\cos\sqrt{1+x^2}|+C$； (12) $\arctan e^x+C$；

(13) $-\frac{3}{4}\ln|1-x^4|+C$； (14) $-\frac{1}{3\omega}\cos^3(\omega t+\varphi)+C$；

(15) $\frac{3}{2}\sqrt[3]{(\sin x-\cos x)^2}+C$； (16) $\sin x-\frac{\sin^3 x}{3}+C$；

(17) $\frac{t}{2}+\frac{1}{4\omega}\sin 2(\omega t+\varphi)+C$； (18) $\frac{1}{3}\sin\frac{3x}{2}+\sin\frac{x}{2}+C$；

(19) $\ln|\tan x|+C$； (20) $-\frac{1}{10}\cos 5x+\frac{1}{2}\cos x+C$；

(21) $\frac{1}{3}\sec^3 x-\sec x+C$； (22) $-\frac{10^{2\arccos x}}{2\ln 10}+C$；

(23) $(\arctan\sqrt{x})^2+C$； (24) $-\frac{1}{x\ln x}+C$；

(25) $\frac{1}{2}(\ln\tan x)^2+C$； (26) $\arccos\frac{1}{|x|}+C$；

(27) $\sqrt{x^2-9}-3\arccos\frac{3}{|x|}+C$； (28) $\frac{a^2}{2}\left(\arcsin\frac{x}{a}-\frac{x}{a^2}\sqrt{a^2-x^2}\right)+C$；

(29) $\sqrt{2x}-\ln(1+\sqrt{2x})+C$； (30) $\frac{1}{3}\ln\left|\frac{x-2}{x+1}\right|+C$；

(31) $\frac{1}{2}\arctan\frac{x+1}{2}+C$； (32) $\frac{1}{\sqrt{1+x^2}}+\sqrt{1+x^2}+C$；

(33) $\frac{1}{2}\arctan x-\frac{x}{2(1+x^2)}+C$； (34) $-\frac{\sqrt{x^2+a^2}}{a^2 x}+C$；

(35) $-\frac{1}{14}\ln|x^7+2|+\frac{1}{2}\ln|x|+C$； (36) $\ln\frac{\sqrt{1+e^x}-1}{\sqrt{1+e^x}+1}+C$；

(37) $\sqrt{1+x^2}-\ln(1+\sqrt{1+x^2})+C$； (38) $-\frac{1}{\sqrt{x^2+2x}}+C$.

3. $-\frac{1}{2}(1-x^2)^2+C.$

4. $-\frac{1}{x-2}-\frac{1}{3}(x-2)^3+C.$

习题 4－3

1. (1) $-\frac{1}{2}x\cos 2x+\frac{1}{4}\sin 2x+C$； (2) $x(\ln x)^2-2x\ln x+2x+C$；

(3) $-\frac{1}{2}\cot x\csc x+\frac{1}{2}\ln|\csc x-\cot x|+C$；

(4) $\frac{x}{2}[\sin(\ln x)-\cos(\ln x)]+C$； (5) $-\frac{1}{2}x^2e^{-x^2}-\frac{1}{2}e^{-x^2}+C$；

(6) $2\sqrt{x}e^{\sqrt{x}}-2e^{\sqrt{x}}+C$； (7) $\ln x(\ln\ln x-1)+C$；

(8) $\frac{1}{2}(\ln\tan x)^2+C$； (9) $-\frac{2}{17}e^{-2x}\left(\cos\frac{x}{2}+4\sin\frac{x}{2}\right)+C$；

(10) $\frac{1}{3}x^3\arctan x-\frac{1}{6}x^2+\frac{1}{6}\ln(1+x^2)+C$；

(11) $\frac{1}{(1-n)x^{n-1}}\left(\ln x-\frac{1}{1-n}\right)+C$； (12) $-x\cot x+\ln|\sin x|+C$；

(13) $-\frac{1}{4}x\cos 2x+\frac{1}{8}\sin 2x+C$； (14) $x\ln(1+x^2)-2x+2\arctan x+C$；

(15) $\frac{x^2}{2}e^{x^2}+C$； (16) $-\frac{1}{2}x^4\cos x^2+x^2\sin x^2+\cos x^2+C$；

(17) $\sqrt{1+x^2}\arctan x-\ln(x+\sqrt{1+x^2})+C$；

(18) $x\tan x+\ln|\cos x|+C.$

3. $\frac{2}{x}(1-2\ln x)+C.$

习题 4－4

1. $-\frac{1}{33(x-1)^{99}}-\frac{3}{49(x-1)^{98}}-\frac{6}{97(x-1)^{97}}-\frac{1}{48(x-1)^{96}}+C.$

2. $\frac{1}{3}x^3+\frac{1}{2}x^2+x+8\ln|x|-4\ln|x+1|-3\ln|x-1|+C.$

3. $\ln|x+1|-\frac{1}{2}\ln|x^2-x+1|+\sqrt{3}\arctan\frac{2x-1}{\sqrt{3}}+C.$

4. $\frac{1}{x+1}+\frac{1}{2}\ln|x^2-1|+C.$

5. $-\frac{1}{2}\ln\frac{x^2+1}{x^2+x+1}+\frac{\sqrt{3}}{3}\arctan\frac{2x+1}{\sqrt{3}}+C.$

6. $\frac{x^3}{3}-\frac{x^2}{2}+3x-\frac{16}{3}\ln(x+2)+\frac{1}{3}\ln|x-1|+C.$

7. $\frac{u}{16(u^2+4)^2}+\frac{3u}{128(u^2+4)}+\frac{3}{256}\arctan\frac{u}{2}+C.$

8. $x+3\ln|x-3|-3\ln|x-2|+C.$

9. $\frac{1}{8}\cot^2\frac{x}{2}-\frac{1}{4}\ln\left|\tan\frac{x}{2}\right|+C.$

10. $\frac{1}{2}\ln|\tan x|+\frac{1}{2}\tan x+C.$

11. $\frac{1}{4}\tan^2\frac{x}{2}+\tan\frac{x}{2}+\frac{1}{2}\ln\left|\tan\frac{x}{2}\right|+C.$

12. $-\frac{1}{2}\ln\frac{1+\cos x}{1-\cos x}+\frac{1}{2\sqrt{2}}\ln\frac{\sqrt{2}+\cos x}{\sqrt{2}-\cos x}+C.$

13. $\frac{1}{2}(\sin x-\cos x)-\frac{1}{2\sqrt{2}}\ln\left|\csc\left(x+\frac{\pi}{4}\right)-\cot\left(x+\frac{\pi}{4}\right)\right|+C.$

14. $2\sqrt{x}-3\sqrt[3]{x}+6\sqrt[6]{x}-6\ln(1+\sqrt[6]{x})+C.$

15. $4\ln\left(\frac{\sqrt{x+3}+\sqrt{x-1}}{\sqrt{x+3}-\sqrt{x-1}}\right)+C.$

16. $2\sqrt{3-4x}-\sqrt{3}\ln\left|\frac{\sqrt{3-4x}+\sqrt{3}}{\sqrt{3-4x}-\sqrt{3}}\right|+C.$

17. $\ln\left|\frac{\sqrt{1-x}-\sqrt{1+x}}{\sqrt{1-x}+\sqrt{1+x}}\right|-2\arctan\sqrt{\frac{1-x}{1+x}}+C.$

18. $x-4\sqrt{1+x}+\ln(\sqrt{1+x}+1)^4+C.$

19. $3(1+x)^{\frac{1}{3}}-6(1+x)^{\frac{1}{6}}+6\ln[1+(1+x)^{\frac{1}{6}}]+C.$

20. $\frac{1}{\sqrt[3]{3x+2}+1}+\frac{5}{3}\ln\left|\sqrt[3]{3x+2}+1\right|+\frac{4}{3}\ln\left|\sqrt[3]{3x+2}-2\right|+C.$

习题 4－5

1. (1) $C_T(Q)=20000+100Q$，$R_T(Q)=400Q-\frac{Q^2}{2}+C$；

   (2) 一年养殖 300 头猪时，总利润最大．最大利润为 25 000 元．

2. (1) $y(x)=3623.83+0.6889x-0.000\,5x^2$；

   (2) 每公顷施氮肥 688.9 kg 时，小麦产量最高．最高产量为 3 861.12(kg/hm²)．

3. (1) $C_T(x)=0.1x^2+3x+30$；　(2) $L_T(x)=12x-0.1x^2-3x-30$；

   (3) 每天生产 45 单位时，才能获得最大利润．最大利润为 172.5 元．

4. (1) $R_T(Q)=200Q-\frac{Q^2}{200}$；(2) 总收益将增加 19 850 元．

5. $N=N_0e^{a(\sigma-\sigma_0)^t}$.

第四章　自 测 题

一、填空题．

1. $f(x)+C$；　2. $e^x+\tan x+C$；　3. $x\ln|x|+C$；　4. $2\sqrt{e^x-1}-2\arctan\sqrt{e^x-1}+C$；

5. $\frac{1}{\ln 2}\arcsin 2^x+C$；　6. $-\sqrt{\frac{1-x^2}{x^2}}+C$；　7. $-\ln(1+\sqrt{4-x^2})+C$；

8. $-\frac{1}{1+\tan x}+C$；　9. $\frac{2-x}{4(x^2+2)}+\ln\sqrt{x^2+2}-\frac{\sqrt{2}}{8}\arctan\frac{x}{\sqrt{2}}+C$；

10. $\ln\left|x+\sqrt{x^2-3^2}\right|-\dfrac{1}{x}\sqrt{x^2-3^2}+C$.

二、选择题.

1.(C); 2.(B); 3.(D); 4.(A); 5.(B); 6.(C); 7.(A); 8.(B).

三、略.

四、$I_n=x(\ln x)^n-nI_{n-1}(n\geqslant 1)$.

五、(1) $V=4t^3+3\cos t+2$; (2) $s=t^4+2t+3\sin t$.

六、$\dfrac{x^2}{4-\dfrac{a^2}{b^2}}-\dfrac{y^2}{\dfrac{4b^2}{a^2}-1}=1$.

七、$L_T(Q)=4Q-\dfrac{Q^2}{2}-1$.

八、$y=\dfrac{Y_0}{1+Ce^{-rt}}$，其中 $C=\dfrac{Y_0-y_0}{y_0}$.

第五章

习题 5-1

1. (1) $\dfrac{1}{2}$; (2) $e-1$.

2. (1) 正; (2) 正; (3) 负.

3. (1) $\int_0^1 x\mathrm{d}x\geqslant\int_0^1 x^2\mathrm{d}x\geqslant\int_0^1 x^3\mathrm{d}x$; (2) $\int_3^4\ln x\mathrm{d}x\leqslant\int_3^4\ln^2 x\mathrm{d}x\leqslant\int_3^4\ln^3 x\mathrm{d}x$.

4. (1) $6\leqslant I\leqslant 51$; (2) $1\leqslant I\leqslant e$; (3) $\dfrac{\pi}{9}\leqslant I\leqslant\dfrac{2\pi}{3}$; (4) $-2e^2\leqslant I\leqslant -2e^{-\frac{1}{4}}$.

5. 证明略.

习题 5-2

1. (1) 0; (2) $\dfrac{21}{8}$; (3) $\ln 2$; (4) $\dfrac{271}{6}$; (5) $1-\dfrac{\pi}{4}$;

   (6) $\dfrac{\sqrt{2}}{2}\left(\arctan\dfrac{5\sqrt{2}}{2}-\arctan\dfrac{3\sqrt{2}}{2}\right)$; (7) $\dfrac{\pi}{6}$; (8) $1-\dfrac{1}{\sqrt{e}}$.

2. (1) 4; (2) $\dfrac{4}{5}$; (3) $\dfrac{5}{6}$.

3. (1) $\dfrac{\sin 2x}{x}$; (2) $-\dfrac{2x^3\sin(x^2)}{1+\cos^2(x^2)}$;

   (3) $\dfrac{3x^2}{\sqrt{1+x^{12}}}-\dfrac{2x}{\sqrt{1+x^8}}$; (4) 1.

4. 极小值点(0，0).

5. $y_{最小}=0$; $y_{最大}=\dfrac{5\sqrt{3}}{9}$.

6. $f(x)=4x+5$; $a=\dfrac{1}{2}$ 或 $a=-3$.

7. 略.

8. 略.

习题 5－3

1. (1) $\frac{51}{512}$；　(2) $\frac{\pi}{2}$；　(3) $1-\frac{\pi}{4}$；　(4) $\sqrt{2}-\frac{2\sqrt{3}}{3}$；

(5) $\frac{1}{6}$；　(6) $\frac{2}{3}$；　(7) $\frac{2}{\sqrt{5}}\arctan\left(\frac{\sqrt{5}}{5}\right)$；　(8) $\ln\frac{4}{3}$；

(9) $\pi-\frac{4}{3}$；　(10) $\frac{5\pi}{64}-\frac{1}{8}$；　(11) $2(\sqrt{3}-1)$；

(12) $2(1-\sqrt{e-1})-\frac{\pi}{2}+2\arctan(\sqrt{e-1})$.

2. (1) $1-\frac{2}{e}$；　(2) $\frac{1}{4}(e^2+1)$；　(3) $8\ln2-4$；　(4) $\frac{\pi}{4}-\frac{1}{2}$；

(5) $\frac{1}{2}\left(e^{\frac{\pi}{2}}-\frac{1}{2}\right)$；　(6) $\frac{\pi^3}{6}-\frac{\pi}{4}$；　(7) $\frac{1}{2}(e\sin1-e\cos1+1)$；　(8) $\frac{35}{256}\pi$.

3. (1) 0；　(2) $\frac{3}{2}\pi$；　(3) $\frac{\pi^3}{324}$；　(4) 0.

4. 提示：(1) 令 $t=1-x$；(2) 令 $t=a+b-x$；(3) $f(x^2)$为偶函数.

5. 提示：(1) 令 $x=\frac{\pi}{2}-t$；(2) 令 $x=\pi-t$.

6. 分部积分.

习题 5－4

1. (1) $\frac{1}{3}$；　(2) $\frac{1}{a}$；　(3) $\frac{\pi}{4}+\frac{1}{2}\ln2$；　(4) $1-\ln2$；　(5) π；

(6) $\frac{a}{a^2+b^2}$；　(7) 发散；　(8) $-\frac{1}{2}$；　(9) 发散；　(10) $\frac{\pi}{2}$；

(11) 发散；　(12) 1；　(13) 24；　(14) $\frac{1}{8}\sqrt{\frac{\pi}{2}}$.

2. $\frac{945}{32}\sqrt{\pi}$.

3. $\frac{6}{\lambda^4}$.

4. $k>1$ 时，收敛；$k\leqslant1$ 时，发散.

习题 5－5

1. (a) $\frac{1}{6}$；　(b) 1；　(c) $\frac{32}{3}$.

2. (1) $\frac{3}{2}-\ln2$；　(2) $e+\frac{1}{e}-2$；　(3) $\frac{7}{6}$；　(4) $\frac{3}{8}\pi a^2$；　(5) πa^2；

(6) $18\pi a^2$；　(7) $\frac{5}{4}\pi$；　(8) $\frac{\pi}{6}+\frac{1-\sqrt{3}}{2}$.

3. $\frac{16}{3}p^2$.　4. $2\pi+\frac{4}{3}$，$6\pi-\frac{4}{3}$.　5. $2\pi ab^2$.　6. $\frac{128\pi}{7}$；$\frac{64}{5}\pi$.　7. π^2r^2b.　8. $\frac{a}{2}\pi^2$.

9. $\frac{a}{2}\left[2\pi\sqrt{1+4\pi^2}+\ln(2\pi+\sqrt{1+4\pi^2})\right]$.　10. $\frac{\pi}{4}\cdot R^4$.　11. 0.25.

12. (1) 9 987.5；　(2) 19 850.

第五章　自测题

一、判断题.

1. ×；　2. √；　3. ×；　4. ×；　5. ×；

6. √；　7. ×；　8. √.

二、选择题.

(1) A B C D；(2)A B C D；(3)D；(4)A；(5)C；(6)A C；(7)B C；(8)B；(9)A B.

三、计算题.

1. $\frac{25-\ln 26}{2}$；　2. 0；　3. $4-\arctan 2$；　4. $2-\frac{\pi}{2}$；

5. π；　6. 1；　7. $2-\frac{2}{e}$；　8. 1；　9. $\frac{1}{2}$.

四、1. $f'(x)=\ln x-2x\ln x$，$f'\left(\frac{1}{2}\right)=\ln 2$；　2. $b=e$；

3. $p>1$ 时收敛，$p\leqslant 1$ 时发散.

五、$\frac{9}{4}$.

六、$\frac{1}{3}\pi R^2H$.

七、(1) $x=4$(百台)；　(2) 0.5(万元).

第　六　章

习题 6－1

1. $d_0=\sqrt{14}$；　$d_x=\sqrt{13}$；　$d_y=\sqrt{10}$；　$d_z=\sqrt{5}$；
   $d_{xOy}=3$；　$d_{yOz}=1$；　$d_{xOz}=2$.
2. 略.
3. $x^2+y^2+z^2-2x-6y+4z=0$.
4. $\begin{cases}x^2+y^2=4,\\ z=0.\end{cases}$
5. $\begin{cases}x^2+y^2+(1-x)^2=9,\\ z=0.\end{cases}$
6. (1) 平面 $x=3$ 上的圆；　(2) 平面 $y=1$ 上的椭圆.
7. 略.

习题 6－2

1. (1) $D=\{(x, y) \mid x^2+2y^2\neq 0\}$；

（2）$D=\{(x,\ y)\mid x-2y+1>0\}$；

（3）$D=\{(x,\ y)\mid \frac{x^2}{a^2}+\frac{y^2}{b^2}\leqslant 1\}$；

（4）$D=\{(x,\ y)\mid x>y,\ x>-1\}$；

（5）$D=\{(x,\ y)\mid y\geqslant 0,\ x\geqslant 0,\ x^2\geqslant y\}$；

（6）$D=\{(x,\ y)\mid x>0,\ -x\leqslant y\leqslant x\}\cup\{(x,\ y)\mid x<0,\ x\leqslant y\leqslant -x\}$.

2. 略 .

3.（1）23；　　（2）$\frac{1}{x^3}-\frac{4}{xy}+\frac{12}{y^2}$；

（3）$1-\frac{2y}{x}+\frac{3y^2}{x^2}$；　　（4）$-2x+6y+3h$.

4. $f(x)=x^2-1$.

习题 6－3

1.（1）1；　（2）0；　（3）$-1/4$；　（4）1；　（5）6.

2. 略 .

3.（1）$\{(x,\ y)\mid y^2=x\}$；　　（2）$\{(x,\ y)\mid x^2+y^2\geqslant 1\}$.

习题 6－4

1.（1）$\frac{\partial z}{\partial x}=-\frac{y}{x^2+y^2}$，$\frac{\partial z}{\partial y}=\frac{x}{x^2+y^2}$；

（2）$\frac{\partial z}{\partial x}=3x^2y-y^3$，$\frac{\partial z}{\partial y}=x^3-3y^2x$；

（3）$\frac{\partial z}{\partial x}=y[\cos(xy)-\sin(2xy)]$，$\frac{\partial z}{\partial y}=x[\cos(xy)-\sin(2xy)]$；

（4）$\frac{\partial z}{\partial x}=\frac{1}{y}\cos\frac{x}{y}+\mathrm{e}^{-xy}-xy\mathrm{e}^{-xy}$，$\frac{\partial z}{\partial y}=-\frac{x}{y^2}\cos\frac{x}{y}-x^2\mathrm{e}^{-xy}$；

（5）$\frac{\partial u}{\partial x}=\frac{z}{y}\left(\frac{x}{y}\right)^{z-1}$，$\frac{\partial u}{\partial y}=-\frac{zx^z}{y^{z+1}}$，$\frac{\partial u}{\partial z}=\left(\frac{x}{y}\right)^z\ln\frac{x}{y}$；

（6）$\frac{\partial u}{\partial x}=-\frac{2xz}{(x^2+y^2)^2}$，$\frac{\partial u}{\partial y}=-\frac{2yz}{(x^2+y^2)^2}$，$\frac{\partial u}{\partial z}=\frac{1}{x^2+y^2}$.

2.（1）$\left.\frac{\partial z}{\partial x}\right|_{\substack{x=1\\y=1}}=1$，$\left.\frac{\partial z}{\partial y}\right|_{\substack{x=1\\y=1}}=1+2\ln 2$；

（2）$\left.\frac{\partial z}{\partial x}\right|_{\substack{x=2\\y=\pi}}=\frac{\pi}{4}\sin\frac{2}{\pi}$，$\left.\frac{\partial z}{\partial y}\right|_{\substack{x=2\\y=\pi}}=-\frac{1}{2}\sin\frac{2}{\pi}$.

3.（1）$\frac{\partial^2 z}{\partial x^2}=\frac{2}{y}\sec^2\frac{x^2}{y}+\frac{8x^2}{y^2}\sec^3\frac{x^2}{y}\sin\frac{x^2}{y}$，

$\frac{\partial^2 z}{\partial y^2}=\frac{2x^2}{y^3}\sec^2\frac{x^2}{y}+\frac{2x^4}{y^4}\sec^3\frac{x^2}{y}\sin\frac{x^2}{y}$，

$\frac{\partial^2 z}{\partial x\partial y}=-\frac{2x}{y^2}\sec^2\frac{x^2}{y}+\frac{4x^3}{y^3}\sec^3\frac{x^2}{y}\sin\frac{x^2}{y}$.

(2) $\dfrac{\partial^2 z}{\partial x^2}=-\dfrac{3xy^2}{(x^2+y^2)^{\frac{5}{2}}}$，$\dfrac{\partial^2 z}{\partial y^2}=\dfrac{x(2y^2-x^2)}{(x^2+y^2)^{\frac{5}{2}}}$.

(3) $\dfrac{\partial^2 z}{\partial x^2}=\dfrac{xy^3}{\sqrt{(1-x^2y^2)^3}}$，$\dfrac{\partial^2 z}{\partial x\partial y}=\dfrac{1}{\sqrt{(1-x^2y^2)^3}}$.

(4) $\dfrac{\partial^2 z}{\partial y^2}=\dfrac{\ln x(\ln x-1)}{y^2}y^{\ln x}$，$\dfrac{\partial^2 z}{\partial x\partial y}=\dfrac{(\ln x\ln y+1)}{xy}y^{\ln x}$.

(5) $\dfrac{\partial^3 u}{\partial x\partial y\partial z}=(1+3xyz+x^2y^2z^2)e^{xyz}$.

4. 略.

习题 6－5

1. (1) $dz=\left(y+\dfrac{1}{y}\right)dx+\left(x-\dfrac{x}{y^2}\right)dy$；

(2) $dz=\dfrac{1}{\sqrt{y^2-x^2}}dx-\dfrac{x}{y\sqrt{y^2-x^2}}dy$；

(3) $dz=\dfrac{x}{x^2+y^2}dx-\dfrac{y}{x^2+y^2}dy$；

(4) $du=e^x[(x^2+y^2+z^2+2x)dx+2ydy+2zdz]$.

2. $df(1, 1, 1)=dx-dy$.　　3. 0.005.　　4. 0.502.　　5. $-30\pi\ cm^3$.

习题 6－6

1. (1) $\dfrac{dz}{dx}=\dfrac{1}{1+x^2}$；

(2) $\dfrac{\partial z}{\partial u}=3u^2\sin v\cos v(\cos v-\sin v)$，

$\dfrac{\partial z}{\partial v}=-2u^3\sin v\cos v(\sin v+\cos v)+u^3(\sin^3 v+\cos^3 v)$；

(3) $\dfrac{\partial z}{\partial u}=e^{uv}[v\sin(u+v)+\cos(u+v)]$，

$\dfrac{\partial z}{\partial v}=e^{uv}[u\sin(u+v)\cos(u+v)]$；

(4) $\dfrac{\partial z}{\partial x}=2xf'_1+ye^{xy}f'_2$，$\dfrac{\partial z}{\partial y}=-2yf'_1+xe^{xy}f'_2$，

$\dfrac{\partial^2 z}{\partial x^2}=2f'_1+y^2e^{xy}f'_2+4x^2f''_{11}+4xye^{xy}f''_{12}+y^2e^{2xy}f''_{22}$，

$\dfrac{\partial^2 z}{\partial x\partial y}=-4xyf''_{11}+2x^2e^{xy}f''_{12}+(1+xy)e^{xy}f'_2-2y^2e^{xy}f''_{12}+xye^{2xy}f''_{22}$；

(5) $\dfrac{\partial z}{\partial x}=-\dfrac{F'_1+F'_2}{F'_3}-1$；$\dfrac{\partial z}{\partial y}=-\dfrac{F'_2}{F'_3}-1$.

2. 略.

3. 略.

4. 略.

5. (1) $\dfrac{dy}{dx}=\dfrac{y^2-e^x}{\cos y-2xy}$;

(2) $\dfrac{\partial z}{\partial x}=\dfrac{yz-\sqrt{xyz}}{2\sqrt{xyz}-xy}$, $\dfrac{\partial z}{\partial y}=\dfrac{xz-2\sqrt{xyz}}{2\sqrt{xyz}-xy}$;

(3) $\dfrac{\partial^2 z}{\partial x^2}=\dfrac{1}{(e^z-xy)^3}(2y^2ze^z-2xy^3z-x^2z^2e^z)$, $\dfrac{\partial^2 z}{\partial x\partial y}=\dfrac{ze^{2z}-xyz^2e^z-x^2y^2z}{(e^z-xy)^3}$;

(4) $\dfrac{\partial^2 z}{\partial x\partial y}=\dfrac{xy}{(2-z)^3}$.

习题 6－7

1. (1) $f_{\max}(2, -2)=8$; (2) $f_{\min}(\sqrt[3]{a}, \sqrt[3]{a})=3\sqrt[3]{a^2}$.

2. $z_{\min}=\dfrac{a^2b^2}{a^2+b^2}$.

3. 当长、宽、高都是 $2a/\sqrt{3}$ 时，可得最大体积．

4. 最短距离为 $\sqrt{2}/2$.

5. $x=4.8$ kg，$y=1.2$ kg，利润为 229.6 万元．

6. $x=15$ 千元，$y=10$ 千元．

7. 产出分别为 5 和 7.5 个单位时，最大利润为 550.

第六章　自 测 题

一、判断题．

1. √； 2. √； 3. √； 4. √； 5. ×； 6. √；
7. ×； 8. √； 9. √； 10. √.

二、单项选择题．

1. (C)； 2. (D)； 3. (B)； 4. (B)； 5. (D)；
6. (D)； 7. (D)； 8. (D)； 9. (B)； 10. (B).

三、填空．

1. $6x+3y+2z-6=0$;

2. $\begin{cases} x^2+y^2-2z^2=0, \\ y=2; \end{cases}$

3. 不存在； 4. $(y\ln x-z)/(x\ln^2 y)$； 5. 1.

四、计算题．

1. $n\left(\dfrac{x-y+z}{x+y-z}\right)^{n-1}\cdot\dfrac{2(y-z)}{(x+y-z)^2}$; $n\left(\dfrac{x-y+z}{x+y-z}\right)^{n-1}\cdot\dfrac{2x}{(x+y-z)^2}$;

$du=2n\dfrac{(x-y+z)^{n-1}}{(x+y-z)^{n+1}}[(y-z)dx-xdy+xdz]$.

2. 最大值为 1/2，最小值为 −1/2.

3. 两个厂各生产 6 和 4 个单位，即总产量为 10 个单位时，利润最大．最大利润为 500 单位，这时价格为 80.

五、略.

第七章

习题 7-1

1. $M=\iint\limits_{D}\rho(x,y)\mathrm{d}\sigma$.

2. 略.

3. (1) $\iint\limits_{D}(x+y)\mathrm{d}\sigma\geqslant\iint\limits_{D}(x+y)^2\mathrm{d}\sigma$;

(2) $\iint\limits_{D}\ln(x+y)\mathrm{d}\sigma\geqslant\iint\limits_{D}[\ln(x+y)]^2\mathrm{d}\sigma$.

4. (1) $0\leqslant I\leqslant 3$; (2) $\pi\leqslant I\leqslant 3\pi$.

习题 7-2

1. $\frac{1}{\mathrm{e}}$. 2. $\ln\frac{4}{3}$. 3. $(\mathrm{e}-1)^2$. 4. $-\frac{\pi}{16}$.

5. (1) $\int_0^1\mathrm{d}x\int_{x-1}^{1-x}f(x,y)\mathrm{d}y$ 或 $\int_{-1}^0\mathrm{d}y\int_0^{1+y}f(x,y)\mathrm{d}x+\int_0^1\mathrm{d}y\int_0^{1-y}f(x,y)\mathrm{d}x$;

(2) $\int_1^3\mathrm{d}x\int_x^{3x}f(x,y)\mathrm{d}y$ 或 $\int_1^3\mathrm{d}y\int_{\frac{y}{3}}^{y}f(x,y)\mathrm{d}x+\int_3^9\mathrm{d}y\int_{\frac{y}{3}}^{3}f(x,y)\mathrm{d}x$;

(3) $\int_0^1\mathrm{d}x\int_{\frac{x}{2}}^{2x}f(x,y)\mathrm{d}y+\int_1^2\mathrm{d}x\int_{\frac{x}{2}}^{\frac{2}{x}}f(x,y)\mathrm{d}y$ 或 $\int_0^1\mathrm{d}y\int_{\frac{y}{2}}^{2y}f(x,y)\mathrm{d}x+\int_1^2\mathrm{d}y\int_{\frac{y}{2}}^{\frac{2}{y}}f(x,y)\mathrm{d}x$;

(4) $\int_5^{\frac{13}{2}}\mathrm{d}y\int_3^{\frac{2y-1}{3}}f(x,y)\mathrm{d}x+\int_{\frac{13}{2}}^8\mathrm{d}y\int_{\frac{2y-4}{3}}^{\frac{2y-1}{3}}f(x,y)\mathrm{d}x+\int_8^{\frac{19}{2}}\mathrm{d}y\int_{\frac{2y-4}{3}}^{5}f(x,y)\mathrm{d}x$ 或

$\int_3^5\mathrm{d}x\int_{\frac{3x+1}{2}}^{\frac{3x+4}{2}}f(x,y)\mathrm{d}y$;

(5) $\int_0^4\mathrm{d}x\int_{3-\sqrt{4-(x+2)^2}}^{3+\sqrt{4-(x+2)^2}}f(x,y)\mathrm{d}y$ 或 $\int_1^5\mathrm{d}y\int_{3-\sqrt{4-(y-2)^2}}^{3+\sqrt{4-(y-2)^2}}f(x,y)\mathrm{d}x$.

6. (1) $\int_0^1\mathrm{d}x\int_{x^2}^{x}f(x,y)\mathrm{d}y$; (2) $\int_0^1\mathrm{d}y\int_{\mathrm{e}^y}^{\mathrm{e}}f(x,y)\mathrm{d}x$;

(3) $\int_0^1\mathrm{d}y\int_{-\sqrt{1-y^2}}^{\sqrt{1-y^2}}f(x,y)\mathrm{d}x$; (4) $\int_0^1\mathrm{d}y\int_{\sqrt{y}}^{3-2y}f(x,y)\mathrm{d}x$;

(5) $\int_{-1}^3\mathrm{d}y\int_{-\sqrt{1-y^2}}^{\sqrt{1-y^2}}f(x,y)\mathrm{d}x+\int_0^1\mathrm{d}y\int_{-\sqrt{1-y}}^{\sqrt{1-y}}f(x,y)\mathrm{d}y$;

(6) $\int_0^a\mathrm{d}y\int_{\frac{y^2}{2a}}^{a-\sqrt{a^2-y^2}}f(x,y)\mathrm{d}x+\int_0^a\mathrm{d}y\int_{a+\sqrt{a^2-y^2}}^{3a}f(x,y)\mathrm{d}x+\int_a^{2a}\mathrm{d}y\int_{\frac{y^2}{2a}}^{2a}f(x,y)\mathrm{d}x$.

7. (1) 76/3; (2) 9; (3) 27/64; (4) $14a^2$.

习题 7-3

1. (1) $\int_0^{\frac{\pi}{2}}\mathrm{d}\theta\int_0^{2R\cos\theta}f(r\cos\theta,r\sin\theta)r\mathrm{d}r$;

(2) $\int_0^{\frac{\pi}{2}} d\theta \int_0^R f(r^2) r dr$;

(3) $\int_0^R r dr \int_0^{\arctan R} f(\tan\theta) d\theta$.

2. (1) $(2\ln 2-1)\frac{\pi}{2}$;　(2) $\frac{R^3}{3}\left(\pi-\frac{4}{3}\right)$;　(3) $\frac{3}{64}\pi^2$;　(4) $-6\pi^2$.

3. (1) $e-e^{-1}$;　(2) $\frac{2}{3}\pi ab$;　(3) $\frac{1}{3}\pi^4$.

4. (1) 125/6;　(2) 1;　(3) 7/12.

6. (1) 1;　(2) $\pi/2$.

7. (1) $-\pi$;　(2) $f(0, 0)$.

习题 7-4

1. $\frac{\pi}{4}$;　2. $2\sqrt{2}\pi$;　3. $\frac{3}{2}\ln 2$;　4. $\sqrt{2}\pi$;　5. $\frac{\pi}{2}a^2$;　6. 72 125 元;　7. 271.69 单位.

第七章　自 测 题

一、判断题.

1. ×;　2. √;　3. ×;　4. ×;　5. ×;
6. ×;　7. √;　8. √;　9. √;　10. √.

二、填空题.

1. $\frac{\pi a^3}{6}$;　2. $\frac{1}{6}(1-2e^{-1})$;　3. $(e-1)(e^3-1)$;　4. 0;

5. $x+\frac{1}{2}$;　6. $\int_0^{\frac{\pi}{2}} d\theta \int_0^{\frac{1}{\sin\theta+\cos\theta}} f(r\cos\theta, r\sin\theta) r dr$;

7. $I=\int_0^2 dy \int_{-\sqrt{y}}^{\sqrt{y}} f(x,y) dx+\int_2^4 dy \int_{-\sqrt{4-y}}^{\sqrt{4-y}} f(x,y) dx$;

8. $\frac{1}{3}(1-\cos 1)$;　9. $\frac{1}{2}\pi a^4$;　10. $\frac{\sqrt{\pi}}{2}$.

三、单项选择题.

1. (C);　2. (C);　3. (D);　4. (D);　5. (C);
6. (C);　7. (C);　8. (C);　9. (C);　10. (D).

四、计算题.

1. $\frac{1}{4}(\cos 1-\sin 1)$;　2. $\sqrt{2}\pi$;　3. 12/5.

第　八　章

习题 8-1

1. (1) $u_n=\frac{1}{2n-1}$;　(2) $u_n=\frac{x^{\frac{n}{2}}}{2^n \cdot n!}$;

(3) $u_n=(-1)^n \frac{n+2}{n^2}$;　(4) $u_n=(-1)^{n-1}\frac{2n-1}{2n}$.

2. （1）收敛；（2）发散；（3）发散；（4）收敛．

3. （1）发散；（2）发散；（3）收敛；（4）发散．

习题 8－2

1. （1）收敛；（2）收敛；（3）发散；

 （4）$a>1$ 时收敛，$0<a\leqslant 1$ 时发散；（5）收敛．

2. （1）收敛；（2）收敛；（3）收敛；（4）发散．

3. （1）收敛；

 （2）因为 $0<\frac{5^n}{e^n+e^n}<\frac{5^n}{1+e^n}$，且 $\sqrt[n]{\frac{5^n}{2e^n}}\xrightarrow{n\to+\infty}\frac{5}{e}>1$，所以原级数发散；

 （3）收敛；

 （4）当 $0<b<a$ 时，收敛；当 $0<a<b$ 时，发散．

4. （1）收敛；（2）发散；（3）发散；（4）发散．

5. （1）条件收敛；（2）条件收敛；（3）绝对收敛；（4）绝对收敛．

6. $L=\sum\limits_{n=0}^{\infty}\frac{1}{2^{2n}}=\frac{4}{3}$.

习题 8－3

1. （1）$R=1$，$0<p\leqslant 1$ 时，$[-1,1)$；$p>1$ 时，$[-1,1]$；

 （2）$R=1$，$(-1,1]$；（3）$R=\sqrt{\frac{1}{2}}$，$\left(-\frac{\sqrt{2}}{2},\frac{\sqrt{2}}{2}\right)$；

 （4）$R=+\infty$，$(-\infty,+\infty)$.

2. （1）$(-1,1)$，$\frac{1}{(1-x)^2}$；（2）$(-1,1)$，$\frac{1}{1+x^2}$；

 （3）$(-1,1)$，$(x+1)\ln(1+x)-x$；

 （4）$(-1,1)$，$\frac{x}{(1-x)^2}$.

3. $(-1,1)$，$s(x)=\frac{1}{2}\ln\frac{1+x}{1-x}$，$s\left(\frac{1}{3}\right)=\frac{1}{2}\ln 2$.

习题 8－4

1. （1）$x=0$；（2）$(-1,1)$；（3）$[0,6)$；（4）$[-1,1)$；

 （5）$[4,6)$；（6）$[-1,1)$；（7）$(-1,1)$.

2. $f(x)=\sum\limits_{n=0}^{\infty}\frac{(-1)^n-2n}{2^n}x^n$，$(-1,1)$；$f(x)=\frac{2}{x+2}-\sum\limits_{n=0}^{\infty}\frac{1}{3^{n+1}}(x+2)^n$，$(-5,1)$；

3. （1）$\sum\limits_{n=0}^{\infty}\frac{x^{2n}}{(2n)!}$，$(-\infty,+\infty)$；（2）$\frac{x}{2}+\sum\limits_{n=0}^{\infty}\frac{(-1)^n2^{2n-1}}{(2n)!}x^{2n+1}$，$(-\infty,+\infty)$；

 （3）$1+\sum\limits_{n=1}^{\infty}\frac{\frac{1}{2}\cdot\left(-\frac{1}{2}\right)\cdots\left(\frac{3}{2}-n\right)}{n!}x^{2n}$，$(-1,1)$；

(4) $m<0$ 时，$2^{-m}\left[1+\sum_{n=1}^{\infty}(-1)^n\frac{(-m)(-m-1)\cdots(-m-n+1)\left(\frac{3}{2}\right)^n}{n!}x^n\right]$，

$\left(-\frac{2}{3},\ \frac{2}{3}\right)$；$m>0$ 时，$2^{-m}\sum_{n=0}^{\infty}\left(\frac{3}{2}\right)^n x^n$；

(5) $\sum_{n=1}^{\infty}(-1)^{n-1}\frac{x^{3n}}{n}-\sum_{n=1}^{\infty}(-1)^{n-1}\frac{x^n}{n}$，$(-1,\ 1]$；

(6) $\sum_{n=1}^{\infty}\frac{\left(\frac{1}{2}-1\right)\left(\frac{1}{2}-2\right)\cdots\left(\frac{1}{2}-n+1\right)}{(n-1)!}x^{2n-1}$，$(-1,\ 1)$；

(7) $\sum_{n=1}^{\infty}\frac{1}{n!}x^{2(n+1)}$，$(-\infty,\ +\infty)$；

(8) $\sum_{n=1}^{\infty}(-1)^{n-1}\frac{x^n}{n}+\sum_{n=1}^{\infty}(-1)^{n-1}\frac{x^{n+1}}{n}$，$(-1,\ 1)$；

4. $\sum_{n=0}^{\infty}\frac{(-1)^n}{3^{n+1}}(x-3)^n$，$(0,\ 6)$.

5. $\sum_{n=0}^{\infty}x^{3n+1}-\sum_{n=0}^{\infty}x^{3n+2}$，$(-1,\ 1)$.

第八章 自 测 题

一、判断题.

1. ×；　2. ×；　3. ×；　4. √；　5. ×.

二、选择题.

1. (A)，(C)；　2. (A)，(B)，(D)；　3. (A)；　4. (B)，(D)；　5. (A).

三、填空题.

1. 有界；　2. $|q|<1$；　3. 绝对收敛；　条件收敛；　发散；

4. $\sqrt[3]{2}$，$(-\sqrt[3]{2},\ \sqrt[3]{2})$；　5. 0，0，$(-1)^n(2n)!$；　6. 发散；

7. $\sum_{n=0}^{\infty}a_n$ 收敛；且 $\sum_{n=0}^{\infty}|a_n|$ 发散；　8. $\sum_{n=0}^{\infty}(-1)^n x^{2n}$；　9. $\ln(1+x)$；　10. e^{-x^2}.

四、1. 绝对收敛；　2. 收敛.

五、当 $p>1$ 时，绝对收敛；当 $0<p<1$ 时，发散；当 $p=1$ 时，条件收敛.

六、1. $R=2$，$(-2,\ 2]$；　2. $R=3$，$(-4,\ 2)$.

七、$R=1$，$[-1,\ 1)$；$s(x)=-\ln(1-x)$.

第 九 章

习题 9-1

1. (1) 一阶；　(2) 四阶；　(3) 二阶；　(4) 一阶.

2. 略.

3. (1) $y^2-x^2=25$；　(2) $y=(1-x)e^{2x}$；　(3) $y=-\cos x$.

4. 当 $\lambda=3$，或 $\lambda=-3$ 时；函数 $y=e^{3x}$，$y=e^{-3x}$ 均为方程 $y''-9y=0$ 的解.

5. (1) $y'=x^2$; (2) $yy'+2x=0$.

6. $\frac{dy}{dt}=\frac{1}{5}y$.

习题 9－2

1. (1) $y=e^{Cx}$; (2) $y=\frac{1}{k\ln|x+k-1|+C}$;

(3) $\sin x\sin y=C$; (4) $10^{-y}+10^{x}=C$;

(5) $\tan x\tan y=C$; (6) $\arcsin y-\arcsin x=C$;

(7) $(e^x+1)(e^y-1)=C$; (8) $3x^4+4(y+1)^3=C$.

2. (1) $e^y=\frac{1}{2}(2-e^4+e^{2x})$; (2) $\ln y=\tan\frac{x}{2}$;

(3) $x^2y=4$; (4) $1+e^x=2\sqrt{2}\cos y$.

3. (1) $y^2=x^2\ln Cx^2$; (2) $\sin\frac{y}{x}=Cx$;

(3) $y+\sqrt{y^2-x^2}=Cx^2$; (4) $y=xe^{Cx+1}$;

(5) $y=\frac{x}{1+\ln x}$; (6) $y^3=y^2-x^2$.

4. (1) $y=e^{-x}(x+C)$; (2) $y=-2\cos^2x+C\cos x$;

(3) $y=2+Ce^{-x^2}$; (4) $y=Ce^{-x^2}+\frac{1}{2}x^2e^{-x^2}$;

(5) $x=Ce^{t^2}+e^{t^2}\sin t$ (6) $y=C\sqrt{1+x^2}+x^2+1$.

(7) $x=\frac{1}{2}y^3+Cy$; (8) $y=\sin^2x-2\cos x+Ce^{\cos x}-2$.

5. (1) $y=\frac{1}{2}x^2+e^{x^2}$ (2) $y=\frac{1}{6x^2}+\frac{x}{3}+\frac{1}{2}$;

(3) $y=\frac{1+x}{\cos x}$; (4) $x=e^{-2t}-e^{-3t}$;

(5) $y=\frac{-\cos x+\pi-1}{x}$; (6) $y=\frac{1}{2}x^3(1-e^{\frac{1}{x^2}-1})$.

6. $y=2(e^x-x-1)$. 7. $y=2x+2-2e^x$.

8. (1) $v(t)=\frac{mg}{a}(1-e^{-\frac{a}{m}t})$; (2) $t\to+\infty$时，$v(t)\to\frac{mg}{a}$.

9. $T=(T_0-a)e^{-mt}+a$. 10. $y=\frac{500}{1+\frac{3}{2}e^{-5000kt}}$. 11. $p(t)=20-12e^{-2t}$.

习题 9－3

1. (1) $y=x\arctan x-\frac{1}{2}\ln(1+x^2)+C_1x+C_2$;

(2) $y=\frac{1}{6}x^3-\sin x+C_1x+C_2$;

(3) $y=\frac{1}{3}x^3\ln x-\frac{5}{18}x^3+C_1x+C_2$;

(4) $y=C_1e^x+\frac{1}{2}x^2-x+C_2$;

(5) $y=C_1\ln x+C_2$; (6) $y=\frac{1}{8}x^4+\frac{1}{2}C_1x^2+C_2$;

(7) $y=\arcsin(C_2x)+C_1$; (8) $(y+1)e^{-y}=C_1x+C_2$.

2. (1) $y=xe-2e^x+x+2$; (2) $y=\frac{1}{3}x^3+x+1$;

(3) 略; (4) $y=\left(\frac{1}{3}x+1\right)^3$.

习题 9-4

1. (1) $y=C_1e^x+C_2e^{2x}$; (2) $y=(C_1+C_2x)e^{-x}$;

(3) $y=C_1e^{-x}+C_2e^{3x}$; (4) $y=C_1+C_2e^{-\frac{3}{5}x}$;

(5) $y=e^{-x}(C_1\cos 2x+C_2\sin 2x)$; (6) $y=e^{2x}(C_1\cos x+C_2\sin x)$;

(7) $y=C_1e^{\frac{x}{2}}+C_2e^{-x}+e^x$; (8) $y=C_1e^{-x}+C_2e^{-4x}-\frac{1}{2}x+\frac{11}{8}$;

(9) $(C_1+C_2x)e^{3x}+\frac{2}{9}x^2+\frac{5}{27}x+\frac{11}{27}$;

(10) $y=C_1+C_2e^{-\frac{5}{2}x}+\frac{1}{3}x^3-\frac{3}{5}x^2+\frac{7}{25}x$;

(11) $y=C_1\cos 3x+C_2\sin 3x+\frac{x}{2}\sin 3x$;

(12) $y=e^{-x}(C_1+C_2x)+\frac{1}{25}(6\sin x-8\cos x)$.

2. (1) $y=4e^x+2e^{3x}$; (2) $y=2(2+3x)e^{-x}$;

(3) $y=2\cos\sqrt{5}x+\sqrt{5}\sin\sqrt{5}x$; (4) $y=e^{-2x}\sin 3x$; (5) $y=e^{3x}-2x$.

3. $y=\cos 3x-\frac{1}{3}\sin 3x$. 4. $s(t)=(1-\cos t)\sin t$; $|s|_{\max}=\frac{3}{4}\sqrt{3}$.

5. $s(t)=\frac{m^2g}{k^2}(e^{-\frac{k}{m}t}-1)+\frac{mg}{k}t$.

习题 9-5

1. 略.

2. (1) $\Delta y_n=0$; (2) $\Delta y_n=2n+1$;

(3) $\Delta y_n=(a-1)a^n$; (4) $\Delta y_n=2\cos a\left(n+\frac{1}{2}\right)\sin\frac{a}{2}$.

3. 略.

4. (1) 三阶; (2) 六阶.

习题 9-6

1. (1) $x_n=C_1+C_2(-1)^n$; (2) $x_n=C_1(-6)^n+C_2$;

(3) $y_n=2^n(C_1\cos\alpha+C_2\sin\alpha)$，其中 $\alpha=\arctan\dfrac{\sqrt{7}}{3}$；

(4) $y_n=(C_1+C_2n)\left(\dfrac{5}{2}\right)^n$.

2. (1) $x_t=C_1(-1)^t+C_2\left(-\dfrac{1}{4}\right)^t+\dfrac{1}{85}\cdot 4^t$；

(2) $y_n=C_1+C_2 3^n+n$；

(3) $x_n=\dfrac{1}{2}\left(-\dfrac{7}{2}\right)^n+\left(\dfrac{1}{2}\right)^n+\dfrac{11}{2}$；

(4) $z_n=11.2^n(\cos n\alpha-\sqrt{7}\sin n\alpha)+\dfrac{1}{2}n+\dfrac{1}{4}$，其中 $\alpha=\arctan\dfrac{\sqrt{7}}{3}$.

3. $x_n=C_1+C_2(-3)^n+\dfrac{1}{5}\cdot 2^n+\dfrac{1}{4}n$.

第九章 自测题

一、判断题.

1. ×； 2. ×； 3. ×； 4. ×； 5. ×.

二、填空题.

1. 二阶； 2. $y=C_1\sin x+C_2\cos x$； 3. $y_n=(-1)^nC_1+C_2\cdot 4^n$；
4. $y=(C+5)x^2$； 5. $\lambda^2-4=0$.

三、选择题.

1. (A)； 2. (D)； 3. (C)； 4. (D)； 5. (C).

四、计算题.

1. $\cos y=C(1+e^x)$； 2. $Cx^3=e\left(\dfrac{y}{x}\right)^3$； 3. $y=\dfrac{1}{2}x^2+Ce^{x^2}$；

4. $y=C_1e^{-2x}+C_2xe^{-2x}$； 5. $2x\ln y=\ln^2 y+C$； 6. $y=-\ln|\cos(x+C_1)|+C_2$.

五、 1. $y=\csc x(-5e^{\cos x}+1)$； 2. $y=-\cos x-\dfrac{1}{3}\sin x+\dfrac{1}{3}\sin 2x$.

六、 1. $y_n=\dfrac{1}{3}\cdot 2^n+C\cdot(-1)^n$，$y_n=\dfrac{1}{3}\cdot 2^n+\dfrac{5}{3}\cdot(-1)^n$；

2. $y_n=4^n\left(C_1\cos\dfrac{\pi}{3}n+C_2\sin\dfrac{\pi}{3}n\right)$，$y_n=\dfrac{\sqrt{3}}{6}\cdot 4^n\sin\dfrac{\pi}{3}n$.

七、 $f(x)=\dfrac{C}{x^3}e^{-\frac{1}{x}}$.

【主要参考文献】

谷超豪．1992. 数学词典．上海：上海辞书出版社．

华东师范大学数学系．1980. 数学分析．北京：人民教育出版社．

华中科技大学数学系．2001. 微积分．武汉：华中科技大学出版社．

姜启源．1993. 数学模型(第 2 版)．北京：高等教育出版社．

(美)W. F. 卢卡斯．1996. 生命科学模型．长沙：国防科技大学出版社．

(苏)吉米多维奇．1958. 数学分析习题集．北京：高等教育出版社．

同济大学数学教研室．1965. 高等数学习题集(修订本)．北京：人民教育出版社．

同济大学应用数学系．2002. 高等数学(第 5 版)．北京：高等教育出版社．

同济大学应用数学系．1999. 微积分．北京：高等教育出版社．

谢季坚，李启文．2004. 大学数学．北京：高等教育出版社．

姚允龙．1988. 高等数学与数学分析—方法引论．上海：复旦大学出版社．

赵树嫄．1998. 微积分．北京：中国人民大学出版社．

Coughlin R F，Zitarelli D E. 1993. Calculus with Applications. 2nd ed. New York：Saunders College Publishing.

Harshbarger R J，Reynolds J J. 1993. Calculus with Applications. 2nd ed. Toronto：D. C. Heath and company.

Smith K J. 1998. Calculus with Applications. California：Brooks/Cole Publishing Company.

图书在版编目（CIP）数据

高等数学 / 梁保松，陈涛主编．—3 版．—北京：中国农业出版社，2012.8（2022.5重印）

普通高等教育农业部“十二五”规划教材　全国高等农林院校“十二五”规划教材　面向 21 世纪课程教材　2008 年全国高等农业院校优秀教材

ISBN 978-7-109-16836-7

Ⅰ.①高…　Ⅱ.①梁…　②陈…　Ⅲ.①高等数学-高等学校-教材　Ⅳ.①O13

中国版本图书馆 CIP 数据核字（2012）第 137517 号

中国农业出版社出版
（北京市朝阳区农展馆北路 2 号）
（邮政编码 100125）
责任编辑　朱　雷　魏明龙
文字编辑　朱　雷

北京通州皇家印刷厂印刷　　新华书店北京发行所发行
2002 年 6 月第 1 版　　2012 年 8 月第 3 版
2022 年 5 月第 3 版北京第10次印刷

开本：787mm×1092mm　1/16　　印张：19.5
字数：460 千字
定价：30.00 元